普通高等教育"十二五"规划教材

环境工程学基础

王 新 主编

胡筱敏 梁吉艳 副主编

化学工业出版社

·北 京·

本书是普通高等教育“十二五”规划教材。

全书分为上下两篇，上篇为理论篇，主要内容包括生态学基础（生态系统、生态平衡、生态城市）、可持续发展、环境监测与环境质量评价；下篇为工程篇，主要内容包括水污染控制工程（污水的三级处理法原理及工艺）、大气污染控制工程（颗粒污染物及气态型污染物的控制）、固体废物的处理与处置工程、噪声及其它物理污染的控制（电磁辐射污染、放射性污染、热污染、光污染、振动等危害及防护）和土壤污染控制工程。

本书可作为高等学校环境工程、环境科学等专业的教材，也可供从事环境保护工作的技术人员、管理人员参考。

图书在版编目（CIP）数据

环境工程学基础/王新主编．—北京：化学工业出版社，2011.5（2024.11重印）

普通高等教育“十二五”规划教材

ISBN 978-7-122-10607-0

Ⅰ．环…　Ⅱ．王…　Ⅲ．环境工程学-高等学校-教材　Ⅳ．X5

中国版本图书馆 CIP 数据核字（2011）第 028772 号

责任编辑：满悦芝　　文字编辑：荣世芳

责任校对：边　涛　　装帧设计：尹琳琳

出版发行：化学工业出版社（北京市东城区青年湖南街 13 号　邮政编码 100011）

印　　装：北京七彩京通数码快印有限公司

787mm×1092mm　1/16　印张 15　字数 382 千字　2024 年 11 月北京第 1 版第 9 次印刷

购书咨询：010-64518888　　售后服务：010-64518899

网　　址：http：//www.cip.com.cn

凡购买本书，如有缺损质量问题，本社销售中心负责调换。

定　　价：38.00 元

前　言

环境工程学是一门以工程科学知识和方法为基础的技术性学科，也是一门交叉性的工程科学学科。进入21世纪以来，随着科学技术的迅猛发展和经济规模的空前壮大，人类在征服和改造自然的过程中取得了巨大的成就，但是，在人类充分利用环境的同时，环境问题和环境危机也日益突出。环境工程学主要是运用本学科的基本原理和工程技术方法，研究如何保护和合理利用自然资源、防治环境污染、改善环境质量、保护人类健康，是实现经济和环境可持续发展的理论基础和实践手段之一。

本书邀请了5所大学环境工程专业教学经验丰富的老师参与编写。环境工程学是一门专业的学科基础课，在环境工程专业学生进行专业课学习之前，首先通过环境工程学基础这门课的学习对本专业有一个宏观总体的认识，并为以后更深入地学习打下良好的基础。本书主要是通过对理论基础和工程技术的阐述，使学生对环境工程学有全面的了解，并初步掌握污染控制工程和公害防治技术的基本原理和基本方法。

全书分为上下两篇，共九章。首先是绪论（东北大学胡筱敏，辽宁大学杨春璐），上篇为理论篇，包括生态学基础（辽宁大学张利红）、可持续发展（沈阳工业大学王新、辽宁大学张利红）、环境监测与环境质量评价（沈阳工业大学梁吉艳，辽宁大学杨春璐）；下篇为工程篇，包括水污染控制工程（沈阳大学李海波、辽宁大学张利红）、大气污染控制工程（辽宁大学杨春璐）、固体废物的处理与处置工程（沈阳工业大学张林楠）、噪声及其它物理污染的控制（沈阳工业大学李艳平）和土壤污染控制工程（沈阳航空航天大学可欣）。全书由王新统稿。

本书不仅可以作为环境科学与环境工程等专业师生的教材，也可供从事环境保护工作的有关技术人员学习参考。本书在编写过程中，参阅了国内外有关文献和资料，在此向相关作者致谢，并向为本书的出版付出辛勤劳动的编辑、工作人员表示衷心的谢意。

由于本书内容涉及领域广泛，加之编者时间和水平有限，疏漏之处在所难免，恳请读者给予批评指正。

编者

2011.4

目　录

上篇　理　论　篇

下篇　工　程　篇

绪论

第一节　环境及环境问题

一、环境的概述

1. 环境的定义

任何事物的存在都要占据一定的空间和时间，并必然要和其周围的各种事物发生联系。我们把与其周围诸事物间发生各种联系的事物称为中心事物，而把该事物所存在的空间以及位于该空间中诸事物的总和称为该中心事物的环境。环境不仅总是相对于中心事物而言并存在的，而且是一个可变的概念，它要随所研究的对象，即中心事物的变化而变化。宇宙中的一切事物都有其自身的环境，而它同时又可以成为其它诸事物环境的组成部分。因而，环境是一个极其复杂、相互影响、彼此制约的辩证的自然综合体。

我们所研究的环境，总是以人类作为中心事物的自然环境。自古以来，人类就与其周围诸事物发生着各种联系，其生存繁衍的历史可以说是人类社会同大自然相互作用、共同发展和不断进化的历史。人类的环境是作用于人类这一主体（中心事物）的所有外界影响和力量的总和，它可分为社会环境和自然环境两种。社会环境指人们生活的社会经济制度和上层建筑，包括构成社会的经济基础及其相应的政治、法律、宗教、艺术、哲学和机构等，以及人类定居、人类社会发展各阶段和城市建设发展状况等，它是人类在从事物质资料的生产和消费过程中，由于共同进行生产劳动、求取生存和发展而建立起来的生产关系的总和。自然环境指环绕于我们周围的各种自然因素的总和，是人类赖以生存和发展必不可少的物质条件。目前所研究的自然环境通常是适宜于生物生存和发展的地球表面的一薄层，即生物圈。它包括大气圈、水圈和岩石土壤圈等在内一切自然因素（如气候、地理、地质、水文、土壤、水资源、矿产资源和野生动物等）及其相互关系的总和。

在不同的学科中，环境一词的科学定义也不相同，其差异源于主体的界定。对于环境科学而言，“环境”的含义应是：“以人类社会为主体的外部世界的总体。”这里所说的外部世界主要指：人类已经认识到的，直接或间接影响人类生存与社会发展的周围事物。它既包括未经人类改造过的自然界众多要素，如阳光、空气、陆地（山地、平原等）、土壤、水体（河流、湖泊、海洋等）、天然森林和草原、野生生物等；又包括经过人类社会加工改造过的自然界，如城市、村落、水库、港口、公路、铁路、空港、园林等。它既包括这些物质性的要素，又包括由这些要素所构成的系统及其所呈现出的状态。

目前，还有一种为适应某些方面工作的需要而给“环境”下的定义，它们大多出现在世界各国颁布的环境保护法规中。例如，我国的环境保护法中明确规定：“本法所称环境是指大气、水、土地、矿藏、森林、草原、野生动物、野生植物、水生植物、名胜古迹、风景游览区、温泉、疗养区、自然保护区、生活居住区等”。这是一种把环境中应当保护的要素或对象界定为环境的定义，其目的是从实际工作的需要出发，对环境一词的法律适用对象或适用范围做出规定，以保证法律的准确实施。

2. 环境的承载力

承载力（Carrying Capacity，CC）是用以限制发展的一个最常用概念。

“环境承载力”一词的出现，最初是用来概述环境对人类活动所具有的支持能力的。众所周知，环境是人类生产的物质条件，是人类社会存在和发展的物质载体，它不仅为人类的各种活动提供空间场所，同时也供给这些活动所需要的物质资源和能量。这一客观存在反映出环境对人类活动具有支持能力。正是在认识到环境的这种客观属性的基础上，20 世纪 70 年代，“环境承载力”一词开始出现在文献中。

环境问题的出现，具体原因是多样的，人口过多，对环境的压力太大；生产过程资源利用率低，造成资源浪费及污染物的大量产生；毁林开荒，引起生态失调等。这些均是促成环境问题形成和发展的动因。这些原因都可以归结为人类社会经济活动，因此，可以说，环境问题的产生是由于人类社会经济活动超越了环境的“限度”而引起的。

1991 年，北京大学等的研究人员在湄洲湾环境规划的研究中，科学定义了“环境承载力”的含义，即环境承载力是指在某一时期，某种状态或条件下，某地区的环境所能承受人类活动作用的阈值。因此环境承载力的大小可以以人类活动作用的方向、强度和规模来加以反映。不同地区，不同人类开发活动水平将对该地区的环境产生不同程度的影响，开发强度不够，社会生产力低下，会直接影响人民群众的生活水平，开发强度过大，又会影响、干扰以致破坏人类赖以生存的环境，反过来会制约社会生产力。因此，人类必须掌握环境系统的运动变化规律，了解发展中经济与环境相互制约的辩证关系，在开发活动中做到发展生产与保护环境相协调，既要高速发展生产，又不破坏环境，或是经过人工改造，使环境朝着人类进步的方向发展，促使人类文明不断提高，自然资源永续利用。

二、环境问题

1. 环境问题的定义

环境问题是指由于人类活动作用于周围环境所引起的环境质量变化以及这种变化对人类的生产、生活和健康造成的影响。人类在改造自然环境和创建社会环境的过程中，自然环境仍以其固有的自然规律变化着。社会环境一方面受自然环境的制约，也以其固有的规律运动着。人类与环境不断地相互影响和作用，产生环境问题。环境问题多种多样，归纳起来有两大类：一类是自然演变和自然灾害引起的原生环境问题，也叫第一环境问题。如地震、洪涝、干旱、台风、崩塌、滑坡、泥石流等。一类是人类活动引起的次生环境问题，也叫第二环境问题和“公害”。

2. 环境问题的高潮

环境问题的第一次高潮出现在 20 世纪 50～60 年代。20 世纪 50 年代以后，环境问题更加突出，震惊世界的公害事件接连不断，世界著名的“八大公害事件”大多发生在本阶段（表 0-1），形成了第一次环境问题高潮。

第二次高潮是伴随环境污染和大范围生态破坏，在 20 世纪 80 年代初开始出现的一次高潮。人们共同关心的影响范围大和危害严重的环境问题有三类：一是全球性的大气污染，如温室效应、臭氧层破坏和酸雨；二是大面积生态破坏，如大面积森林被毁、草场退化、土壤侵蚀和荒漠化；三是突发性的严重污染事件迭起。表 0-2 列出了近 20 年发生的公害事件次数和公害病人数。这些全球性大范围的环境问题严重威胁着人类的生存和发展，不论是广大公众还是政府官员，也不论是发达国家还是发展中国家，都普遍对此表示不安。1992 年里约热内卢环境与发展大会正是在这种社会背景下召开的，这次会议是人类认识环境问题的又一里程碑。

表 0-1 世界著名“八大公害事件”

事件	时间、地区和危害	主要污染物
马斯河谷事件	1930年12月1～5日，比利时马斯河谷的气温发生逆转，工厂排出的有害气体和煤烟粉尘在近地大气层中积聚。3天后，开始有人发病，一周内，60多人死亡，还有许多家禽死亡。这次事件主要是由于几种有害气体和煤烟粉尘污染的综合作用所致，当时的大气中 SO_2 浓度高达 25～100mg/m^3	粉尘、SO_2、CO
多诺拉事件	1948年10月26～31日间，美国宾夕法尼亚州的多诺拉小镇，大部分地区持续有雾，致使全镇43%的人口（5911人）相继发病，其中17人死亡。这次事件是由二氧化硫与金属元素、金属化合物相互作用所致，当时大气中 SO_2 浓度高达 0.5×10^{-6}～2.0×10^{-6}mg/m^3，并发现有尘粒	SO_2、CO、As、Pb 等
伦敦烟雾事件	1952年12月5～8日，素有“雾都”之称的英国伦敦，突然有许多人患起呼吸系统疾病，并有4000多人相继死亡。此后两个月内，又有8000多人死亡。这起事件原因是，当时大气中尘粒浓度高达4.46mg/m^3，是平时的10倍，SO_2 浓度高达 1.34×10^{-6}mg/m^3，是平时的6倍	SO_2、粉尘
洛杉矶光化学烟雾事件	1936年在洛杉矶开采出石油后，刺激了当地汽车业的发展。至20世纪40年代初期，洛杉矶市已有250万辆汽车，每天消耗约1600万升汽油，但由于汽车汽化率低，每天有大量碳氢化合物排入大气中，受太阳光的作用，形成了浅蓝色的光化学烟雾，使这座本来风景优美、气候温和的滨海城市成为“美国的雾城”。这种烟雾刺激人的眼、喉、鼻，引发眼病、喉头炎和头痛等症状，致使当地死亡率增高，同时，又使远在百里之外的柑橘减产，松树枯萎	光化学烟雾、O_3、NO、NO_2
水俣病事件	日本一家生产氮肥的工厂从1908年起在日本九州南部水俣市建厂，该厂生产流程中产生的甲基汞化合物直接排入水俣湾。从1950年开始，先是发现“自杀猫”，后是有人生怪病，因医生无法确诊而称之为“水俣病”。经过多年调查才发现，此病是由于食用水俣湾的鱼而引起。水俣湾因排入大量甲基汞化合物，在鱼的体内形成高浓度的积累，猫和人食用了这种被污染的鱼类就会中毒生病	甲基汞（CH_3-Hg）
痛痛病事件	20世纪50年代日本三井金属矿业公司在富山平原的神通川上游开设炼锌厂，该厂排入神通川的废水中含有金属镉，这种含镉的水又被用来灌溉农田，使稻米含镉。许多人因食用含镉的大米和饮用含镉的水而中毒，全身疼痛，故称“痛痛病”。据统计，在1963～1968年5月，共有确诊患者258人，死亡人数达128人	Cd 等
四日哮喘事件	20世纪五六十年代日本东部沿海四日市设立了多家石油化工厂，这些工厂排出的含 SO_2、金属粉尘的废气，使许多居民患上哮喘等呼吸系统疾病而死亡。1967年，有些患者不堪忍受痛苦而自杀，到1970年，患者已达500多人	SO_2、粉尘
米糠油事件	1968年，日本九州爱知县一带在生产米糠油的过程中，由于生产失误，米糠油中混入了多氯联苯，致使1400多人食用后中毒，4个月后，中毒者猛增到5000余人，并有16人死亡。与此同时，用生产米糠油的副产品黑油做家禽饲料，又使数十万只鸡死亡	多氯联苯（PCB）

前后两次高潮有很大的不同，有明显的阶段性。

① 影响范围不同。第一次高潮主要出现在工业发达国家，重点是局部性、小范围的环境污染问题，如城市、河流、农田等；第二次高潮则是大范围乃至全球性的环境污染和大面积生态破坏。这些环境问题不仅对某个国家、某个地区造成危害，而且对人类赖以生存的整个地球环境造成危害。这不但包括了经济发达的国家，也包括了众多发展中国家。发展中国家不仅认识到全球性环境问题与自己休戚相关，而且本国面临的诸多环境问题，特别是植被破坏、水土流失和荒漠化等生态恶性循环，是比发达国家的环境污染危害更大、更难解决的环境问题。

表 0-2 近 20 年来发生的严重公害事件

事 件	发生事件	发生地点	产生危害	产生原因
阿摩柯卡的斯油轮泄油事件	1978 年 3 月	法国西北部布列塔尼半岛	藻类、湖间带动物、海鸟灭绝	油轮触礁，2.2×10^5t 原油入海
三哩岛核电站泄漏事件	1979 年 3 月	美国宾夕法尼亚州	直接经济损失超过 10 亿美元	核电站反应堆严重失水
威尔士饮用水污染事件	1985 年 1 月	英国威尔士州	200 万居民饮用水污染，44%的人中毒	化工公司将酚排入迪河
墨西哥油库爆炸事件	1984 年 11 月	墨西哥	4200 人受伤，400 人死亡，10 万人要疏散	石油公司油库爆炸
博帕尔农药泄漏事件	1984 年 12 月	印度中央邦博帕尔市	2 万人严重中毒，1408 人死亡	45t 异氰酸甲酯泄漏
切尔诺贝利核电站泄漏事故	1986 年 4 月	前苏联乌克兰	203 人受伤，31 人死亡，直接经济损失 30 亿美元	4 号反应堆机房爆炸
莱茵河污染事件	1986 年 11 月	瑞士巴塞尔市	事故段生物绝迹，160km 内鱼类死亡，480km 内的水不能饮用	化学公司仓库起火，30t 硫、磷、汞等剧毒物进入河流
莫农格希拉河污染事件	1988 年 11 月	美国	沿岸 100 万居民生活受到严重影响	石油公司油罐爆炸，$1.3\times10^4m^3$ 原油进入河流
埃克森瓦尔迪兹油轮泄漏事件	1989 年 3 月	美国阿拉斯加	海域严重污染	漏油 4.2×10^4t

② 就危害后果而言，前次高潮人们关心的是环境污染对人体健康的影响，环境污染虽也对经济造成损害，但问题还不突出；第二次高潮不但明显损害人类健康，每分钟因水污染和环境污染而死亡的人数全世界平均达到 28 人，而且全球性的环境污染和生态破坏已威胁到全人类的生存与发展，阻碍经济的持续发展。

③ 就污染源而言，第一次高潮的污染来源尚不太复杂，较易通过污染源调查弄清产生环境问题的来龙去脉。只要一个城市、一个工矿区或一个国家下决心，采取措施，污染就可以得到有效控制。第二次高潮出现的环境问题，污染源和破坏源众多，不但分布广，而且来源杂，既来自人类的经济再生产活动，也来自人类的日常生活活动；既来自发达国家，也来自发展中国家，解决这些环境问题只靠一个国家的努力很难奏效，要靠众多国家甚至全球人类的共同努力才行，这就极大地增加了解决问题的难度。

④ 第一次高潮的"公害事件"与第二次高潮的突发性严重污染事件也不相同。一是带有突发性，二是事故污染范围大、危害严重、经济损失巨大。例如：印度博帕尔农药泄漏事件，受害面积达 40 平方公里，据美国一些科学家估计，死亡人数在 0.6 万～1 万人，受害人数为 10 万～20 万人，其中有许多人双目失明或终生残废，直接经济损失数十亿美元。

3. 当前面临的主要的环境问题

当前人类所面临的主要环境问题是人口问题、资源问题、生态破坏问题和环境污染问题。它们之间相互关联、相互影响，成为当今世界环境科学所关注的主要问题。

(1) 人口问题 人口的急剧增加可以认为是当前环境的首要问题。近百年来，世界人口的增长速度达到了人类历史上的最高峰，目前世界人口已达 60 亿！众所周知，人既是生产者，又是消费者。从生产者的人来说，任何生产都需要大量的自然资源来支持，如农业生产要有耕地，工业生产要有能源、各类矿产资源、各类生物资源等。随着人口增加、生产规模的扩大，一方面所需要的资源要继续或急剧增大；另一方面在任何生产中都将有废物排出，而随着生产规模的增大而使环境污染加重。从消费者的人类来说，随着人口的增加、生活水平的提高，则对土地的占用（住、生产食物）越大，对各类资源如不可再生的能源和矿物、水资源等的需求也急剧增加，当然排出的废弃物量也增加，也加重环境污染。我们都知道，地球上一切资源都是有限的，即使是可恢复的资源如水，可再生的生物资源，也是有一定的再生速度，在每年中是有一定可供量的。而其中尤其是土地资源不仅是总面积有限，人类难以改变，而且还是不可迁移的和不可重叠利用的。这样，有限的全球环境及其有限的资源，便限定地球上的人口也必将是有限的。如果人口急剧增加，超过了地球环境的合理承载能力，则必造成生态破坏和环境污染。这些现象在地球上的某些地区已出现了，并正是我们要研究和改善的问题。

(2) 资源问题　资源问题是当今人类发展所面临的另一个主要问题。众所周知，自然资源是人类生存发展不可缺少的物质依托和条件。然而，随着全球人口的增长和经济的发展，对资源的需求与日俱增，人类正受到某些资源短缺或耗竭的严重挑战。全球资源匮乏和危机主要表现在：土地资源在不断减少和退化，森林资源在不断缩小，淡水资源出现严重不足，生物多样性在减少，某些矿产资源濒临枯竭等。

(3) 生态破坏　生态破坏是指人类不合理地开发、利用自然资源和兴建工程项目而引起的生态环境的退化及由此而衍生的有关环境效应，从而对人类的生存环境产生不利影响的现象。全球性的生态环境破坏主要包括森林减少、土地退化、水土流失、沙漠化、物种消失等。

(4) 环境污染　环境污染作为全球性的重要环境问题，主要指的是温室气体过量排放造成的气候变化、臭氧层破坏、广泛的大气污染和酸沉降、有毒有害化学物质的污染危害及其越境转移、海洋污染等。

第二节　环境工程学

一、环境工程学的历史

环境工程学是在人类同环境污染做斗争、保护和改善生存环境的过程中形成的。从开发和保护水源来说，中国早在公元前2300年前后就创造了凿井技术，促进了村落和集市的形成。后来为了保护水源，又建立了持刀守卫水井的制度。

从给排水工程来说，中国在公元前2000多年以前就用陶土管修建了地下排水道。古代罗马大约在公元前6世纪开始修建地下排水道。中国在明朝以前就开始采用明矾净水。英国在19世纪初开始用砂滤法净化自来水；在19世纪末采用漂白粉消毒。在污水处理方面英国在19世纪中叶开始建立污水处理厂；20世纪初开始采用活性污泥法处理污水。此后，卫生工程、给水排水工程等逐渐发展起来，形成一门技术学科。在大气污染控制方面，为消除工业生产造成的粉尘污染，美国在1885年发明了离心除尘器。进入20世纪以后，除尘、空气调节、燃烧装置改造、工业气体净化等工程技术逐渐得到推广应用。在固体废物处理方面，历史更为悠久。约在公元前3000～公元前1000年，古希腊即开始对城市垃圾采用了填埋的处置方法。在20世纪，固体废物处理和利用的研究工作不断取得成就，出现了利用工业废渣制造建筑材料等工程技术。在噪声控制方面，中国和欧洲一些国家的古建筑中，墙壁和门窗位置的安排都考虑到了隔声的问题。在20世纪，人们对控制噪声问题进行了广泛的研究，从50年代起，建立了噪声控制的基础理论，形成了环境声学。

20世纪以来，根据化学、物理学、生物学、地学、医学等基础理论，运用卫生工程、给排水工程、化学工程、机械工程等技术原理和手段，解决废气、废水、固体废物、噪声污染等问题，使单项治理技术有了较大的发展，逐渐形成了治理技术的单元操作、单元过程以及某些水体和大气污染治理工艺系统。

20世纪50年代末，中国提出了资源综合利用的观点。60年代中期，美国开始了技术评价活动，并在1969年的《国家环境政策法》中，规定了环境影响评价的制度。至此，人们认识到控制环境污染不仅要采用单项治理技术，而且还要采取综合防治措施和对控制环境污染的措施进行综合的技术经济分析，以防止在采取局部措施时与整体发生矛盾而影响清除污染的效果。

在这种情况下，环境系统工程和环境污染综合防治的研究工作迅速发展起来。随后，陆续出现了环境工程学的专门著作，形成了一门新的学科。

二、环境工程学的定义

环境工程学是一个庞大而复杂的技术体系。它不仅研究防治环境污染和公害的措施，而且研究自然资源的保护和合理利用，探讨废物资源化技术、改革生产工艺、发展少害或无害的闭路生产系统以及按区域环境进行运筹学管理，以获得较大的环境效果和经济效益，这些都成为环境工程学的重要发展方向。

由于目前人们对环境工程学的定义和基本内容有不同的看法，使得环境工程学的定义有两种版本，即广义的定义和狭义的定义。广义的定义是“综合运用环境科学的基础理论和有关的工程技术，控制和改善环境质量”。这样，小环境的控制和调节、“三废”治理、区域性环境评价和综合防治等都包括在内。狭义的定义是“环境工程学是环境污染控制工程，即是对环境污染物的监测、控制和处理的工程”，此处的污染物指的是引起环境质量降低的工业废弃物、农业废弃物、生活废弃物、噪声、电磁辐射、废热等。实际上环境工程学主要是指用狭义定义来确定其基本研究内容的学科。

它主要研究运用工程技术和有关学科的原理和方法，保护和合理利用自然资源，防治环境污染，以改善环境质量。环境工程学是在人类同环境污染做斗争、保护和改善生存环境的过程中形成的。

三、环境工程主要的研究内容

尽管对环境工程学的研究内容有不同的看法，但是从环境工程学发展的现状来看，其基本内容主要有水污染防治工程、大气污染防治工程、固体废物的处理和利用、环境污染综合防治、环境监测和环境评价等几个方面。

(1) 水污染控制工程　它的主要任务是研究预防和治理水体污染、保护和改善水环境质量、合理利用水资源以及提供不同途径和要求的用水工艺技术和工程措施。主要研究领域包括水体自净、城市污水处理与利用、工业废水处理与利用、给水净化处理、城市区域和水系的水污染综合整治、水环境质量和废水排放标准。

(2) 大气污染控制工程　它的主要任务是研究预防和控制大气污染、保护和改善大气质量的工程技术措施，其主要研究领域包括大气质量管理、烟尘治理技术、气体污染物治理技术、酸雨的成因与防治、城市区域大气污染物综合整治、大气质量标准和废气排放标准等。

(3) 固体废物处理与处置　它的主要任务是研究城市垃圾、工业垃圾、放射性及其它有毒有害固体废物的处理、处置和回收利用资源化等的工艺技术措施。其主要研究领域包括固体废物管理、固体废物无害化处理、固体废物的综合利用和资源化、放射性及其它有毒有害废物的处理。

(4) 噪声、振动及其它公害防治技术　它主要研究声音、振动、电磁辐射、热污染、光污染等对人类的影响及消除这些影响的技术途径和控制措施。

（5）环境规划、管理和环境系统工程　它的主要任务是利用系统工程的原理和方法，对区域性的环境问题和防治技术措施进行整体的系统分析，以求取得综合整治的优化方案，进行合理的环境规划、设计整理，它也研究环境工程单元过程系统的优化工艺条件，并用计算机技术进行设计、运行管理。

（6）环境监测和环境评价　它的主要任务是研究环境中污染物的性质、成分、来源、含量和分布、状态、变化趋势以及对环境的影响，在此基础上，按一定的标准和方法对环境质量进行定量的判定、解释和预测。此外，它还研究某项工程建设及资源开发引起的环境质量变化及其对人类生活的影响。

环境工程学是一个庞大而复杂的技术体系。它不仅研究防治环境污染和公害的措施，而且研究自然资源的保护和合理利用，探讨废物资源化技术、改革生产工艺、发展少害或无害的闭路生产系统，以及按区域环境进行运筹学管理，以获得较大的环境效果和经济效益，这些都成为环境工程学的重要发展方向。

习题与思考题

1. 什么是环境？
2. 什么是环境承载力？
3. “八大公害事件”具体指哪些事件？
4. 水俣病的发病症状及原因是什么？
5. 光化学烟雾事件与烟雾事件之间有什么不同？
6. 第一次与第二次环境问题有哪些异同点？
7. 当前世界面临的主要环境问题有哪些？
8. 什么是环境工程学？
9. 环境工程的主要研究内容是什么？
10. 谈谈环境工程未来的发展趋势及前景。

上篇　理论篇

第一章　生态学基础

第一节　生态系统

一、生态系统的定义

生态系统（ecosystem）就是在一定空间中共同栖居着的所有生物（即生物群落）与其环境之间由于不断地进行物质循环和能量流转过程而形成的统一整体。地球上的森林、草原、荒漠、海洋、湖泊、河流等，不仅它们的外貌有区别，生物组成也各有其特点，并且其中生物和非生物构成了一个相互作用、相互依赖的统一整体。例如，森林中的乔木、灌木、草被等绿色植物，利用日光能将二氧化碳、水和矿物质借叶绿素之助而形成有机物质，昆虫、鼠、鹿等食草动物就依赖这些绿色植物而生存。进而食草动物又成为瓢虫、鼬、虎等食肉动物的物质和能量的来源。通过这些营养和其它联系，把森林中的各种生物和非生物条件联成一个整体。在这个整体中，物质不断地循环，能量不停地流动。为了强调这种统一性，生态学家就把这样的统一体称为生态系统。生态系统的边界是根据研究范围而定的，小至一个鱼塘，大至整个生物圈，都可以看做是一种生态系统。

典型的生态系统由生命有机体与其非生物环境组成（图 1-1）。

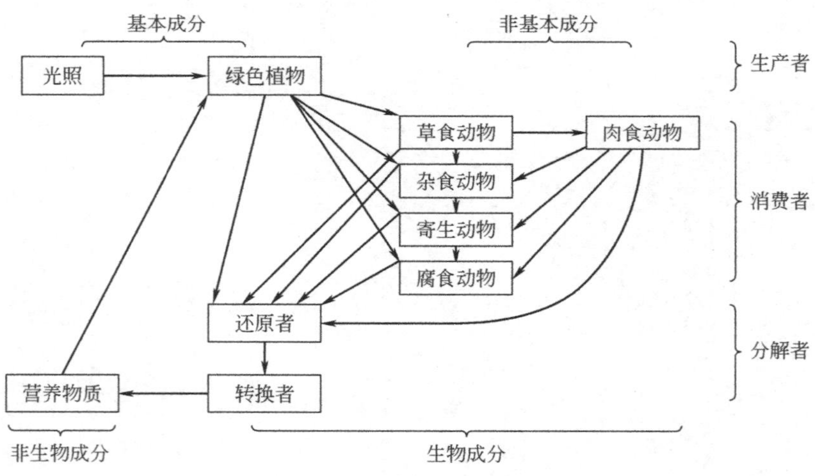

图 1-1　生态系统的组成及结构（仿 G. L. Clark，1954）

1. 生命有机体

生命有机体包括植物、动物、微生物。根据它们在物质与能量运动中所起的作用，可以大致分为生产者、消费者和分解者三大类。

（1）生产者　它们由绿色植物和具有化能合成及能进行光合作用的细菌组成。绿色植物是生物圈最重要的生产者，它们能利用太阳能把水和二氧化碳合成为有机物，为生物圈的生命有机体提供了丰富的食物。此外，有些细菌还具有非凡本领，能把无机物转化为有机物。虽然这类细菌合成的有机物在整个生物圈中占的比重很小，但是它们在生命进化过程中起着巨大的作用。它们在生命的起源中扮演着先锋和开拓者的作用，即使在生物繁衍的现在，这些细菌在维持特定生态系统的物流与能流的运转中仍起着重要的作用。例如在海洋深处的一些细菌，它们的化能合成作用为生活在黑暗的大海深处的生物提供了食物源。

（2）消费者　是指依赖生产者提供食物的动物（包括人类）和寄生性生物。根据消费者的食性可分为三类。一是植食动物，它们是以直接获取植物为生的动物，如羊、马、象、昆虫等。二是肉食动物，它们是以获取动物为生的动物，如虎、狼、蛇等。三是杂食性动物，它们是既能以植物又能以动物为食的动物，如熊、鲤及人类等。四是寄生动物，它们寄生于其它动、植物体上，靠吸取寄主营养为生，如赤眼蜂和金小蜂。赤眼蜂寄生在螟虫的卵块中；金小蜂产卵在棉铃虫体内，孵化后的幼虫吸取棉铃虫体内的养分生活。五是腐食动物，它们以腐烂的动、植物残体为食，如蝇蛆和秃鹰等。

（3）分解者　它们主要由细菌、真菌及某些原生动物等组成。它们营腐生生活，以分解有机物为生，从生态系统中的废弃物和动植物的残骸中取得它们所需要的能量。分解者在生态系统和生物圈中起的作用也是巨大的。它们把植物、动物中复杂的有机物还原为较简单的化合物和元素，并释放、归还到环境中去，供生产者再利用，故有时又称它们为还原者。

由于自然生态系统纷繁复杂，生态系统中生物成员的划分也不是绝对的，有时甚至很难区分，如植物可吃动物，捕食草专吃昆虫，有些鞭毛虫（如眼虫）既是自养生物又是异养生物。

2. 非生物的环境

非生物环境是生态系统中生物赖以生存的物质和能量的源泉及活动的场所。按其对生物的作用，可分为以下几种。

（1）原料部分　主要为通过大气层及到达地表的光、氧、二氧化碳、水、无机盐类及非生命的有机物质等。

（2）代谢过程的媒介部分　水、土壤、温度和风等。

（3）基层部分　岩石和土壤等。

在这里需要指出的是，并非所有的生态系统都由上述几个部分组成，有些生态系统可能只包括其中的一部分。但是，只要具有生命有机体和环境就算是一个生态系统。例如，农田生态系统通常由农作物（生产者）、微生物（还原者）与环境（如土壤及农田气候等）组成，可能没有明显的消费者（也可能有一些昆虫，通常它们在农田生态系统总的生物量中占的比重很小，可以忽略不计）。人工林生态系统也类似于农田生态系统。

二、生态系统的特征

由于生态系统的组成中含有生命成分，并且生物群落是生态系统的核心，这就赋予生态系统以生命特征，使生态系统成为一般系统的特殊形态，其组成、结构、功能、调控及研究方法等都具有不同于一般系统的特点。

① 生态系统是一个生态学单位，包括了生物和非生物成分。

② 生态系统具有空间结构。由于生物及其所处的环境是实实在在的实体，所以生态系

统通常与一定的空间相联系，反应一定的地区特性及空间结构。往往以生物为主体，呈网络式的多维空间结构。这区别于意识形态的系统或虚拟系统。

③ 生态系统具有时间变化。生态系统中的生物随着时间变化具有产生、发展、死亡的变化过程，而且环境也处于不断的演变、更替中，从而使得生态系统和自然界许多生物一样，具有发生、形成和发展的过程，具有发育、繁殖、生长和衰亡的特征。生态系统可分为幼年期、成长期和成熟期，并表现出鲜明的历史性特点和特有的整体演化规律。换言之，任何一个自然生态系统都是经过长期历史发展而成的。

④ 生态系统具有明确的功能。生态系统本质上是功能单位，其功能通过物质循环、能量流动和信息传递来完成，物质在自然界是不灭的，而是按一定的途径进行不断的循环；能量从一个营养级转到另一个营养级的过程中，有相当大的一部分被消耗；生态系统中生物与环境、生物与生物通过一系列信息取得联系，生物在信息的影响下做出相应的反应及行为变化。

⑤ 生态系统具有自动调控机能。自然生态系统中的生物与其所处的环境条件经过长期的进化适应，逐渐建立了相互协调的关系。生态系统的自动调控机能主要表现在三个方面：第一是同种生物的种群密度的调控，这是在有限空间内比较普遍存在的种群变动规律；第二是异种生物种群之间的数量调控，多出现于植物与动物、动物与动物之间，常有食物链关系；第三是生物与环境之间的相互适应的调控，这些调控常通过反馈调节机制使生物与生物、生物与环境间达到功能上的协调和动态平衡。

⑥ 生态系统是开放系统。各类生态系统都是不同程度的开放系统，不断地从外界输入能量和物质，经过转换而成为输出，从而维持系统的有序状态。

三、生态系统的功能

生态系统的功能包含的内容极为丰富。下面主要从生物生产力及物质循环、能量流动、信息传递几个方面加以介绍。

1. 生物生产力

生物生产力是生态系统的重要功能之一。在生态系统中绿色植物通过光合作用制造与积累有机物的速率，叫做第一性生产力或初级生产力；而植食性动物及真菌、细菌和某些原生动物等异养有机体利用和释放绿色植物固定的太阳能而形成的第二性生物物质的重量，则称为第二性生物生产力或次级生产力。第一性生产力又可分为总第一性生产力（简称总生产力）和净第一性生产力（简称净生产力）。前者系指单位时间、单位面积自养生物生产的全部有机物的干重，后者则是指除去生物自身因呼吸作用所消耗的干物质后的净积累速率。

还有一个重要的概念是生物量。生物量区别于生产力，生物量是生态系统内生物所积累的干物质现存量，它是随着生物群落和生长发育过程的增加而增加的，也就是说，随着生物群落年龄的加大而增加。生产力只是生物群落干物质积累的一种速率，年龄大的生物个体虽然生物量大，但生产力可能较少。一般而言，生物个体在幼龄期生产力较高，但是其生物量很低；而到成熟期或老龄期，生物量达到最高值，但是其生产力却很低。

第一性生产力在生物圈中和各种生态系统的分布是不相同的，一般而言，陆地生产力高于海洋生产力。表 1-1 是生物圈主要生态系统的净第一性生产力和生物量。

生物圈中的生物总量，陆地占 99%以上，海洋中的生物总量相对要少得多。海洋平均净生产力较低，仅为陆地净生产力的 1/4，而且集中分布于大陆或岛屿附近的浅水海域。90%以上的深海中的生产力是很低的，只相当于陆地生态系统中的冻原和荒漠的水平。

陆地生态系统中生物总量约为 1.832×10^9t，其中森林生态系统生物量达 1.648×10^9t，占整个陆地生物总量的90%左右。全部陆地生态系统每年提供的净生产量约为 107×10^9t，其中森林提供的干物质约占65%。因此，森林生态系统在制造有机物、维持生物圈物流和能流的运转中起着重要作用。

奥得姆（Odum，1959）根据生物圈中各种类型生态系统生产力的高低划分为下列4个等级：一级生产力最低，如荒漠和深海，通常为0.1g/(m^2·d)，最高一般不超过0.5g/(m^2·d)；二级较低，如山地森林、热带稀树草原、某些耕地、半干旱草原、深湖和大陆架，平均生产力约为0.5～3g/(m^2·d)；三级较高，如热带雨林、农耕地和浅湖，平均生产力为3～10g/(m^2·d)；四级最高，少数特殊生态系统（如农业高产田和某些河漫滩、三角洲、珊瑚礁、红树林等）生产力约为10～20g/(m^2·d)，最高者可达到25g/(m^2·d)。

表1-1 主要生态系统的生物生产力表

生态系统类型	面积/10^6km^2	平均净生产力/[g/(m^2·a)]	世界净生产量/(10^9t/a)	平均生物量/(kg/m^2)
热带雨林	17	2000	34	44
热带季雨林	7.5	1500	11.3	36
温带常绿林	5	1300	6.4	36
温带阔叶林	7	1200	8.4	30
北方针叶林	12	800	9.5	20
热带稀树干草原	15	700	10.4	4.0
农田	14	644	9.1	1.1
疏林和灌丛	8	600	4.9	6.8
温带草原	9	500	4.4	1.6
冻原和高山草甸	8	144	1.1	0.67
荒漠灌丛	18	71	1.3	0.67
岩石、冰和沙漠	24	3.3	0.09	0.02
沼泽	2	2500	4.9	15
湖泊和河流	2.5	500	1.3	0.02
大陆总计	149	720	107.09	12.3
藻床与礁石	0.6	2000	1.1	2
港湾	1.4	1800	2.4	1
水涌地带	0.4	560	0.22	0.02
大陆架	26.6	300	96	0.01
海洋	332	127	420	1
海洋总计	361	150	53	0.01
整个生物圈	510	320	162.1	3.62

注：引自史密斯（Smith，1976）Elements of Ecology and Field Biology。

2. 生态系统的物质循环

生物正常的生理功能离不开物质代谢，这就是生物与生物、生物与环境及环境与环境之间的物质流动过程。生物圈中的物质总是在不断地运动着，可以从一种形态变为另一种形态，总是处于特定和永恒的循环之中。

物质在生态系统中被生产者和消费者吸收、利用，以及被分解、释放又再度吸收的过程，称为物质循环，物质在生态系统中总是处于吸收-释放-吸收这个循环过程之中。

生态系统的物质循环可分为生物循环和生物地球化学循环。前者是指发生在同一生态系统内物质的迁移、循环过程；后者则是指发生在生态系统之间或生态系统与其所处环境之间的物质的迁移、循环过程。在自然界中这两种循环过程总是在交替和不断进行着，例如在农田中滥施农药可首先通过生物循环途径由农作物的根系和茎、叶等组织进入植物器官内，然后通过食物链传递（如首先转入到以谷物为食的麻雀，然后进入到以麻雀为食的鹰等）；有些农药（如有机磷 DDT 等）可在食肉动物中的肝脏等器官积累到很高的浓度，这些动物的排泄物或残骸将通过生物地球化学循环，由水的搬运或沉积等作用使农药进入江河湖海，造成大面积的农药在环境中污染和扩散。正是由于生物地球化学循环，可以使一个地区局部的环境污染通过水体的搬运或在大气的扩散等作用下使一个局部问题变成一个大的区域甚至于全球问题。难怪一些有识之士把地球比喻成“一个地球村”，并提出“只有一个地球”的口号，以唤起广大公众的环保意识。

生物地球化学循环可以分为两大类。一是气相循环，它的贮存库主要是在大气圈和水圈。氧、二氧化碳、水、氮、氯、溴、氟等物质的循环均属气相循环类型。气相循环把大气和水体紧密地联系起来，具有明显的全球循环特征。二是沉积循环，它的贮存库主要在岩石圈和土壤圈。磷、硫、钙、钾、钠、镁、锰、铁、铜、硅等元素都属于沉积循环类型。沉积循环主要是经过岩石的风化作用和沉积物本身的分解作用，将贮存库中的物质转变为生态系统内生物可以利用的营养物质。这种转变过程是相当长的，可能在较长时间内不参与各库之间的循环，因此，具有非全球性的特点，这是一个不完善的循环类型。

(1) 水循环　水在生态系统的物质循环中起着极其重要的作用。它不仅是生命有机体的重要组成部分，而且是酶及多种营养元素的载体，通过水的流动，将它们运送到各个器官中去。此外，水在生物圈物质与能量的流动过程中起着重要作用，例如许多污染活动都是借助水体的搬运而扩散的，以致造成了大面积的危害。照射到地球表面的太阳能除了很少一部分供植物光合作用需要外，大约有 1/4 用于蒸发水分，从而引起了生物圈中水的循环。水分不仅能从水面和陆地表层蒸发，而且能通过植物蒸腾作用进入大气中。大气中的水遇冷则凝结成雨、雪等降水形式，又返回地表。水分首先是以降水形式进入地表。绿色植物在太阳能的作用下将由根系中输送来的水分与空气中的二氧化碳合成为碳水化合物，少部分水分进入动物体内成为生命有机体的组成部分。陆地上一部分水以径流的形式通过江河注入海洋，除被植物吸收外的其余雨水成为地下水，最后也会缓慢地流向海洋。当然，雨水中大部分是直接降落在海洋之中。在太阳能的作用之下，水分又通过水面（江、河、湖、海等）、地表或植物蒸腾作用进入大气。进入大气中的水分遇冷凝聚成雨、雪等形式又返回地面。由于地球表面约 70% 为海洋所占据，所以海洋、河、湖等水面蒸发的水分比冷凝降回到地表的要多，而陆地则恰恰相反。陆地上的水一部分流经河川重返海洋，一部分渗入土壤或岩石缝隙之中，除一部分被植物吸收外，其余均成为地下水，最后也缓慢地移动流回海洋。滞留在陆地上的水分为陆地生态系统和人类社会的发展提供了丰富的水源，使陆地变得生机勃勃。虽然水分也会通过动物身体循环，但数量很少，在全球水循环中起的作用有限。

(2) 碳循环　碳是构成生命有机体的重要元素之一。它以二氧化碳的形式贮存于大气中，植物通过光合作用吸收空气中的二氧化碳合成碳水化合物等有机物，并释放出氧气，满足动物和人类的需要。同时，植物和动物又通过呼吸作用吸入氧气，并排出二氧化碳，使之重返空气中。此外，它们的排泄物和残骸经微生物分解，最后也分解为二氧化碳、水和其它无机盐类。煤、石油、天然气等燃料经燃烧，释放大量的二氧化碳。进入空气中的二氧化碳大部分被海水所吸收，逐渐被变为碳酸盐沉积海底，形成岩石；或通过水生生物的贝壳、骨骼和尘降移至陆地。碳酸盐从空气中吸收二氧化碳成为碳酸氢盐而溶于水中，最后归还到海洋。其它如火山爆发和森林火灾等自然灾害也会释放大量二氧化碳进入大气。

自工业革命以来，大量开采矿石、使用化石燃料和砍伐森林，致使大气中二氧化碳的浓度不断增加。二氧化碳浓度在最近出现了史无前例的上升，已经达到了380mg/kg，比工业革命前的280mg/kg增加了35.7%。自1987年以来，全球化石燃料产生的二氧化碳已经增长了大约1/3。二氧化碳的大量增加可引起大气的温室效应，由温室效应引起的地球温度升高，将会给人类社会带来灾难性影响。据预测，只要气温升高几摄氏度，就可能使占全球淡水总量95%的南极、北极冰雪融化，若两极冰雪融化10%，就能使海水上涨6～7m，淹没许多沿海地区；并导致地球赤道半径增大，使地球自转一圈的时间增加0.03s，从而引起地球动力学效应的变化，加剧地震和火山活动等。同时气温的上升也将对北半球森林分布带来不利影响，使适宜于较低温度的北方针叶林向北部缩减，迫使我国东北地区的针叶林向北收缩，从而减少北方针叶林的分布区，造成北方林木资源量的减少。

(3) 氮元素循环　大气中含有大量的氮，约占空气的79%，但是游离态的氮不能为植物或动物所直接利用，只有像苜蓿、大豆等豆科植物的根瘤菌之类的固氮菌或蓝绿藻才能将空气中的氮转变成硝酸盐固定下来。植物从土壤中吸收硝酸盐和铵盐等盐类，并在体类合成氨基酸，然后转化为各种蛋白质。动物通过食用植物而取得氮。动植物死后，体内的蛋白质被微生物分解成硝酸盐或铵盐又返回土壤中，供植物再度吸收利用。同时，土壤中一部分亚硝酸盐在反硝化细菌的作用下转变为分子氮回到大气中。化学肥料的生产和施用以及闪电则将空气中的氮变成铵盐贮存在土壤中。此外，火山爆发有时也会有氮气进入大气之中。

(4) 磷元素循环　磷主要来源于磷酸盐岩石以及鸟粪和由动物化石构成的磷酸盐矿床。磷酸盐岩石或矿床通过天然侵蚀或人工开采进入水体或食物链中，经短期循环最终部分流失在深海沉积层中，经过地质活动又提升上来。人工开采磷矿作化学肥料使用，最后大部分被冲刷到海洋中去，只有小部分通过浅海的鱼类和鸟类又返回到陆地上来。这样一来，磷在生物圈中只有少部分进行生物地球化学循环，大部分属于单向流动过程，以至于成为一种不可更新的资源。目前，由于人类大量使用含磷的洗涤剂和滥施磷肥，常使水体中磷过多，造成富营养化，致使水生植物生长过于旺盛，引起水质的恶化和水体容积的缩减。

这里值得特别指出的是：生物圈与生态系统在物质循环上仍有所区别。生态系统是生物圈的基本单元，通过物流、能流和信息流把各种各样的生态系统有机地联系在一起，构成了生机盎然的生物圈，因此生态系统的物质循环规律完全适应于生物圈。但是生物圈的物质循环有其显著特点：自然生态系统是开放的物质循环系统，系统必须不断与环境进行物质与能量的交换才能正常生存下去。但是作为全球生态系统集合体的生物圈则在物质流动方面基本上是封闭的，它可以不依赖于系统外物质的输入及输出。虽然地球与宇宙空间也在进行少量的物质交换，例如宇宙粒子及陨石等外空物质经常访问地球，但其数量很少，不足以改变生物圈物质结构，在一般情况下亦不能改变生物圈物质循环封闭性的特点。正是由于生物圈物质循环具有封闭性的特点，这就要求人类应该合理开发利用自然资源，保护人类赖以生存的地球。目前全球所面临的资源枯竭、人口膨胀、环境恶化等一系列问题无不与此紧密相关。

3. 生态系统的能量流动

所有的生命有机体，从单一的细胞到最复杂的生物群落，都是一种能量转换器。一切生态系统都需要从外界吸收一定形式的能量，作为系统的能源。太阳不停地辐射出巨大的能量。据统计，每秒钟太阳辐射的光能为 3.8×10^{28} J，相当于每秒钟燃烧 1.15×10^{10} t 煤所发出的热量。绿色植物通过光合作用把二氧化碳和水合成为碳水化合物，同时也把吸引的光能作为化学能贮存起来。这些能量，一方面满足绿色植物生理活动的需要，另一方面供给其它异养生物有机体。于是，太阳能通过绿色植物的光合作用进入生态系统，并以高效的化学能形式在生物群落及其环境中流动。

所谓能量就是物质做功的能力，它是度量物质运动的一种物理量。生态系统内能量的转换服从热力学第一定律和第二定律。

能量在生态系统中的流动，是沿着生产者和各级消费者的顺序逐级减少的。一般而言，能量沿着绿色植物→草食动物→一级肉食动物→二级肉食动物逐级减少。通常，后者所获得的能量大致等于前者所含能量的 1/10，也就是说，在能量的流动过程中，约有 9/10 的能量被损失掉了。这样一种定量关系，称之为林德曼（Linderman）的百分之十定律。当然，这个定律只是对能量流动效率提供了一个粗略的估计。

此外，生态系统对能量的利用，无论在种群或群落水平上，都存在能量利用的最适定律。这个定律可以表达为：占据一个特定生态位的所有物种，跟有相似生态需要但不能很好地适应这一生态位的其它物种相比，前者能更有效地利用环境资源。

4. 生态系统的信息传递

生态系统不仅有物质循环和能量流动，还拥有信息传递的功能。生命有机体只有以物质或能量流动为载体不停地与外界进行信息传递，才能正常地生存、发展下去。

所谓信息就是关于事物运动状态和规律的表征；或者说，信息是关于事物运动的知识。信息不是某种固定的东西，不能把含有信息的载体和能量同信息相混淆，应把信息看成是物质的属性，它是反映物体客体及其相互作用、相互联系过程中表现出来的状态与特征。如植被的生长型、季相反映了植物群落的自然信息，股票则显示出经济信息等。

（1）信息的基本特征　信息涵盖的内容丰富而繁杂，但均包含下列基本特征。一是信息源于物质，但它又不是物质本身；能量是信息的载体，但它并不等同于能量。信息是有关知识的秉性，它可以向观察者提供有关事物运动状态的知识。信息可以脱离源物质而被复制、传递、存储和加工，并可以被信息的使用者所感知、记录、处理及利用。二是信息表征了系统的有序性。只要物质或能量在空间结构和时间顺序上出现分布不均匀的情况，就会有信息产生。任何事物或系统都有一定的空间结构，并在时间上具有一定的变化规律。信息是一个系统组织程序和有序程度的标志。三是只有变化的事物或运动的客体才会有信息产生，静止、孤立的客体不会产生信息。四是信息不服从物质和能量的守恒定律。相同的信息，能够用不同的物质载体进行传递；而同一种物质，也可携带不同的信息，并且信息不会因此而变化。五是信息传递不像物质流那样是循环的，也不像能量流那样是单向的，而往往是双向的，有从输入到输出的信息传递，也有从输出向输入的信息反馈。

（2）信息的类型　生态系统中包含多种多样的信息，大致可以分为物理信息、化学信息、行为信息和营养信息。①物理信息。生态系统中以物理过程为传递形式的信息称为物理信息，生态系统中的各种光、颜色、声、热、电、磁等都是物理信息。萤火虫通过闪光来识别它的同伴，植物通过花的五颜六色吸引昆虫前来传授花粉。青蛙的鸣叫、鸟的啼声等可吸引异性个体。②化学信息。生态系统中的各个层次都有生物次生代谢产物参与的化学传递信息，协调各种功能，这种传递信息的化学物质通称为信息素。生物产生的各种次生代谢产物，如生物碱、萜烯类物质、黄酮等，是生物传递信息的化学物质。化学信息是生态系统中信息流的重要组成部分。在个体内，通过激素或神经体液系统协调各器官的活动。在种群内部，通过种内信息素（又称外激素）协调个体之间的活动，以调节动物的发育、繁殖、行为，并可提供某些情报贮存在记忆中。某些生物自身毒物或自我抑制物以及动物密集时累积的废物，具有驱避或抑制作用，使种群数量不致过分拥挤。在群落内部，通过种间信息素（又称异种外激素）调节种群之间的活动。种间信息素在群落中有重要作用，已知结构的这类物质约 30000 种，主要是次生代谢物生物碱、萜类、黄酮类、非蛋白质有毒氨基酸以及各种苷类、芳香族化合物等。③行为信息。许多植物的异常表现和动物异常行动传递了某种信息，可通称为行为信息。蜜蜂发现蜜源时，就有舞蹈动作的表现，以“告诉”其它蜜蜂去采蜜。蜂舞有各种形态和动作，来表示蜜源的远近和方向，如蜜源较近时，作圆舞姿态，蜜源较远时，作摆尾舞等。其它工蜂则以触觉来感觉舞蹈的步伐，得到正确飞翔方向的信息。④营养信息。在生态系统中，环境中的食物及营养状况会引起生物的生理、生化及行为的变化，如食物短缺会引起生物迁徙；植物叶色是草食动物取食的信息；被捕食者的体重、肥瘦、数量是捕食者取食的依据。因此，营养信息是指环境中的食物及营养状况。食物链就是一个生物的营养信息系统，各种生物通过营养信息关系联系成一个互相依存和相互制约的整体。食物链中的各级生物要求一定的比例关系及生态金字塔规律。根据金字塔规律，养活一只草食动物需要几倍于它的植物；养活一只肉食动物需要几倍数量的草食动物。前一营养级的生物数量反映出后一营养级的生物数量。

（3）信息传递规律在生态建设和环境保护中的应用 人们可以把生物圈和生态系统的信息传递规律用于生态建设和环境保护，并作为合理开发自然资源的主要依据之一。生态系统在外界的作用下会提供大量的自然信息，人们及时了解这些信息，采取相应的防范措施，就达到防微杜渐和防患于未然的目的。1998 年发生的长江特大洪灾，造成 2120 万公顷土地和 2.33 亿人受灾，经济损失达 1660 亿元，至今还牵动全国人民的心。虽然这次洪水与历史上大的洪水相比并不是最严重的，但是损失却是最惨重的。如果我们能根据历年气象资料提供的信息，结合目前的防洪设施进行科学分析，制定具有前瞻性的防洪排涝规划，有计划地疏导江河湖泊，保护好长江中上游的森林资源，提高长江流域的水源涵养能力，那么，1998 年长江洪灾的损失就可以大大减少。

此外，人们可以通过物种从量到质的动态变化，为保护好珍贵的种质资源而制订一系列法规和采取多种形式的保护措施，如建立自然保护区、遗传种质资源库以及对它们迁地保护等。

在这方面最为成功的例子就是地理信息系统在生态建设和保护中的运用。根据工作的需要，人们可以建立各种各样的资源信息系统，如生物资源数据库、图库、模型库，直至应用于全球范围的资源信息交互网络系统等；也可以根据特殊需要，建立专题或专业资源信息系统，如洪水、森林火灾的预警系统、草场的虫情监测系统等。这些信息系统的建立为合理开发自然资源、加强生态建设提供了有力的工具，从而使资源的管理更加科学化。

第二节 生态平衡

一、生态平衡的定义

生态系统的平衡主要是凭借生态系统内部的结构与功能之间的关系所获得最优化的协调而实现的。通常，在生态系统发育的幼期，由于生态系统的结构简单、功能效率不高，尚不稳定，对外界压力反应亦最敏感，对外界生态环境变化的抗衡能力也较脆弱。当生态系统进入成熟期，它的结构复杂、成分稳定，能流、物质流和信息流沿着正常的食物链流通。这时，生态系统内部非生物和生物之间的各种成分，通过制约、转化、交换和补偿等相互作用，使生态关系达到协调，即生态系统的结构与功能之间达到相互适应，获得最优化的协调关系并表现最高的生物生产力，这种平衡称为生态平衡。

生态平衡是一种动态平衡，因为能量流动和物质循环总在不间断地进行，生物个体也在不断地进行更新。在自然条件下，生态系统总是朝着种类多样化、结构复杂化和功能完善化的方向发展，直到使生态系统达到成熟的最稳定状态为止。当生态系统达到动态平衡的最稳定状态时，它能够自我调节和维持自己的正常功能，并能在很大程度上克服和消除外来的干扰，保持自身的稳定性。有人把生态系统比喻为弹簧，它能忍受一定的外来压力，压力一旦解除就又恢复原初的稳定状态，这实质上就是生态系统的反馈调节。但是，生态系统的这种自我调节功能是有一定限度的，当外来干扰因素（如火山爆发、地震、泥石流、雷击火烧、人类修建大型工程、排放有毒物质、喷洒大量农药、人为引入或消灭某些生物等）超过一定限度的时候，生态系统自我调节功能本身就会受到损害，从而引起生态失调，甚至导致发生生态危机。生态危机是指由于人类盲目活动而导致局部地区甚至整个生物圈结构和功能的失衡，从而威胁到人类的生存。生态平衡失调的初期往往不容易被人类所觉察，如果一旦发展到出现生态危机，就很难在短期内恢复平衡。为了正确处理人和自然的关系，我们必须认识到整个人类赖以生存的自然界和生物圈是一个高度复杂的具有自我调节功能的生态系统，保持这个生态系统结构和功能的稳定是人类生存和发展的基础。因此，人类的活动除了要讲究经济效益和社会效益外，还必须特别注意生态效益和生态后果，以便在改造自然的同时能基本保持生物圈的稳定和平衡。

在人类干扰和改造之前，自然生态系统通过负反馈可以对某些组分的变化进行调整，保持着生态平衡。但人类的干扰和改造使一些生态系统某些组分缺损，这些系统已无法自我进行调整，必须由人类来控制。

人类使用杀虫剂，在杀死有害生物的同时也往往杀死了这些有害生物的天敌，而害虫是低营养级生物，繁殖能力强，生活史短，容易产生抗药能力，天敌消失后害虫更容易泛滥。中国有些草原区不管草场情况，只强调提高牲畜头数，碱化、退化、沙化严重，载畜量已明显降低，为恢复牧草生长，国家投入资金研究，可以进行人工恢复，但因管理不善，马上又会被吃光，投入远大于产出，是实质上的浪费。因此应研究牲畜的生长效率在什么年龄升高，什么时间下降。在生产效率明显下降前利用，以使最少的初级生产力得到最多的高级生产力，牲畜越冬生长少，死亡率高，如果在入冬前出栏，则可节省资源，提供较多畜产品。

一个系统的能流和物流收支平衡、结构的优化与稳定性以及生物种类和数量保持相对稳定，是生态平衡的三个基本要素。因此，衡量一个生态系统是否处于平衡状态也有其具体内容。

① 生态系统的能量流动和物质循环较长时间内保持平衡状态，即输入和输出之间达到相对平衡。

地球上的任何生态系统都是程度不同的开放系统，能量和物质在生态系统之间不断地进行着开放性流动。一方面，一部分能量和物质元素，通过绿色植物的光合作用而同化固定，或者通过降雨、尘埃下落、河水流入和地下水渗透输入到系统中；另一方面，一部分能量和物质又通过物理蒸发、生理蒸发、生物呼吸、动物迁移、土壤渗漏和排水携带等方式输出。当能量和物质的输入大于输出，生物量增加，系统继续向成熟和稳定的阶段发展，而当能量和物质的输入小于输出，生物量减少，系统就会衰退。只有能量和物质的输入和输出趋于相等时，生态系统的结构和功能才能长期处于稳定状态。

② 生态系统中的生产者、消费者和还愿者之间构成完整的营养级结构。

生产者、消费者和还原者都是组成一个生态系统的生命成分，它们与无生命成分共同构成一个完整的生态系统。其中，生产者为异养消费者和分解者提供赖以生存的食物来源，消费者是系统中能量转换和物质循环的连锁环节，分解者完成物质归还或再循环的任务。它们互相依存，互相影响，互相作用，构成完整的营养级结构，并且有典型的食物链关系和金字塔营养级规律。生态系统的组成和结构愈复杂，其稳定性就愈大，称为多样性导致稳定性定律。

③ 生态系统中的生物种类和数量保持相对稳定。

在生态平衡条件下，组成生态系统的生物种类达到最高和最适量，能进行正常的生长发育和繁衍后代，并保持一定数量的种群，以排斥其它种生物的侵入。此时，系统中有机体的数目最大，生物量最大，生产力也最大。

二、影响生态平衡的因素

影响生态平衡的因素是多种多样的，可概括为自然因素和人为因素两大类。前者如火山爆发、地震、山洪、海啸、泥石流、雷电火烧等，都可使生态系统在短时间内受到严重破坏甚至毁灭。但是，这些自然因素引起环境强烈变化的频率不高，而且在地理分布上有一定的局限性和特定性。因此，从全球范围来说，自然因素的突变对生态系统的危害还是不大的。后者是指人类的各种活动，它是生态系统中最活跃、最积极的因素。千百年来，人类的各种生产活动愈来愈强烈地干扰着生态系统的平衡，人类用自己强大的技术力量不断地向大自然索取财富，强烈地改变着自然生态系统的面貌。如果人类在不了解自然生态系统稳定性极限的情况下，盲目采取措施，势必导致生态平衡的破坏，而生态系统的反作用常常给人类造成无法弥补的损失。

人类因素对生态平衡的影响，主要表现为以下两个方面。

① 人类活动改变了生物因子，滥用自然资源，从而导致生态系统平衡的破坏，主要表现以下两点。

a. 不尊重生物在食物链中相互制约的规律，任意消除食物链中某个必要环节，或不慎重地引入新的环节而没有采取相应的控制因素，导致食物链的失控，从而引起一系列不良的连锁反应。

例如，秘鲁沿海是世界著名的大渔场，盛产鳀鱼。沿海生态系统形成特定的海藻-甲壳动物-鳀鱼-海鸟食物链结构。因为秘鲁沿岸受南美洲西海岸洪堡德暖流的影响，鳀鱼十分丰富，海鸟鸬鹚以鳀鱼为食，并把排泄出来的粪便作为筑巢材料，在附近小岛和沿岸大量筑巢，这些粪便就是有名的秘鲁鸟粪层，是含氮、磷很丰富的磷石肥料，秘鲁每年都大量采集，加以综合利用，从而促进了本国农业和外贸的发展。如果仅仅为了增加海产品产量，大量捕捞鳀鱼，一定会导致海鸟因缺少食物而数量锐减，鸟粪也随之减少，最终影响秘鲁的农业和对外贸易的发展。因此，基于上述生态规律，秘鲁政府制定法律，限制鳀鱼的捕捞量。

又如，我国河北省北部地区的麦田生态系统，在麦收季节，据统计，每亩麦田约有50～100只青蛙。一只青蛙一天可吃50～200只粘虫蛾子，而青蛙每吃一只粘虫蛾子就等于消灭600～1000只害虫。麦田生态系统就是依靠青蛙这种天然的“除虫剂”，基本上控制了害虫，保证小麦的正常生长和繁殖。但是，多年前，大肆捕捉青蛙，作为肉鸡的饲料之一。

不到几年，该地区蛙类几乎濒于灭绝。麦田因无蛙类捕食害虫，害虫危害邻近农田的谷子、玉米和高粱等农作物，为了消灭害虫，不得不大量喷施杀虫剂。这样不仅投入大量的人力和财力，而且污染了农田及其周围环境，后果是严重的。

同样，引进新物种也会引起生态系统平衡的改善或破坏，这主要取决于新物种是否能与其它物种建立良好的制约关系。如仙人掌是一种肉质旱生植物，原产南北美洲，种类很多，其中约有 26 种作为观赏植物从美国南部引种到澳大利亚。其中 *Puntica stricta* 作为篱笆植物栽种在澳大利亚东部的昆士兰和南威尔士，由于这里的生境条件十分适宜这种仙人掌生长，很快蔓延开来。到 1900 年，就占据了大约一千万英亩的土地。由于生长稠密，人难以通过，土地变得无法利用。后来，不得不从仙人掌原产地引进它的天敌蛾子（*Cacroblaslis cactorum*），才控制这种仙人掌的生长和繁殖。

b. 人类为了满足生产和生活的需要，不合理开发利用自然资源，常常导致毁灭森林，破坏草场和其它植被资源，从而打破生态系统的平衡，引起"生态性"灾难。

例如，我国素有"天府之国"的四川省，1981 年洪水灾害严重，灾及 130 多个县，二千多万人口，使人民的生命财产遭受严重的损失，造成这种灾难的主要原因，固然与大气候变化有关，但是长江许多支流特别是岷江、嘉陵江和涪江上游地区的森林遭到严重破坏，加速了水土流失，也是原因之一。据统计，四川省森林覆盖率已从 20 世纪 50 年代的 19%下降到 80 年代的 13%，尤其是岷江上游川西高山地区的绝大部分森林被砍伐，由于森林被伐，引起严重的水土流失，长江入海的泥沙总量每年达五亿吨，水土流失面积为 36 万平方公里，从而导致河床抬高，湖泊淤塞，航道缩短，洪水灾害频繁发生，后果是非常严重的。

又如 20 世纪 50 年代中后期，前苏联在干旱多风的中亚大草原开垦处女地，十年间共开垦 6000 万公顷土地。第一、第二年收获不错，但几年以后，由于土地裸露，风蚀加剧，地面蒸发加强，土质恶化，导致农作物的收获量降低。20 世纪 60 年代初风暴迭起，不断吞没耕地，摧毁作物。仅 1963 年的一次黑风暴就毁掉 3 亿多亩农田，20 多万公顷土地被沙层覆盖，邻近地区城乡生态条件也进一步恶化。正如恩格斯在总结阿尔卑斯山、小亚细亚、希腊、圣海伦岛、古巴等地自然条件恶化的历史教训后指出的"我们不要过分陶醉于我们对自然界的胜利，对于每一次这样的胜利，自然界都报复了我们，每一次胜利，在第一步都确实取得了我们预期的结果，但是在第二步和第三步却有了完全不同的、出乎预料的影响，常常把第一个结果又取消了"。

② 人类活动改变环境因子，污染环境，从而导致生态系统平衡的破坏，主要表现为以下两点。

a. 人类在工农业生产中把自然界原来不存在的或含量稀少的、分散存在的化合物、元素等排入环境，这些物质作为生态系统的组成成分，参与各种物质循环，并经过食物链各个环节的迁移、转化和富集，给生态系统造成不可挽回的后果，也给人类健康带来了极大的威胁。

在工业"三废"和生活垃圾中，有很多有毒物质，它们进入生态系统产生很大的破坏作用。例如，我国东北地区的第二松花江水系，多年来由于流域内工业布局不合理，大量未经处理的工业废水任意排入江河。仅吉林市每天就向第二松花江排放工业废水 295 万立方米。据该市某几个工厂的不完全统计，每天排放的污水含挥发酚 300 公斤、氰化物 1250 公斤、硝基和氨基化合物 3800 公斤、氨氮 3700 公斤。这些有毒物质严重污染了水系，使渔业资源遭受重大损失，个别江段鱼类几乎绝迹，并使部分渔民和沿江居民的身体健康受到危害，出现了感觉障碍、视野缩小、听力降低等慢性甲基汞中毒，类似日本水俣地区的"水俣病"。

在农业生产中大量喷洒六六六、DDT、有机磷农药等杀虫剂，造成大量有毒物质在环境中的广泛分布和积累，严重威胁人类健康，给生态系统造成不可挽回的后果。如在DDT广泛施用的25年中，大约有150万吨有毒物质进入环境，由于它的降解作用缓慢，目前全球表面估计还保存有其总量的2/3。这些农药进入食物链后能够逐级富集，威胁生物的生存，危害人类的健康。

b. 忽视综合效益的大规模工程设施或工业过程，造成水、热、气等环境因子的重大变化，从而破坏生态系统的平衡。

例如，发源于埃塞俄比亚的尼罗河，上游河水携带大量泥沙和养分流经苏丹和埃及而入地中海，在埃及的河口形成约100公里宽的肥沃三角洲。这里土壤肥沃，农业生产发达，渔业资源丰富，形成一个相对平衡和稳定的生态系统。但自1959年开始，埃及政府为了解决灌溉问题并获得廉价的电力，在尼罗河兴建了阿斯旺高水坝。水坝建成后，河水不再泛滥，上游河水携带下来的泥沙和养分沉积在坝内的水库底部，从而使下游两岸的农田失去了肥源。同时，地中海因缺少从尼罗河定期携带下来的盐分，如硝酸盐和磷酸盐等，海水浓度降低，浮游生物减少，鱼类缺乏食料，致使沙丁鱼产量从1965年（水坝未建成前）年产15000万吨降到1968年年产5000万吨，水库完成后，几乎没有沙丁鱼了。不仅如此，埃及利用水坝所提供的水，大量开辟沟渠进行灌溉。而血吸虫的中间寄主钉螺则是通过沟渠散布，使血吸虫病在埃及迅速蔓延，水库一带居民的血吸虫病发病率高达80%～100%，严重危害人民的健康。此外，由于尼罗河含沙量很大，水库很快就被泥沙所淤满，将会出现什么问题仍难以预料。因此，联合国环境会议认为阿斯旺水坝从结果来说是失败的工程。

三、生态失衡

生态系统是一个反馈系统，具有自我调节的机能。但是，这种机能是有一定限度的。在确定的限度内也即在不超过系统的生态阈值和容量的前提下，它可以忍受一定的外界压力，当压力解除后，它能逐步恢复到原有的水平。相反，如果外界压力无节制地超过该生态系统的生态阈值和容量时，它的自我调节能力便会降低甚至消失，最后导致生态系统衰退或崩溃，这就是人们常说的“生态平衡失调”或“生态平衡破坏”。

作用于生态系统的外部压力可以从两方面来干扰破坏生态平衡，一是损坏生态系统的结构，导致系统的功能降低；二是引起生态系统的功能衰退，导致系统的结构解体。造成生态平衡失调的原因是多方面的，但归纳起来可以从两个方面阐述。

（1）自然因素造成的生态平衡失调

① 生态系统内部的原因。自然生态系统是一个开放系统。由绿色植物从外界环境把太阳光和可溶态营养吸纳到体内，通过物质循环和能量转换过程不仅使可溶态养分积聚在土壤表层，而且还把部分能量以有机质的形态贮存于土壤中，从而不断地改造土壤环境。而改造后的环境为生物群落的演替准备了条件，生物群落的不断演替，实质上就是不断地打破旧的生态平衡。可见，物质和能量在表土中的积累其本质就是对原平衡的破坏。生物群落的演替可以是正向演替，也可以是逆行、退化演替。如果是逆行演替，则是打破原来的生态平衡后建立更低一级的生态平衡而已，本身意味着稳态的削弱。

② 生态系统外部的原因。由于自然因素如火山爆发、台风、地震、海啸、暴风雨、洪水、泥石流、大气环流变迁等，可能造成局部或大区域的环境系统或生物系统的破坏或毁灭，导致生态系统的破坏或崩溃。如果自然灾害是偶发性的或者是短暂的，尤其是在自然条件比较优越的地区，灾变后靠生物系统的自我恢复、发展，即使是从最低级的生态演替阶段

开始，经过相当长时期的繁衍生息，还是可以恢复到破坏前的状态的。如果自然灾害持续时间较长，而自然环境又比较恶劣，则可能造成自然生态系统的彻底毁灭（如沙漠和荒漠的形成）。然而纵观全局，自然因素所造成的生态平衡的破坏多数是局部的、短暂时、偶发的，常常是可以恢复的。

（2）人为因素造成的生态平衡失调

① 人与自然策略的不一致。人类对于自然，一个共同的目标是“最大限度的获取”。所以砍光森林，开垦草原、围湖造田、乱捕滥猎、竭泽而渔……从而造成一系列的生态失调。自然生态系统在长期的发展进化中，则是不断积累能量以消除增加的熵来维持系统自身的平衡和稳定，这种最大限度的保护策略却经受不住人类的冲击，人给以各种生态系统极大的影响，超越了它们的生态阈值，最终导致系统的崩溃。

② 滥用资源。资源是人类生存的基础，也是自然生态平衡的物质基础。长期以来，人们对资源有两点错误认识，一是认为自然资源取之不尽，用之不竭；二是认为自然资源可以无条件更新。应该说，地球上蕴藏的资源的确是丰富的，但不是无限的；大部分资源被人类利用时是有条件的，即使是可更新的资源也有更新的条件，更何况许多资源消失了不会再有，如生物物种。

人类最大限度地生产的策略自然会导致掠夺性的开发和经营，已经富有的想更加富有，贫穷的要填饱肚子，于是生活在地球上不同地区、不同国家、不同社会阶层的人共同地向大自然掠夺，导致地球上各种宝贵的资源加速耗竭，森林、草原面积减少，不但使许多生物物种灭绝，而且直接影响到气候环境和水土流失。矿产的不当开采不但浪费了宝贵的资源，而且污染了环境。对资源的滥用，使得地球各类生态系统潜伏着危机。

③ 经济与生态分离。人类有史以来，向大自然索取任何东西都是理所当然的，因而传统的经济学和经济体系中，自然界的服务不表现价值，也就是说是免费的，因而许多破坏珍贵自然资源的行为长期以来直至今天仍屡禁不止，如捕杀野生动物大象、犀牛、熊猫……因为它们的角、牙、皮毛等可以获得暴利，采集珍贵的野生药材和植物更是一本万利。这些掠夺性的行为投入少、产出高，走私、偷猎者们获得极高的经济效益，但整个社会却为他们承受长远的经济和生态后果。大自然不但是人类的宝库，还是垃圾场，许多工厂排放污物，使自然界和整个社会成为容纳污染物的免费车间以获取经济效益，这种现象用生态经济的概念称为“免费外摊”。这些现象都是个人经济效益越好，社会生态效益越坏，是经济与生态的分离而不是统一。

第三节　生态城市

一、城市生态系统

城市生态系统是人类生态系统的主要组成部分之一。它既是自然生态系统发展到一定阶段的结果，也是人类生态系统发展到一定阶段的结果。关于人类生态系统（human ecology system），名称存在着差异。有的称之为人类生态系统，有的则称之为生态-经济-社会复合生态系统，此外，还有的称之为人工生态系统（artificial ecological system）。通常，工程学界称之为人工生态系统，环境经济学或生态经济学界则多称之为生态经济系统（ecological economic system），而关注人口问题的则称之为人类生态系统。不过，这些不同的提法在定义上是大同小异的。可以接受的定义是“人类为了自身的经济利益，对自然生态系统改造和调控而形成的生态学”。这样，人工草场、人工林、鱼塘、农业、村落和城市等均是人类生态系统。因此，城市生态系统（urban ecosystem）指的是城市空间范围内的居民与自然环境系统和人工建造的社会环境系统相互作用而形成的统一体，属人工生态系统，它是以人为主体的、人工化环境的、人类自我驯化的、开放性的生态系统。

城市生态系统可分为社会、经济、自然三个亚系统。它们交织在一起，相辅相成，相生相克，导致了城市这个复合体复杂的矛盾运动。社会生态亚系统以人口为中心，包括基本人口、服务人口、抚养人口、流动人口等。该系统以满足城市居民的就业、居住、交通、供应、文娱、医疗、教育及生活环境等需求为目标，为经济系统提供劳力和智力。它以高密度的人口和高强度的生活消费为特征。经济生态亚系统以资源为核心，由工业、农业、建筑、交通、贸易、金融、信息、科教等子系统组成，它以物资从分散向集中的高密度运转、能量从低质向高质的高强度集聚、信息从低序向高序的连续积累为特征。自然生态亚系统以生物结构和物理结构为主线，包括植物、动物、微生物、人工设施和自然环境等，它以生物与环境的协调共生及环境对城市活动的支持、容纳、缓冲及净化为特征。

城市生态系统有三种功能：一是生产，为社会提供丰富的物资和信息产品，包括第一性生产、第二性生产、流通服务及信息生产四类。城市生产活动的特点是：空间利用率高，能流、物流高强度密集，系统输入、输出量大，主要消耗不可再生性能源且利用率低，系统的总生产量与自我消耗量之比大于1，食物链呈线状而不是网状，系统对外界的依赖性较大。二是生活，为市民提供方便的生活条件和舒适的栖息环境。即一方面满足居民基本的物质、能量和空间需求，保证人体新陈代谢的正常进行和人类种群的持续繁衍；另一方面满足居民丰富的精神、信息和时间需求，让人们从繁重的体力和脑力劳动中解放出来。三是还原，保证城乡自然资源的永续利用和社会、经济、环境的平衡发展。即一方面必须具备消除和缓冲自身发展给自然造成不良影响的能力；另一方面在自然界发生不良变化时，能尽快使其恢复到良好状态，包括自然净化和人工调节两类还原功能。

二、生态城市的特征

生态城市是一个符合生态规律的城市复合生态系统。我国20世纪70年代，主要从环境保护和城市建设的协调发展考虑，现今生态城市已经超越了这个范围层次，而融合了自然、社会、经济、文化、历史等因素，向更加全面的方向发展，体现的是一种广义的生态观。"生态城市"作为人类理想的人居环境，应当更明确、更全面地体现城市的本质，即宜人居住。其中不仅人与自然和谐相处，而且人与人也和睦相处，每个市民在其中都能自由自在地生活并得到充分的关怀，还有足够的机会实现个人的发展。简单地说，生态城市是指社会和谐、经济高效、生态良性循环的人类住区形式，它具有如下一些特点。

(1) 整体性与复合性　城市是人、物、空间三位一体，以人为主体的复合生态系统。人、物、空间（自然、经济、社会）相互依存，互相制约，形成一个互惠共生、不可分割的有机的整体，它的结构和功能在人类与环境之间的相互易化中协同演变。生态城市不是单纯追求环境优美或经济繁荣，而是兼顾社会、经济和环境三者的整体效益。不仅重视经济发展与生态环境协调，更注重对人类生活质量的提高。各部分形成互惠共生结构，是在整体协调的新秩序下寻求发展。一个方面的生态化不是生态城市，整体的生态化才能称为生态城市。

(2) 和谐性与偶动性　既指经济、社会与环境发展的和谐，也指人与自然的和谐，同时还指人际关系的和谐。在生态城市中，人与自然和谐共生，人回归自然、贴近自然，自然融于城市；在经济发展的同时，环境得到有效保护，社会关系良性运行。现代人类活动促进了经济增长，却将人类逼向了"生态危机"的边缘。在过去的相当长的时间里，我们过多地强调了城市的经济性质和技术力量，不仅破坏了城市和人类赖以生存的自然环境，而且也使人类社会自身出现了异化和变态，换句话说，不仅人与自然的关系出现了紧张，而且人与人的关系也难以相容与和睦。生态城市的宗旨正是要改变这种状况。从这个意义上讲，生态城市应该是“平衡的城市”（balanced city）。生态城市要营造满足人类自身进化各种需求的环境，空气清新，环境优美，同时又充满人情味，文化气氛浓郁，拥有强有力的互帮互助的群体，富有生机和活力，人与自然共生共荣，各行业、各部门之间的共生关系协调，社会和谐稳定，经济发展持续。生态城市不是一个仅用自然绿色点缀而社会混乱、缺乏生气的人类居所，而是一个充满关心和爱心、保护人、陶冶人的人居环境。

（3）高效性与循环性　生态城市要改变现代城市高耗能、非循环的运行机制，提高一切资源的利用效率，不断创造新的生产力，物尽其用，人尽其才，各施其能，各得其所，物质、能量得到多层次的分级利用，废弃物循环再生，旨在寻求建立一种良性循环发展的新秩序。生态城市发展的动力源于城市内部，源于构成生态城市的人、物、理化空间环境及其相互作用产生的意识、制度、资本的驱动，而不是其它外部条件。有人提出“循环城市”（recycling city）的概念，就是指高效、循环或多层次利用能源和资源的城市。因此，从资源问题上讲，生态城市应该是“循环城市”。还有人提出了“清洁生产城市”，也是指城市经济的运行要实现高产出、低排放（个别行业和企业可实现“零排放”），高效、循环利用资源和能源。高效性要求生态城市在宏观上要形成合理的产业结构，发展节约资源和能源的生产方式，形成高效运行的生产系统和控制系统；在微观上要积极开发有利于环境健康的生产技术，设计出更为耐用和可维修的产品，最大限度地减少废弃物，并扩大物资的回收和再利用。

（4）可持续性与协调性　生态城市是以可持续发展为根本，坚持可持续发展，充分体现自然资源与人力资源的合理配置和可持续性的开发利用。兼顾不同时间、空间合理配置资源，公平地满足后代在发展和环境方面的需要，不因眼前的利益而用“掠夺”的方式促进城市的暂时繁荣，也不为自身的发展而破坏区域的生态环境，要保证城市发展的健康、协调、持续。持续性不仅是指城市发展要注意保护自然环境，要更多地使用可再生的资源和能源，并保证可再生资源和能源的自我更新能力，保持生态的多样性，保护一切自然资源和生命支持系统，不断提高环境质量和生活质量；同时，持续性还包括经济的持续发展和社会的良性运行，对于城市来说，没有经济的发展和社会的和谐，自然环境就失去了其“人本”的意义。从这个意义上讲，生态城市必须也必然是可持续发展的城市。

（5）均衡性与安全性　生态城市是一个系统，是由相互依赖的经济、社会、自然等生态子系统组成，各子系统在“生态城市”这个大系统整体协调下均衡发展。生态城市在形态、结构和功能上是集中与分散的均衡，任何一个组分（或要素）在时空上的过度密集或分散，都会造成生态城市的过度发展或衰退，危及生态系统的安全。在一个生态城市中，人、物、理化空间环境之间各要素的相对量比关系都有一个安全范围，即生态安全范围，超出这个范围生态城市可能衰退或受损害。

（6）区域性与开放性　生态城市是在一定的区域空间范围内，人类活动与自然环境资源利用完美结合的产物，具有很强的区域性，是建立在区域平衡协调基础之上的。只有平衡协调的区域，才有平衡协调的生态城市。区域是城市生态系统运行的基础和依托，离开区域的自然和人文支持，城市就成了封闭的“孤岛”，城市与外界的物质、能量、人口、信息和文化等方面的交流就没有了畅通的渠道，城市生态系统的新陈代谢就难以进行，这样的城市是不可能实现生态化的。它与周围城市保持密切的联系，形成互惠共存的融洽关系，与国内外其它城市也保持较强的关联度，加强全球合作，共享技术与资源，维护全球生态平衡。因此，它也是一个开放系统。生态城市是以人与人、人与自然和谐为价值取向的，广义而言，要实现这一目标，需要全球、全人类的合作。“地球村”的概念就道出了当今世界不再孤立、分离的关系。因为我们只有一个地球，是地球村的主人，为保护人类生活的环境及其自身的生存发展，全球必须加强合作，共享技术与资源。全球性映衬出生态城市是具有全人类意义的共同财富，是全世界人民的共同目标。当然全球性并不是指全世界都按照一个模式去建设生态城市，而是指都按照生态原则去发展符合当地、本民族特点的、富有个性的城市。

（7）多样性 生态城市改变了传统工业城市单一化、专业化和理性化分割，进行多样性重组，同时也反映了生态城市社会生活民主化、多元化、丰富性的特点，不同信仰、不同种族、不同阶层的人能共同和谐地生活在一起。

（8）城市物质生态化 通过建设生态城市，实现城市工农业生产的生态化，要求人把现代的科技成果与传统的生产技术精华相结合，建立合理的体系，使各种资源得到更加充分的利用和保护，高效性地发展生态城市。

三、生态城市的标准

1. 生态城市的模式

生态城市是一种城市发展的过程，又是可能实现的未来城市蓝图。因此，许多人对它进行研究、设计和憧憬，这里列举几个有代表性的表述如下。

1990 年，美国生态学家提出了生态城市建设的十项计划：①普及与提高人们的生态意识；②减少不可再生资源的消耗，保护和充分利用可再生资源；③疏浚城市内部、外部物质与能量的循环流动途径；④设立生态城市建设和管理部门，完善生态城市建设的管理体制，研究提高管理技术和措施；⑤对城市进行生态重建，力求为居民创造多样的自由生存空间；⑥调整和完善城市经济生态结构；⑦加强旧城、城市废弃土地的生态恢复；⑧建立完善的公共交通系统；⑨取消汽车的补贴政策；⑩制定政策，鼓励个人、企业参与生态城市建设。这十项计划比较全面地反映了西方国家生态城市建设的热点和发展趋势。

1990 年，David Gordon 在《绿色城市》一书中提出：①绿色城市是生物材料与文化资源以最和谐的关系相联系的凝聚体，生机勃勃，自养自立，生态平衡；②绿色城市在自然界中具有完全的生存能力，能量的输出与输入达到平衡，甚至能够输出能量产生剩余价值；③绿色城市保护自然资源，依据最小需求原则消除或减少废物，对不可避免产生的废物则进行循环再生利用；④绿色城市拥有广阔的开放自然空间（公园、花园、农场、河流、小溪、海岸线、郊野等）以及与人类同居共存的其它物种（动物、植物等）；⑤绿色城市强调最重要的是维护人类健康，鼓励人类在自然环境中生活、工作、运动、娱乐以及摄取有机的、新鲜的、非化学的和不过分烹制的食物；⑥绿色城市中的各组成要素（人、自然、物质产品、技术等）要按美学原则加以规划安排，基于想象力、创造力及自然的关系；⑦绿色城市是一个充满快乐和进步的地方，要提供全面的文化发展；⑧绿色城市是城市与人类社区科学规划的最终成果，它对现存庞大、丑陋、病态、腐败以及破坏性开发的城市中心是一个挑战，它提供面向未来文明进程的人类生存地和新空间。按照这样的标准建设的城市，也称“生态城市”，即生态健康的城市。

20 世纪 90 年代以后，国际城市生态组织的国际会议认为，生态城市包括以下内容：①重构城市，停止无序蔓延；②改造传统的村庄、小城镇和农村地区；③修复被破坏的自然环境；④高效利用资源；⑤形成节省能源的交通体系；⑥实施生态经济鼓励政策；⑦强化政府管理职能。

1988年，王如松对未来生态城市的设想是：21世纪的生态城市，将从根本上扭转当今的生态耗竭和生态滞留现象。①太阳能、风能、生物能、潮汐能等可再生的自然能源将取代矿物能源，工业革命所发明的大多数采矿业将逐渐消失，不可再生性资源的耗竭将大大减少；②生态滞留周期将大大缩短，绝大多数产品都由易降解、易回收的物质组成，在失去使用价值后，都会经过再生重新进入物质循环；③水的消耗不再是困扰大多数城市的限制因子；④大多数公路、铁路干线将为绿地所取代，人们将用气垫或飞翼代替车轮；⑤便携式、充气型建筑材料的使用将彻底扭转城市建筑对自然环境和城市布局的影响；⑥生物工程技术的突破将有可能实现食物的大规模工厂化生产，使大量农田恢复自然生态；⑦智能电脑和通信技术的革命，将使得大多数生产、办公、生活和学习教育活动可坐在家里或办公室遥控，商店服务也通过电脑网络预订而自动送货上门，大大缩短工作时间；⑧变消极治疗为积极保健，保健中心通过电脑系统可以随时自动检测城市居民的健康状况，给予健身指导，防患于未然；⑨城市拥挤现象消失，废物排放量将减到最少，城市管理职能大大衰退，管理决策工作将由电脑自动完成；⑩城乡差别消失，城市居民既是职工又是自家花园的园丁，人们的生态意识大大增强，劳动成为人们的第一需要，合作共生是人们的义务和乐趣。

2. 生态城市有关标准

在建立生态城市的衡量标准之前，我们不妨先考察并借鉴一些相关的研究成果。有人为“生态城市”描绘了这样一个具体的、直观的形象：街道是为人而不是为车设计的；居民可步行、骑自行车或乘公共交通轻松抵达目的地；健康是一种福利而不仅仅是消除疾病；恢复被破坏的湿地及其它的动植物栖息地；向所有居民提供住房；食物生产和消费的本地化；开发利用可再生资源和能源；减少污染，循环利用；对环境无害的充满活力的地方经济；公众关心并参与公共决策；社会要公平对待妇女、有色人种和无生活能力的人群；为后代着想等。①这些看似互不相关的因素，正道出了“生态城市”的主要特征，即在“以人为本”前提下的环境保护、资源节约、经济发展、社会公正，实际上也正是生态城市的实实在在的衡量标准。日本学者岸根卓郎从环境保护的角度提出了生态城市的三项必要条件：一是地域环境负荷小，环境美化；二是确保自立性、安定性和循环性；三是确保与其它生物的共生性。并据此提出了具体的实施政策：开发能源和水循环、废弃物再资源化等技术系统；设计适合有效利用这种技术的社会系统；为了实现这种社会系统，制定必要的人才结构、网络结构、生活方式结构。例如，在防止温室气体方面，不仅是交通系统、物流系统，就连城市系统本身也向二氧化碳低排放方向变革，包括限制汽车的使用、自行车道路的建设、城市绿化等。②这些条件和措施显然是不全面的，但它基本抓住了生态城市的主要特征，对我们确定“生态城市”的标准和制定生态城市发展战略也具有很大的启发。《建设自贡市山水城市研究》课题组曾经为“山水城市”建立如下评价标准：a. 适度的城市规模，要与自然环境所能允许的环境容量相适应；b. 合理的空间布局，宏观上要恰当地把握城市规划的基本框架和良好格局，大城市则应采用多中心组团式格局，微观上则要求疏密得当；c. 完善的绿地系统，城市绿化覆盖率大于50%，城市绿地率大于40%，人均公共绿地大于15m²，城市干道绿化面积不少于总面积的30%等；d. 丰富的人文内涵，注意城市文脉的延续和文化风格的塑造；e. 独特的园林风韵。这些标准对于我们建立“生态城市”的评价标准也有一定的启发。1994年在英国曼彻斯特召开的全球论坛，来自50个城市的代表讨论了城市市民团体、非政府组织、私营企业、工会和城市政府应如何为达到可持续发展目标共同努力的问题，并为城市的可持续发展确立了一个多重的综合性的指标（表1-2），这些指标也可作为我们建立生态城市衡量标准时的重要参考。

表 1-2 城市可持续发展的指标

满足当代人的需要……	不损害后代满足其需要的能力……
①经济需要：包括能够获得足够的生活或生产资本，失业、生病、伤残或其它无法保证生计的经济安全保障。 ②社会、文化和健康需要：包括在一个具有自来水、卫生、排水、交通、医疗、教育和儿童培养服务的社区中，拥有一所健康、安全、可承受得起且又可靠的住房。另外，住房、工作地点和生活环境应免遭环境的危害，如化学污染。同样重要的是与人们的选择和管理有关的需求，包括他们所珍爱的家庭和街区，因为在这些地方，他们最迫切的社会和文化要求能够得到满足。住房和服务设施必须满足儿童和负责抚养儿童的成长（通常是妇女）的特殊需要。只有做到这一点，才能表明国家与国家之间，更主要的是国家内部其收入分配更加公平。 ③政治需要：包括按照能够保证尊重人权、尊重政治权利和确保环境立法得以实施的更广泛的框架，自由地参与国家和地方的政治活动，并能参与住房和社区管理及与发展有关的决策	①最低限度地使用或消耗不可再生资源：包括将住房、商业、工业和交通中消耗的矿物燃料减少到最低限度，并在可能的情况下，代之以可再生资源。另外，要尽量减少对稀少矿产资源的浪费（减少使用、再利用、再循环使用和回收）。城市中还有文化、历史和自然资产，它们是不可替代的，因而也是非可再生资源，例如，历史街区、公园和自然风景区，它们为人们提供了嬉戏、娱乐和接近自然的空间。 ②对可再生资源的可持续使用：城市可以按照可持续的方式开采利用淡水资源；对任何城市的生产商和消费者为获得农产品、木制品和生物燃料而开发的土地来说，应保证它们可持续的生态足迹。 ③城市废物应保证限制在当地和全球废物池的可接受范围：包括可再生废物池（例如河流分解可生物降解废物的能力）和非再生废物池（持久性化学物品，包括温室气体、破坏同温层臭氧的化学物质和多种杀虫剂）

注：引自：联合国人居中心编. 城市化的世界. 沈建国等译. 北京：中国建筑工业出版社，1999 年版，第 437 页。

对于“生态城市”的标准，我们有这样的基本认识：第一，生态城市的本质特征是“和谐的宜人环境”，生态城市的衡量标准必须紧紧围绕着生态城市的这一本质特征；第二，“生态城市”的核心思想是系统的自然观、“以人为本”的社会观和综合效益最高的经济观，衡量“生态城市”的标准要充分体现这些思想；第三，标准要尽可能客观全面，不能有失偏颇，要包括城市生态系统的各个方面；第四，标准既要明确又要有一定的灵活性，要是非分明，可以做出基本的判断，但不存在截然的标准，也就是说不存在一个固定的、唯一的标准；第五，“生态城市”的标准不能进行“1+1=2”或“2-1=1”等简单的数学运算，因此，它主要是一种定性的标准，其定量化至少目前看来无法保证其科学性，还只能处于初步的探索阶段。个别标准可以有一个比较明确的数量要求，如绿化覆盖率、犯罪率等，但这些数量要求仍然只是相对的，也不是“放之四海而皆准”的标准。因此我们这里不对生态城市的标准进行定量，涉及需要量化评价的指标时我们主要参考一些已经比较成熟的专项的城市考评标准。根据这些基本认识以及生态城市的概念和基本性质，并参考其它有关的城市评价体系，我们将“生态城市”的衡量标准分为三个大的方面，每个方面又具体包括一些较详细的评价标准。

(1) 自然生态标准　生态城市的自然生态标准，就是对生态城市自然环境方面的要求，也就是人们常说的“将自然融入城市，将城市融入自然”。这包括两个方面，一是合理保护和利用城市中及其周边的自然环境；二是通过改变（建设）城市及其周边的自然环境要素（如气候、地貌、水文、土壤、植被等）改善城市的自然生态环境，使城市的自然生态环境更加适于人类居住。具体有以下几个方面的标准。

① 城市规划、建设要符合生态学原理。要尊重当地的自然条件，即中国古代所谓的“像天法地”。城市空间设计（三维空间的设计，包括平面布局和竖向设计）要与地质、地貌、水文、气候等自然条件相适应，使城市天蓝气畅，地净水清，建筑布局随坡就势，保持城市必要的天然面貌和自然景观。

② 环境保护工作扎实有效，环境质量量高。对城市生产和生活造成的大气污染、水污染、

噪声污染和各种固体废物，都能按照各自的特点予以防治和及时处理，使各项环境质量指标都能达到较高水平。

③ 人与其它生物友好共生，人随时可与自然接近，将自然融于城市之中。对于城市来说，能够代表自然的主要是绿色植物，因此将自然融入城市主要是要构筑起多功能、立体化的绿化系统。城市绿化系统由城郊绿化、城区公共绿化和庭院绿化构成，要做到点线面结合、平面绿化与立体绿化结合、落叶树种与常绿树种结合，使绿化在空间和时间上都形成网络，在更大程度上发挥调节气候、美化环境、提供娱乐和休闲场所的功效。特别要注重屋顶和楼顶绿化，既可以美化环境，又可以在一定程度上调节室内及居住区的气候，还要重视城市森林的建设，因为森林的生态效益最为显著，在增强城市自净能力和扩大城市环境容量方面具有特殊的作用。要在市区建设小面积的森林，在市郊则要保留或建设大面积的森林。

④ 其它自然环境的改造工作要积极有效。例如，要在市区形成一定数量及面积的水域，并相应形成一定的地形起伏，这样不仅形成了“山水城市”的景观，而且有利于改善城市的小气候。总之，要使城市具有较强的自我组织、自我调节、自我净化能力，符合生态平衡的要求，城市生态系统可以持续健康运转。

（2）经济生态标准　“生态城市”的经济生态标准，总体上讲，就是综合效益最高，具有高效的转换系统，即人们各种社会经济活动所耗费的活劳动和物化劳动不仅能通过城市经济系统获得较大的经济成果，而且这些经济成果是在尽可能少的资源投入和尽可能少的废物产生的条件下取得的。简单地说就是“高效”、“节约”和“少污染”。具体可考虑以下指标。

① 从宏观经济上看，生态城市必须具有合理的产业结构，并实现产业的生态化。从三次产业的总体结构来看，一般应是第三产业＞第二产业＞第一产业的倒金字塔式结构。至于生态城市的各产业间的比例关系，各城市由于自然条件、历史基础、发展方向等因素的不同而不应强求一致。当然一般说来第三产业要达到一定的比重，因为第三产业往往反映了一个城市的活力及其生态系统运行的效率。有人认为第三产业的比重最好在70%以上。各产业要向生态化发展，第一产业主要发展生态农业，应以绿色食品及农业的生态效益为开发重点，并逐步向工厂化、安全化和观光化发展；第二产业主要发展生态工业，通过建立生态工业链及高新技术的开发运用，实现资源和能量的多层次分级充分利用，从而推动物质的有效转换及再生；第三产业不仅本身要生态化，而且要为生态农业和生态工业的发展创造良好的生产环境。发展生态产业，旨在满足城市消费需求的同时，又能使城市的生态环境得到有效保护。

② 要形成高效率的经济资源流转系统。该系统以现代化的城市基础设施为支撑骨架，为人流、物流、能流、信息流、资金流等各项经济资源提供高效的流转途径和条件，加速流转速度，减少经济资源在流转过程中的损耗（及因此造成的对城市生态环境的污染）。高效率的流转系统包括：构筑于三维空间并连接内外的交通运输系统，其主动脉是地铁、城市高架路等市区交通干线及高速公路、航空、铁路、航海等对外交通干线；建立在通信数字化、综合化和智能化基础上的快速有序的信息传输系统，配套齐全、保障有力的物资、能源供给系统；网络完善、布局合理、服务良好的商业、金融服务业系统；设施先进的污水、废物排放处理系统；等等。

③ 建设生态居住区。“为了使城市成为生态城市，其基本单位的住宅就必须是生态住宅。这种生态住宅与生态街区形成技术共同作用，产生生态街区；这种生态街区与生态城市形成技术共同作用，产生生态城市。”住宅区的规划和设计既要避免过于稀疏，又要避免过于拥挤，要坚持适度的高密度、集约化，以求在单位面积上集中更多的居民，从而节约土地

和投资额，更重要的是可以减少长期居住中的各种费用和消耗。建筑设计要以低层为主，但也不排除有个别高层建筑，实现建筑形式的多样化，以供多样化的选择。住宅区要实现功能的多样化，其中必须有足够的公共设施，如儿童游戏场所、体育锻炼场所等，有方便的购物及其它服务设施。

④ 保护并高效利用一切自然资源与能源。注重清洁能源（如太阳能、风能、沼气等）的使用和资源的重复循环利用，实现清洁生产和文明消费，特别是要有回收和重复利用水资源的系统。沼气的开发和使用，既节约了其它能源，又促进了生活垃圾和污水的循环利用，因此有条件的地方应积极发展沼气。由于城市中高层建筑较多，在城市发展风力发电也很有条件。对于生态城市来说，风力发电比使用沼气具有更大的优越性。

⑤ 城市设施的最小建设和人工维护费用。采用朴实、实用的建筑和装修材料与技术，避免耗能多、华而不实的城市设施设计和建设方案。城市设施是为人服务的，同时又需要人的维护。但人工维护应当符合最小化原则，应远远小于它所能提供的服务。如果一种设施需要投入大量的人力、物力和财力来建设维护而其服务能力有限，那将不符合经济生态标准。

⑥ 时空生态位的可重叠利用。如晚上可将局部马路封闭，禁止车辆通行，成为居民夜生活的娱乐场所，这是时间生态位的重叠，屋顶和墙面绿化是对空间生态位的重叠利用。这种重叠利用，也是资源利用的节约和高效。

(3) 社会与文化生态标准　如果用一个词来表达“生态城市”的社会与文化生态标准，那就是“和谐”。

① 应具有良好的社会风气。人人能自觉维护社会公共道德，人人都能够找到各自的位置并得到应有的关怀。社区要从设计上（比如社区内公共广告牌的设计等）创造鼓励居民之间人际交往的社会环境，减少人的疏离感。社区生活丰富多彩，并辅以良好的社区环境和社会保障条件，形成健康向上的舆论氛围和井然有序的社会秩序。

② 具有发达的教育体系和较高的人口素质。作为建设生态城市的基础和智力条件之一，要普及高中义务教育，成年人受教育的程度都必须在高中以上，其中受过高等教育的人数应当占30%以上。业余教育形式多样，能够满足不同年龄（包括离退休的老年人）、层次及专业的需要，提倡终生教育。

③ 社区功能多样化。有完善的、“以人为本”的社会服务设施和基础设施，为居民提供高质量的生活环境和充分的就业机会，能够满足居民现代生活的基本需要，包括物质生活需要和精神生活需要。居民生活满意度高，身心健康，安居乐业。生态建筑得到推广和普及，有宜人的建筑空间环境，人人有合适的居住空间。

④ 居民有自觉的生态意识。包括资源意识、环境意识、可持续发展观等，并以此来规范各自的行为，实现“人创造环境，环境陶冶人”的良性循环，促进人类自身的进化。

⑤ 保护和继承历史文化遗产。尊重城市的历史脉络以及居民的各种文化和生活习性，形成自由、平等、公正的社会环境。

⑥ 具有完备的法律、政策和管理体制。对人口控制、资源利用、社会服务、劳动就业、治安防灾、城市建设、环境整治等生态城市建设的各个方面都能实施高效率的管理，保证上述生态标准都能落到实处，保障城市的各项生态建设都能顺利进行。城市既应当遵守国家及上级部门的法律、法规、政策，同时还要根据自身的特殊情况及需要，在宪法和国家法律授予的权限之内制定本城市的法规、政策或法律实施细则。

以上三大方面16项标准，从不同侧面反映了生态城市的衡量标准，也是我们进行生态城市设计与建设的目标和价值取向。创建生态城市就是要依据上述标准去调节和改善城市内部的各种不合理的生态关系，提高城市生态系统的自我调控能力，通过自然的、社会的、经济的、技术的、行政的、法律的等各种手段去实现城市的持续发展。

根据联合国的有关标准，生态城市至少包括以下 6 个方面内容。

① 有战略规划和生态学理论作指导。

② 工业产品是绿色产品，提倡封闭式循环工艺系统。

③ 走有机农业的道路。

④ 居住区标准以提高人的寿命为原则。

⑤文化历史古迹要保护好，自然资源不能破坏，处理好保护与发展的关系。

⑥ 把自然引入城市。

3. 生态城市的测度

(1) 生态城市评判的理论准则 从理论上去评判一个生态城市，可以建立两种意义下的评定准则：一是强准则，即在当前城市发展状况下，任一要素（或组分）或子要素（或自组分）的增长和增质，都不会导致任意其它一种（或多种）要素（或组分）或子要素（或自组分）在量和质上的负向变化；二是弱准则，即一次或一种城市过程或活动，不会导致城市中生物或环境任一构成要素的严重损失或者萎缩以导致最终衰亡。上述两个准则需要建立严密的定量化标准以便提高可操作性。例如，可以从下面三个方面进行评判。

① 生态资本。生态资本包括自然资本、人造资本、人力资本的总量与结构多样性的动态均衡。生态城市要求：资本总量不降低或处于安全水平之内，如不会产生贫困；资本效益、效果、效率不断提高；自然资本可持续利用与循环再生；不同资本之间的可替代性与转换性高，自然资本的可调节力强，对人类服务功能不降低。

② 生态制度。制度是一种规范机制，是人类活动的相互作用过程的行为准则，是管理的灵魂。生态制度是指规范人的活动、人与自然的相互作用过程的行为准则，它是城市演化过程中通过人与自然界的自选择、自组织作用，将自然界的运行机制内化于人的社会运动机制中所形成的一种管理和调控规范系统。这种规范系统在城市尺度上的表现，即为城市生态制度。城市生态制度可分为城市自然生态制度和城市社会生态制度。城市自然生态制度是规范城市生物与生物、生物与非生物环境的协同、调控与均衡的行为准则，城市中人与生物、非生物环境的协同、调控与均衡的行为准则。城市社会生态制度是规范人的社会生活活动与自然的协调以及人的个体与群体意识行为和心理行为的调控。生态城市要求：就业、行为、意识、知识、人格等的人文制度持续健康；福利、保险、休闲、娱乐等生活制度不断改进；制度多样性与均衡性统一；制度的时间公平性与空间公平性的维持；制度选择机制完善。

③ 生态意识。生态意识是一种人的自然环境价值观，是指对人、对生物、对自然环境的存在及它们的相互作用、共同发展、衍生能力的持续增长等意义的理解和评判。是指人对人类与自然环境、生物与自然环境、社会与自然环境的意义，生物的意义、理化环境的意义及其相互作用的整体存在与共同发展意义的理解、评判与衍生能力的持续增长。这些作用过程或者说在人们头脑中的反映以及对相互作用过程和意义的理解，是一种人的思维运动过程，是人类对于自身与生存环境关系的认定（或评判），是人类与生存环境的关系在头脑中的反映。人是自然界的产物，人类从诞生的那一刻开始便与自然界结下了不解之缘。但是，长期以来人类对与自然环境的关系，始终是居于一种以人类为中心的无意识的本能行为。大多数人关心的是怎样向自然环境索取生存所需的最大限度的资源或财富，至于怎样节约和保

护环境资源的意识始终是那样淡薄。直到20世纪中期以来，当人类生存环境受到了严重威胁，人类能否继续生存下去的问题摆到人们的面前时，人们才不得不开始反思。随着人类社会的发展，人们的生态意识走过了一段从低级到高级的发展历程。现代的生态意识应该包括两个方面：一是人们要自觉地认识到自身与生存环境的辩证统一关系；二是要有为了自身与环境的可持续发展，自觉地善待环境的行为与认识。

以上三个方面的定量评判，可以从人均量和比例量两个层面上考虑。对于生态制度，主要从时间和空间的多样性和公平性考虑。随着对生态城市的研究和理解的不断深化，将会有更好的评判方法和指标提出。

(2) 生态城市的测度指标　《人与生物圈》(MAB) 于1984年提出生态城市规划的基本原则：生态保护战略、生态基础设施、居民生活标准、历史文化保护、自然融洽城市。认为生态城市包括三个层次的内容：自然地理层、社会功能层和文化意识层，并且生态滞遏系数、生态协调系数和生态平衡系数作为生态城市的衡量指标。

① 生态滞遏系数。测度城市物质能力流畅程度。

② 生态协调系数。测度城市组织结构合理程度。

③ 生态平衡系数。测度城市的自我调节能力——生态成熟程度。

城市的活动限度与其生态系统的生态限度是一致的，在生态系统的生态限度范围内发展的生态城市才是可持续发展的。可持续发展是生态城市的一个明显标志。王如松（1988）提出的城市生态系统辨识指标体系，可作为生态城市测度的参考（表1-3）。

表1-3　城市生态系统辨识的指标体系

过程		指标			控制论标尺	目的
组分辨识	类别	人口	资源	环境	空载、超载	辨识优势（利导因子）与劣势（限制因子）
	内容	人口规模、密度、结构、动态科技水平、管理水平、文化水平、道德水平、居住密度、建筑密度、交通密度、投资密度	水资源能力、能源供给能力、物质供给能力、土地供给能力、矿产供给能力、交通运输量、蔬菜副食生产能力	地质、地貌、气候、植被、地物、水文、市场、政策、土地		
	综合指标	人类活动强度	资源承载能力	环境容量		
功效辨识	类别	生活	生产	还原	高序、低序	辨识效益与损失
	内容	收入水平、供应水平、住房水平、服务水平、健康水平、教育水平、文娱水平、安全水平、交通便利度、设施便利度、闲暇时间	固定资产率、劳动生产率、资金周转率、产值利税率、能源消耗系数、物耗系数、水资源消耗系数	水体污染物超标率、大气污染物超标率、噪声强度、植被覆盖率、鸟类栖息率、景观适宜度、自然灾害频度		
	综合指标	生活质量	经济效益	环境有序度		
过程辨识	类别	物理	事理	情理	良性循环、恶性循环	辨识机会与风险
	内容	物质投入产出比、能量投入产出比、水循环利用率	土地利用比例、基础设施比例、产业结构比例、城乡关系比例、多样性指数	生活吸引力、生产吸引力、依赖性指数、反馈灵敏度、生态意识		
	综合指标	生态滞遏系数	生态协调系数	自我调控能力		

注：如王如松，1988

四、中国特色的生态城市

(一) 建设低碳型生态城市

1. 低碳城市发展的必要性

经济增长要求与能源消耗增长及CO_2排放相脱钩，包括三个方面的经济活动：在经济过程的进口环节，要用可再生能源替代化石能源等高碳性的能源；在经济过程的转化环节，要大幅度提高化石能源的利用效率，包括提高工业能效、建筑能效和交通能效等；在经济过程的出口环节，要通过植树造林、保护湿地等增加地球的绿色面积，吸收经济活动所排放的CO_2，即所谓碳汇。

发展低碳生态城市应该研究低碳生态城市发展战略，确定低碳生态城市发展任务，遵循城市功能和低碳生态城市发展要求，合理发展城市工业；科学规划、合理引导低碳生态城市发展，完善规划指标体系，推行规划环评，保障城市可持续发展；同时以全方位的可持续交通系统引导城市高效节能运转，构建可持续城市交通系统；研究推广节能技术，推广绿色建筑技术和清洁生产技术，为低碳生态城市发展提供技术保障；推进体制创新，改革财税体制和考核体系，为发展低碳生态城市营造制度环境，改革城市政府行政管理体系，转变和优化城市政府职能，促进低碳生态城市发展。

低碳城市的发展模式应当包括可持续发展理念的具体实践、实现碳排放量与社会经济发展脱钩的目标、城市内部社会经济系统的碳排放降低并维持在较低的水平、需要低碳技术的创新与应用。低碳城市必须是以低碳理念为指导，在一定的规划、政策和制度建设的推动下，推广低碳理念，以低碳技术和低碳产品为基础，以低碳能源生产和应用为主要对象，由公众广泛参与，通过发展当地经济和提高人们生活质量而为全球碳排放减少做出贡献的城市发展活动。

总之，我国对于低碳城市的生态化发展已经具有强烈的推进意识，而且在技术上、在市场化运作上都进行了切实合理的目标解读。

低碳的生产生活方式是应对我国资源环境问题的系统解决方案。我国以占全球7%的耕地、7%的淡水资源、4%的石油储量、2%的天然气储量来推动占全球21%人口的城市化进程。世界上没有一个国家像中国这样人口巨大，在城市化过程中没有大量输出移民，而是关起门来搞城市化，把环境压力全部留给自身来承担。我国的耕地、水、石油、天然气等资源极为有限，但却肩负着约占全球1/5人口的城市化使命，任务异常艰巨。这将迫使我国的城市化不能照搬美国的城市化发展模式，而要走内涵挖潜式的道路，如果按照美国模式需要“三个地球”来支撑我国的城市化。

城市消耗了85%的能源和资源，排放了相同比例的废气和废物，流经城市的河道80%以上都受到了严重的污染，事实提醒我们，无论中国还是世界都必须转变城市发展的模式。美国的城市发展模式是以仅占全世界5%的人口，却消耗着世界30%以上的资源和能源。我国虽然人均排放量在世界平均水平之下，但人口基数巨大，如果一旦城镇化的发展模式选择了欧美发达国家的模式，在不远的将来中国所排放的二氧化碳总量会逐渐变成一个将近覆盖全图的巨大方块。这是一个非常可怕的前景，没有人愿意看到这种情形的发生。这就迫使我们要对传统的城市发展模式进行深刻的反思，使城市肩负起应对气候变化这个巨大挑战的责任。低碳生态城市发展模式，自然就成为应对全球气候变化的重要手段之一。在最近召开的8国首脑会议上，17国领导人发表共同宣言，到2050年，全球的温室气体排放量应该至少减少50%，而发达国家的温室气体排放量应在1990年或其后某一年的基础上减少80%以上。这样，全球平均温度比工业化前的升幅就有希望控制在2℃以内，人类的活动就不会唤醒北半球广大冻土层中封冻了亿万年二氧化碳气体；如果全球平均温度升幅超过2℃，沉睡在冻土层中的二氧化碳气体和浅海所储藏的二氧化碳气体就可能会被释放出来，地球将进入一个温室效应正循环的气候阶段，必然会引发人类社会与自然生态的生存危机。

在我国，低碳生态城已成为各地城市发展的新模式，天津、唐山、株洲、合肥、深圳、保定、日照等城市不约而同地提出了建设低碳生态城的目标，其中有的城市已经启动生态城的规划建设，有的开始着手编制向低碳生态城转型的工作方案。迄今为止，还没有一项号召能像低碳生态城那样在全国各地得到如此积极的响应，也没有一项活动能如此广泛、深刻地改变人们的行为习惯和对传统事物的认知。这意味着无论在世界还是中国，低碳生态城市都应该成为城市发展的努力方向。

2. 我国发展低碳生态城的主要特点与优势

我国发展低碳生态城市的特点与优势主要有以下几个方面。

① 我国城市发展转型伴随着工业化，而不是发达国家的后工业化产物。自20世纪80年代提出低碳生态城市的概念之后，这个概念本身就在不断地充实和完善之中，截至目前还没有完全定型。走低碳生态城之路，每一个国家都有自己特定的条件和优势，我国城市发展转型必须结合城市产业转型与低碳工业模式的建立，必须与低碳社会的建立相结合。离开了这两者，我国的低碳生态城市建设目标就会落空。

② 我国低碳生态城市发展正处于城镇化的高潮期。根据城镇化发展曲线的趋势判断，我国还有三四十年的城镇化高速发展期，在此期间预计全国每年有1500万～2000万农民进入城镇，每年新建建筑约为20亿平方米，每个城市建成区面积平均每年增长5%左右，与此对应，我国每年将消耗约占全球40%的水泥、35%的钢铁。同时也要看到，全球现在只有发展中国家如中国和印度的城市空间结构有较大的可塑性，引入新模式来建设城市的成本相对较低。比如，欧美等发达国家要降低一吨二氧化碳气体排放所需的投资在两百欧元以上，而在中国这个数字可能仅为五分之一甚至更低。所以，应对气候变化需要全人类的共同努力和行动，通过对中国进行低碳技术应用的投资来降低二氧化碳气体排放，与投资欧美发达国家相比具有低成本高效率的优势。我国很多大城市都面临着新建卫星城来疏解主城区日益重叠拥挤的服务功能和超高密度的人口，这些新建卫星城都可以采取低碳生态城的模式，但是更重要的是，我国已有的6百多个大中城市以及2万多个小城镇都应该向低碳生态城市发展模式转型。也就是说，低碳生态城市有两种模式：一种是新建的生态城，另一种是已有城镇向低碳生态城镇转型。这两种模式是并行不悖的。

③ 我国的农耕文明有1万多年的历史，是世界上历史最悠久的农耕文明之一，传统文化中的原始生态文明理念有益于低碳生态城的建设。首先，东方民族独有的“背景视野”有利于推行生态城发展模式。东方文化与西方文化观察问题的模式不同，比如根植于西方文化的西医就是将事物割裂式地对待，头痛医头、脚痛医脚；而中医的辨证疗法是将人体看成一个整体。东方文化的大局观把地球看成一个整体，对城市化发展方向采取系统的辩证思维方式，而不是局限在某一特定工程中。其次，在中国的传统文化中充满着敬天、顺天、法天、同天的原始生态意识，这种生态意识强调城市化与生态环境保护必须走和谐共赢发展的低碳生态模式。再次，中国上万年的农耕文化促使各民族进行过大量天人同物、天人相辅、天人一体、天人同性的原始生态文明的实践，这些都有益于中国式低碳生态城发展模式的建立与实践。

④ 我国正在推行的园林城市、山水城市、历史文化名城等城市发展形态为低碳生态城

奠定了良好的基础。我国园林城市的形态具有良好的传统文化底蕴，城市中的园林景观与建筑融为一体，浑然天成，这与西方文化将景观与建筑物截然分离的理念完全不同。我国山水城市的形态强调山水与城市和谐共存，使周边的山水景观成为城市永续的、不断增值的资源。历史文化名城的城市发展形势强调对具有历史文化和民族特色的建筑和街区进行整体性保护和合理利用，把这些千百年来的优秀建筑和街区看成是不可再生的宝贵资源，通过精心保护，可以永续地成为城市低碳发展的源泉。这些都是城市可持续发展的要素和低碳生态城建设的基础。

⑤ 我国地形复杂、国土辽阔的特点决定了低碳生态城发展模式的多样性。在西方发达国家建筑能耗已经占全社会能耗的50%，建筑节能潜力巨大。在南方，可以采取遮阳、立体绿化等办法来减少建筑物的能耗，通过完善自行车等绿色交通来降低交通能耗，成为南方低碳生态城发展的主要方向。在北方严寒地区，实行冬季供热计量改革，可促进居民采用太阳能、地热能来替代传统燃料，以及调动业主改进建筑围护结构的积极性。在我国西部，50%以上的土地是沙漠和盐碱地等不适合耕种的土地，在这些缺水的地方，节水和水的再生利用就成为生态城的基本特征。针对不同地域的地理地质状况、气候条件和资源禀赋来实行不同的生态城模式，科学合理地建设新的生态家园，不仅可均衡我国城市化和生产力格局，而且还可以有效保护我国18亿亩的宝贵耕地资源底线。

⑥ 我国低碳生态城必须走城乡互补协同发展的新路子。100多年前，现代城市规划学的创始人、英国社会学家霍华德曾经指出，城市和农村必须结为夫妇，这样一种令人欣喜的结合将会萌生新的希望，焕发新的生机，孕育新的文明。这就是说，农村与城市必须走共同协调发展的道路，这是城乡一体化的科学的范畴。农村如何发展？以农村改造为例，如果农村改造成城市那样，大量消耗不可再生的能源，发展单向性非循环经济，追求像城市那样高能耗的生活方式，出现美国式的过度郊区化现象，后果将非常严重！所以，从农业生态角度看，农业发展与第三产业服务业发展相互依存，用绿色可持续的理念保持和巩固循环经济型的农业发展，让农家乐兴起、农耕文明振兴，引导农村农业走一条循环式的、可持续的发展道路。

⑦ 创新城市发展模式能够深化国际合作。正是因为应对全球气候变化是人类社会压倒一切的紧迫性课题，近年来很多欧美发达国家都有与我国合作建立生态城的意向，包括英国、德国、法国、美国、荷兰、意大利等都希望与我国一起探索建立生态城的合作发展模式。以城市为单元整体降低二氧化碳气体排放，还可以有效利用《京都议定书》的清洁发展机制（CDM）来获取额外的资金。

⑧ 中国特色的生态城市必然是社会和谐、充分体现社会公正、能够保证全社会持续进步的城市。城市的性质历来就是以宽容、自由、文明为基调的，“人的相互作用与交往是城市存在的本质”，这也是许多城市将自身的发展方向定位在和谐、生态、可持续的原因。城市无论怎么发展，都不应偏离使人们生活更加美好的目标。

（二）建设循环经济型生态城市

1. 循环经济的一般认识和实践方式

循环经济是一种新型的发展，追求用发展的办法解决资源约束和环境污染的矛盾，并从重视发展的数量向发展的质量和效益转变，从线性式的发展向资源-产品-再生资源的循环式发展转变，从粗放型的增长转变为集约型的增长，从依赖自然资源开发利用的增长转变为依赖技术创新的增长。循环经济也是一种多赢的发展，在提高资源利用效率的同时，重视经济发展和环境保护的有机统一，重视人与自然的和谐，兼顾发展效率和公平的有机统一，兼顾优先富裕与共同富裕的有机统一。

循环经济在实践中，一般包括三个层次不同而又有序衔接的层面：一是企业层面上的“小循环”，即企业按照清洁生产的要求，采用新的设计和技术，将单位产品的各项消耗和污染物的排放量限定在先进标准许可的范围之内；二是区域层面上的“中循环”，通过延长和拓展产业链，将一系列彼此关联的企业或产业链组合在一起，形成产业共生体，即通过企业或产业间的废物交换、能量的梯级利用等方式，将污染尽可能地在生产企业内处理，减少生产过程的污染排放；三是社会层面上的“大循环”，即通过废弃物的再生利用，实现消费过程中和消费过程后的物质与能量循环。

2. 循环经济与生态城市

(1) 循环经济与生态城市的内在联系 循环经济和生态城市都是在环境污染、资源消耗过大等背景下提出的，都是要解决人口、资源、环境之间的矛盾，都强调协调人与自然之间的关系和人与人之间的关系。所不同的是，循环经济着重于如何改变传统经济的线性发展模式，实现低开采、高利用、低排放，是以物质能量梯次和闭路循环使用为特征的循环经济发展模式。生态城市首先体现的是区域、范围的概念，是在一定的地理空间上建设具有和谐性、高效性、持续性、系统性、区域性、全球性的城市。

(2) 循环经济是建设生态城市的必由之路 首先，我国人口众多、资源相对贫乏、环境脆弱，如果按照传统经济模式来发展城市，必然需要大量的资源，会对环境造成巨大的破坏，这都是我们无力承担的，所以要运用循环经济模式来建设生态城市，减少资源占用，增加资源利用程度，减少污染排放，保护环境。其次，建设生态城市，就必然要对污染物进行处理，当前基本上是采用末端治理方式，即“谁污染，谁治理”，这种“先污染，后治理”的处理方式是发达国家走过的老路，成本太高，效果不佳。因此，降低成本，减少污染物排放，才是循环经济模式应有之义。

(3) 城市是发展循环经济的绝佳基地 循环经济模式的实现有三种层次，分别是企业层次的小循环、生态产业园区层次的中循环和社会层次的大循环。城市是经济聚集地，企业层次的循环以及基于产业共生基础上的产业园区层次的循环都在城市中有广阔天地。城市除了有为本城市生产生活服务的非基本职能外，还有为区域中其它地区生产生活服务的基本职能。这种基本职能的突出表现就在于城市的极化效应和涓滴效应。

3. 循环经济为生态城市建设提供了一种新的范式

对于产业发展而言，遵循循环经济的理念，产业在提高资源能源利用率的基础上，增强了自身及城市竞争力；对于城市建设而言，要求用地布局及基础设施和公共服务设施更符合循环经济的发展要求，更要体现产业发展的可持续性及市民生活的舒适性。

按照循环经济的理念，进行城市规划和建设，有助于节约资源，提高资源和能源的利用率，同时实现产业在空间上合理布局。

以兰州市西固区工业循环体系为例，说明实践循环经济对于生态城市建设的重要性及途径。西固区生态工业系统包括了石油化工行业、铝工业、建材行业、纺织行业、机械制造业、基础设施行业及环保产业七大行业类型。根据上下游关系、技术可行性和经济可行性以及环境友好的要求，核心企业及其相关的附属企业组成七个相对独立、相互共生的工业生态群落（即工业生态小区），通过共同产品、水或能量的关联，构成多种物质能量链接的生态链网络。以中国石油兰州石化分公司（简称中石油）、中国石油兰州化工公司（简称中石化）、兰州铝厂、兰州西固热电厂、蓝天浮法玻璃有限责任公司等企业为核心，辅以水泥厂、五金回收公司等相关企业，形成西固区生态工业体系。中石油的污水经过内部处理，达标的中水全部供西固热电厂作为冷却补充水；由热电厂为中石油、中石化及其它企业提供工业蒸汽，同时也为兰州市大部分居民提供暖气；中石油炼油的废渣石油焦，作为兰州铝厂电解铝的阳极原料；而兰州铝厂的废料赤泥，可以通过先进工艺，作为生产纯黑色微晶玻璃板材的原料；由五金回收公司回收的废弃铝材，可作为铝品深加工的原料，有助于节能降耗；热电厂、煤化工企业燃烧煤炭后的粉煤灰、煤矸石等废渣，作为水泥厂生产水泥的原料。总之，西固区企业通过物质流、能量流、水流、信息流，构成企业之间物质循环利用、能量梯级利用、水的循环利用以及信息共享各方面的合作关系，达到西固区在实现经济增长的同时节能降耗，逐渐形成西固区完善的生态工业循环系统。

4. 其它行业的循环经济建设

建设生态城市，要从城市内关系市民及城市建设的各个方面着手，同时还要兼顾城市外围的生态化建设。通过城市内部的各个行业及外部空间的农业逐步实践循环经济，来实现城市的生态化建设。下面简略介绍循环型的信息业、物流业、旅游业、环境卫生业及农业的概念及相关发展思路。

(1) 循环型的信息业　从循环经济的角度看，循环型信息产业主要包括两个方面的含义：一是按 3R 原则［即减量化（Reducing）、再使用（Reusing）、再循环（Recycling）］，实现信息的获取、存储、处理、传递和提供利用，即信息服务业的内部循环。二是发挥信息的作用，实施信息化带动工业化，改造、提升传统产业，促进可循环的信息资源部分代替物质资源，实现信息服务业的外部循环。

(2) 循环型的物流业　循环型物流也称之为绿色物流，是指从节省资源、保护环境的角度对物流体系进行改进，以形成资源循环、环境共生、生态友好型的物流系统。循环型的物流系统改变原来经济发展与物流、消费生活与物流的单向作用关系，在抑制传统直线型的物流资源消费对环境造成危害的同时，以可持续发展、生态经济学和生态伦理学为指导思想，采取与环境和谐共处的态度和全新理念，遵循 3R 原则，建立一个封闭的循环型物流系统，使得物流资源消耗减少、物流资源能够被重复使用、末端的废旧物流资源能回流到正常的物流过程中来，被重新利用。

(3) 循环型的旅游业　循环型的旅游是新兴的一种可持续性的旅游发展模式，是循环经济发展思想在旅游中的具体实现，是一种促进"人与自然、人与人、人自身身心和谐"的旅游活动，在保护环境的前提下使旅游目的地资源环境贡献消耗比达到最优。它遵循循环经济"减量化、再利用、再循环"的 3R 原则，运用生态规律，在旅游活动中实现"资源-产品-再生资源"的反馈式流程，以达到"合理开采、高效利用，最低污染"的目的。它考虑到旅游目的地的资源和环境容量，实现旅游业经济发展生态化与绿色化，以保护旅游环境为目的，最大限度地在增加旅游者享受到的旅游乐趣以及给当地带来经济效益的同时，将旅游开发对当地造成的各种消极影响减小到最低程度。

(4) 循环型的环境卫生业　目前城市被垃圾包围的现象日益严重，不仅占用了大片土地，阻碍城市的进一步发展，也对生态环境造成严重干扰，破坏了生态平衡。对垃圾的再利用存在较大的潜力，既有客观的经济价值、社会价值，同时具有意义深远的生态价值。循环型环境卫生业就是按可持续发展战略的客观要求，通过政府的扶持、公众和社区的参与、垃圾产业和环卫关联产业有机结合的市场运作，实现城市垃圾资源循环利用（现实的）和永续利用（理想的）目标的一种经济。在垃圾处理问题逐渐发展成为世界性的一大难题的今天，循环型环境卫生业的建立和运行有其历史的必然性。

(5) 循环型的农业　循环农业可理解为循环经济理念在农业生产领域的延伸和运用，是在既定的农业资源存量、环境容量以及生态阈值综合约束下，从节约农业资源、保护生态环境和提高经济效益的角度出发，运用循环经济的方法组织的农业生产活动以及农业生产体系。通过末端物质能量的回流，形成物质能量循环利用的闭环农业生产系统。

习题与思考题

1. 简述生态系统的组成成分及其特征。
2. 生物量和生产力有何区别？
3. 说明生态系统中生物地球化学循环的两种类型及各类型的不同点。
4. 举例说明生态系统信息传递的类型。
5. 何为生态平衡？生态平衡对人类实践有何指导意义。
6. 人类对生态平衡的影响因素有哪些？
7. 简述造成生态系统生态失衡的具体原因。
8. 如何保证生态城市的可持续发展？
9. 衡量生态城市的标准是什么？
10. 简述建设有中国特色生态城市的意义及必要性。

第二章 可持续发展

第一节 可持续发展的形成

从第一次产业革命开始，人类的经济与社会就进入了一个空前发展的历史时期。20世纪以来，随着科技进步和社会生产力的极大提高，人类创造了前所未有的物质财富，加速推进了文明发展的进程。现在，人类远古以来的梦想与企望——上天、入地、千里眼、顺风耳，宏观世界、微观世界……都已成为现实，人类的生活越来越方便，越来越舒适。与此同时，世界人口急剧增长、资源过度消耗与大量浪费、严重的环境污染和生态破坏，都已成为全球性的重大问题，它们不仅严重地阻碍着经济的发展和人民生活质量的提高，而且已威胁到人类的生存和发展。在这种严峻形势下，人类不得不重新审视自己的社会经济行为和走过的历程。认识到通过高消耗追求经济数量增长和“先污染后治理”的传统发展模式已不再适应当今和未来发展的要求，而必须努力寻求一条人口、资源、经济、社会与环境相互协调的、既能满足当代人的需求又不对满足后代人需求的能力构成危害的发展模式。也就是在这样的历史背景之下，可持续发展的理论逐步形成了。它脱胎于单纯发展理论，但在深度上和广度上都更加深化和拓展，并迅速成为全球行动纲要和发展战略。

一、早期的反思

20世纪50年代以来，人类开始面临一系列的环境问题，并进行了认真的探索，美国科学家蕾切尔卡尔逊（Rachel Carson）称得上是一位先行者。她注意到由于化学杀虫剂的生产和应用，很多生物随着害虫一起被杀灭，连人类自己也不能幸免。首先对世人发出了警告。她在那本闻名于世而且也必将载入史册的《寂静的春天》中通过对污染物富集、迁移、转化的描写，阐明了人类与大气、海洋、河流、土壤、动植物之间的密切关系，初步揭示了污染对生态系统的影响，她告诉人们，“地球上生命的历史一直是生物与其周围环境相互作用的历史”，“只有人类出现后，生命才具有了改造其周围大自然的异常能力。在人对环境的所有袭击中，最令人震惊的是，空气、土地、河流以及大海受到各种致命化学物质的污染。这种污染是难以恢复的，因为它们不仅进入了生命赖以生存的世界，而且进入了生物组织内”，她在书中描述了一幅十分可怕的图画：“从那时起，一个奇怪的阴影遮盖了这个地区，一切都开始变化，神秘莫测的疾病袭击了成群的小鸡、牛羊，病例和死亡不仅出现在成人中，而且在孩子们中间也出现了一些突然的、不可解释的死亡现象。一种奇怪的寂静笼罩了这个地方，这儿的清晨曾经荡漾着鸟鸣的声浪，而现在一切声音都没有了，只有一片寂静覆盖着田野、树林和沼泽”，她还向世人呼吁：“我们长期以来行驶的道路，容易被人误认为是一条可以高速前进的平坦、舒适的超级公路，但实际上，这条路的终点却潜伏着灾难，而另外的道路则为我们提供了保护地球的最后唯一的机会”，卡尔逊没有能确切地告诉人们这“另外的道路”究竟是什么样的，但《寂静的春天》像是黑暗中的一声呐喊，唤醒了广大民众。尽管当时的工业界特别是化学工业界因担心卡尔逊这些惊世骇俗的预言会损害他们的商业利益而对她发起了猛烈的抨击，尽管当时的美国政府没有及时给予卡尔逊应有的支持，尽管卡尔逊本人在书籍出版两年后，终因遭受到癌症和诋毁攻击的双重折磨而与世长辞，卡尔逊的警告还是唤醒了人类，从那时起，在社会意识和科学讨论中出现了一个崭新的词汇——环境保护。卡逊的思想在世界范围内引发了人类对自身行为和观念的深入反思。

令人遗憾的是，《寂静的春天》引发的杀虫剂之争虽然已经有了较为明确的结论，DDT和一些剧毒农药也早已被禁用，但从她的著作发表后三十几年时光消逝，卡尔逊所忧虑的局面不但没有消失，反而是更加严重了；人类面临的环境问题已经从局部的小范围发展成地区性的甚至是全球性的了，其影响也更广泛更深远了。面对如此众多如此严重的环境问题，面对人类生死存亡的抉择，越来越多的人追随着卡尔逊，进行了严肃的思考。人们发现，环境问题的出现和发展与经济的发展是同步的，经济的发展是人类所驱使的。因此为了迎接环境问题的挑战，争取继续生存和继续发展的权利，研究分析人类环境与发展二者之间的关系是十分必要的。

人类发挥自己的聪明才智，通过辛勤劳动及发明创造，促进了工农业发展和城市建设。原来的荒地成了米粮仓；不毛之地成了繁华的大都市；原来沉睡在地下或紧锁在原子内部的能源被开发出来为人类利用；原来交通阻隔、鸡犬相闻、老死不相往来的世界，变成了交通便利、情息通达、人们息息相关的地球村等，人类从自然界获取了似乎是无穷无尽的资源，把环境改造得更适合人类的需要，这无疑是人类对环境的正面作用，但人类的发展同时也在愈来愈深刻地改变着自然界，例如自然资源的过度消耗、环境质量的不断下降，就都是人类发展对环境的不利影响的表现。

人类生产活动和城市建设对自然环境的正反两个方面的影响是相互联系、交织在一起的。值得注意的是，负面的影响往往要在较长的时间里才能显现出来。人们常常只看到自己的活动带来的短期效果，而忽略了其负面影响。比如，人们为了增加粮食生产而围湖造田，毁林开荒，却没有看到由此会带来水土流失、土壤沙化的后果；人们为了一时的增产而过度捕捞，却没有想到因此破坏了渔业资源；等等。也因为负面影响显示较慢这一特点，所以在很长时间内都没有引起人们注意。工业革命以来，特别是20世纪以来，在科学技术和工业飞速发展、人们的生活水平显著提高的形势下，人们高唱凯歌，欢呼人类征服自然的伟大胜利，提出了一个又一个征服自然的宏伟计划。然而，就在此时，上述的各种环境问题相继爆发，这是自然对人类的抗议和报复，也是人类发展史中最深刻的教训。

二、人类的觉醒

随着科学技术的进步和工农业建设的发展，人类对自然的利用和改造愈来愈广泛和深刻，至20世纪中叶，人类活动的影响已超出地球的范围而进入了太空，同时工业化和城市化带来的环境问题日趋严重，已逐步成为人类面临的一大危机，这说明人类的发展已经成为主导的、决定的因素。是人类自己创造了高度文明、优越的生活，充分利用和发展了环境和资源对人类的正面作用；但同时也是人类自己破坏了环境，过度消耗了资源，造成了环境和资源的危机。此时人类对环境和资源的负面作用已在一定程度上超过了正面效应。作为回报，环境和资源对人类和发展的负效应也逐步增大，表现为污染了的环境威胁着人类的健康和生命安全，资源的枯竭制约了进一步的发展。可以说，此时已出现了一种对人类对地球都不利的恶性循环。

越来越多的人终于警觉到，这种恶性循环如不加控制任其发展，必将危及人类的前途、地球的命运。因此出现了更多为环境保护呐喊并鲜明地指出必须调整发展模式的思想家和行动家。1968年，来自世界各国的几十位科学家、教育家和经济学家等学者聚会罗马，成立了一个非正式的国际协会——罗马俱乐部，它的工作目标是关注、探讨与研究人类面临的共同问题，使国际社会对人类困境包括社会的、经济的、环境的诸多问题有更深入的理解，并在现有全部知识的基础上提出应该采取的能扭转不利局面的新态度、新政策和新制度。受俱乐部的委托，以麻省理工学院 D. 梅多斯（Dennis. J. Meadows）为首的研究小组，针对长期流行于西方的高增长理论进行了深刻反思，并于 1972 年提交了俱乐部成立后的第一份研究报告——《增长的极限》。报告深刻阐明了环境的重要性以及资源与人口间的基本联系，报告认为：由于世界人口增长、粮食生产、工业发展、资源消耗和环境污染这 5 项基本因素的运行方式是指数增长而非线性增长，全球的增长将会因为粮食短缺和环境破坏于 21 世纪某个时段内达到极限。也就是说，地球的支撑力将会达到极限，经济增长将发生不可控制的衰退，继而得出了要避免因超越地球资源极限而导致世界崩溃的最好方法是限制增长，即“零增长”的结论。

这个报告在世界上产生了极大的反响，人们关注世界的未来，对书中的观点展开了激烈的争论。有人支持《增长的极限》所持的观点，认为如果人类不控制发展，世界将更加拥挤，污染将更加严重，生态将更不稳定，尽管物质产量会更加丰富，而更多的人将更加贫困。《增长的极限》曾一度成为当时环境运动的理论基础，在保护环境的运动中起了巨大的作用。但也有人反对《增长的极限》的结论，认为地球有足够的土地和丰富的资源，可以支持经济不断发展的需要，而且生产的不断增长能为更多的生产进一步提供潜力。他们还认为，只有经济的不断发展才能为解决环境问题提供资金和技术。显然由于种种因素的局限，《增长的极限》的结论和观点存在十分明显的缺陷，但是，报告所表现出的对人类前途的“严肃的忧虑”以及对发展与环境关系的论述，是有十分重大的积极意义的。它所阐述的“合理的持久的均衡发展”，为孕育可持续发展的思想萌芽提供了土壤。

1972 年，联合国在瑞典斯德哥尔摩召开了“人类环境会议”，来自世界 113 个国家和地区的代表汇聚一堂，共同讨论环境与人类的关系及二者的相互影响。这是人类第一次将环境问题纳入世界各国政府和国际政治的事务议程。大会通过的《人类环境宣言》向全球呼吁：“现在已经到达历史上这样一个时刻，我们在决定世界各地的行动时，必须更加慎重地考虑它们对环境产生的后果。由于对环境的无知或不关心，我们可能给人类所依赖的地球环境造成巨大的无法挽回的损失。因此，保护和改善人类环境是关系到全世界各国人民的幸福和经济发展的首要问题，是全世界各国人民的迫切希望和各国政府的责任，也是人类的紧迫任务，各国政府和人民必须为着全体人民和子孙后代的利益而做出共同的努力”。

大会通过的《人类环境宣言》阐明了以下七个观点：①人是环境的产物，也是环境的塑造者；②保护和改善环境，关系到人民的福利和经济发展，是人民的迫切愿望，是各国政府的责任；③人类改变环境的能力，如妥善地加以利用，可为人类带来福利，如运用不当，则会对人类和环境造成不可估量的损失；④发展中国家的环境问题多数由于发展迟缓而引起，因此应致力于发展，同时注意保护和改善环境，发达国家的环境问题则多由于工业和技术的发展而引起；⑤人口增长不断引起环境问题；⑥人类必须运用知识，与自然取得协调，为当代和子孙保护和改善环境，这与和平、发展的目标完全一致；⑦为达到上述目标，每个公民、机关、团体和企业部负有责任，各国中央和地方政府负有特别重大的责任，对于区域性和全球性的环境问题，应由国际组织采取行动。

这一切都表明，作为探讨保护全球环境战略的第一次国际会议，联合国人类环境大会的意义在于唤起各国政府和人民共同关注环境问题特别是环境污染问题。尽管大会对整个环境问题的认识比较粗浅，对解决环境问题的途径尚未确定，但是，它正式吹响了人类共同向环境问题挑战的进军号。各国政府和公众的环境意识，无论是在广度上还是深度上都向前迈进了一步。

三、可持续发展的提出

“人类环境会议”决定成立以挪威首相布伦特兰夫人为首的世界环境与发展委员会，对世界面临的问题及应采取的战略进行研究。1987年，世界环境与发展委员会发表了影响全球的题为《我们共同的未来》的报告，它分为“共同的问题”、“共同的挑战”和“共同的努力”三大部分。在集中分析了全球人口、粮食、物种和遗传资源、能源、工业和人类居住等方面的情况，并系统探讨了人类面临的一系列重大经济、社会和环境问题之后，这份报告鲜明地提出了三个观点：①环境危机、能源危机和发展危机不能分割；②地球的资源和能源远不能满足人类发展的需要；③必须为当代人和下代人的利益改变发展模式。在此基础上报告提出了“可持续发展”的概念。报告深刻指出：在过去，我们关心的是经济发展对生态环境带来的影响，而现在，我们正迫切地感到生态的压力对经济发展所带来的重大影响。因此，我们需要有一条新的发展道路，这条道路是一条不仅能在若干年内、在若干地方支持人类进步的道路，而是一直到遥远的未来都能支持全球人类进步的道路。这实际上就是卡尔逊在《寂静的春天》没能提供答案的所谓的“另外的道路”，即“可持续发展道路”。布伦特兰夫人鲜明、创新的科学观点，把人们从单纯考虑环境保护引导到把环境保护与人类发展切实结合起来，实现了人类有关环境与发展思想的重要飞跃。

四、重要的里程碑

1992年，联合国在巴西里约热内卢举行了“环境与发展大会”，有183个国家，102位国家元首和70个国际组织出席，大会空前热烈，经过反复讨论，通过了《里约热内卢环境与发展宣言》（又名地球宪章）、《21世纪议程》以及一些有关环境问题的公约。这次大会标志着自从1972年联合国人类环境会议召开到1992年的20年间，国际社会关注的热点已由单纯注重环境问题逐步转移到环境与发展的关系上来。《里约宣言》是开展全球环境与发展领域合作的框架性文件，是为了保护地球永恒的活力和整体性，建立一种新的、公平的全球伙伴关系的“关于国家和公众行为基本准则”的宣言，它提出了实现可持续发展的27条基本原则。《21世纪议程》则是全球范围内可持续发展的行动计划，它旨在建立21世纪世界各国在人类活动对环境产生影响的各个方向的行动规则。这两个历史性的文件表明，可持续发展已得到世界最广泛范围和最高级别的政治承诺。

以这次大会为标志，人类对环境与发展的认识提高到了一个崭新的阶段，它对人类发出了走可持续发展之路的总动员，使人类迈出了跨向新的文明时代的关键性一步，从而为人类的环境与发展矗立一座重要的里程碑。

第二节　可持续发展的内涵及原则

“控制人口，节约资源，保护环境，实现可持续发展”。这是中国环境与生态学者及中国政府对全球性发展资源、生态环境的锐减、污染和破坏而提出的一句极为科学而鲜明的行动纲领。

一、可持续发展的内涵

“可持续发展”从字面上理解是指促进发展并保证其可持续性，很明显，它包括了两个概念：发展和可持续性。

（一）发展

狭义的发展（development）指的只是经济领域的活动，其目标是产值和利润的增长、物质财富的增加。当然，为了实现经济增长，还必须进行一定的社会经济改革，然而，这种改革也只是实现经济增长的手段。

发展不应当狭义地被理解为经济增长。经济增长是发展的必要的条件，但并不是充分的条件。如果经济增长随时间推移不断地使人均实际收入提高却没有使社会和经济结构得到改善，就不能认为它是发展。经济增长只是发展的一部分，发展只有在使人们生活的所有方面都得到改善才是真正的发展。

“发展”一词，无论怎样理解，它至少应含有人类社会物质财富的增长和人群生活条件的提高，由此，问题可归结为：人类社会物质财富的生产究竟应该增长到什么程度和如何增长才能使人类社会的发展成为可持续性的？

通常认为，发展受到三个方面的因素制约：一是经济因素，即要求效益超过成本或至少与成本平衡；二是社会因素，即要求不违反基于传统、伦理、宗教、习惯等所形成的一个民族和一个国家的社会准则，必须保持在社会反对改变的忍耐力之内；三是生态因素，即要求保持好各种陆地的和水体的生态系统、农业生态系统等生命保障系统以及有关过程的动态平衡，其中生态因素的限制是最基本的。发展必须以保护自然为基础，必须保护世界自然系统的结构、功能和多样性。

地球生命保障系统的保障力量究竟有没有极限呢？这就是所谓“环境承载力”问题。环境承载力是指一定时期内，在维持相对稳定的前提下，环境资源所能容纳的人口规模和经济规模的大小。显然，地球的承载力绝不是无限的，因为最基本的一点是：地球的面积是有限的。我们的活动范围必须保持在地球的承载力的极限之内。“发展”这种人为改变环境的活动，既要使环境能够更有效地满足人类的需求，又必须立足于自然界的可再生资源能够无限期地满足我们当代人和后代人的需求以及对不可再生资源的谨慎节约的使用。

（二）可持续性

“持续”一词来源于拉丁语 sustenere，意思是“维持下去”或者“保持继续提高”。针对资源与环境而言，则意味着保持或延长资源的生产使用性和资源基础的完整性，使自然资源能够永远为人类所利用，不至于因其耗竭而影响后代人的生产与生活。可持续性的最基本的、必不可少的原则是保持自然资源总量存量不变或比现有的水平更高。从经济学角度讲，单纯使用存在银行里的本金所产生的全部利息就是一种可持续的过程，因为它保持了本金的数目不变，而任何比这更高的资金使用速度则会减少本金。

1. 可持续性的定义

从普遍意义上说，任何一种行为方式，都不可能永远持续不断地进行下去。在一个有限的世界里，它总会受到这样或那样的限制。每当人类面临这一时刻，总会意识到该有新的行为方式诞生，并通过替代物的出现、技术的进步和制度的创新来完成。人类的历史进程已经证明了这一点，因为迄今为止人类发展本身在某种意义上就是一个“可持续发展”过程，但这并不意味着人们可以无视以往的教训，盲目地认为“车到山前必有路”。事实上，自然界已经发出了警告，而可持续性正是一种新的行为方式。此外，通常所讲的持续，只是在人类现有的认识水平上的可预见的“持续”，现实世界还有许多不确定和尚未为人所知的东西。因此，对可持续性的定义不应拘泥于当前的状态，而应定义出一个范围，在此范围内可以有较大的灵活性。

2. 可持续是可以做到的

穆拉辛格等人认为，只有当全部资本的存量随着时间能够保持一定增长时，这种发展途径才是可持续的。如果收益的获得是通过使环境付出高额代价才得以实现的，那么它就不是可持续的。如果经济增长只是指数量上的增长，那么从逻辑上讲，星球上的有限资源使其不可能实现无限的可持续发展，而如果经济增长是指生活质量的进步，并不一定要求对所消费的资源在数量上的增加，这种对质量进步超过对数量增加的追求才是可持续的，从而可以成为人类长期追求的目标。

自然资源的有限性实际上只能说明人类对其利用的一种历史性。在人类社会的一定历史时期，由于技术的、经济的、社会的、自然的因素的限制，可供人类利用的资源确实有限，但随着科学技术的进步，对自然资源的利用范围也将扩大。薪柴、煤炭、石油、核能的燃料发展谱系和木材、石块、青铜、钢铁、合成材料的材料发展谱系，都证明自然资源的利用范围是随着科学技术的发展而不断扩大的。

1980 年，世界自然保护联盟（IUCN）、联合国环境署（UNEP）和世界野生生物基金会（WWF）的结论认为：可持续性需要维持基本的生态过程和生命保障系统，保护基因多样性，可持续地利用物种和资源。保护基因多样性、可持续地利用物种和资源是维持基本的生命过程和生命保障系统的基础。世界银行行长巴伯·可纳布尔有一句精练的话：和谐的生态就是良好的经济。尽管可持续性在很大程度上是一种自然的状态或过程，但是不可持续性却往往是社会行为的结果。人的一切需求，归根结底也都是社会的需求，现代人的一切活动都是受社会调节的。

综上所述，可持续发展是一种从环境和自然资源角度提出的关于人类长期发展的战略和模式，它不是在一般意义上所指的一个发展进程要在时间上连续运行、不被中断，而是特别指出环境和自然资源的长期承载能力对发展进程的重要性，以及发展对改善生活质量的重要性。可持续发展的概念从理论上结束了长期以来把发展经济同保护环境与资源相互对立起来的错误认识，并明确指出了它们应当是相互联系和互为因果的。广义的可持续发展是指随着时间的推移，人类的福利能连续不断地增加或保持。

二、可持续发展的概念

可持续发展的概念来源于生态学，最初应用于林业和渔业，指的是对于资源的一种管理战略，如何仅将全部资源中的一部分加以收获，使得资源不受破坏，而新成长的资源数量足以弥补收获的数量。以后，这一词汇很快被用于农业、开发和生物圈，而且不限于考虑一种资源的情形。人们现在关心的是人类活动对多种资源的管理实践之间的相互作用和累积效应，范围则从几个大区扩大到全球。

可持续发展一词在国际文件中最早出现于 1980 年由国际自然保护同盟在世界野生生物基金会支持下制订发布的《世界自然保护大纲》。在联合国环境规划署 1987 年 4 月发表的《我们共同的未来》中将可持续发展定义为“既满足当代人的需求，又不危及后代人满足其需求的发展”。该定义简单明了、鲜明，受到国际社会的普遍赞同和广泛接受。可持续发展是一种从环境和自然资源角度提出的关于人类长期发展的战略或模式，它不是一般意义上所指的一个发展进程在时间上的连续性，而是特别指出环境和自然资源的长期承载力对发展的重要性，以及发展对改善生活质量的重要性。可持续发展的概念从理论上结束了长期以来把发展经济同保护环境与资源相互对立起来的错误观点，并明确指出了它们应当是相互联系和互为因果的辩证关系，是人类发展观念的一次重大革命。可持续发展既是一种新的发展论、环境论、人地关系论，它又可以作为全球发展战略实施的指导思想和主导原则。可持续发展与环境保护是密不可分的。正如联合国环境规划署第15届理事会《关于可持续发展的声明》所说："可持续发展意味着维护、合理使用并且提高自然资源基础，意味着在发展计划和政策中纳入对环境的关注和考虑。"

可持续发展首先是从环境保护的角度来倡导保持人类社会进步与发展的，它明确提出要变革人类沿袭已久的生产方式和生活方式，并调整现行的国际经济关系。这种调整和变革要按照可持续的要求进行设计和运行，这几乎涉及经济发展和社会生活的所有方面，包含了当代与后代的需求、国家主权与国际公平、自然资源与生态承载力、环境与发展相结合等重要内容。就理性设计而言，可持续发展具体表现在：工业应当是高产低耗、能源应当被清洁利用、粮食需要保障长期供给、人口与资源应当保持相对平衡、经济与社会应与环境协调发展等。

三、可持续发展理论的基本内容和原则

1. 可持续发展理论的基本内容

(1) 可持续发展的要领是全面发展　经济和社会发展必须做到既要满足人民不断增长的物质需要，又要保持生态平衡和资源永续利用。既要考虑发展的目的，又要考虑发展的手段，真正实现经济社会系统发展与自然生态系统的协调和平衡。

(2) 可持续发展的核心是以人为本　发展必须把人置于一切经济社会问题的中心位置，加强人的能力建设；知识创新和科学技术是提高人类能力的最重要工具，必须通过全面推进素质教育来提高人民的创新精神和实践能力。人类首先要明确自己在自然界的地位，"人是生态系统的一个成员"，同时也要认识到人也是环境系统的主要因素。人类必须约束自己的行为，控制人口增长使之更有利于与环境协调发展，在自然界中能长期生存下去。

(3) 可持续发展的物质基础是发展经济　物质需求是人民生存的基础，经济的持续增长是维持人民生存权和发展权的前提条件。因此，必须坚持以经济为中心，转变经济增长方式，重视经济增长质量。

传统的经济发展模式是一种单纯追求经济无限"增长"，追求高投人、高消费、高速度的粗放型增长模式。这种发展根基是建立在只重视生产总值而忽视资源和环境的价值，无偿索取自然资源的基础上的，是以牺牲环境为代价的。这样的"增长"必然受到自然环境的限制，因此，单纯的经济增长即使能消除贫困，也不足以构成发展，况且在这种经济模式下又会造成贫富悬殊两极分化。所以这样的经济增长只是短期的、暂时的，而且势必导致与生态环境之间的矛盾日益尖锐。现在衡量一个国家的经济发展是否成功，不仅以它的国民生产总值为标准，还需要计算产生这些财富的同时所消耗的全部自然资源的成本和由此产生的环境恶化造成的损失，以及对环境破坏承担的风险。这一正一负的价值总和才是真正的经济增长值。

经济发展是人类永久的需要，是人类社会发展的保障。而经济可持续发展必须与环境相协调，它不仅追求数量的增加，而且要改善质量、提高效益、节约能源、减少废物、改变原有的生产方式和消费方式（实行清洁生产、文明消费）。也就是说，在保持自然资源的质量和其所提供的服务的前提下，使经济发展的净利益增加到最大限度。

(4) 可持续发展的外部条件是生态资源保护　自然资源是可持续发展的源泉，有效的经济增长并不一定是资源环境保护的敌人，提高经济效益的政策和改善环境管理的政策是相互补充的，良好的资源环境条件是可持续发展的必备条件。环境与资源的保障是可持续发展的

基础。树立正确的生态观，掌握自然环境的变化规律，了解环境容量及其自净能力才能使人与自然和谐相处，使人类社会持续发展。

(5) 可持续发展的重要推动力是政府作用和社会参与 实施可持续发展强调“综合决策”和“公众参与”。政府在推动经济与社会发展方面有着重要的义务和不可替代的责任，政府通过政策的导向、科学的规划、合理的政策、密切的国际合作并提高全体人民的可持续发展意识，发动全社会参与，可以保证可持续发展战略的实现。

2. 可持续发展的基本原则

可持续发展的原则主要体现为公平性原则、持续性原则和共同性原则。

(1) 公平性原则 主要包括三个方向，一是当代人的公平，即要求满足当代全球各国人民的基本要求，予以机会满足其要求较好生活的愿望；二是代际间的公平，即每一代人都不应该为着当代人的发展与需求而损害人类世世代代满足其需求的自然资源和环境条件，而应给予世世代代利用自然资源的权利；三是公平分配有限的资源，即应结束少数发达因家过量消费全球共有资源，给予广大发展中国家合理利用更多的资源以达到经济增长和发展的机会。

(2) 持续性原则 要求人类对于自然资源的耗竭速率应该考虑资源与环境的临界性，不应该损害支持生命的大气、水、土壤、生物等自然系统。持续性原则的核心是对人类经济和社会发展不能超越资源和环境的承载能力。“发展”一旦破坏了人类生存的物质基础，“发展”本身也就衰退了。

(3) 共同性原则 强调可持续发展一旦作为全球发展的共同总目标而定下来，对于世界各国所表现的公平性和持续性原则都是共同的。实现这一总目标必须采取全球共同的联合行动。正如 2000 年 9 月 8 日中国国家主席在联合国千年首脑会议上的发言指出：经济全球化趋势正在给全球经济、政治和社会生活等诸多方面带来深刻影响，既有机遇也有挑战。在经济全球化的过程中，各国的地位和处境很不相同。我们需要世界各国“共赢”的经济全球化，需要世界各国平等的经济全球化，需要世界各国公平的经济全球化，需要世界各国共存的经济全球化。

可持续发展的理论内涵为：人类任何时候都不能以牺牲环境为代价去换取经济的一时发展，也不能以今天的发展损害明天的发展。要实现可持续发展，必须做到保护环境同经济、社会发展协调进行。二者的关系是人类的生产、消费和发展不考虑资源和环境则难以为继；而孤立地就环境论环境，而没有经济发展和技术进步，环境的保护就失去了物质基础。另外，可持续发展的模式是一种提倡和追求“低消耗、低污染、适度消费”的模式，用它取代人类工业革命以来所形成的“高消耗、高污染、高消费”的非持续发展模式，扼制当今小部分人为自己的富裕而不惜牺牲全球人类现代和未来利益的行为。显然可持续发展思想将给人们带来观念和行为的更新。

第三节 环境与可持续发展

一、环境的影响及承载力

地球环境是由生态环境、大气环境和社会环境组成的。生态环境是地球环境的基础，生态环境的好坏，可直接影响社会环境和大气环境。相反，社会环境是人类生存的载体，其好坏亦可影响生态环境和大气环境。因此，地球环境的影响是相互关联、相互渗透的。地球是人类的家园。地球的陆地面积为 14900 万平方千米，1999 年，全球人口已突破 60 亿。据有关专家估算，地球上农业生产的承载力约为 90 亿到 150 亿人口。为此，在人口控制、保护耕地、提高农业生产水平等方面，要做好一系列工作，以保持经济、环境和社会的协调发展。

20 世纪以来，人类社会处于迅速发展的新时期，各方面的活动对地球环境产生了极其深刻的影响。科学家必须回答：人类赖以生存的地球环境未来将发生什么变化？这些变化对人类社会将产生什么影响？人类应当采取什么对策以适应环境的变化？人类是否可能通过调整自身的行为，包括改变生活方式、合理地组织生产活动和发展保护环境的新技术，以减少对环境的不利影响？没有对这些问题的研究和科学预测，人类社会在到来的重大环境问题面前将束手无策，处于困境。因此预测人类影响下未来全球环境的变化是一个关系到人类社会可持续发展的科学难题。

二、传统发展中存在的环境问题

传统发展模式的主要特点如下。

(1) 只注重经济增长而无限制地向大自然索取　传统发展观推行以经济增长为核心的发展战略，在这种发展观的支配下，人们不认识也不承认环境本身所具有的价值，将自然界看作是一座永不枯竭、可以随意索取的宝库。为了追求最大的经济效益，不惜采取以损害环境为代价来换取经济增长的发展模式，其结果造成全球范围内严重的环境问题。

(2) 主要动力来自于过度消费的刺激和拉动　传统的经济增长方式一方面依靠资源、能源的高消耗和资金、劳力等的高投入实现经济的高增长，从而导致资源的加速耗竭和环境的高污染；另一方面许多工业化国家以高消费和高享受来刺激、拉动经济增长，如美国的人口数量不足世界总人口的 5%，但其能源和资源的消耗量却占世界的 1/5 左右。

(3) 思想基础是“征服自然”、“人定胜天”　工业革命极大地解放了生产力，也使一部分人自认为已经能够彻底摆脱自然的束缚，成为主宰地球的精灵。“驾驭自然，作自然的主人”的机械论思想鼓舞着一代又一代的人企图征服大自然，创造新文明。这种“人定胜天”的主观意志和“征服自然”的行动已经使人类和自然两败俱伤，使威胁人类生存和发展的环境问题不断在全球显现并日益加剧。

概括说来，传统发展模式是建立在掠夺性地使用资源、破坏环境、损害生态基础上的发展，虽然它在历史的进程中曾极大地推动了人类历史和社会文明的进步，但正如马克思早在 130 年前所预言的：“文明如果是自发的发展，而不是自觉的发展，则留给自己的是荒漠”。

三、中国走可持续发展道路的必然性

改革开放以来中国经济发展迅速，目前正处在工业化高速发展的起步阶段，经历了 100 多年贫穷、落后和受尽凌辱的中国人民，正以前所未有的气概实现着富国之梦。与世界其它国家相比，中国在人口、资源、环境方面所面临的问题更多，也更复杂。

(1) 中国人口众多　我国人口已超过 12 亿，每年仍以净增 1500 万的速度增长。即使严格控制人口增长，在未来 50 年内仍会净增 4 亿～5 亿人。人口膨胀对资源和环境造成的巨大压力，成为我国实现资源、环境与经济协调发展的首要限制因子。

(2) 资源相对短缺　虽然我国有广阔的国土和丰富的自然资源，但按人口平均则就显得严重不足了，多种资源人均占有量远低于世界平均水平，如淡水、耕地、森林和草地资源的人均占有量均不足世界平均值的 1/3，矿产资源人均占有量不足世界平均值的一半。资源的不合理开采与浪费，相对落后的生产工艺与生产水平，又加剧了资源的短缺。所以，资源不足成了我国经济可持续发展的硬的约束条件。

（3）生态条件恶化　人口持续增长和资源的不合理利用，造成生态环境的恶化，导致生态失衡。如我国有 1/3 以上的国土受到水土流失的威胁，自然灾害频发，有 4600 多种植物和 400 多种动物处于濒危状态，自然生态环境的承载能力不断下降。

（4）环境污染加剧　在全国 600 多座城市中，大气质量符合国家一级标准的不足 1%；酸雨的危害程度在加重，范围也在日益扩大，已由几年前的华南、西南地区蔓延至华中、华东和华北地区；全国每年排放污水约 360 亿吨，其中经过处理的工业污水和生活污水分别约为 70%和 10%，其余部分未经处理而直接排入江河湖海，致使水体质量严重恶化，在全国的七大水系中，近一半河段遭到不同程度的污染，北方重于南方，流经城市的河段有 85%以上水质超标；城市垃圾和工业固体废物与日俱增，且大部分未做妥善处理，另外，生活垃圾围城的现象仍在发展之中。

（5）资源利用效率低，技术经济水平与发达国家相比存在着明显的差距　中国发展经济的根本目的在于持续地、最大限度地满足人民对物质和文化的需求，为全体人民创造一个安全、富庶、清洁、舒适的生活条件。中国的国情决定了经济建设不能采取资源粗放型、浪费型的发展模式，这是因为：第一，我国没有那么多的资源投入；第二，就是有资源投放，粗犷、浪费式的发展会造成生态环境破坏的严重后果。所以，必须寻求一条使人口、资源、环境、经济和社会相互协调，兼顾当前与长远、当代人和后代人利益的发展道路，这就是可持续发展道路。走可持续发展道路是中国社会经济发展的必然选择。

四、中国环境可持续发展战略的实施

1. 中国 21 世纪议程

中国自 1992 年联合国环境与发展会议以来，在推进环境与可持续发展方面做出了不懈的努力。产生于《中国 21 世纪议程》框架之下的一批优先项目正在付诸实施。《国民经济和社会发展“九五”计划和 2010 年远景目标纲要》把环境保护与可持续发展作为一条重要的指导方针和战略目标，并明确做出了中国今后在经济和社会发展中实施环境保护与可持续发展战略的重大决策。ISO 14000 认证体系的推广工作取得了较大进展，已经有一批带有生态标志的产品进入消费者的家庭。一些地区建立了生态农业实验区，遵循环境保护与经济协调发展为指导的原则，在保护和改善生态环境的同时提高农业生产力、实现农村贫困人口脱贫等方面做出了成功的探索。所有这些表明，中国正在积极按照环境可持续发展的原则进行多方面的实践。中国在环境可持续发展领域制定和正在实施的重要方案如下。

① 指导中国环境与发展的纲领性文件——中国环境与发展十大对策。

② 关于环境保护战略的政策性文件——中国环境保护战略。

③ 履行《蒙特利尔议定书》的具体方案——中国逐步淘汰破坏臭氧层物质的国家方案。

④ 全国环境保护 10 年纲要——中国环境保护行动计划（1997～2000 年）。

⑤ 中国人口环境与发展的白皮书、国家级实施可持续发展的战略框架——中国 21 世纪议程。

⑥ 履行《生物多样性公约》的行动计划——中国生物多样性保护行动方案。

⑦ 国家控制温室气体排放的研究——中国温室气体排放的控制问题与对策。

⑧ 专项领域实施可持续发展的纲领——中国环境保护 21 世纪议程，中国林业 21 世纪议程，中国海洋 21 世纪议程。

⑨ 指导环境保护工作的纲领性文件——国家环境保护“十五”计划和 2010 年远景目标。

⑩“十五”、“十一五”期间，国家在可持续发展领域实施的两项重大举措——全国主要污染物排放总量控制计划和中国跨世纪绿色工程规划。

⑪ 指导全国生态环境建设的纲领性文件——全国生态环境建设规划。

同时国家还要继续进行“三河”（淮河、海河和辽河）、“三湖”（太湖、巢湖和滇池）、“两区”（酸雨控制区和二氧化硫控制区）、“一市”（北京市）、“一海”（渤海）的污染控制工作（简称“33231”工程）。还对“三区”即特殊生态功能区、重点资源开发区以及生态良好区进行重点生态环境保护，以确保国家环境安全，促进可持续发展战略的实施，此外，积极开展国际合作，进行可持续发展的研究。

2. 中国环境可持续发展战略的具体措施

中国为实现环境可持续发展，采取了一系列强有力的环境保护措施，主要有以下几项。

(1) 完善环境保护法律体系　我国环境立法起步较晚，从1989年颁布实施了《环保法》开始，我国的环境保护走上了法制化的轨道。在这之后我国又颁布了一系列环境保护相关法律，如《森林法》、《水法》、《水土保持法》、《草原法》、《土地法》、《防止大气污染法》、《野生动物保护法》、《国家赔偿法》等。总的来说，我国的环境法制建设有了长足进展，在立法方面受到了高度重视，发展迅速，已初步形成了环境法体系。

(2) 加强环境保护科学研究　通过大力开展环境污染治理技术研究，目前我国对工业“三废”（废水、废气、废渣）已经积累了一些成功的处理方法，如对废水的处理有物理法、化学法和生物化学法三大类。物理法处理技术包括均匀调和、沉淀（或上浮）、过滤、离心分离、浮选、滤渗、萃取、汽提及蒸发结晶等；化学法处理技术包括混凝、中和、化学沉淀、氧化、还原、电解、电渗析、离子交换和吸附等；生物处理法有在有氧条件下，利用好氧菌繁殖，使废水中的有机物消化分解，或在缺氧条件下，利用厌氧菌繁殖，使废水中的有机物消化分解等。在对工业废气的处理方面，有利用除尘装置去除废气中的烟尘和工业粉尘；采用气体吸收处理有害气体，如用氨水、氢氧化钠、硫酸钠等碱溶液吸收废气中的二氧化硫等；应用冷凝、催化转化、分子筛、活性炭吸附和膜分离技术等治理排放废气中的主要污染物等。目前，我国还在不断加大环境保护研究投入，并通过多种渠道拓宽研究经费来源。目前主要的环境保护研究已经转向低能耗、低成本、无二次污染、深度处理、生态修复和污水回用几个方向发展。

(3) 大力发展环保产业　我国环保产业起步较晚，但由于受到重视，发展速度较快。环保产业被称为是21世纪的“朝阳产业”，已成为我国一个新的经济增长点。目前我国的环保产业企业有10000多家，从业人员200多万人，年产值达600亿元左右，固定资产总值约1000亿元。环保产业的发展，主要有三个方面：一是环境监测技术，主要研究生产能准确、系统、及时、定量反映排污企业的污染状况和监测大气、生态系统的仪器设备，提高监测数据的自动化采集和快速传递水平；二是污染物处理技术，从我国目前情况来看，环保产业发展的重点领域是城市污水处理设备、大气污染防治设备和固体废物处理处置设备；三是污染物的利用技术，有些废弃物不仅可以进行无害化处理，而且还有利用的价值。发展污染物重复利用技术，减少环境污染，减少资源消耗。例如，我国在广大的农村通过政府补贴的形式兴建了大批的沼气发酵池，不仅解决了农村燃料紧张的问题，也有效保护了森林资源，减少了农村环境污染，还有一定的经济价值。

(4) 加强环境管理　在环境管理方面，为了有计划、有步骤、有重点地实施依法保护环境的总目的和总任务，按《中华人民共和国环境保护法》的规定，根据我国国情，在十几年的环境管理实践中，先后总结出许多环境管理制度。推行各项制度是想要达到控制环境污染和生态破坏，有目标地改善环境质量，实现环境保护的总原则和总目标，也是环保部门依法行使管理职能的主要方法和手段，目前主要有11项管理制度。

① 保护规划制度。在对国家或不同区域进行调查、评价的基础上，根据经济规律和自然生态规律的要求，对环境保护提出目标及达到目标采取的相应措施，是环境决策在时空方面的具体安排，是实行环保法律基本制度的基础和先导，是实现环境保护与环境建设、社会、经济发展相协调的有力保障，体现了“三同时”的战略方针。

② “三同时”制度。即“新建、改建、扩建项目和技术改造项目以及区域性开发建设项目的污染治理设施必须与主体工程同时设计、同时施工和同时投产”的制度。它与环境影响评价相辅相成，是防止新污染和破坏的两大“法宝”，是我国环保法以预防为主的基本原则的具体化、制度化和规范化，是防治环境质量恶化的有效经济手段和法律手段，体现了预防为主的方针，控制了新污染，对促进经济与环境的协调发展起了重要的作用。

③ 环境影响评价制度。又称环境质量预断评价或环境质量预测评价。是对可能影响环境的重大工程建设、区域开发建设及区域经济发展规划或其它一切可能影响环境的活动，在事先调研的基础上，对活动可能引起的影响进行预测和评定，为防止和减少这种影响制定最佳行动方案。环境影响评价制度是我国规定的调整环境影响评价中所发生的社会关系的一系列法律法规的总称，是环境影响评价的法律化，对协调环保与社会发展起到重要的作用。

④ 排污收费制度。20世纪70年代，借鉴国外经验，根据“谁污染谁治理”的原则，对各种污染因子进行收费，并规定排污费可计入生产成本，排污费专款专用，主要用于补助重点排污源的治理等。

⑤ 环境保护目标责任制。是一种具体落实地方各级政府和有污染的单位对环境质量负责的行政管理制度。以社会主义初级阶段的基本国情为基础，以现行法律为依据，以责任制为中心，以行政制约为机制，明确了地方行政长官改善环境的责权、利益和义务。具体实施是一项复杂的系统工程，涉及面广，政策性和技术性强，以环境保护目标责任书为纽带，大体分四个过程：责任书的制定阶段、下达阶段、实施阶段和考核阶段。该制度的实施是我国环境管理体制的重大改革，标志环境管理进入一个新阶段。

⑥ 城市环境综合整治定量考核制度。是在市政府的统一带领下，以城市生态理念为指导，以发挥城市综合功能和整体最佳效益为前提，采用系统分析方法，从总体上找出制约和影响城市生态系统发展的综合因素，理顺经济发展、城市建设和环境建设的相互依存又相互制约的辩证关系，用综合的对策整治、调控、保护和塑造城市环境，为城市人民群众创造一个适宜的生态环境，使城市生态系统良性循环。该制度提高了干部的环保意识和综合整治的自觉性，是一项具有强大生命力的制度。

⑦ 污染集中控制。在一个特定范围内，所建立的集中处理措施和采用的管理措施，是强化管理的重要手段，以改善流域、区域等控制单元的环境质量为主要目的。依据污染防治规划，按照三废的性质、种类和所处的地理位置，以集中治理为主，用尽可能小的投入获得尽可能的大环境、经济和社会效益。实践证明，污染集中控制具有方向性的战略意义，特别是污染防治和投资战略带来的重大转变，有助于调动社会各方面治理污染的积极性。这种制度实行的时间不长，但已显示出强大的生命力。污染集中控制有利于集中人、物和财力解决重点污染问题；有利于采用新技术，提高治理效果；有利于资源利用率，加速有害废物的资源化；有利于节省防治污染的总投入；有利于改善和提高环境质量。

⑧ 排污申报登记与排污许可证制度。排污申报登记是环境行政管理的一项特别制度，排污单位须按规定向环保管理部门申报登记所拥有的污染物排放设施、处理设施和正常作业

条件下排放污染物的种类、数量和浓度。排污许可证制度是以改善环境质量为目标，以污染物总量控制为基础，规定排污单位许可排放污染物的种类、数量和许可污染物排放去向等，具有法律含义。这两项制度深化了环境管理制度，使对污染物的管理更加科学化、定量化。

⑨ 限期治理污染制度。强化环境管理的一项重要制度。以污染源调查、评价为基础，以环境规划为依据，突出重点，分期分批地对污染严重、群众反映强烈的污染物、污染源和污染区域采取的限定治理时间、治理内容和治理效果的强制性措施，是政府为保护人民利益采取的一种法律手段。该制度具体实施可提高领导的环保意识，推动污染治理工作；迫使企事业单位把污染列入议事日程，纳入计划安排；促进企业筹集污染治理基金，提高有限污染防治基金的利用率；有利于群众反映强烈和污染严重的问题逐年解决，改善厂群关系，维护社会安定团结；有助于环保规划目标实施和加快环境综合整治的步伐。

⑩ 现场检查制度。是环境保护部门或依法执行环境监督管理权的部门，进入管辖范围内的排污单位现场对排污情况和污染治理等情况进行检查的法律制度。是一种强制性的法律制度，法定的检查机关无需被检查单位同意可随时进行检查。可使排污单位采取措施防治污染和消除污染隐患；同时监督排污单位遵守环境保护法律法规，自觉履行保护环境的义务。

⑪ 污染事故报告及处理制度。污染事故报告及处理制度是指因发生事故或者其它突发性事件，以及在环境受到或可能受到严重污染、出现威胁人民生命财产安全的紧急情况时，依照法律法规的规定执行通报和报告有关情况并及时采取应急措施的制度。环境紧急情况一般是指出现不利于环境中有害物质扩散、稀释、降解、净化的气象、水文或其它自然现象，使排入环境中的污染物大量聚集，达到严重危害人体健康，对居民的生命财产安全造成严重威胁的情况。这一制度使受到污染的单位和个人可提前采取防范措施，减少人体和公共财产的损害；避免环境遭受更大损失，为顺利解决和处理环境污染和破坏事故创造条件；有利于解决因事故给群众和生活带来的困难，及时消除和缓解由事故造成的社会不安定因素。

习题与思考题

1. 早期的可持续发展的道路是谁提出的？通过什么方式提出？
2.《增长的极限》报告书中描述的是怎样的思想？
3. 什么叫可持续发展？它的基本内容和原则是什么？
4. 传统的经济发展中存在有哪些问题？
5. 中国为什么必须走可持续发展的道路？
6. 中国可持续发展战略的具体措施有哪些？
7. 环境管理制度包括哪些？
8. 什么是“三同时”制度？
9. 你认为作为一名大学生在可持续发展的过程中应该如何去做？
10. 谈谈中国可持续发展道路在不久的将来会有哪些更多的突破？

第三章 环境监测与环境质量评价

第一节 环境监测

一、环境监测概述

1. 环境监测的概念

环境监测是一门研究、测定环境质量的学科，通过对影响环境质量因素的代表值的测定，确定环境质量（或污染程度）及其变化趋势。环境监测是环境工程设计、环境科学研究、企业环境管理和政府环境决策的重要基础和主要手段。

环境监测最早是以化学分析为主要手段，对测定对象间断地、定时地、局部地进行分析，这种方法不能及时、准确、全面地反映环境质量动态和污染源动态变化的要求。随着科学技术的进步，环境监测技术迅速发展，自动检测仪器分析、计算机控制等现代化手段在环境监测中得到了广泛应用。环境监测从单一的环境分析发展到物理监测、生物监测、生态监测、遥感、微型监测，从间断性监测逐步过渡到自动连续监测。监测范围从一个局部（代表点或断面）发展到一个城市、一个区域、整个国家乃至全球，监测项目也日益增多。由此可见，环境监测技术是运用化学、物理、生物等现代化科学技术方法，间断地或连续地监视和检测代表环境质量及变化趋势的各种数据的全过程，包括各种测试技术、布点技术、采样技术、数理技术和综合评价技术等。

2. 环境监测的目的

环境监测的目的是准确、及时、全面地反映环境质量现状及发展趋势，为环境管理、污染源控制、环境规划等提供科学依据。具体可归纳为以下几项。

① 根据环境质量标准，评价环境质量。

② 根据污染分布情况，追踪寻找污染源，为实现监督管理、控制污染提供依据。

③ 收集本底数据，积累长期监测资料，为研究环境容量、实施总量控制、目标管理、预测环境质量提供数据。

④ 为保护人类健康和环境、合理使用自然资源、制定环境法规、标准、规划等服务。

3. 环境监测分类

（1）监视性监测 监视性监测又叫常规检测或者例行监测，包括环境质量检测和污染源监督检测。环境质量检测基本上是采用各种监测网（如水质检测网、大气监测网等）在设置的测点上长期收集数据，用以评价环境污染的现状、污染程度及变化的趋势，以及环境改善所取得的进展等，从而确定一个区域、国际或全球的环境质量状况。污染源监督检测是为掌握污染源，监视和检测主要污染源在时间和空间的变化所采取的定期、定点的常规性监督监测，包括主要生产、生活设施排放的“三废”监测，机动车辆尾气监测，噪声、热、电磁波、放射性污染的监测等。

（2）特定目的监测 特定目的监测又叫应急监测或特例监测，它们多为意外的严重污染发出警报，以便在污染造成危害之前采取预防措施，确定各种紧急情况下的污染程度和波及的范围。如，核动力站事故发生时，放射性物质危害的空间；事故性石油溢流危及的范围等。

(3) 研究性监测 研究性监测又叫科研监测，其主要职能是通过监测找出污染物在环境中的迁移转化规律，研制监测环境标准物质，专项调查监测某环境的原始背景值，或参加某个项目的环境评价等。当收集到的数据表明存在环境问题时，还必须研究确定污染物对人体、生物体等各种受体的危害程度。这类监测系统比较复杂，需要多学科的技术人员参加操作，并对检测结果做系统周密的分析，密切配合、相互协作才能完成。

4. 环境监测的特点

环境监测具有综合性、连续性、追踪性等特点。

(1) 环境监测的综合性 环境监测的综合性表现在：①监测手段包括化学、物理、生物、物理化学、生物化学及生物物理等一切可以表征环境质量的方法；②监测对象包括空气、水体（江、河、湖、海及地下水）、土壤、固体废物、生物等客体，只有对这些客体进行综合分析，才能确切描述环境质量状况；③在对检测数据进行统计处理、综合分析时，需涉及该地区的自然和社会各个方面，因此必须综合考虑才能正确阐明数据的内涵。

(2) 环境监测的连续性 环境污染具有时空性等特点，只有坚持长期测定才能从大量的数据中揭示其变化规律，预测其变化趋势，数据越多连续性越好，预测的准确度就越高。因此，监测网络、监测点位的选择一定要有科学性，而且一旦监测点位的代表性得到确认，必须长期坚持监测。

(3) 环境监测的追踪性 环境监测包括监测目的的确定、监测计划的制订、采样、样品运送和保存、实验室测定到数据整理等过程，是一个复杂而又有联系的系统，任何一步的差错都将影响最终数据的质量。为使监测结果具有一定的准确性，并使数据具有可比性、代表性和完整性，需有一个量值追踪体系予以监督。为此，需要建立环境监测的质量保证体系。

二、环境监测的内容

通常环境监测的内容按监测的介质或环境要素分为水质检测、大气污染检测、土壤监测、固体废物监测、生物与生态监测、噪声污染检测等。

1. 水质监测

水质监测可分为水环境现状监测和水污染源监测。代表水环境现状的水体包括地表水（江、河、湖、库、海）和地下水；水污染源包括生活污水、医院污水和各种工业废水，还包括农业退水、初级雨水和酸性矿井水等。监测的目的可概括如下。

① 对进入江、河、湖泊、水库、海洋等地表水体及渗透到地下水中的污染物质进行经常性的检测，以掌握水质现状及其发展趋势。

② 对生产过程、生活设施及其它排放的各类废水进行监视性监测，为污染源管理和排污收费提供依据。

③ 对水环境污染事故进行应急监测，为分析判断事故原因、危害及采取对策提供依据。

④ 为国家政府部门制定环境保护法规、标准和规划，全面开展环境保护管理工作提供有关数据和资料。

⑤ 为开展水环境质量评价、预测预报及进行环境科学研究提供基础数据和手段。

2. 大气污染监测

大气污染监测是监测和检测空气中的污染物及其含量。由于各种污染物的物理、化学性质不同，产生的工艺过程和气象条件不同，污染物在大气中存在的状态也不尽相同。根据大气污染物存在的状态可将其分为分子状态污染物和粒子状态污染物。分子状态污染物的监测项目主要有SO_2、NO_2、CO、O_3、总氧化剂、卤化氢以及碳氢化合物等。粒子状态污染物的监测项目有TSP、自然降尘量及尘粒的化学组成，如重金属和多环芳烃等。此外，局部敌区还可根据具体情况增加某些特有的监测项目。空气污染的浓度与气象条件有密切关系，在监测空气污染的同时要测定风向、风速、气温、气压等气象参数。

表3-1、表3-2列出了我国《环境监测技术规范》中规定的理性监测项目。

表3-1 连续采样实验室分析项目

必测项目	选测项目
二氧化硫、氮氧化物、总悬浮颗粒物、硫酸盐化速率、灰尘自然降尘量	一氧化碳、飘尘、光化学氧化剂、氟化物、铅、汞、苯并[a]芘、总烃及非甲烷烃

表3-2 大气环境自动监测系统监测项目

必测项目	选测项目
二氧化硫、氮氧化物、总悬浮颗粒物或飘尘、一氧化碳	臭氧、总碳氢化合物

3. 土壤、固体废物监测

土壤中优先监测物有以下两类：第一类包括汞、铅、镉、DDT及其代谢产物与分解产物、多氯联苯（PCB）；第二类包括石油产品、DDT以外的长效有机氯、四氯化碳醋酸衍生物、氯化脂肪族、砷、锌、硒、铬、镍、锰、钒、有机磷化合物及其它活性物质（抗菌素、激素、致畸性物质、催畸性物质和诱变物质）等。我国土壤常规监测项目有金属化合物镉、铬、铜、汞、铅、锌，非金属化合物砷、氰化物、硫化物，有机化合物苯并［a］芘、三氯乙醛、油类、挥发酚、DDT、六六六等。

固体废物主要来源于人类的生产与消费活动。根据来源不同，可将其分为矿业固体废物、工业固体废物、城市垃圾（包括下水污泥）、农业废物和放射性固体废物等。在固体废物中，对环境影响较大的是工业有害固体废物，应根据这些工业有害固体废物的特性如易燃性、放射性、浸出毒性、急性毒性以及其它毒性采取相应不同的监测方法。固体废物的监测包括采样计划的设计和实施、质量保证、分析方法等方面。分析方法包括金属分析方法、有机物分析方法、综合指标实验方法、物理特性测定方法、有害废物的特性试验方法、废物焚烧监测等。

4. 生物监测

（1）水生生物群落监测技术　水体污染的生物群落监测主要是根据富有生物在不同污染带中出现的物种频率或相对数量或通过数学计算所得出的简单指数值作为水污染程度指标的监测方法，包括污水生物体系法和生物指数法。污水生物体系法是根据污染河流中生物种类的多少及变化将河流划分为多污带、α-中污带、β-中污带和寡污带，每个带都有其各自的物理、化学和生物学特征。生物指数法是指运用生物种群或群落结构的变化将水体划分为不同的污染等级。

（2）植物空气污染监测技术　空气是生物赖以生存的条件，当空气受到污染时，某些植物就会有不同程度的反映。利用对空气的异常变化敏感和快速地产生明显反应的指示植物可以监测空气污染的种类和含量。指示植物对空气污染的异常反应可以通过以下几个指标来实现。

① 症状指示指标。症状指示指标主要是通过肉眼或其它宏观方式可观察到的形态变化，如指示植物的叶片表面出现的受害症状和由此建立的评价系统。

② 生长势和产量评价指标。生物生长发育状况是各种环境因素作用的综合，即使是一些非致死的慢性伤害作用，最终也将导致生物生产量的改变。植物的各类器官的生长状况观测值都可用来做指示指标，如植物的茎、叶、花、果实、种子发芽率、总收获量等。

③ 生理生化指标。大气污染对植物光合作用有明显影响，在尚未发现可见症状的情况下，测量光合作用能得到植物体短暂的或可逆的变化。植物呼吸作用强度、气孔开放度、细胞膜的透性、酶学指标以及某些代谢产物等都能用来做监测指标。

(3) 细菌检验监测技术 细菌能在各种不同的自然环境下生长，而且有繁殖速度快、对环境变化能快速发生反应等特点。一般水体在未污染的情况下细菌数量较少，如果发现细菌总数增多，即表示水体可能受到有机物的污染，细菌总数越多说明污染越严重，因此细菌总数是检验一般水体污染程度的标志。细菌总数是指 1mL 水样在营养琼脂培养基中于 37℃ 经 24h 培养后所生长的细菌菌落的总数。

(4) 生物毒性试验监测技术 生物毒性试验是人为地设置某种致毒方式使受试生物中毒，根据实验生物的中毒反应来确定毒物毒性的试验方法，包括急性毒性和慢性毒性试验。在污染的生物监测中采取毒性试验方法可反馈很多重要信息，如有害物质进入周围环境时其致毒性如何或能否发生改变，接受系统受影响的程度，何种有害物质的致毒性最大以及毒性最强的条件，对生物的生活史的影响等。此外，毒性试验在调查污染物、评价环境污染程度、确定废水处理的要求和监测废水处理效果、确定污染物排放标准等方面均有重要作用。

(5) 噪声污染检测 人类是生活在一个声音的环境中，通过声音进行交谈、表达思想感情以及开展各种活动。但为人们生活和工作所不需要的噪声也会给人类带来危害，噪声对人类日常生活的影响是显而易见的，比如干扰人们思考、妨碍交谈、影响睡眠的质量，甚至使人的听力、神经系统、心血管系统、消化系统等功能受损伤。噪声污染监测主要包括以下几个方面。

① 城市区域环境噪声监测。城市区域环境噪声监测将要普查测量的城市区域划分成等距离的网络。如 500m×500m 或 250m×250m，网格数目一般应多于 100 个，测点应在每个网格的中心［可在地图的位置上进行测量，测量时一般应选在无雨、无雪时（特殊情况例外），声级计应加风速以避免噪声干扰，4 级以上大风天气应停止测量］。

② 道路交通噪声监测。测点应选择在两路口之间交通干线的马路边人行道上。离马路沿 20cm 处，离路口距离应大于 50m，这样的测点噪声可以代表两路口间的该路段噪声。应在白天正常工作时间内测量。

③ 工业企业外环境噪声测量。测量工业企业外环境噪声，应在工业企业边界线 1m 外进行。据初测结果声级每涨落 3dB 布一个测点。如边界模糊，以城建部门划定的建筑红线为准。如与居民住宅毗邻时，应取该室内中心点的测量数据为准，此时标准值应比室外标准值低 10dB（A）。如边界没有围墙、房屋等建筑物时，应避免建筑物的屏障作用对测量的影响。测量应在工业企业的正常生产时间内进行，必要时适当增加测量次数。

(6) 功能区噪声定期监测 当需要了解城市环境噪声随时间的变化时，应选择具有代表性的测点进行长期监测。测点的选择应根据可能的条件决定，一般不能少于 6 个点。这 6 个测点的位置应这样选择：0 类区、1 类区、2 类区、3 类区各一点，4 类区两点。测量时，读取的数据记入环境噪声测量数据仪。读数时还应判断影响该测点的主要噪声来源（如交通噪声、生活噪声、工业噪声、施工噪声等），并记录周围的环境特征，如地形地貌、建筑布局、绿化状况等。测点则落在交通干线旁，还应同时记录车流量。

第二节　环境质量评价

一、环境质量评价概述

1. 基本概念

（1）环境质量　环境质量是环境科学的一个重要和基本概念。正确理解环境质量一词的概念并赋以科学的定义，必须从分析环境的基本概念和特征入手。因为环境是一个系统，环境系统的内在特征表现为环境结构，环境系统的外在特征表现为环境状态。目前，我们有很多方法和手段能够对环境的状态进行定性和定量的描述。因此，对环境质量一词的定义应该是：环境质量是环境系统客观存在的一种本质属性，并能用定性和定量的方法加以描述的环境系统所处的状态。

（2）环境质量评价　所谓环境质量评价，是评价环境质量的价值，而不是评价环境质量本身，是对环境质量与人类社会生存发展需要满足程度进行评定。环境质量评价的对象是环境质量与人类生存发展需要之间的关系，也可以说环境质量评价所探讨的是环境质量的社会意义。

2. 环境质量评价的分类

环境质量评价的类型很多。按时间尺度可分为环境质量的回顾评价、现状评价及影响评价。按空间尺度可分为城市环境质量评价、流域环境质量评价及游览区环境质量评价。若按环境要素划分，则有单要素环境质量评价（如大气环境质量评价、水环境质量评价等）和综合环境质量评价。近年来在环境影响评价方面发展了一个新的环境质量评价类型——环境风险评价，它是环境污染事故发生的概率评价。本节将介绍其中的几种类型。

二、环境质量回顾评价

根据某环境区域历年积累的环境资料进行环境质量发展演变状况的评价方法，称为环境质量回顾评价。它是环境质量现状评价和环境影响评价的基础。在大量搜集历史资料的同时，可做必要的采样分析和环境模拟，反演过去的环境状况，寻找污染的原因，确定污染程度和范围、污染物浓度变化规律，做出环境治理效果的评估，从而为环境质量预测打下基础。

三、环境质量现状评价

1. 评价程序

环境质量现状评价是根据近期的环境监测资料，依据一定的标准和方法，对一个区域内人类活动所造成的环境质量变化进行评价，以此来了解该地区当前环境污染程度和范围，为区域环境污染综合防治提供综合依据。其评价程序如图 3-1 所示。

环境质量现状评价包括环境污染评价、生态评价、美学评价和社会环境质量评价。

2. 评价模型

目前常见的环境质量现状评价模型有两类，一类是环境质量指数模型，另一类是环境质量分级聚类模型。

环境质量指数模型是以各种环境质量指数来表征的。环境质量指数是各种污染物的浓度检测值与它们各自的环境质量标准的比值。不过，综合运算方法不同，就有不同的环境质量指数，如叠加型指数、均值型指数、加权均值型指数、均方根型指数。环境质量标准指数分为环境总质量指数、单要素环境质量指数和单因子环境质量指数三种类型。其中，环境总质

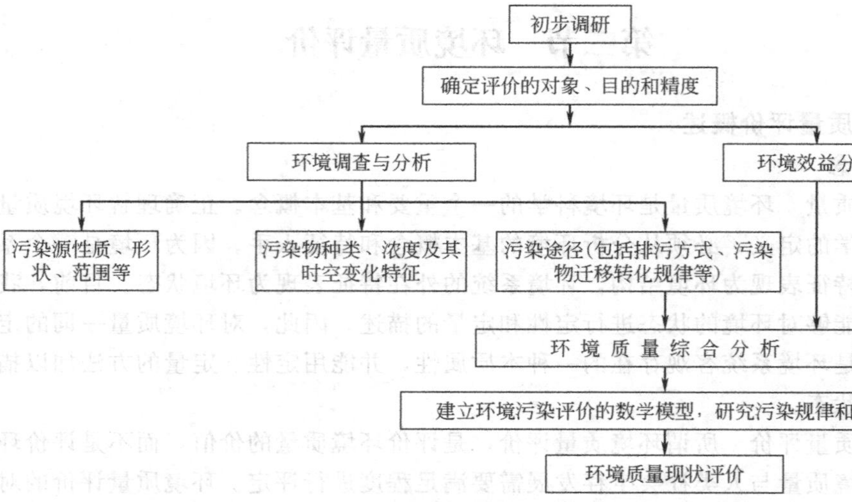

图 3-1 环境质量现状评价程序框图

量指数是指描述一个环境区域的自然环境质量与社会环境质量的综合指数。由于社会因素复杂，难以准确地或定量化地确定，因而实际应用不多，但其中描述自然环境质量的综合指数却被广泛应用。单要素环境质量指数是指描述某一环境要素（如大气、水、土壤、微生物等）的环境质量的综合指数（也称类指数）。单因子环境质量指数是指描述某个环境质量参数（即某种污染物，如烟尘、SO_2、COD、某种重金属等）优劣的指数（也称分指数）。以此类推，多因子环境质量指数是指描述某几个环境质量参数优劣的指数（也称为复指数）。

分级聚类模型是用聚类分析原理将表征环境质量的各种数值综合归类，以确定环境质量的等级。模糊数学的出现丰富了传统聚类分析的内容，于是出现了分级模糊聚类模型。因此环境质量现状评价模型发展出分级评价模型、传统的分级聚类模型、分级模糊聚类模型等。

3. 环境状况报告书的编制

对环境质量现状评价的过程及成果，最终要形成一份完整系统的文本，即环境状况报告书，以便作为政府部门或企业进行规划布局或结构调整、污染治理或技术改造等工作的参考资料及依据。大致包括以下内容。

① 评价区域或企业概况，如地理交通位置、所处地形地貌特征、气候条件、人员及生活状况等。

② 确定评价区域或企业应达到的环境状况目标及相应的环境保护措施。

③ 通过普查、样品分析，系统阐述评价区域或企业的环境质量状况，包括水、气、声、固废等环境治理状况及排污现状、厂容厂貌及绿化状况等。

④ 通过单向与综合评价，对评价区域或企业目前的环境状况进行结论性评述与分析。

⑤ 对环境科学管理及环境质量的改善，提出具体的措施和对策，并展望今后一段时间内评价区域或企业的环境质量可能达到的目标。

四、环境影响评价

环境影响评价是对开发建设项目实施后可能对环境造成的影响进行预测与评估。《环境保护法》中明确规定，“在进行新建、改建、扩建工程时，必须提出对环境影响的报告书，经环境保护部门和其它有关部门审查批准后才能进行设计”。

根据开发建设活动情况的不同，环境影响评价可分为：单个建设项目的环境影响评价、多个建设项目环境影响联合评价、区域开发项目的环境影响评价、发展规划和政策的环境影响评价等。

1. 评价程序

根据我国国情，通过多年的实践，我国基本形成了一套可行的环境影响评价技术路线，大体包括以下三个阶段（图 3-2）。

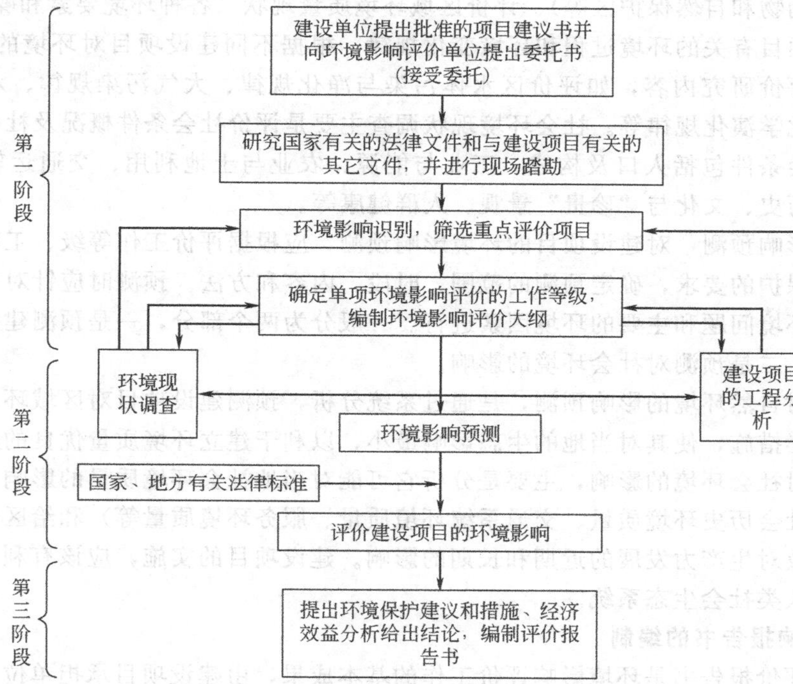

图 3-2　环境影响评价技术路线

第一阶段为准备阶段，包括接受委托书、研究有关文件、现场踏勘和环境现状调查，进行初步的工程分析，筛选出重点评价项目，确定各单项环境影响评价的工作等级，编制环境影响评价大纲。

第二阶段为正式评价工作阶段，主要是做进一步的工程分析和环境现状调查，并进行环境影响预测和评价建设项目的环境影响。

第三阶段为评价报告书编制阶段，主要是汇总和分析第二阶段工作所得的各种资料、数据，提出防治环境污染的措施，进行环境影响的损益分析，给出结论，完成环境影响报告书的编制。

2. 评价内容

环境影响评价的内容十分广泛，评价的对象不同，具体内容也有差异，关键性的内容包括建设项目的工程分析、环境现状调查和预测建设项目的环境影响。

（1）建设项目的工程分析　根据建设项目的规划、可行性研究和设计等技术文件、资料，通过分析和研究，对污染物的排放、工艺过程、资料和能源的储运、生产运行、厂地开发利用等进行定性或定量分析，找出建设项目与环境影响评价的关系，给出定量分析结果。

工程分析方法有类比分析法、物料平衡计算法和查阅参考资料分析法等。类比分析法通常在时间允许、评价工作等级较高又有可供参考的相同或相似的现有工程状况下采用，优点是所得结果较准确，但要求时间长、工作量大。物料平衡计算法以理论计算为依据，方法简单，但有一定的局限性。查阅参考资料的方法通常在无法采用以上两种方法、评价时间短和评价工作等级较低时采用，所得数据准确性差。

（2）环境现状调查　主要是对自然环境和社会现状的调查、评价与研究。自然环境现状调查包括评价区域自然条件（如地理位置、地质条件、地形地貌、气象 地表水及地下水、土壤、植被、动物和自然保护区等）、评价区域环境质量现状（各种环境要素和噪声等）、评价区域与建设项目有关的环境过程和环境变化规律。根据不同建设项目对环境的不同影响，可以有不同的评价研究内容，如评价区水体污染与净化规律、大气污染规律、水土流失规律、环境地球化学演化规律等。社会环境现状调查主要是评价社会条件概况及社会环境质量现状，其中社会条件包括人口及构成、工业与能源、农业与土地利用、交通运输、经济状况、区域发展历史、文化与“珍贵”景观、人群健康等。

（3）环境影响预测　对建设项目的环境影响预测，应根据评价工作等级、工程与环境特性和当地环境保护的要求，确定预测的范围、时段、内容和方法。预测时应针对建设项目所引起大的主要环境问题和主要的环境因素进行。一般分为两个部分，一是预测建设项目对自然环境的影响，二是预测对社会环境的影响。

建设项目对自然环境的影响预测，是通过系统分析，预测建设项目对区域环境系统的影响，应提出补偿措施，使其对当地的生态影响最小，以利于建立环境质量优良的新的环境系统。建设项目对社会环境的影响，主要是分析它可能对当地社会环境质量的影响（包括对生活环境质量、社会历史环境质量、交通系统环境质量、服务环境质量等）和给区域经济开发带来的影响以及对生产力发展的近期和长期的影响。建设项目的实施，应该有利于建设地区形成一个新的人类社会生态系统。

3. 环境影响报告书的编制

环境影响评价报告书是环境影响评价工作的基本成果，由建设项目承担单位按国家有关规定提交到相应的环境保护主管部门审批。国家规定的大中型基本建设项目环境影响报告书的内容如下。

总论：阐述建设项目环境影响评价的目的、报告书编制依据、采用的评价标准及污染控制目标和环境保护目标。

建设项目概况：建设项目名称、建设地点、建设性质、经营范围、生产规模、职工人数、生活区布局、经济指标、土地利用及发展规划等。

工程分析：生产工艺流程、主要原辅材料、燃料和水的消耗量与来源，污染物（气、水、渣、放射性废物等）的种类、排放方式及治理方案等。

环境现状调查：建设项目周围的环境质量状况和周围地区地形地貌和地质状况；江、河、湖、海及水文、气象、矿藏、森林、草原、水产与自然资源状况；周围的自然保护区、风景游览区、名胜古迹、温泉疗养区及主要政治文化设施状况；周围地区及生活居住区人口密度、大气及水的环境质量状况等。

环境影响预测与评价：对项目建成后对厂区及周围地区的环境影响及其危害的严重程度等做出预测与评价，内容涉及大气环境影响预测与评价、水（包括地表水与地下水）环境影响预测与评价、噪声环境影响预测与评价、土壤及农作物环境影响分析、对人群健康影响的分析、电磁与振动对环境影响的分析以及对地质、水文、气象等方面可能产生的影响。

环境保护措施及有关建议：通过调查与分析，向建设单位提出治理污染、保护环境、有害物处理及综合利用措施的建议以及对环境管理和检测机构的建议。

环境影响经济损益简析：从社会、经济和环境效益统一的角度论述建设项目的可行性及环境保护投资的效益。

结论：简要、明确、客观地阐述评价工作的主要结论，包括评价区的环境质量现状，建设项目的主要污染源、污染物及其污染范围，所采取的环境保护措施是否技术上可行、经济上合理，从三个效益统一的角度，综合提出建设项目的选址、规模、布局是否合理，可行性和存在的问题以及解决的对策。

五、环境风险评价

环境风险评价涉及自然科学和社会科学的许多领域，内容十分广泛。这里仅介绍一些基本术语和常识，以帮助读者建立环境风险有关方面的概念。

(1) 风险　风险就是指发生不幸事件的概率，它广泛存在于人们的生活、生产等活动的环境中，如 1986 年 4 月 26 日前苏联发生的切尔诺贝利事故。

(2) 环境风险　环境风险是指人类活动引起的，或由人类活动与自然界自身运动过程共同作用造成的，通过环境介质传播的，能对人类生存环境产生破坏、损失乃至毁灭性作用等不利后果的事件的发生概率。它具有不确定性和危害性。按其产生的原因，环境风险有化学风险（由有毒有害化学物品的排放、泄漏、燃烧等引起的）、物理风险（由机械设备或机械结构的故障等引起的）、自然灾害引起的风险（由地震、火山、洪水、台风等引起的物理、化学风险）等类型。根据危害事件的承受对象差异，环境风险可划分为人群风险、设施风险和生态风险。

(3) 环境风险识别　环境风险识别是运用因果分析的原则，采用筛选、监控、诊断等方法，从纷繁复杂的环境系统中找出具有风险的因素的过程，主要回答的问题是存在哪些环境风险，其中重大风险有哪些，引发原因是什么等，都需要给予评价。识别方法有专家调查法（如智力激励法、特尔斐法等）、背景分析法、故障树分析法等。

(4) 环境风险度量　环境风险度量就是对环境风险进行定量的测量，包括对事件出现的概率大小和后果严重程度的估计。

(5) 环境风险对策与管理　根据风险分析与评估的结果，结合风险事故承受者的承受能力，确定风险是否可以被接受，并根据具体情况采取减小风险的措施和行动。

(6) 环境风险评价　是指对某工程项目的兴建、运转或是区域开发行为所引发的或面临的灾害（包括自然灾害）对人体健康、社会经济发展、生态系统等所造成的风险进行评估，并以此进行管理和决策的过程。环境风险评价包括 3 个步骤：环境风险识别、环境风险估计（即环境风险度量）、环境风险对策与管理。通过环境风险评价，最终要达到最大限度地控制风险的目的，减少风险的措施有减轻环境风险、转移环境风险、替代环境风险和避免环境风险等。

习题与思考题

1. 什么是环境监测？其有什么意义？
2. 环境监测的研究内容有哪些？
3. 环境监测具有哪些特点？
4. 当突发污染事故时，采取什么方法进行监测？如何操作？
5. 生物监测手段有哪些？

6. 何为环境质量？为什么要对环境质量进行评价？
7. 环境质量评价分为几种？如何划分？
8. 环境影响评价的程序分为哪几个阶段？
9. 如何编写环境影响评价报告书？
10. 谈谈环境影响评价在环境工程中的重要作用。

下篇 工 程 篇

第四章 水污染控制工程

第一节 水污染概述

水体是江河湖海、地下水、冰川等的总称，是被水覆盖地段的自然综合体。它不仅包括水，还包括水中的溶解物质、悬浮物、底泥、水生生物等。水与水体是两个紧密联系又有区别的概念。从水体概念去研究水环境污染，才能得出全面、准确的认识。排入水体的污染物质一旦超过了水体的自净能力，使水体恶化，达到了影响水体原有用途的程度，这时可以说水被污染了。

水体污染是指排入水体的污染物在数量上超过了该物质在水体中的本底含量和自净能力即水体的环境容量，从而导致水体的物理特征、化学特征发生不良变化，破坏了水中固有的生态系统，破坏了水体的功能及其在人类生活和生产中的作用。

一、水体污染源及污染物

1. 水体污染源

水体污染源（waterbody pollution source）是指向水体排放污染物的场所、设备和装置等。按造成水体污染原因的不同可将水体污染源分为天然污染源和人为污染源；按受污染的水体的不同可分为地面水污染源、地下水污染源和海洋污染源；按污染源释放的有害物质种类不同分为物理性污染源、化学性污染源、生物性污染源；按污染的分布特征不同可分为点污染源、面污染源、扩散污染源。

自然界中的水体污染，从不同的角度可以划分为各种污染类别。

(1) 从污染成因上划分可以分为自然污染和人为污染。自然污染是指由于特殊的地质或自然条件，使一些化学元素大量富集，或天然植物腐烂中产生的某些有毒物质或生物病原体进入水体，从而污染了水质。人为污染则是指由于人类活动（包括生产性的和生活性的）引起地表水水体污染。

(2) 从污染源划分可分为点污染源和面污染源。环境污染物的来源称为污染源。点污染是指污染物质从集中的地点（如工业废水及生活污水的排放口）排入水体。它的特点是排污正常，其变化规律服从工业生产废水和城市生活污水的排放规律，它的量可以直接测定或者定量化，其影响可以直接评价。而面污染则是指污染物质来源于集水面积的地面上（或地下），如农田施用化肥和农药，灌排后常含有农药和化肥的成分，城市、矿山在雨季雨水冲刷地面污物形成的地面径流等。面源污染的排放是以扩散方式进行的，时断时续，并与气象因素有联系。

(3) 从污染的性质划分可分为物理性污染、化学性污染和生物性污染。物理性污染是指水的浑浊度、温度和水的颜色发生改变，水面的漂浮油膜、泡沫以及水中含有的放射性物质增加等；化学性污染包括有机化合物和无机化合物的污染，如水中溶解氧减少，溶解盐类增加，水的硬度变大，酸碱度发生变化或水中含有某种有毒化学物质等；生物性污染是指水体中进入了细菌和污水微生物等。事实上，水体不只受到一种类型的污染，而是同时受到多种性质的污染，并且各种污染互相影响，不断地发生着分解、化合或生物沉淀作用。

2. 水体污染物

水体污染物是指造成水体水质、水中生物群落以及水体底泥质量恶化的各种有害物质（或能量）。水体污染物从化学角度分为四大类。

① 无机无毒物：酸、碱、一般无机盐、氮、磷等植物营养物质。

② 无机有毒物：重金属、砷、氰化物、氟化物等。

③ 有机无毒物：碳水化合物、脂肪、蛋白质等。

④ 有机有毒物：苯酚、多环芳烃、PCB、有机氯农药等。

二、水体的自净作用

污水排入水体后，一方面对水体产生污染，另一方面水体本身有一定的净化污水的能力，即经过水体的物理、化学与生物的作用，使污水中污染物的浓度得以降低，经过一段时间后，水体往往能恢复到受污染前的状态，并在微生物的作用下进行分解，从而使水体由不洁恢复为清洁，这一过程称为水体的自净过程（self-purification of water body）。

水体自净的定义有广义与狭义两种：广义的定义指受污染的水体，经过水中物理、化学与生物作用，使污染物浓度降低，并恢复到污染前的水平；狭义的定义指水体中的微生物氧化分解有机物而使得水体得以净化的过程。

水体的自净能力是有限的，如果排入水体的污染物数量超过某一界限时，将造成水体的永久性污染，这一界限称为水体的自净容量或水环境容量。影响水体自净的因素很多，其中主要因素有：受纳水体的地理条件、水文条件、微生物的种类与数量、水温、复氧能力以及水体和污染物的组成、污染物浓度等。

废水或污染物一旦进入水体后，就开始了自净过程，该过程由弱到强，直到趋于恒定，使水质逐渐恢复到正常水平。全过程的特征如下。

① 进入水体中的污染物，在连续的自净过程中，总的趋势是浓度逐渐下降。

② 大多数有毒污染物经各种物理、化学和生物作用，转变为低毒或无毒化合物。

③ 重金属一类污染物，从溶解状态被吸附或转变为不溶性化合物，沉淀后进入底泥。

④ 复杂的有机物，如碳水化合物、脂肪和蛋白质等，不论在溶解氧富裕或缺氧条件下，都能被微生物利用和分解。先降解为较简单的有机物，再进一步分解为二氧化碳和水。

⑤ 不稳定的污染物在自净过程中转变为稳定的化合物。如氨转变为亚硝酸盐，再氧化为硝酸盐。

⑥ 在自净过程的初期，水中溶解氧数量急剧下降，到达最低点后又缓慢上升，逐渐恢复到正常水平。

⑦ 进入水体的大量污染物，如果是有毒的，则生物不能栖息，如不逃避就要死亡，水中生物种类和个体数量就要随之大量减少。随着自净过程的进行，有毒物质浓度或数量下降，生物种类和个体数量也逐渐随之回升，最终趋于正常的生物分布。进入水体的大量污染物中，如果含有机物过高，那么微生物就可以利用丰富的有机物为食料而迅速地繁殖，溶解

氧随之减少。随着自净过程的进行，使纤毛虫之类的原生动物有条件取食细菌，则细菌数量又随之减少；而纤毛虫又被轮虫、甲壳类吞食，使后者成为优势种群。有机物分解所生成的大量无机营养成分，如氮、磷等，使藻类生长旺盛，藻类旺盛又使鱼、贝类动物随之繁殖起来。

三、水体污染指标

污水所含的污染物质千差万别，可用分析和检测的方法对污水中的污染物质做出定性、定量的检测以反映污水的水质。国家对水质的分析和检测制定有许多标准，其指标可分为物理、化学、生物三大类。

1. 污水的物理性质及指标

(1) 水温　生活污水的年平均温度相差不大，一般在10～20℃；许多工业排出的废水温度较高。水温升高影响水生生物的生存，水中的溶解氧随水温的升高而减少，加速了污水中好氧微生物的耗氧速度，导致水体处于缺氧和无氧状态，使水质恶化。城市污水的水温与城市排水管网的体制及生产污水所占的比例有关。一般来讲，污水生物处理的温度范围在5～40℃。

(2) 色度　生活废水的颜色一般呈灰色。工业废水则由于工矿企业的不同，色度差异较大，如印染、造纸等生产污水色度很高。

(3) 臭味　臭和味是一项感官性状指标。天然水是无色无味的。水体受到污染后产生气味，影响了水环境。生活污水的臭味主要由有机物腐败产生的气体造成，主要来源于还原性硫和氮的化合物，工业废水的臭味主要由挥发性化合物造成。

(4) 固体含量　水中所有残渣的总和为总固体（TS），其测定方法是将一定量水样在105～110℃烘箱中烘干至恒重，所得含量即为总固体量。总固体量主要包括有机物、无机物及生物体三种组成，也可按其存在形态分为悬浮物、胶体和溶解物。总固体包括溶解物质（DS）和悬浮固体物质（SS）。悬浮固体由有机物和无机物组成，根据其挥发性能，悬浮固体又可分为挥发性悬浮固体（VSS）和非挥发性悬浮固体（NVSS）两种。挥发性悬浮固体亦称灼烧减重，主要是污水中的有机质；非挥发性固体又称灰分，为无机质。生活污水中挥发性悬浮固体约占70%。

2. 污水的化学性质及指标

(1) 无机物　无机物指标主要包括氮、磷、无机盐类和重金属离子及酸碱度等。

污水中的氮、磷为植物的营养物质，N、P对于高等植物的生长是宝贵物质，而对天然水体中的藻类，虽然是生长物质，但藻类的大量生长和繁殖能使水体产生富营养化现象。

污水中的无机盐类，主要指污水中的硫酸盐、氯化物和氰化物等。硫酸盐来自人类排泄物及一些工矿企业废水，如洗矿、化工、制药、造纸等工业废水。污水中的硫酸盐用SO_4^{2-}表示，可以在缺氧状态下，在硫酸盐还原菌和反硫化菌的作用下还原成H_2S。硫化物主要来自人类排泄物。某些工业废水含有较高的氯化物，它对管道及设备有腐蚀作用。污水中的氰化物主要来自电镀、焦化、制革、塑料、农药等工业废水，氰化物为剧毒物质，在污水中以无机氰和有机腈两种类型存在。除此以外，城市污水中还存在一些无机有毒物质，如无机砷化物，主要以亚砷酸和砷酸盐形式存在。砷会在人体内积累，属致癌物质。

污水中重金属离子主要有汞、镉、铅、铬、锌、铜、镍、锡等。重金属离子以离子状态存在时毒性最大，这些离子不能被生物降解，通常可以通过食物链在动物或人体内富集，产生中毒现象。上述金属离子在低浓度时，有益于微生物的生长，有些离子对人类也有益，但其浓度超过一定值后，即有毒害作用。需要说明的是，有些重金属具有放射性，在其原子裂变的过程中会释放一些对人体有害的射线，主要有 α 射线、β 射线及 γ 射线及质子束等，产生这些放射物质的金属主要是镧系和锕系元素，这些物质在生活污水中很少见，在某些工业废水如采矿业及核工业废水中会出现，一般情况下在城市污水中的含量极低。放射性物质能诱发白血病等疾病。

酸碱污染物主要由排入城市管网的工业废水造成。水中的酸碱度以 pH 值反映其含量。酸性废水的危害在于有较大的腐蚀性；碱性废水易产生泡沫，使土壤盐碱化。一般情况下城市污水的酸碱性变化不大，微生物生长要求酸碱度为中性偏碱为最佳，当 pH 值超出 6～9 的范围，对人畜造成危害。

(2) 有机物指标　城市污水中含有大量的有机物，其主要是碳水化合物、蛋白质、脂肪等物质。由于有机物种类极其复杂，难以逐一定量。但上述有机物都有被氧化的共性，即在氧化分解中需要消耗大量的氧，所以可以用氧化过程消耗的氧量作为有机物的指标。在实际工作中经常采用生物化学需氧量（BOD）、化学需氧量（COD）、总有机碳（TOC）、总需氧量（TOD）等指标来反映污水中有机物的含量。

① 生物化学需氧量（bio-chemical oxygen demand，BOD）。在一定条件下（水温 20℃），好氧微生物将有机物氧化成无机物（主要是水、二氧化碳和氨）所消耗的溶解氧量称为生物化学需氧量，单位为 mg/L。

污水中的有机物分解一般分为两个阶段进行。在第一阶段，主要是将有机物氧化分解为无机的水、二氧化碳和氨，称碳氧化阶段；在第二阶段，氨被转化为亚硝酸盐和硝酸盐，称硝化阶段。生活污水中的有机物一般需要 20 天左右才能完成第一阶段，完成两个阶段的氧化分解需要 100 天以上。在实际工作中常用 5 日生化需氧量（BOD_5）作为可生物降解有机物的综合浓度指标。五天的生化需氧量（BOD_5）约占总生化需氧量（BOD_u）的 70%～80%，即测得 BOD_5 后，基本能折算出 BOD_u 的总量。

② 化学需氧量（chemical oxygen demand，COD）。所谓化学需氧量（COD），是在一定的条件下，采用一定的强氧化剂处理水样时所消耗的氧化剂量。它是表示水中还原性物质多少的一个指标，水中的还原性物质有各种有机物、亚硝酸盐、硫化物、亚铁盐等，但主要的是有机物。因此，化学需氧量（COD）又往往作为衡量水中有机物质含量多少的指标。化学需氧量越大，说明水体受有机物的污染越严重。

对于同一种水样，如果同时测定 BOD_5 和 COD 两个数值有较大的差别；COD 数值大于 BOD_5，两者的差值大致等于难以被生物降解的有机物量，差值越大，表明污水中难以被生物降解的有机物量越多，越不宜采用生物处理方法。所以，BOD_5/COD 的比值可以用来判别污水是否可以生化处理的标志。一般认为比值大于 0.3 的污水，基本能采用生物处理方法。据统计，城市污水 BOD_5/COD 的比值一般为 0.4～0.65。

COD 的测试需要时间较短，一般需几个小时即可测得，较测得 BOD_5 方便。但只测得 COD 值，只能反映总有机物的含量，并不能判别易于被生物降解的有机物和难以被生物降解的有机物所占的比例，所以，在工程实际中，要同时测试 BOD_5 与 COD 作为污水处理领域的重要指标。

③ 总有机碳（total organic carbon，TOC）。TOC 的测定原理为：将一定数量的水样经过酸化后，注入含氧量已知的氧气流中，再通过铂作为催化剂的燃烧管，在 900℃高温下燃烧，把有机物所含的碳氧化成二氧化碳，用红外线气体分析仪记录 CO_2 的数量，折算成含碳量即为总有机碳。在进入燃烧管之前，需用压缩空气吹脱经酸化水样中的无机碳酸盐，排

除测试干扰，单位为 mg/L。

④ 总需氧量（total oxygen demand，TOD）。有机物的主要组成元素为碳、氢、氧、氮、硫等。将其氧化后，分别产生 CO_2、H_2O、NO_2 和 SO_2 等物质，所消耗的氧量称为总需氧量，以 mg/L 表示。TOD 和 TOC 都是通过燃烧化学反应，测定原理相同，但有机物数量表示方法不同，TOC 是用含碳量表示，TOD 是用消耗的氧量表示。

水质条件较稳定的污水，其测得的 BOD_5、COD、TOD 和 TOC，数值上有下列排序：TOD＞COD_{Cr}＞BOD_u＞BOD_5＞TOC。

3. 生物性质及其指标

污水中的生物污染物是指污水中能致病的微生物，以细菌和病毒为主。主要来自生活污水、制革污水、医院污水等含有病原菌、寄生虫卵及病毒的污水。污水中的绝大多数微生物是无害的，但有一部分能引起疾病，如肝炎、伤寒、霍乱、痢疾、脑炎、脊髓灰质炎、麻疹等。

污水生物性质检测指标为大肠菌群数、大肠杆菌指数、病毒及细菌总数。大肠菌群数是每升水样中含有的大肠菌群数目，以个/升表示，大肠菌群指数表示一个大肠菌群所需的最少水样的水量，以毫升表示。

四、水质标准

水质标准表示生活饮用水、工农业用水等各种用途的水中污染物质的最高允许浓度或限量阈值的具体限制和要求。它是水的物理、化学和生物学的质量标准。这些水质标准是为保障人群健康的最基本的卫生条件和按各种用水及其水源的要求而提出的。

不同用途的水质要求有不同的质量标准。有国务院各主管部委、局颁布的国家标准，省、市一级颁布的地方标准，有不同行业统一颁布的行业标准和各大型全国性企业统一颁布的企业标准。

水资源保护和水体污染控制要从两方面着手：一方面制订水体的环境质量标准，保证水体质量和水域使用目的；另一方面要制订污水排放标准，对必须排放的工业废水和生活污水进行必要而适当的处理。对水质要求最基本的是《地表水环境质量标准》(GB 3838—2002)，由原国家环保总局发布。对污水排放要求最基本的是《污水综合排放标准》(GB 8978—1996)，由原国家环保总局发布。

依照《地表水环境质量标准》(GB 3838—2002) 中规定的地面水使用目的和保护目标，我国地面水分为五大类（表 4-1）。

表 4-1 我国地面水分类

类别	适用范围
Ⅰ类	源头水，国家自然保护区
Ⅱ类	集中式生活饮用水、地表水源地一级保护区，珍稀水生生物栖息地，鱼虾类产卵场，仔稚幼鱼的索饵场等
Ⅲ类	集中式生活饮用水、地表水源地二级保护区，鱼虾类越冬、洄游通道，水产养殖区等渔业水域及游泳区
Ⅳ类	一般工业用水区及人体非直接接触的娱乐用水区
Ⅴ类	农业用水区及一般景观要求水域

第二节 物理处理法

物理处理法就是利用物理作用除去废水中的漂浮物、悬浮物和油污等，同时从废水中回收有用物质的一种简单水处理法。

一、过滤法

过滤是使含悬浮物的水通过滤料（如砂等）或多孔介质（如布、网、微孔等），以截留水中的悬浮物质，从而使污水净化的处理方法。

1. 过滤的类型

在过滤过程中，如果悬浮颗粒的尺寸大于滤料的孔隙，则固体物被截留在滤层表面，这种类型的过滤称为表面过滤、滤饼过滤或载体过滤。如果固体物是截留在多孔介质（如粒状介质）之中，则称为深层过滤、滤床过滤或体积过滤。根据所采用的过滤介质不同，可将过滤分为下列几类。

(1) 格筛过滤　过滤介质为栅条或滤网，用以去除粗大的悬浮物，如杂草、破布、纤维、纸浆等，其典型设备有格栅、筛网和微滤机。

(2) 微孔过滤　采用成型滤材，如滤布、滤片、烧结滤管、蜂房滤芯等，也可以在过滤介质上预先涂上一层助滤剂（如硅藻土）形成孔隙细小的滤饼，用以去除粒径细微的颗粒。

(3) 膜过滤　采用特别的半透膜作为过滤介质在一定的推动力（如压力、电场力等）下进行过滤，由于滤膜孔隙极小且具有选择性，可以去除水中细菌、病毒、有机物和溶解性溶质，其主要设备有反渗透、超过滤和电渗析等。

(4) 深层过滤　采用颗粒状滤料，如石英砂、无烟煤等。深层过滤的特点是固体颗粒的捕捉是在过滤介质内部形成的孔隙中进行，可以阻挡比过滤介质孔隙更小的颗粒。处理自来水的砂滤操作即为典型的深层过滤。

2. 过滤的机理

从污水悬浮体系中去除的颗粒很多都比滤料的孔隙小，这说明水中悬浮颗粒并不都是按流线在运动，许多悬浮颗粒必须首先“穿过”流线才能迁移到滤料表面的附近，然后再附着到滤料上，而附着在滤料上的悬浮颗粒也可能在水流的影响下脱落下来。所以在讨论过滤机理时，应考虑悬浮颗粒的迁移、附着和脱落三个方面。

(1) 悬浮颗粒向滤料表面的迁移　迁移过程中会发生筛滤、拦截、沉淀等多种情况。比滤料孔隙大的颗粒可直接筛滤在滤料表面，另一些较小的颗粒由于具有一定的惯性，加之水流流线在滤料微孔沟道附近的收缩处汇聚，会被滤料拦截下来（或称机会接触）；而一些较重的颗粒则可直接穿过流线而沉淀在滤料表面。此外，由于布朗运动，水中一些微小颗粒会在水中做不规则的扩散，也可穿过流线而接近滤料表面（图 4-1）。

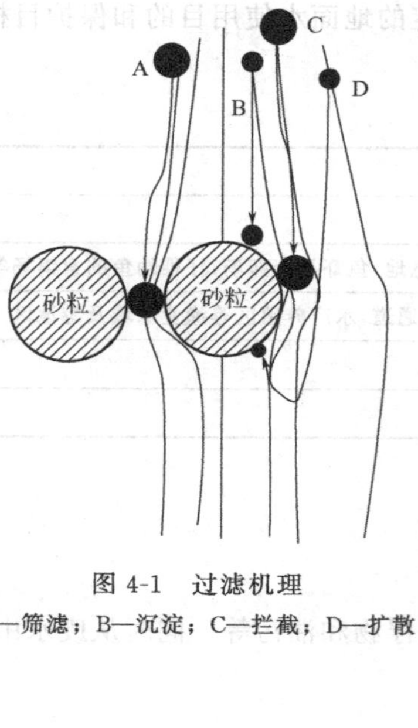

图 4-1　过滤机理

A—筛滤；B—沉淀；C—拦截；D—扩散

(2) 悬浮物在滤料表面的附着与脱落　不管是滤料或水中悬浮物的表面均带有一定的电荷，因此会发生电动效应；在颗粒和滤料之间也可因分子的氢键而发生水合作用。此外，由于颗粒及滤料极大的比表面积和范德华力的作用，既能降低各种颗粒之间的 ε 电位，也能产生吸附架桥作用。以上各种现象均可使水中悬浮物附着在滤料表面或相互结成大块而发生筛滤截留。

当进水中混入空气或滤速过大会导致出水 SS 增加。经验证明，滤速低于 $30m^3/(m^2 \cdot h)$ 时，不会发生明显的悬浮颗粒从滤料上脱落。

但是逆流冲洗和用空气泡冲洗则利于黏附在滤料上的悬浮物脱落下来，滤池反冲洗就是这一原理的应用。

3. 过滤装置

(1) 滤池过滤　深层过滤一般是在滤池中进行，所以也称为滤池过滤。过滤过程包括两个方面：过滤和反冲洗。过滤进行时，需过滤的污水（可加也可不加入絮凝剂）通过由粒状材料（滤料）组成的滤床，污水中的悬浮物质被滤料截留。在滤料中，悬浮物质被截留的过程是比较复杂的，一般认为包括筛滤、拦截、沉淀和吸附几种情况。当过滤出水中悬浮物浓度开始增加到超过允许值（穿透）或滤床的水头损失超过限值时，过滤即告结束。

一旦过滤结束（即滤床穿透），即需进行反冲洗，以去除积聚在滤料上的悬浮物质。反冲的操作正好与过滤相反，反冲的流量应保证使滤池中的滤料在水流中处于悬浮状态（膨胀状态），以利除掉黏附在滤料上的污染物质。冲洗的出水由于含悬浮物很多应送至初次沉淀池或其它处理设施再行处理。

过滤不仅能进一步降低水中的悬浮物，而且水中的有机物、细菌乃至病毒也会随着悬浮物质的降低而被大量去除。

(2) 表面过滤　表面过滤即通过一层介质（滤布、滤网等）进行过滤，但随着过滤过程的进行，实际的过滤介质成为悬浮颗粒积成的滤饼。表面过滤的形式有滤网过滤、微滤机过滤以及污泥处理中常用的真空过滤机及板框式压滤机过滤等。

① 滤网　某些工业污水中含有细小纤维状的悬浮物质，这种污染物质不能被格栅截留，也难以通过沉淀处理，但又能够影响后续处理单元的正常运行和处理效果。如洗毛、制革、造纸等工业生产污水都含有这样的细小纤维状悬浮物质，它们缠住水泵叶轮，若排入水体，能堵塞鱼鳃黏膜，使鱼类窒息致死。分离、回收这一类的污染物质可使用滤网装置。

② 微滤机。微滤机是一种转鼓式筛网过滤装置。被处理的废水沿轴向进入鼓内，以径向辐射状经筛网流出，水中杂质（细小的悬浮物、纤维、纸浆等）即被截留于鼓筒上滤网内面。当截留在滤网上的杂质被转鼓带到上部时，被压力冲洗水反冲到排渣槽内流出。运行时，转鼓 2/5 的直径部分露出水面，转数为 1～4r/min，滤网过滤速度可采用 30～120m/h，冲洗水压力 0.5～1.5kg/cm^2，冲洗水量为生产水量的 0.5%～1.0%，用于水库水处理时，除藻效率达 40%～70%，除浮游生物效率达 97%～100%。微滤机占地面积小，生产能力大（250～36000m^3/d），操作管理方便，已成功地应用于给水及废水处理。

二、沉淀法

1. 沉淀法原理

沉淀就是液体中的固体或悬浮物因自身质量和密度的关系沉积到容器底部，从液相中产生一个可分离的固相的过程，或是从过饱和溶液中析出难溶物质的过程。沉淀作用表示一个新的凝结相的形成过程，或由于加入沉淀剂使某些离子成为难溶化合物而沉积的过程。

2. 沉淀类型

按照水中悬浮颗粒的浓度、性质及絮凝性能的不同，沉淀可分为四种类型。

第一类为自由沉淀。当悬浮物质浓度不高时，在沉淀的过程中，颗粒之间互不碰撞，呈单颗粒状态，各自独立地完成沉淀过程。典型例子是砂粒在沉砂池中的沉淀以及悬浮物浓度较低的废水在初沉池中的沉淀过程。

第二类为絮凝沉淀。一般发生在悬浮颗粒浓度不高的水中，但在沉淀过程中各悬浮颗粒之间产生互相聚合作用，颗粒之间相互聚集增大，加快沉降，沉淀的轨迹呈曲线形状。在整个沉淀过程中，颗粒的密度与形状以及沉速也随之变化。在混凝土沉淀池以及初次沉池的后期和二沉池初期的沉淀过程即属絮凝沉淀的典型形式。

第三类为区域沉淀（或称成层沉淀、拥挤沉淀）。当悬浮物质浓度大于500mg/L时，在沉淀过程中，相邻颗粒之间互相妨碍、干扰，沉速大的颗粒也无法超越沉速小的颗粒，各自保持相对位置不变，并在聚合力的作用下，颗粒群结合成一个整体向下沉淀，与澄清水之间形成清晰的液固界面，沉淀显示为界面下沉。典型例子是二沉池下部的沉淀过程及浓缩池开始阶段。

第四类为压缩沉淀。一般发生在高浓度的悬浮颗粒的沉降过程中，由于悬浮颗粒的浓度很高，颗粒相互之间已挤成团块状结构，互相接触，互相支承，沉降过程只是这种团块状结构的进一步压缩，下层颗粒间的液体是由于受到上层呈团块状颗粒的重力作用才被挤出界面，固体颗粒被浓缩。活性污泥在二沉池污泥斗中的浓缩过程以及在浓缩池中的浓缩过程即属于这一类。

3. 颗粒自由沉淀规律与Stokes公式

水中的悬浮颗粒都因两种力的作用而发生运动：悬浮颗粒受到的重力，水对悬浮颗粒的浮力。重力大于浮力时，下沉；两力相等时，相对静止；重力小于浮力时，上浮。为分析简便起见，假定：①颗粒为球形，不可压缩，也无凝聚性，沉淀过程中其大小、形状、重量等不变；②水处于静止状态；③颗粒只受重力和水的阻力作用，不受器壁和其它颗粒影响。静水中悬浮颗粒开始沉淀时，因受重力作用产生加速运动，经过很短的时间后，颗粒的重力与水对其产生的阻力平衡时（即颗粒在静水中所受到的重力 F_g 与水对颗粒产生的阻力 F_D 相平衡），颗粒即呈等速下沉。

如以 F_1、F_2 分别表示颗粒的重力和水对颗粒的浮力，则颗粒在水中的有效质量为：

$$F_1-F_2=\frac{1}{6}\pi d^3\rho_s g-\frac{1}{6}\pi d^3\rho g=\frac{1}{6}\pi d^3(\rho_s-\rho)g \tag{4-1}$$

式中，d 为球体颗粒的直径；ρ_s、ρ 分别表示颗粒及水的密度；g 为重力加速度。

如以 F_3 表示水对颗粒沉淀的摩擦阻力，则

$$F_3=\lambda\rho A\frac{u^2}{2} \tag{4-2}$$

式中，A 为颗粒在沉淀方向上的投影面积，对球形颗粒 $A=\frac{1}{4}\pi d^2$；u 为颗粒沉速；λ 为阻力系数，它是雷诺数（$Re=\rho ud/\mu$）和颗粒形状的函数。

$$Re<1,\lambda=\frac{24}{Re} \qquad \text{(Stokes 式)}$$

$$1<Re<10^3,\lambda=\frac{24}{Re}+\frac{3}{\sqrt{Re}}+0.34 \qquad \text{(Fair 式)}$$

$$10^3<Re<10^5,\lambda=0.44 \qquad \text{(Newton 式)}$$

将阻力系数公式代入上式得到相应流态下的沉速计算式。

在等速沉淀情况下，$F_1-F_2=F_3$，即

$$\frac{1}{6}\pi d^3(\rho_s-\rho)g=\frac{1}{8}\lambda\pi d^2\rho u^2 \tag{4-3}$$

$$u=\sqrt{\frac{4gd(\rho_s-\rho)}{3\lambda\rho}} \tag{4-4}$$

对于层流，在 $Re<1$ 时

$$u=\frac{g(\rho_s-\rho)}{18\mu}d^2 \tag{4-5}$$

这就是 Stokes 公式，式中 μ 为水的黏度。该式表明：①颗粒与水的密度差 $(\rho_s-\rho)$ 愈大，沉速愈大，成正比关系。当 $\rho_s>\rho$ 时，$u>0$，颗粒下沉；当 $\rho_s<\rho$ 时，$u<0$，颗粒上浮；当 $\rho_s=\rho$ 时，$u=0$ 时，颗粒既不上浮又不下沉。②颗粒直径愈大，沉速愈快，成平方关系。一般地，沉淀只能去除 $d>20\mu m$ 的颗粒。通过混凝处理可以增大颗粒粒径。③水的黏度 μ 愈小，沉速愈快，成反比关系。因黏度与水温成反比，故提高水温有利于加速沉淀。

当颗粒粒径较小、沉速小、颗粒沉降过程中其周围的绕流速度亦小时，颗粒主要受水的黏滞阻力作用，惯性力可以忽略不计，颗粒运动处于层流状态。

在实际应用中，由于悬浮颗粒在形状、大小以及密度等方面有很大差异，因此不能直接用公式进行工艺设计，但公式有助于理解沉淀规律。

4. 理想沉淀池

悬浮颗粒在静水中的沉淀试验与实际沉淀池的差别比较大，为了分析悬浮颗粒在实际沉淀中的运动规律及其沉淀效果，提出一种理想沉淀池的模式。理想沉淀池由入流区、沉降区、出流区和污泥区四部分组成。

(1) 理想沉淀池的三种假定

① 污水在池内呈推流式水平流动，沿水流方向任意横断面上任意一点的水流速度均等于 v。

② 入口断面 AB 处污水中悬浮颗粒的浓度和粒度分布均匀，悬浮颗粒的水平流速等于水流流速 v，悬浮颗粒处于自由沉淀状态，沉降速率 u 固定不变。

③ 悬浮颗粒沉到池底即认为被除去。

(2) 理想沉淀池理论分析　按照上述条件，悬浮颗粒在沉淀池内的运动轨迹是一系列倾斜的直线，污水从进口到出口的流动时间就是沉淀历时 $t(t=L/v)$。分以下三种情况讨论。

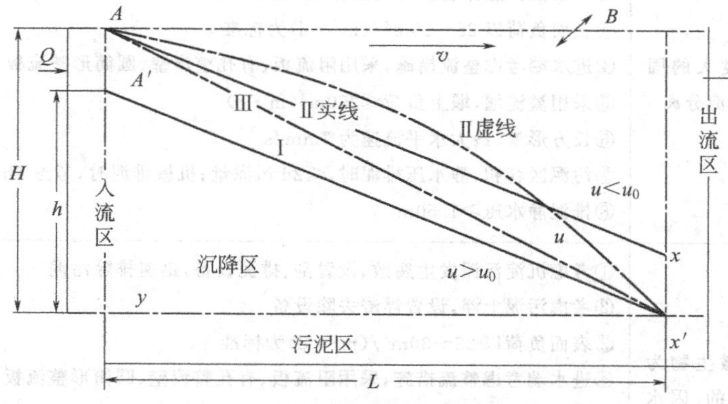

图 4-2　理想沉淀池颗粒沉降示意

① 从 A 点进入的颗粒中，肯定存在某一粒径的颗粒，在沉淀历时 t 内，刚好沉淀到池底（沉降高度 H），见图 4-2 中沉降轨迹Ⅲ，该颗粒的沉降速率称为截流沉速 u_0。

② 如果颗粒的沉降速度 $u>u_0$，则在沉淀历时 t 内，可沉降高度大于池深 H，能够沉于池底部 x'点以前，见图 4-2 中沉降轨迹Ⅰ。

③ 如果沉速 $u<u_0$，则在沉淀历时 t 内，可沉降高度 h 小于池深 H，将出现两种情况，其中靠近水面的颗粒，无法沉到池底，会被水带出，见图 4-2 中沉降轨迹Ⅱ实线；而另一部

分接近池底的颗粒（离池底高度小于 h），能沉于池底，见图 4-2 中沉降轨迹Ⅱ虚线。

可见，对于一定尺寸的理想沉淀池，池内的水平流速只是与沉淀历时有关，并不影响悬浮颗粒物的沉降性能。截流沉速 u_0 的含义可以理解为：具有该沉淀速度的颗粒是能全部去除的最小颗粒，所以，截流沉速 u_0 是设计沉淀池时首先要确定的一个参数。

在理想沉淀池中，水平流速 v 和沉速 u_0 都与沉淀时间 t 有关。

表面负荷率表示在单位时间内通过沉淀池单位表面积的流量，单位为 $m^3/(m^2 \cdot s)$ 或 $m^3/(m^2 \cdot h)$，其数值等于截留沉速，但含义却不同。

5. 沉淀池类型

(1) 沉淀池按在废水处理流程中的位置，主要分为初次沉淀池和二次沉淀池。

① 初次沉淀池。城市污水中既含有分散颗粒又含有絮凝性颗粒。设计初次沉淀池的容量时，有效容积是表面负荷（过流率）和沉淀时间的函数。由于大多数沉淀池的池深为 3m 左右，虽然停留时间通常作为设计时的指标，但表面负荷也是一个有用的标志。

用于生物处理前的沉淀池常采用 2h 的沉淀时间。当只采用初次沉淀处理时，常选用 3h。我国对于前者常采用 1～1.5h，对于后一种情况则为 1.5～5h。

② 二次沉淀池。从生物滤池和曝气池带至二次沉淀池中的悬浮固体通常具有良好的凝聚性，因此竖流式沉淀池特别适宜。但它因有容量小、造价高、施工较困难等缺点，故国外使用也不广泛。近年来，应用较多的是辐流式沉淀池。表 4-2 列出对不同污水量的活性污泥法二次沉淀池的设计参数。根据处理方法和污水流量，可按此表选择堰负荷的最大值，以减少进入出水堰的水流速度。通常，在池壁内把出水堰建成两侧有堰的排水槽，近年来国外已较广泛采用，我国天津纪庄子处理厂的辐流式沉淀池也是这种形式。

表 4-2 初次沉淀池和二次沉淀池的适用条件及设计要点

池型	适用条件	设计要点
初次沉淀池	对污水中密度大的固体悬浮物进行沉淀分离	①考虑沉淀污泥发生腐败，设置刮、排泥设备，迅速排除污泥 ②考虑固体悬浮物及污泥上浮，设置浮渣去除设备 ③表面负荷以 $25\sim50m^3/(m^2 \cdot d)$ 为标准 ④进水端考虑整流措施，采用阻流板、有孔整流壁、圆筒形整流板 ⑤采用溢流堰，堰上负荷≤$250m^3(m \cdot d)$ ⑥长方形池，最大水平流速为 7mm/s ⑦污泥区容积，静水压排泥时，≤2d 污泥量；机械排泥时，考虑 4h 排泥量 ⑧排泥静水压≥1.50m
二次沉淀池	对污水中以微生物为主体的、密度小的、因水流作用易发生上浮的固体悬浮物进行沉淀分离	①考虑沉淀污泥发生腐败，设置刮、排泥设备，迅速排除污泥 ②考虑污泥上浮，设置浮渣去除设备 ③表面负荷以 $25\sim30m^3/(m^2 \cdot d)$ 为标准 ④进水端考虑整流措施，采用阻流板、有孔整流壁、圆筒形整流板 ⑤采用溢流堰，堰上负荷≤$150m^3(m \cdot d)$ ⑥长方形池，最大水平流速为 5mm/s ⑦主要溢流设备的布置，防止污泥上浮出流而使处理水恶化 ⑧考虑 SVI 值增高引起的问题 ⑨排泥静水压，生物膜法后≥1.20m，曝气池后≥0.9m

(2) 按水流方向划分沉淀池，有平流式、辐流式、竖流式三种形式。每种沉淀池均包括五个区，即进水区、沉淀区、缓冲区、污泥区和出水区。

表 4-3 不同沉淀池比较

池型	优点	缺点	适用条件
平流式	①沉淀效果好 ②对冲击负荷和温度变化的适用能力较强 ③施工简易，造价较低	①池子配水不易均匀 ②采用多斗排泥时，每个泥斗需要单独设排泥管各自排泥，操作量大；采用链带式刮泥机排泥时，链带的支撑件和驱动件都浸于水中，易锈蚀	①适用于地下水位高及地质较差地区 ②适用于大、中、小型污水处理厂
竖流式	①排泥方便，管理简单 ②占地面积小	①池子深度大，施工困难 ②对冲击负荷和温度变化的适用能力较差 ③造价较高 ④池径不宜过大，否则布水不匀	适用于处理水量不大的小型污水处理厂
辐流式	①多为机械排泥，运行较好，管理较简单 ②排泥设备已趋定型	机械排泥设备复杂，对施工质量要求高	①适用于地下水位较高地区 ②适用于大、中型污水处理厂

另外，还有根据“浅池理论”发展起来的斜板（管）沉淀池。沉淀池容积一定时，降低池深，则可增大表面积，进而可降低表面负荷，提高沉淀池的沉降效率。为了降低池深，增加沉淀面积，可考虑在沉淀池内加水平隔板将其分成 n 层，这相当于 n 个浅沉淀池组合在一起，于是就可将沉淀面积增加 n 倍。为了解决排泥的问题，在具体应用时将水平隔板改为倾角为 60°斜板或斜管，这就是斜板（管）沉淀池。在需要挖掘原有沉淀池潜力或建造沉淀池面积受限制时，常用到斜板（管）沉淀池。

斜板（管）沉淀池的沉淀效率高，不但有浅池理论作依据，而且由于平板的间距（或管道的管径）较小，各层又相互隔开，互不干扰，能够很好地满足水流紊动性和稳定性的要求，也为水中固体颗粒的沉降提供了十分有利的条件。

第三节 生物处理法

所谓生物处理法（biological treatment processes），是一种利用微生物的新陈代谢作用来对污水进行净化处理的方法。它的优点是处理成本低，设施简单。生物处理法的主要处理对象是污水中含有的有机物和氮、磷物质。其中，有机物指的是可以被微生物降解的有机物。生物处理法可分为两大类：利用好氧微生物作用的好氧法（好养氧化法）和利用厌氧微生物作用的厌氧法（厌氧还原法）。好氧法广泛用于处理城市污水及有机性生产废水，有活性污泥法和生物膜法两种；厌氧法多用于处理高浓度有机废水与废水处理过程中产生的污泥，现在也开始用于处理城市污水与低浓度有机废水。

一、活性污泥法

1. 活性污泥法的基本概念

在污水处理中，活性污泥法占有重要位置。所谓“活性污泥”，通常是指经过专门培训的好氧性微生物群体，其外形常为褐色的絮状泥粒，置于显微镜下观察活性污泥，可以见到大量的细菌、真菌、原生动物和后生动物，它们组成了一个特有的微生物生态系统，这些微生物（主要是细菌）以污水中的有机物为食料进行代谢和繁殖，因而降低了污水中有机物的含量。同时，活性污泥易于沉淀分离，使污水得到澄清。概况地讲，活性污泥就是由微生物与悬浮物质、胶体物质混杂在一起所形成的具有很强吸附分解有机物的能力和良好的沉降性能的絮状体颗粒。

活性污泥法是利用活性污泥与被处理污水进行混合，使微生物与污水中有机物在溶解氧浓度充足的环境下发生反应，从而使污水中的有机物污染得到去除。

2. 活性污泥法的基本流程

活性污泥法是指利用活性污泥微生物处理有机废水的生物处理方法，是目前污水处理技术领域中应用最为广泛的技术之一。活性污泥处理系统主要由活性污泥反应器即曝气池、二沉池、污泥回流系统和曝气及空气扩散系统等组成，图 4-3 所示为活性污泥处理系统的基本流程。

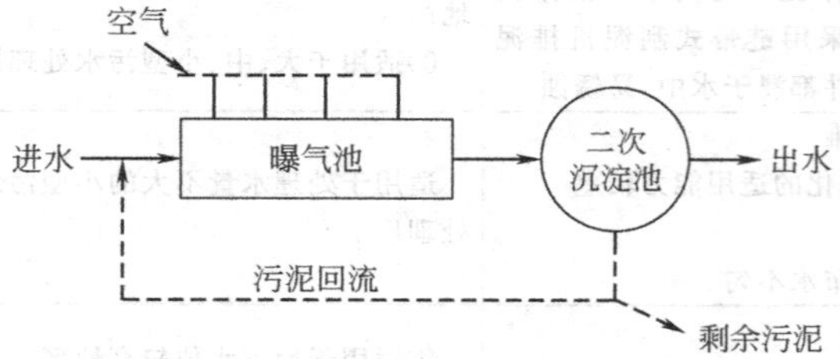

图 4-3 活性污泥法基本流程

来自初次沉淀池或其它预处理装置的污水从曝气池的一端进入，从二次沉淀池连续回流的活性污泥，于此同步进入曝气池；从空压机站送来的压缩空气，通过铺设在曝气池底部的空气扩散装置，以细小气泡的形式进入污水中，其作用除向污水充氧外，还使曝气池内的污水、活性污泥处于剧烈搅动的状态，形成混合液。活性污泥与污水互相混合，与污染物充分接触，使活性污泥反应得以正常进行。活性污泥反应进行的结果是，污水中有机污染物得到降解而被去除，活性污泥本身得以繁衍增长，污水则得以净化处理。经过活性污泥净化作用后的混合液，由曝气池的另一端流出并进入二次沉淀池，活性污泥通过沉淀与污水分离，澄清后的污水作为处理水排出系统。经过沉淀浓缩的污泥从沉淀池底部排出，其中一部分作为接种污泥回流曝气池，多余的一部分则作为剩余污泥排出系统。剩余污泥与在曝气池内增长的污泥在数量上应保持平衡，使曝气池内的污泥浓度相对地保持在一个较为恒定的范围内。

3. 活性污泥法的净化机理

活性污泥法的主要去除对象是呈溶解态和胶体态的有机污染物。另外，还包括含氮化合物、含磷化合物等。参与净化的微生物，按照生理特性可分为四类：利用含碳有机物进行生长繁殖的好养型异氧微生物（包括细菌、原生动物和后生动物）；将氨氮氧化为亚硝酸盐、硝酸盐的好养型自养菌；在缺氧条件下，进行硝酸性呼吸或亚硝酸性呼吸的异氧型兼性厌氧菌（称为脱氮菌）；厌氧和好氧交替条件下的异氧型聚磷菌。在活性污泥法中，应创造适宜的条件使上述四类微生物各自发挥最佳处理能力。

活性污泥法的净化机理包括活性污泥对有机物的吸附、被吸附有机物的氧化和同化、活性污泥絮体的沉淀和分离。

(1) 活性污泥对有机物的初期吸附去除阶段　在该阶段，污水和污泥在刚开始接触的 5～10min 内就出现了很高的 BOD 去除率，通常 30min 内污水中的有机物被大量去除，这主要是由于活性污泥的物理吸附和生物吸附共同作用的结果。

活性污泥法初期吸附去除的主要特点包括以下几项。

a. 初期的吸附去除完成时间短，去除量大。

b. 去除的有机物对象主要是胶体和悬浮性有机物。

c. 活性污泥的性质与初期的吸附去除关系密切，一般处于内源呼吸期的活性污泥微生物吸附能力强，而氧化过度的活性污泥微生物初期吸附的效果不好。

d. 初期吸附有机物的效果与生物反应池的混合及传质效果密切相关。

e. 被吸附的有机物没有从根本上被矿化，通过数小时的曝气后，在胞外酶的作用下被分解为小分子有机物后才可能被微生物酶转化。

(2) 被吸附有机物的氧化和同化　微生物以被活性污泥吸附的有机物作为营养源，进行氧化分解和同化合成。微生物为了获得合成细胞和维持生命活动所需的能量，将吸附的有机物进行分解，释放能量，这个过程即氧化。同化是指微生物利用氧化所获得的能量，将有机物合成为新的细胞物质。

(3) 活性污泥絮体的沉淀分离　无论氧化分解还是合成代谢，都能去除有机污染物，但是产物却不同，分解代谢的产物是二氧化碳和水，而合成代谢的产物则是新的细胞，并以剩余污泥的方式排出活性污泥系统。沉淀是混合液中固相活性污泥颗粒同废水分离的过程。固液分离的好坏，直接影响出水水质。如果处理水夹带生物体，出水 BOD 和 SS 将增大。所以，活性污泥法的处理效率同其它生物处理方法一样，应包括二次沉淀池的效率，即用曝气池及二沉池的总效率表示，除了重力沉淀外，也可用气浮法进行固液分离。

活性污泥的吸附凝聚和沉淀性能的好坏与活性污泥中微生物所处的增长期有关。微生物的增长过程可分为停滞期（适应期）、对数增长期、减速增殖期（平衡期）和内源呼吸期（衰老期），如图 4-4 所示。

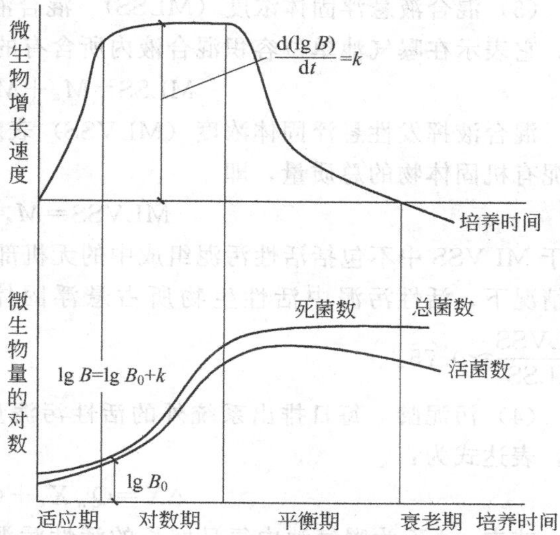

图 4-4　微生物增长曲线

对数增长期营养充分，污泥以最快的速度分解有机物，但此时污泥的絮凝、沉淀性能差，出水水质不佳。减速增长期微生物的吸附降解能力和絮凝沉淀性能都较好，所以普通活性污泥法主要利用减速增长期的微生物。

4. 活性污泥的性能指标

性能良好的活性污泥是活性污泥系统正常工作的关键，活性污泥性能直接反映在凝聚和沉降性能上。良好的絮凝结构，将形成巨大的表面吸附能力，提高有机物的去除能力；良好的沉降性能，将提高二次沉淀池的分离效果。活性污泥的这些性能可以用下面几项指标来表示。

(1) 污泥沉降比（SV）　污泥沉降比是指一定量的曝气池混合液，静置沉淀 30min 后沉淀污泥与原混合液的体积比，以百分数表示，计为 SV_{30}，即

$$SV_{30}(\%)=\frac{\text{混合液经 30min 静置沉淀后的污泥体积}}{\text{混合液体积}}\times 100\% \tag{4-6}$$

活性污泥系统中曝气池混合液的 SV 值为 15%～30%，超过正常范围，若污泥浓度过大，则要排放剩余污泥；若沉降性能较差，则要结合污泥指数等指标查找原因，采取措施。

(2) 污泥体积指数（SVI）　污泥体积指数是指曝气池出口处的混合液在静置 30min 后，每克干污泥所形成的沉淀污泥所占的容积，以 mL/g 计。SVI 的计算式为：

$$SVI=\frac{\text{混合液(1L)静置沉淀 30min 形成的污泥体积(mL)}}{\text{混合液(1L)中悬浮固体的干质量(g)}}=\frac{SV(mL/L)}{MLSS(g/L)} \tag{4-7}$$

例如：某曝气池污泥沉降比 SV=30%，混合液悬浮固体浓度为 $X=2500$mg/L，则

$$SVI=\frac{SV(mL/L)}{MLSS(g/L)}=\frac{30\times 10}{\frac{2500}{1000}}(mL/g)=120(mL/g) \tag{4-8}$$

污泥指数也是表示活性污泥的凝聚沉降和浓缩性能的指标。SVI低时，沉降性能好，但吸附性能差。SVI高时，沉降性能不好，即使有良好的吸附性能，也不能很好地控制泥水分离，一般认为：

SVI＜100　　污泥的沉降性能好

100＜SVI＜200　　污泥的沉降性能一般

SVI＞200　　污泥的沉降性能不好

正常情况下，SVI值在50～150为宜。

(3) 混合液悬浮固体浓度（MLSS）　混合液悬浮固体浓度（MLSS）又称混合液污泥浓度，它表示在曝气池单位容积混合液内所含有的活性污泥固体物的总质量，即

$$\text{MLSS}=M_a+M_e+M_i+M_{ii} \tag{4-9}$$

混合液挥发性悬浮固体浓度（MLVSS）表示在曝气池单位容积混合液内所含有的活性污泥有机固体物的总质量，即

$$\text{MLVSS}=M_a+M_e+M_i \tag{4-10}$$

由于MLVSS中不包括活性污泥组成中的无机部分，因而更能反映活性污泥的活性。一般正常情况下，活性污泥中活性生物所占悬浮固体量的比例是相对稳定的，对于生活污水，$\frac{\text{MLVSS}}{\text{MLSS}}\approx 0.75$。

(4) 污泥龄　每日排出系统外的活性污泥量包括作为剩余污泥排出的和随处理水流出的，表达式为：

$$\Delta X=Q_w X_r+(Q-Q_w)X_e \tag{4-11}$$

式中，ΔX为曝气池内每日增长的活性污泥量，即应排出系统外的活性污泥量；Q_w为作为剩余污泥排放的污泥量；X_r为剩余污泥浓度；Q为废水流量；X_e为排放处理水中的悬浮固体浓度。

曝气池内活性污泥总量（VX）与每日排放污泥量（ΔX）之比，称之为污泥龄（θ_c），即活性污泥在曝气池内的平均停留时间，因此又称为生物固体平均停留时间，即

$$\theta_c=\frac{VX}{\Delta X}=\frac{VX}{Q_w X_r+(Q-Q_w)X_e} \tag{4-12}$$

在一般条件下，X_e值极低可忽略不计，上式可简化为：

$$\theta_c=\frac{VX}{Q_w X_r} \tag{4-13}$$

污泥龄的大小决定了曝气池中微生物的状况，世代时间长于污泥龄的微生物在曝气池内不可能成为优势菌种，如硝化菌在20℃时，其世代时间为3d，当$\theta_c<3$d时，硝化菌不能在曝气池内大量繁殖，就不能产生硝化反应。

(5) 有机物降解与活性污泥增长　曝气池内，在活性污泥微生物的代谢作用下，污水中的有机物得到降解、去除，与此同时产生的是活性污泥微生物本身的增殖和随之而来的活性污泥的增长。

活性污泥微生物量的增加是同化合成和内源分解共同作用的结果，而活性污泥的净增殖量是这两项活动的差值。每天曝气池污泥净增量为

$$\Delta X_v=Y(S_o-S_e)Q-K_d VX_v=YS_rQ-K_d VX_v \tag{4-14}$$

式中　ΔX_v为每日增长（排放）的挥发性污泥量（VSS），kg/d；SQ_r为每日有机物降解量，kg/d；VX_v为曝气池内混合液中挥发性悬浮固体总量，kg；Y为微生物产率系数，

即去除单位质量的BOD所增殖的微生物量，kg/kg，一般为0.35～0.8；K_d为活性污泥微生物自身氧化率，每千克MLVSS每日自身氧化的千克数，kg/(kg·d)，一般为0.05～0.1/d。

将上式各项除以X_vV，则变为

$$\frac{\Delta X_v}{X_vV}=Y\frac{QS_r}{X_vV}-K_d \tag{4-15}$$

即
$$\frac{1}{\theta_c}=YL_r-K_d$$

式中，L_r为BOD污泥去除负荷。

5. 影响活性污泥性能的环境因素

(1) 溶解氧　生化处理的基本要素包括营养物、活性微生物、溶解氧，所以要使生化处理正常运行，供氧是重要因素。一般来说，溶解氧浓度以不低于2mg/L为宜（2～4mg/L）。

(2) 水温　维持在15～25℃，低于5℃微生物生长缓慢。

(3) 营养料　细菌的化学组成实验式为$C_5H_7O_2N$，霉菌为$C_{10}H_{17}O_6$，原生动物为$C_7H_{14}O_3N$，所以在培养微生物时，可按菌体的主要成分比例供给营养。微生物赖以生活的主要外界营养为碳和氮，此外，还需要微量的钾、镁、铁、维生素等。

碳源：异氧菌利用有机碳源，自氧菌利用无机碳源。

氮源：无机氮（NH_3及NH_4^+）和有机氮（尿素、氨基酸、蛋白质等）。

一般比例关系：BOD∶N∶P＝100∶5∶1

好氧生物处理：BOD_5＝500～1000mg/L

(4) 有毒物质　主要毒物有重金属离子（如锌、铜、镍、铅、铬等）和一些非金属化合物（如酚、醛、氰化物、硫化物等）。

6. 活性污泥法的工艺类型

活性污泥法经过近百年的发展，已成为污水处理中应用最广泛的技术，而技术本身也经历了曝气方式和运行方式的变革。以传统活性污泥法为起点，演变出了渐减曝气、阶段曝气、吸附再生、完全混合、延时曝气和纯氧活性污泥法等众多活性污泥法的变形。

(1) 传统活性污泥法

① 工艺流程。传统活性污泥法的工艺流程是：经过初次沉淀池去除粗大悬浮物的废水，在曝气池与污泥混合，呈推流方式从池首向池尾流动，活性污泥微生物在此过程中连续完成吸附和代谢过程。曝气池混合液在二沉池去除活性污泥混合固体后，澄清液作为净化液出流。沉淀的污泥一部分以回流的形式返回曝气池，再起到净化作用，一部分作为剩余污泥排出。

② 曝气池及曝气设备。曝气池为推流式，有单廊道和多廊道形式，当廊道为单数时，污水进出口分别位于曝气池的两端；当廊道数为双数时，则位于同侧。曝气池的进水和进泥口均采用淹没式，由进水闸板控制，以免形成短流。出水可采用溢流堰或出水孔，通过出水孔的流速要小些，以免破坏污泥絮状体。廊道长一般在50～70m，最长可达100m，有效水深多为4～6m，宽深比1～2，长宽比一般为5～10。鼓风曝气池中的曝气设备，通常安置在曝气池廊道的一侧。

③ 活性污泥法系统运行时的控制参数。主要控制参数包括曝气池内的溶解氧、回流污泥量和剩余污泥排放量。

④ 传统活性污泥法的特点。优点：工艺相对成熟、积累运行经验多、运行稳定；有机

物去除效率高，BOD_5 的去除率通常为90%～95%；曝气池耐冲击负荷能力较低；适用于处理进水水质比较稳定而处理程度要求高的大型城市污水处理厂。

缺点：需氧与供氧矛盾大，池首端供氧不足，池末端供氧大于需氧，造成浪费；传统活性污泥法曝气池停留时间较长，曝气池容积大、占地面积大、基建费用高，电耗大；脱氧除磷效率低，通常只有10%～30%。

（2）阶段曝气法（多类进水法） 针对普通活性污泥法的BOD负荷在池首过高的缺点，将废水沿曝气池长分数处注入，即形成阶段曝气法，它与渐减曝气法类似，只是将进水按流程分若干点进入曝气池，使有机物分配较为均匀，解决曝气池进口端供氧不足的现象，使池内需氧与供氧较为平衡。

主要特点为：①有机污染物在池内分配均匀，缩小了供氧与需氧的矛盾；②供气的利用率高，节约能源；③系统耐负荷冲击的能力高于传统活性污泥法；④曝气池内混合液中污泥浓度沿池长逐步降低，流入二沉池的混合液中的污泥浓度较低，可提高二沉池的固液分离效果，对二沉池的工作有利。

（3）吸附再生活性污泥法（接触稳定法） 污水与活性很强（饥饿状态）的活性污泥同步进入吸附池，并充分接触30～60min，吸附去除水中有机物后，混合液进入二沉池进行泥水分离，澄清水排放，污泥则从沉淀池底部排出，一部分作为剩余污泥排出系统，另一部分回流至再生池，停留3～6h，进行第二阶段的分解与合成代谢，即活性污泥对所吸附的大量有机底物进行“消化”，活性污泥微生物进入内源呼吸期，活性污泥的活性得到恢复。与传统活性污泥法比较，吸附再生法具有以下特征。①优点：污水与活性污泥在吸附池内停留时间短，使吸附池的容积减小。再生池接纳的是排除了剩余污泥的污泥，因此，再生池的容积也较小。经过再生的活性污泥处于饥饿状态，因而吸附活性高。吸附和代谢分开进行，对冲击负荷的适应性较强，构筑物体积小于传统的活性污泥法。再生池的污泥微生物处于内源呼吸期，丝状菌不适应这样的环境，所以繁殖受到抑制，因而有利于防止污泥膨胀。②缺点：处理效果低于传统法，不宜用于处理以溶解性有机物含量为主的污水，处理后的出水水质也较传统活性污泥法的差。

（4）完全混合式活性污泥法 完全混合法应用完全混合式曝气池，它与推流式的工况截然不同，有机污染物进入完全混合式曝气池后立即与混合液充分混合，池中的污泥负荷相同，它的运行工况点位于活性污泥的增长曲线的某一点上，完全混合式活性污泥法系统有曝气池与沉淀池合建及分建两种类型，曝气装置可以采用鼓风曝气装置或机械表面曝气装置。本方法的特点如下。

① 进入曝气池的污水很快被池内已存在的混合液稀释、均化，因此，该工艺对冲击负荷有较强的适应能力，适用于处理工业废水，特别是高浓度的工业废水。

② 污水和活性污泥在曝气池中分布均匀，污泥负荷相同，微生物群体组成和数量一致，即工况相同。因此，有可能通过对污泥负荷的调控，将整个曝气池工况控制在最佳点，使活性污泥的净化功能得到充分发挥，在相同处理效果下，其负荷率低于推流式曝气池。

③ 池内需氧均匀，动力消耗低于传统的活性污泥法。

④ 该法比较适合小型的污水处理厂。

⑤ 该工艺较易产生污泥膨胀，其处理的水质一般不如推流式。

（5）氧化沟活性污泥法

① 氧化沟活性污泥法的基本原理。氧化沟又名氧化渠，因其构筑物呈封闭的环形沟渠而得名。它是活性污泥法的一种变型。因为污水和活性污泥在曝气渠道中不断循环流动，因

此有人称其为“循环曝气池”、“无终端曝气池”。氧化沟的水力停留时间长，有机负荷低，其本质上属于延时曝气系统。

② 氧化沟的技术特点。氧化沟利用连续环式反应池（continuous loop reactor，CLR）作生物反应池，混合液在该反应池的一条闭合曝气渠道中进行连续循环，氧化沟通常在延时曝气条件下使用。氧化沟使用一种带方向控制的曝气和搅动装置，向反应池中的物质传递水平速度，从而使被搅动的液体在闭合式渠道中循环。

氧化沟一般由沟体、曝气设备、进出水装置、导流和混合设备组成，沟体的平面形状一般呈环形，也可以是长方形、L形、圆形或其它形状，沟端面形状多为矩形和梯形。

氧化沟法由于具有较长的水力停留时间、较低的有机负荷和较长的污泥龄，因此相比传统活性污泥法，可以省略调节池、初沉池、污泥消化池，有的还可以省略二沉池。氧化沟能保证较好的处理效果，这主要是因为巧妙结合了CLR形式和曝气装置特定的定位布置，使氧化沟具有独特的水力学特征和工作特性。

（6）SBR工艺的发展类型及其应用特性　序批式活性污泥法（SBR）是由美国Irvine在20世纪70年代初开发的，80年代初出现了连续进水的ICEAS工艺，随之Goranzy教授开发了CASS和CAST工艺，90年代比利时的SEGHERS公司又开发了UNITANK系统，把经典SBR的时间推流与连续系统的空间推流结合了起来。我国也于20世纪80年代中期开始对SBR进行研究，目前应用已比较广泛。

SBR工艺特点是通过在时间上的交替来实现传统活性污泥法的整个运行过程，它在流程上只有一个基本单元，将调节池、曝气池和二沉池的功能集于一池，进行水质水量调节、微生物降解有机物和固液分离等。经典SBR反应器的运行过程为：进水→曝气→沉淀→滗水→待机。由于SBR工艺在时间和空间上的特点形成了其运行操作上的灵活性，故相继开发了ICEAS、CASS、UNITANK等新型工艺。

7. 活性污泥法系统的运行管理

（1）活性污泥的培养与驯化

① 活性污泥的培养

a. 引生活污水调节BOD_5至200～300mg/L，在曝气池内进行连续曝气，一般在15～20℃下经一周，出现活性污泥絮体，掌握换水和排放剩余污泥的频次和时间，以补充营养和排除代谢产物。当出现大量絮体时停止曝气，静止沉淀1～1.5h，排放约占总体积60%～70%，调节生活污水进水量，继续曝气，当沉降比接近30%时，说明池中混合液污泥浓度已满足要求。从引水-曝气-曝气-污泥成熟-具良好的凝聚和沉降性，一般以7～10天为周期，BOD_5去除率达95%左右。

b. 扩大培养。连续换水-曝气-投入使用，回流50%，两周成熟，投入正常运行。

② 活性污泥的驯化。如果进行工业废水处理，则在培养成熟的活性污泥中逐渐增加工业废水的比例，直到满负荷、活性污泥正常运行为正。

（2）活性污泥运行中常见的问题

① 污泥膨胀。正常的活性污泥沉降性能好，其SVI为50～150之间为正常。SVI＝活性污泥体积/MLSS，当SVI＞200并继续上升时，称为污泥膨胀。

丝状菌繁殖引起的膨胀原因：是污泥中丝状菌过度增长繁殖的结果，丝状菌作为菌胶团的骨架，细菌分泌的外酶通过丝状菌的架桥作用将千万个细菌凝结成菌胶团吸附有机物形成活性污泥的生态系统，但当丝状菌大量生长繁殖，活性菌胶团结构受到破坏，形成大量絮体而漂浮于水面，难以沉降。这种现象称为丝状菌繁殖膨胀。

丝状菌增长过快的原因：

a. 营养条件变化。一般细菌在营养为 BOD_5 ：N：P＝100：5：1 的条件下生长，但若磷含量不足，C/N 升高，这种营养情况适宜丝状菌生活。

b. 硫化物的影响。过多的化粪池的腐化水及粪便废水进入活性污泥设备，会造成污泥膨胀。含硫化物的造纸废水也会产生同样的问题。一般是加 5～10mL/L 氯加以控制或者用预曝气的方法将硫化物氧化成硫酸盐。

c. 碳水化合物过多会造成膨胀。

d. pH 值和水温的影响。pH 值过低，温度高于 35°易引起丝状菌生长。

解决办法如下：

a. 保持一定的活性污泥浓度，控制每天排除污泥的净增量，控制回流比。

b. 控制 F/M（污泥负荷），调节进水和回流污泥

$$L_S=\frac{QL_0}{VX}$$

c. 保持污泥龄不变

$$t_s=\frac{VX}{Q_w S_r}$$

式中，L_0 为进水有机物浓度；X 为 MLSS 浓度；S_r 为回流污泥浓度；Q_w 为回流污泥量。

d. 污泥膨胀严重时投加铁盐絮凝剂或有机阳离子凝聚剂。

非丝状菌膨胀原因：污泥含有大量表面附着水，水质含有很高的碳水化合物而含 N 量低，当这些碳水化合物被细菌降解时形成多糖类物质，使代谢产物表面吸附表面水，说明 C/N 比失调或水温过低。

解决办法：增加 N 的比例，引进生活污水以增加蛋白质的成分，调节水温不低于 5℃。

② 污泥上浮

a. 污泥脱氮上浮。污水在二沉池中经过长时间造成缺氧（DO 在 0.5mg/L 以下），则反硝化菌会使硝酸盐转化成氨和氮气，在氨和氮逸出时，污泥吸附氨和氮而上浮使污泥沉降性降低。

解决办法：减少在二沉池中的停留时间，及时排泥，增加回流比。

b. 污泥腐化上浮。在沉淀池内污泥由于缺氧而引起厌氧分解，产生甲烷及二氧化碳气体，污泥吸附气体上浮。

解决办法：加大曝气池供氧量，提高出水溶解氧，减少污泥在二沉池中的停留时间，及时排走剩余污泥。

③ 产生泡沫。废水中含洗涤剂等表面活性物质。

解决办法：曝气池安喷洒清水管网或适当喷洒酸、碱等除泡剂。

二、生物膜法

1. 概述

生物膜法是使微生物附着在载体表面上，污水在流经载体表面过程中，污水中的有机污染物作为营养物，为生物膜上的微生物吸附和转化，污水得到净化，微生物自身也得以繁衍增殖。迄今为止，属于生物膜处理法的工艺有生物滤池（普通生物滤池、高负荷生物滤池、塔式生物滤池）、生物转盘、生物接触氧化设备和生物流化床等。目前，膜法已不仅是一种好氧处理技术，还相继出现了厌氧滤池、厌氧生物流化床等，而且在反应器形式、膜的载体结构和材料种类等方面都有较大的发展。

2. 生物膜法净化机理

污水的生物膜处理法是与活性污泥法并列的一种污水好氧生物处理技术，其实质是使细菌和真菌一类的微生物和原生动物、后生动物一类的微型动物附着在滤料或某些载体上生长繁育，并在其上形成膜状生物污泥——生物膜。污水与生物膜接触时，其中的有机污染物作为营养物质，为生物膜上的微生物所摄取，污水得到净化，微生物自身也得到繁衍增殖。图 4-5 所示是附着在生物滤池滤料上的生物膜的构造。

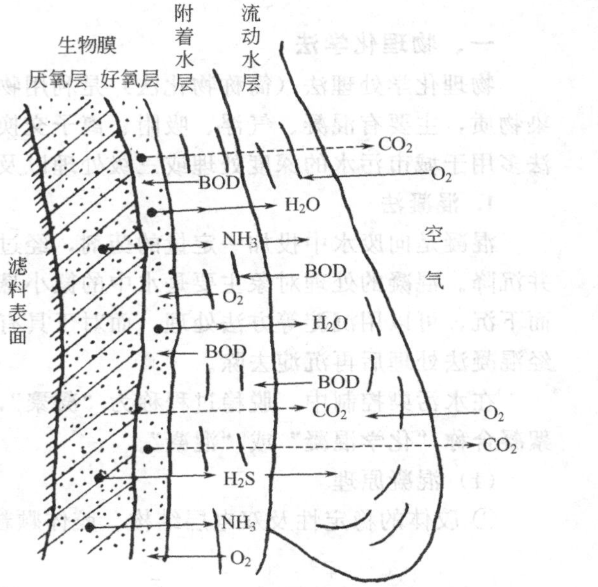

图 4-5 生物滤池滤料上生物膜的构造

在生物膜内、外，生物膜与水层之间进行着多种物质的传递过程。空气中的氧溶解于流动的水层中，从那里通过附着水层传递给生物膜，供微生物用于呼吸；污水中的有机污染物则由流动水层传递给附着水层，然后进入生物膜，并通过细菌的代谢活动而被降解，使污水在其流动过程中逐步得到净化；微生物的代谢产物如 H_2O 等则通过附着水层进入流动水层，并随其排走，而 CO_2 及厌氧层分解产物如 H_2S、NH_3 以及 CH_4 等气态代谢产物则从水层逸出进入气流中。在正常运行情况下，整个反应系统中的生物膜各个部分总是交替脱落的，系统内活性生物膜数量相对稳定，净化效果良好。

由于生物膜法与活性污泥法相比具有生物密度大、抗负荷冲击能力强、动力消耗低、不需要污泥回流、不存在污泥膨胀、运转管理容易等突出优点，在石油化工、印染、制革、造纸、食品、医药、农药、化纤等工业废水的处理中已得到广泛应用。

3. 生物膜处理法的主要特征

在污水处理构筑物内设置微生物生长聚集的载体（一般称填料），在充氧的条件下，微生物在填料表面附着形成生物膜，经过充氧的污水以一定的流速流过填料时，生物膜中的微生物吸收分解水中的有机物，使污水得到净化，同时微生物也得到增殖，生物膜随之增厚。当生物膜增长到一定厚度时，向生物膜内部扩散的氧受到限制，其表面仍是好氧状态，而内层则会呈缺氧甚至厌氧状态，并最终导致生物膜的脱落。随后，填料表面还会继续生长新的生物膜，周而复始，使污水得到净化。

微生物在填料表面附着形成生物膜后，由于生物膜的吸附作用，其表面存在一层薄薄的水层，水层中的有机物已经被生物膜氧化分解，故水层中的有机物浓度比进水要低得多，当废水从生物膜表面流过时，有机物就会从运动着的废水中转移到附着在生物膜表面的水层中去，并进一步被生物膜所吸附，同时，空气中的氧也经过废水而进入生物膜水层并向内部转移。

生物膜上的微生物在有溶解氧的条件下对有机物进行分解和机体本身进行新陈代谢，因此产生的二氧化碳等无机物又沿着相反的方向，即从生物膜经过附着水层转移到流动的废水中或空气中去。这样一来，出水的有机物含量减少，废水得到了净化。

第四节 物理化学及化学法

一、物理化学法

物理化学处理法（简称物化法）是利用物理化学作用分离回收废水中处于各种形态的污染物质，主要有混凝、气浮、吸附、离子交换、萃取、电渗析、反渗透、超滤等方法。物化法多用于城市污水的深度处理或三级处理以及工业废水处理。

1. 混凝法

混凝是向废水中投加一定量的药剂，经过脱稳、架桥等反应过程，使水中的污染物凝聚并沉降。混凝的处理对象主要是水中的微小悬浮物和胶体物质。大颗粒的悬浮物受重力作用而下沉，可以用沉淀等方法处理，而对于具有“稳定性”的微小粒径的悬浮物和胶体，则常经混凝法处理后再沉淀去除。

在水污染控制中，脱稳过程称为“凝聚”，而脱稳胶体的黏结称为“絮凝”。也把凝聚和絮凝合称“化学混凝”或“混凝”。

（1）混凝原理

① 胶体的稳定性及双电层结构。胶体颗粒具有稳定性的主要原因，有以下三个方面。

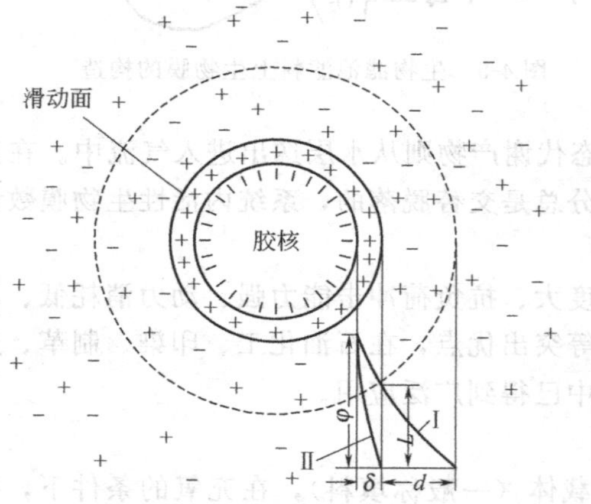

图 4-6 胶体结构及双电层示意图

a. 胶体颗粒间的静电斥力。胶体具有双电层结构，其结构如图 4-6 所示。胶体中心是胶核，在其表面有一层电位离子，它决定了胶粒的电荷多少和带电符号，构成了双电层的内层。由于静电引力，在电位离子的周围又吸引了众多的异号离子，形成了反离子层，构成了双电层的外层。其中紧靠电位离子的反离子层被牢固地吸引，随胶核一起运动，称之为吸附层，它和点位离子层组成胶团的固定层。固定层以外的反离子由于热运动和液体溶剂化作用而向外扩散，其受电位离子的引力较弱，不随胶粒一起运动，形成扩散层。固定层与扩散层之间的交界面称为滑动面，滑动面以内的部分称为胶粒，它是带电微粒。胶粒与扩散层一起构成了电中性的胶团。

当胶粒运动时，扩散层中的大部分反离子会脱离胶团，向溶液主体扩散，其结果必然使胶粒表面产生剩余电荷，使胶粒与扩散层之间形成一个电位差，称之为电动电位，用 ε 表示，即滑动面与溶液主体间的电位差，它与粒子电荷和扩散层厚度有关。而胶核表面的电位离子与溶液主体间的电位差则称为总电位，用 φ 表示。在总电位一定时，扩散层厚度越大，ε 电位愈高，斥力越大。

b. 颗粒表面的溶剂化作用。使胶体微粒不能相互凝结的另一个因素是水化作用。由于胶粒带电，将极性水分子吸引到它的周围，形成一层水化膜，可阻止胶粒间相互接触。水化膜同样是伴随着胶粒带电而产生的，随胶粒体的 ε 电位减弱而减弱。

c. 微粒的布朗运动。微粒的无规则运动，使其很难在重力作用下下沉。

② 影响混凝效果的因素。混凝过程的主要作用是将水中呈分散状态的微粒杂质聚集成较粗的絮凝体，从而通过沉淀、过滤等过程将其从水中分离。影响混凝效果的因素较复杂，

其中重要的有以下几个方面。

a. 水温。水温对混凝效果有明显的影响。无机盐类混凝剂的水解是吸热反应，水温低时水解困难。特别是硫酸铝，当水温低于5℃时，水解速率非常缓慢，且水温低，黏度大，不利于脱稳胶粒相互絮凝，影响絮凝体的结大，进而影响后续的沉淀处理效果。

改善的办法是投加高分子助凝剂或是用气浮法代替沉淀法作为后续处理。

b. pH值。水的pH值对混凝的影响程度视混凝剂的品种而异。用硫酸铝去除水中浊度时，最佳pH值范围在6.5～5；用于除色时，pH值在4.5～5。用三价铁盐时，最佳pH值范围在6.0～8.4，比硫酸铝宽。如用硫酸亚铁，只有在pH＞8.5和水中有足够溶解氧时，才能迅速形成Fe^{3+}，这就使设备和操作较复杂。为此，常采用加氯氧化的方法。

高分子混凝剂尤其是有机高分子混凝剂，混凝的效果受pH值的影响较小。从铝盐和铁盐的水解反应式可以看出，水解过程中不断产生H^{+}必将使水的pH值下降。要使pH值保持在最佳的范围内，应有碱性物质与其中和。当原水中碱度充分时还不致影响混凝效果，但当原水中碱度不足或混凝剂投量较大时，水的pH值将大幅度下降，影响混凝效果。此时，应投加石灰或重碳酸钠等。

c. 水中杂质的成分、性质和浓度。水中杂质的成分、性质和浓度都对混凝效果有明显的影响。例如，天然水中含黏土类杂质为主，需要投加的混凝剂的量较少；而污水中含有大量有机物时，需要投加较多的混凝剂才有混凝效果，其投量可达$10\sim10^{3}$mg/L，但影响的因素比较复杂，理论上只限于做些定性推断和估计。在生产和实用上，主要靠混凝试验来选择合适的混凝剂和最佳投量。

在城市污水处理方面，过去很少采用化学混凝的方法。近年来，化学混凝剂的品种和质量都有较大的发展，使化学混凝法处理城市污水（特别在发展中国家）有一定的竞争力。实践表明，对某些浓度不高的城市污水，投加20～80mg/L的聚合硫酸铁与0.3～0.5mg/L的阴离子聚丙烯酰胺，就可去除COD 70%左右，悬浮物和总磷90%以上。

d. 水力条件。混凝过程中的水力条件对絮凝体的形成影响极大。整个混凝过程可以分为两个阶段：混合和反应。水力条件的配合对这两个阶段非常重要。

混合阶段的要求是使药剂迅速均匀地扩散到全部水中以创造良好的水解和聚合条件，使胶体脱稳并借颗粒的布朗运动和紊动水流进行凝聚。在此阶段并不要求形成大的絮凝体。混合要求快速和剧烈搅拌，在几秒钟或一分钟内完成。对于高分子混凝剂，由于它们在水中的形态不像无机盐混凝剂那样受时间的影响，混合的作用主要是使药剂在水中均匀分散，混合反应可以在很短的时间内完成，而且不宜进行过分剧烈的搅拌。

反应阶段的要求是使混凝剂的微粒通过絮凝形成大的具有良好沉淀性能的絮凝体。反应阶段的搅拌强度或水流速度应随着絮凝体的结大而逐渐降低，以免结大的絮凝体被打碎。如果在化学混凝以后不经沉淀处理而直接进行接触过滤或是进行气浮处理，反应阶段可以省略。

(2) 混凝处理流程及设备

① 混凝沉淀处理流程。混凝处理包括混凝剂的配制与投加、混合、反应及矾花分离几个部分，其流程如图4-7所示。混凝设备由混凝剂投配设备、混合搅拌设备和反应设备组成。

a. 混凝剂的配制与投加。混凝剂的投配方法有干投法和湿投法。干投法就是将固体混凝剂（如硫酸铝）破碎成粉末后定量地投入待处理水中。此法对混凝剂的粒度要求较严，投量控制较难，对机械设备的要求较高，劳动条件也较差，目前国内使用较少。湿投法是将混

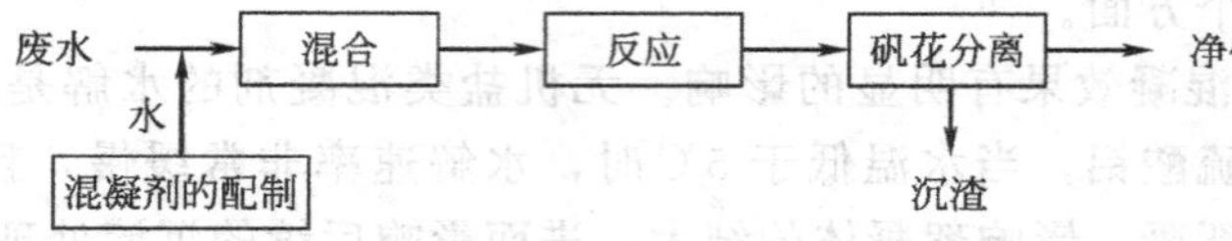

图 4-7 混凝沉淀处理流程

凝剂和助凝剂先溶解配成一定浓度的溶液，然后按处理水量大小定量投加，此法应用较多。

b. 混合。混合的作用是将药剂迅速均匀地扩散到废水中，达到充分混合，以确保混凝剂的水解与聚合，使胶体颗粒脱稳，并相互聚集成细小的矾花。混合阶段需要剧烈短促的搅拌，混合时间要短，在10～30s内完成，一般不得超过2min。

c. 反应。水与药剂混合后即进入反应池进行反应。反应阶段的作用是促使混合阶段所形成的细小矾花在一定时间内继续形成大的、具有良好沉淀性能的絮凝体（可见的矾花），以使其在后续的沉淀池内下沉。所以反应阶段需要有适当的紊流程度及较长的时间，通常反应时间需20～30min。

d. 矾花分离。进行混凝处理的废水经过投药混合反应生成絮凝体后，要进入矾花设备使生成的絮凝体与水分离，最终达到净化的目的。

② 混凝设备。混凝处理的常用设备为混合反应池（图4-8）。混合反应池应具有适当的水力状态，以满足凝聚和絮凝的不同要求。混合时要急剧搅动，在10～30s内完成，至多不超过2min。反应阶段是使凝聚微粒形成絮凝体，随着絮凝体的增大，搅拌强度或水流速度应逐渐降低，以免絮凝体破碎。

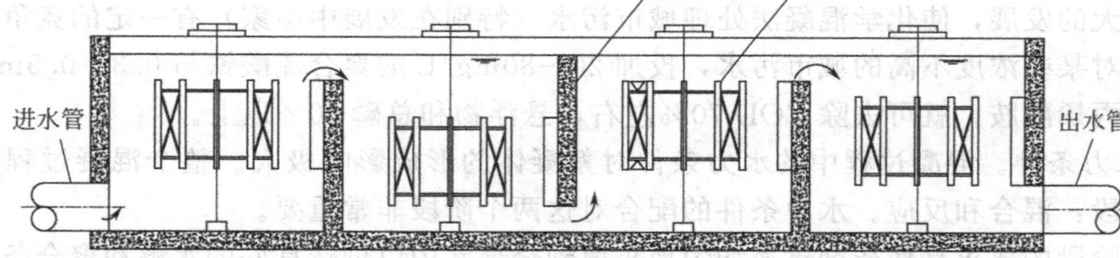

图 4-8 垂直轴式机械混合反应池

混凝设备包括加药、混合和絮凝设备。

a. 加药设备。混凝剂可直接以粉状物投入水流，所用设备称干式加药机。但一般则将混凝剂配成溶液后再投入水流。溶液的流量可以用水头固定的孔口或堰口控制，也可以用定量泵控制，因此加药量比干式加药机容易控制。

b. 混合设备。大多采用机械混合混凝剂和原水。可以在进水泵前将混凝剂或其溶液投入水流，借泵的叶轮进行快速混合。也可设置专用的水池，池中设搅拌器，水流在池中的停留时间约1min。混合反应设备形式很多，如多孔隔板式混合槽、桨板式机械混合池、平流式与竖流式隔板反应池、旋流反应池、涡流式反应池、机械反应池等。进行废水的混凝处理时，应根据水质、水量等具体情况选用。

混合方式基本分为两大类：水力混合和机械混合。水力混合简单，但不能适应流量的变化；机械混合可进行调节，能适应各种流量的变化。具体采用何种混合方式，应根据水厂工艺布置、水质、水量、投加药剂品种及维修条件等因素确定。常用混合方式见表4-4。

c. 絮凝池。也称反应池。水流中的颗粒借水流的紊动，在水池中进行絮凝。水流的紊动可以借助于提高水流动能或缓慢的机械搅拌。前者适用于中小型设备，如隔板絮凝池和罐形絮凝池；后者适用于大中型设备。絮凝池中设置隔板，水流在隔板间流行，过水断面较小，流速得以提高。改变板的间距可以使水流的平均流速从0.4m/s左右渐下降至0.2m/s左右，以适应絮体形成的需要。罐形池可以做成倒锥形，入口设在锥尖，入口流速常采用0.7m/s；也可以做成圆柱形，入口设在底部，入流管与池壁相切，入口流速常采用2～3m/s。

表4-4 常用混合方式的主要特点及使用

方式		特点及使用条件
管式混合	管道混合	混合简单，无需另建混合设施，混合效果不稳定，流速低时，混合不充分
	静态混合器	构造简单，无运动设备，安装方便，混合快速均匀；当流量降低时，混合效果下降
水泵混合		混合效果好，不许增加混合设施，节省动力，但使用腐蚀性药剂时，对水泵有腐蚀作用。适用于取水泵房与水厂间距小于150m的情况
机械混合		混合效果好，且不受水量变化影响，适用于各种规格的水厂，但需增加混合设备和维修工作

2. 气浮法

气浮法是固液分离或液液分离的一种技术。利用高度分散的微小气泡作为载体黏附于废水中的悬浮污染物，使其浮力大于重力和阻力，从而使污染物上浮至水面，形成泡沫，然后用刮渣设备自水面刮除泡沫，实现固液或液液分离的过程称为气浮。气浮分离的对象是乳化油及疏水性悬浮物等颗粒性杂质固体，包括相对密度小于1的悬浮物、油类和脂肪，并用于污泥的浓缩。

(1) 气浮原理

① 带气絮粒的上浮和气浮表面负荷的关系。黏附气泡的絮粒在水中上浮时，在宏观上将受到重力G和浮力F等外力的影响。带气絮粒上浮时的速度由牛顿第二定律可导出，上浮速度取决于水和带气絮粒的密度差、带气絮粒的直径（或特征直径）以及水的温度、流态。如果带气絮粒中气泡所占比例越大，则带气絮粒的密度就越小，而其特征直径则相应增大，两者的这种变化可使上浮速度大大提高。

然而实际水流中，带气絮粒大小不一，而引起的阻力也不断变化，同时在气浮中外力还发生变化，从而气泡形成体和上浮速度也在不断变化，具体上浮速度可按照实验测定。根据测定的上浮速度值可以确定气浮的表面负荷，而上浮速度的确定须根据出水的要求确定。

② 水中絮粒向气泡黏附。如前所述，气浮处理法对水中污染物的主要分离对象大体有两种类型，即混凝反应的絮凝体和颗粒单体。气浮过程中气泡对混凝絮体和颗粒单体的结合可以有三种方式，即气泡顶托、气泡裹携和气粒吸附。显然，它们之间的裹携和黏附力的强弱，即气、粒（包括絮废体）结合的牢固程度，不仅与颗粒、絮凝体的形状有关，更重要的受水、气、粒三相界面性质的影响。水中活性剂的含量、水中的硬度、悬浮物的浓度，都和气泡的黏附强度有着密切的联系，气浮运行的好坏和此有根本的关联。在实际应用中只需调整水质。

(2) 气浮工艺设备　按产生细微气泡方式的不同，分为分散空气气浮法、溶气泵气浮法、电解凝聚气浮法、生物及化学气浮法等。

① 分散空气气浮法。分散空气气浮法又可分为转子碎气法（也称为涡凹气浮或旋切气浮，见图4-9）和微孔布气法2种。前者依靠高速转子的离心力所造成的负压而将空气吸入，并与提升上来的废水充分混合后，在水的剪切力的作用下，气体破碎成微气泡而扩散于水

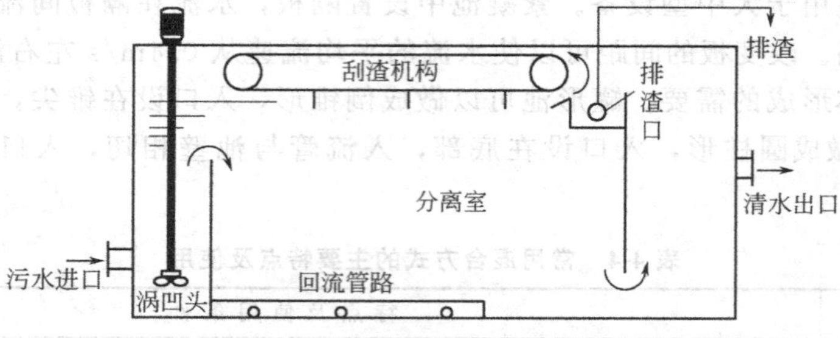

图 4-9 涡凹气浮工艺原理

中；后者则是使空气通过微孔材料或喷头中的小孔被分割成小气泡而分布于水中。

该法设备简单，但产生的气泡较大，且水中易产生大气泡。大气泡在水中具有较快的上升速度。巨大的惯性力不仅不能使气泡很好地黏附于絮凝体上，相反会造成水体的严重紊流而撞碎絮凝体，所以涡凹气浮要严格控制进气量。气泡的产生依赖于叶轮的高速切割以及在无压体系中的自然释放，气泡直径大、动力消耗高，尤其是对于高水温污水的气浮处理，处理效果难如人意。由于产生的气泡大，更适合处理一些稠油废水，由于大气泡在上浮过程中易破裂，建议设计时污水在“分离室”的停留时间不要超过 20min，时间越长气泡破裂得越多，可能导致絮凝体重新沉淀到池底。

分散空气气浮法产生的气泡直径均较大，微孔板也易受堵，但在能源消耗方面较为节约，多用于矿物浮选和含油脂、羊毛等废水的初级处理及含有大量表面活性剂废水的泡沫浮选处理。

② 溶气泵气浮法。溶气泵采用涡流泵或气液多相泵，其原理是在泵的入口处空气与水一起进入泵壳内，高速转动的叶轮将吸入的空气多次切割成小气泡，小气泡在泵内的高压环境下迅速溶解于水中，形成溶气水然后进入气浮池完成气浮过程。溶气泵产生的气泡直径一般在 20～40μm，吸入空气最大溶解度达到 100%，溶气水中最大含气量达到 30%，泵的性能在流量变化和气量波动时十分稳定，为泵的调节和气浮工艺的控制提供了极好的操作条件(图 4-10)。

③ 电解凝聚气浮法。这种方法是将正负相间的多组电极安插在废水中，当通过直流电

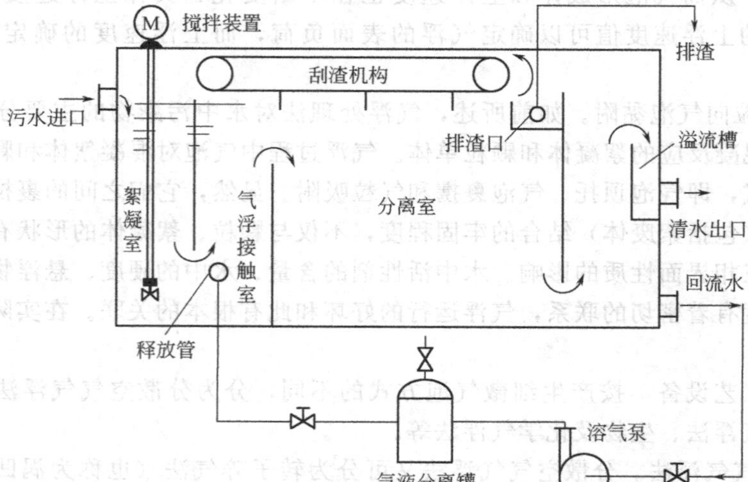

图 4-10 溶气泵气浮工作原理

时，会产生电解、颗粒的极化、电泳、氧化还原以及电解产物间和废水间的相互作用。当采用可溶电极（一般为铝铁）作为阳极进行电解时，阳极的金属将溶解出铝和铁的阳离子，并与水中的氢氧根离子结合，形成吸附性很强的铝、铁氢氧化物以吸附、凝聚水中的杂质颗粒，从而形成絮粒。这种絮粒与阴极上产生的微气泡（氢气）黏附，得以实现气浮分离。但电解凝聚气浮法存在耗电量较多、金属消耗量大以及电极易钝化等问题，因此，较难适用于大型生产。

④ 生物及化学气浮法。生物气浮法是依靠微生物在新陈代谢过程放出的气体与絮粒黏附后浮于水面的；化学气浮法是在水中投加某种化学药剂，借助于化学反应生成的氧、氯、二氧化碳等气体而促使絮粒上浮的。这种气浮法因受各种条件的限制，处理的稳定可靠程度较差，应用也不多。

涡流电絮凝-气浮-接触过滤一体化净水工艺见图 4-11。

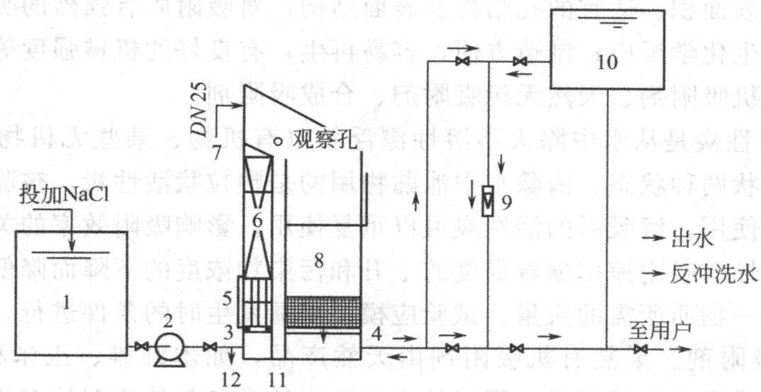

图 4-11　涡流电絮凝-气浮-接触过滤一体化净水工艺流程

1—原水箱；2—水泵；3—进水管；4—出水管；5—电凝聚器；
6—涡流反应区；7—排渣管；8—过滤部分；9—流量计；
10—高位水箱；11—雾化曝气管；12—冲洗排水管

3. 吸附法

吸附是一个自发的热力学过程，它利用物质的表面能，使相界面的浓度自动发生变化，是一种传质现象。吸附作用被用在污水处理上，称为污水的吸附处理。这种方法利用多孔性的固体物质，使污水中的一种或多种物质被吸附在固体表面而除去。在水污染控制中，具有吸附能力的多孔性固体物质称为吸附剂，而污水中被吸附的物质称为吸附质。

（1）吸附的类型　根据固体表面吸附力的不同，吸附可分为物理吸附、化学吸附和离子交换吸附三种类型。

① 物理吸附。是指吸附剂与吸附质之间是通过分子间引力（即范德华力）而产生的吸附，是一种常见的吸附现象。由于吸附是分子间引力引起的，所以吸附热较小，一般在 41.84kJ/mol 以内。物理吸附因不发生化学作用，所以在低温下就能发生。被吸附的分子由于热运动还会离开吸附剂表面，这种现象称为解吸，它是吸附的逆过程。物理吸附可形成单分子吸附层或多分子吸附层。由于分子间力是普遍存在的，所以一种吸附剂可以有选择地吸附多种吸附质。由于吸附剂和吸附质的极性强弱不同，某一种吸附剂对各种吸附质的吸附量是不同的。

② 化学吸附。是指吸附剂与吸附质之间发生化学作用，生成化学键引起的吸附。化学吸附一般在较高温度下进行，吸附热较大，相当于化学反应热，一般为 30～418.4kJ/mol。一种吸附剂只能对某种或几种吸附质发生化学吸附，因此化学吸附选择性较大。由于化学吸

附是靠吸附剂和吸附质之间的化学键力进行的，所以吸附只能形成单分子吸附层。当化学键强时，化学吸附是不可逆的。

③ 离子交换吸附。是通常所指的离子交换吸附，这种吸附实质上是在交换吸附剂的表面发生了离子交换反应。如果吸附质的浓度相同，离子带的电荷越多，吸附就越强，对电荷数相同的离子，水化半径越小，越能紧密地接近于吸附点，越有利于吸附。

物理吸附和化学吸附并不是孤立的，往往相伴发生。在污水处理技术中，大部分的吸附往往是几种吸附综合作用的结果。由于吸附质、吸附剂及其它因素的影响，可能某种吸附是起主导作用的。

（2）吸附剂及其再生

① 吸附剂。吸附剂是能有效地从液体中吸附其中某些成分的固体物质。吸附剂一般有以下特点：大的比表面积、适宜的孔结构及表面结构；对吸附质有强烈的吸附能力；一般不与吸附质和介质发生化学反应；制造方便，容易再生；有良好的机械强度等。常用的吸附剂有活性炭、天然有机吸附剂、天然无机吸附剂、合成吸附剂。

a. 活性炭。活性炭是从水中除去不溶性漂浮物（有机物、某些无机物）最有效的吸附剂，有颗粒状和粉状两种状态。清除水中泄漏物用的是颗粒状活性炭。被吸附的泄漏物可以通过解吸再生回收使用，解吸后的活性炭可以重复使用。影响吸附效率的关键因素是被吸附物分子的大小和极性。吸附速率随着温度的上升和污染物浓度的下降而降低，所以必须通过实验来确定吸附某一物质所需的炭量。试验应模拟泄漏发生时的条件进行。

b. 天然有机吸附剂。天然有机吸附剂由天然产品，如木纤维、玉米秆、稻草、木屑、树皮、花生皮等纤维素和橡胶组成，可以从水中除去油类和与油相似的有机物。天然有机吸附剂具有价廉、无毒、易得等优点，但再生困难。

c. 天然无机吸附剂。天然无机吸附剂是由天然无机材料制成的，常用的天然无机材料有黏土、珍珠岩、蛭石、膨胀页岩和天然沸石。根据制作材料分为矿物吸附剂和黏土类吸附剂。

矿物吸附剂可用来吸附各种类型的烃、酸及其衍生物、醇、醛、酮、酯和硝基化合物；黏土类吸附剂能吸附分子或离子，并且能有选择地吸附不同大小的分子或不同极性的离子。天然无机材料制成的吸附剂主要是粒状的，其使用受刮风、降雨、降雪等自然条件的影响。

d. 合成吸附剂。合成吸附剂是专门为纯的有机液体研制的，能有效地清除陆地泄漏物和水体的不溶性漂浮物。对于有极性且在水中能溶解或能与水互溶的物质，不能使用合成吸附剂清除。能再生是合成吸附剂的一大优点。

常用的合成吸附剂有聚氨酯、聚丙烯和有大量网眼的树脂。a. 聚氨酯有外表敞开式多孔状、外表面封闭式多孔状及非多孔状几种形式。所有形式的聚氨酯都能从水溶液中吸附泄漏物，但外表面敞开式多孔状聚氨酯能像海绵一样吸附液体。吸附状况取决于吸附剂气孔结构的敞开度、连通度和被吸附物的黏度、湿润力，但聚氨酯不能用来吸附处理大泄漏或高毒性泄漏物。b. 聚丙烯是线性烃类聚合物，能吸附无机液体或溶液。分子量结晶度较高的聚丙烯具有更好的溶解性和化学阻抗，但其生产难度和成本费用高、不能用来吸附处理大泄漏量或高毒性泄漏物。c. 最常用的两种树脂是聚苯乙烯和聚甲基丙烯酸甲酯。这些树脂能与离子类化合物发生反应，不仅具有吸附性，还表现出离子交换。

② 吸附剂的再生。吸附剂再生是在吸附剂本身结构不发生或极少发生变化的情况下，用某种方法将被吸附的物质从吸附剂的细孔中除去，以达到能够重复使用的目的。吸附饱和的吸附剂，经再生后可重复使用。

活性炭达到饱和后，脱除被吸附物，恢复吸附能力，达到重复使用的目的，称为活性炭的再生。再生主要有以下几种方法。

a. 加热再生法。在高温下，吸附质分子提高了振动能，因而易于从吸附剂活性中心点脱离；同时，被吸附的有机物在高温下能氧化分解，或以气态分子逸出，或断裂成短链，因此也降低了吸附能力。

加热再生过程分五步进行：(a) 脱水：使活性炭和输送液分离。(b) 干燥：加热到100～150℃，将细孔中的水分蒸发出来，同时使一部分低沸点的有机物也挥发出来。(c) 炭化：加热到300～700℃，高沸点的有机物由于热分解，一部分成为低沸点物质而挥发，另一部分被炭化留在活性炭细孔中。(d) 活化：加热到700～1000℃，使炭化后留在细孔中的残留炭与活化气体（如蒸气、CO_2、O_2 等）反应，反应产物以气态形式（CO_2、CO、H_2）逸出，达到重新造孔的目的。(e) 冷却：活化后的活性炭用水急剧冷却，防止氧化。

b. 化学再生法。通过化学反应，可使吸附质转化为易溶于水的物质而解吸下来，还包括使用某种溶剂将被活性炭吸附的物质解吸下来。常用的溶剂有酸、碱、苯、丙酮、甲醇等。化学氧化法也属于一种化学再生法。

c. 生物再生法。利用微生物的作用，将被活性炭吸附的有机物氧化分解，从而可使活性炭得到再生。此法目前尚处于试验阶段。

③ 吸附法的应用。由于吸附法对进水的预处理要求高，吸附剂的价格昂贵，因此在废水处理中，吸附法主要用来去除废水中的微量污染物，达到深度净化的目的，如废水中少量重金属离子的去除、少量有害的难生物降解有机物的去除、脱色、除臭等。另外，还可与其它方法联合使用，如与生化法联合使用，可向曝气池中投加粉状活性炭，利用粉状吸附剂作为微生物生长的载体或作为生物流化床的介质；或在生物处理后进行吸附处理，达到深度处理的目的；也可将吸附法与化学沉淀法联合使用，进一步降低水中金属离子含量。

4. 离子交换法

(1) 离子交换原理　离子交换法是水处理中软化和除盐的主要方法之一。在废水处理过程中，主要是去除废水中的金属离子。离子交换的实质是不溶性离子化合物（离子交换树脂）上的可交换离子与溶液中的其它同性离子的交换反应，是一种特殊的吸附过程，通常是可逆性化学吸附，其反应式为

$$\underset{\text{交换树脂}}{RH} + \underset{\text{交换离子}}{M^+} \rightleftharpoons \underset{\text{饱和树脂}}{RM} + H^+ \tag{4-16}$$

交换反应平衡时平衡常数 $K=\dfrac{[RM]\,[H^+]}{[RH]\,[M^+]}$

K 是平衡常数，K 大于1，表示反应能顺利地向右方进行，K 值越大越有利于交换反应，而越不利于逆反应。K 值的大小能定量地反映离子交换剂对某两个固定离子交换选择性的大小。K 值愈大，表明交换离子愈容易取代树脂上的可交换离子，也就表明交换离子与树脂之间的亲和力愈大，通俗地说就是这种离子的交换势很大；K 值愈小，表明其交换势很小。

当含有多种离子的废水同离子交换树脂接触时，交换势大的离子必然最先同树脂上的离子进行交换。试验证明离子交换树脂对交换离子有“选择性”，先交换交换势大的离子，然后交换交换势小的离子。离子的大小有时也影响交换势。

关于不同离子的交换势大小的解释有很多种理论，下面介绍可供参考的一些规律。

离子的交换势除同它本身和离子交换树脂的化学性质有关外，温度和浓度的影响很大。

在常温和低浓度水溶液中，阳离子的价态越高，它的交换势愈大，按交换势排列有：

$$Th^{4+}>Al^{3+}>Ca^{2+}>Na^{+}$$

在常温和低浓度水溶液中，正价阳离子的交换势大致上是原子序数愈高，交换势愈大：

$$As^{+}>Cs^{+}>Rb^{+}>K^{+}>Na^{+}>Li^{+}$$

但是稀土元素正好相反：

$$Ba^{2+}>Pb^{2+}>Sr^{2+}>Ca^{2+}>Co^{2+}>Cd^{2+}>Ni^{2+}\approx Cu^{2+}>Zn^{2+}>Mg^{2+}$$

H^{+}对阳离子交换树脂的交换势，取决于树脂的性质，对强酸性阳离子交换树脂，H^{+}的交换势介于Na^{+}和Li^{+}之间；但对弱酸性阳离子交换树脂H^{+}具有最强的交换势，居于交换序列的首位。

在常温和低浓度水溶液中，对弱碱性阴离子交换树脂，酸根（阴离子）的交换序列为$SO_4^{2-}>CrO_4^{2-}>$柠檬酸根>酒石酸根$>NO_3^{-}>AsO_4^{3-}>PO_4^{3-}>MoO_4^{2-}>$醋酸根、$I^{-}>Br^{-}>Cl^{-}>F^{-}$，但弱碱性阴离子交换树脂对$CO_3^{2-}$和$S^{2-}$的交换能力很弱，对硅酸、苯酚、硼酸和氰酸等弱酸不起反应。

对强碱性阴离子交换树脂，离子的交换势随树脂的性质而异，没有一般性的规律。

(2) 离子交换剂 离子交换剂分为无机质和有机质两类。无机质主要是沸石，有机质有磺化煤和离子交换树脂。废水处理中使用的主要是离子交换树脂。

① 离子交换树脂的基本类型

a. 强酸性阳离子树脂。这类树脂含有大量的强酸性基团，如磺酸基—SO_3H，容易在溶液中离解出H^{+}，故呈强酸性。树脂离解后，本体所含的负电基团，如—SO_3^{-}能吸附结合溶液中的其它阳离子。这两个反应使树脂中的H^{+}与溶液中的阳离子互相交换。强酸性树脂的离解能力很强，在酸性或碱性溶液中均能离解和产生离子交换作用。

b. 弱酸性阳离子树脂。这类树脂含弱酸性基团，如羧基—COOH，能在水中离解出H^{+}而呈酸性。树脂离解后余下的负电基团，如R-COO^{-}（R为碳氢基团），能与溶液中的其它阳离子吸附结合，从而产生阳离子交换作用。这种树脂的酸性即离解性较弱，在低pH下难以离解和进行离子交换，只能在碱性、中性或微酸性溶液中（如pH5～14）起作用。

c. 强碱性阴离子树脂。这类树脂含有强碱性基团，如季铵基（亦称四级胺基）—NR_3OH（R为碳氢基团），能在水中离解出OH^{-}而呈强碱性。这种树脂的正电基团能与溶液中的阴离子吸附结合，从而产生阴离子交换作用。

d. 弱碱性阴离子树脂。这类树脂含有弱碱性基团，如伯氨基（亦称一级胺）—NH_2、仲氨基（二级胺）—NHR或叔氨基（三级胺）—NR_2，它们在水中能离解出OH^{-}而呈弱碱性。这种树脂的正电基团能与溶液中的阴离子吸附结合，从而产生阴离子交换作用。这种树脂在多数情况下是将溶液中的整个其它酸分子吸附。

e. 离子树脂的转型。在实际使用中，常将这些树脂转变为其它离子形式运行，以适应各种需要。例如常将强酸性阳离子树脂与NaCl作用，转变为钠型树脂再使用。工作时钠型树脂放出Na^{+}与溶液中的Ca^{2+}、Mg^{2+}等阳离子交换吸附，除去这些离子。反应时没有放出H^{+}，可避免溶液pH下降和由此产生的副作用（如蔗糖转化和设备腐蚀等）。这种树脂以钠型运行使用后，可用盐水再生（不用强酸）。

② 离子交换树脂的物理性质。离子交换树脂的颗粒尺寸和有关的物理性质对它的工作和性能有很大影响。

a. 树脂颗粒尺寸。离子交换树脂通常制成珠状的小颗粒，它的尺寸也很重要。树脂颗粒较细者，反应速度较大，但细颗粒对液体通过的阻力较大，需要较高的工作压力；特别是浓糖液黏度高，这种影响更显著。因此，树脂颗粒的大小应选择适当。如果树脂粒径在0.2mm（约为70目）以下，会明显增大流体通过的阻力，降低流量和生产能力。

b. 树脂的密度。树脂在干燥时的密度称为真密度。湿树脂每单位体积（连颗粒间空隙）的质量称为视密度。树脂的密度与它的交联度和交换基团的性质有关。通常，交联度高的树脂的密度较高，强酸性或强碱性树脂的密度高于弱酸或弱碱性者，而大孔型树脂的密度则较低。

c. 树脂的溶解性。离子交换树脂应为不溶性物质。但树脂在合成过程中夹杂的聚合度较低的物质及树脂分解生成的物质，会在工作运行时溶解出来。交联度较低和含活性基团多的树脂，溶解倾向较大。

d. 膨胀度。离子交换树脂含有大量亲水基团，与水接触即吸水膨胀。当树脂中的离子变换时，如阳离子树脂由H^+转为Na^+，阴离子树脂由Cl^-转为OH^-，都因离子直径增大而发生膨胀，增大树脂的体积。通常，交联度低的树脂的膨胀度较大。在设计离子交换装置时，必须考虑树脂的膨胀度，以适应生产运行时树脂中的离子交换产生的树脂体积变化。

e. 耐用性。树脂颗粒使用时有转移、摩擦、膨胀和收缩等变化，长期使用后会有少量损耗和破碎，故树脂要有较高的机械强度和耐磨性。通常，交联度低的树脂较易碎裂，但树脂的耐用性更主要地取决于交联结构的均匀程度及其强度。

（3）离子交换工艺

① 离子交换设备。离子交换装置，按照运行方式的不同分为固定床和连续床两大类，在废水处理中，单层固定床离子交换装置是最常用、最基本的一种形式。

a. 固定式。分为：单层柱，只装一种树脂；双层柱，装两种性质不同的树脂；混合柱，装阴、阳两种离子交换树脂。

b. 浮动式。废水自下而上流过树脂层，树脂层呈浮动状态。与固定床对应，离子交换过程为逆流交换。

c. 移动式。交换柱、再生柱分为两柱进行。

d. 流动式。同一柱内，再生段与交换段在不同部位，树脂可在同一柱内流动。

② 离子交换过程。离子交换的运行操作包括四个步骤：交换、反洗、再生、清洗。

a. 交换阶段。交换的目的是去除废水中的污染离子，当出水中的离子浓度达到限值时，需进行再生。

b. 反冲阶段。反冲的目的是松动树脂层，以便使注入的再生液能分布均匀，同时及时清除积存在树脂层内的杂质、碎粒和气泡。

c. 再生阶段。再生的推动力是浓差作用，是交换的逆过程，借助具有较高浓度的再生液流过树脂层，将吸附的离子置换出来，恢复树脂的交换能力。对阳离子树脂再生可使用含盐溶液、盐酸等。

d. 清洗阶段。清洗时将树脂层内残留的再生废液清洗掉，直到出水水质符合要求为止。

离子交换树脂的优点主要是处理能力大，脱色范围广，脱色容量高，能除去各种不同的离子，可以反复再生使用，工作寿命长，运行费用较低（虽然一次投入费用较大）。以离子交换树脂为基础的多种新技术，如色谱分离法、离子排斥法、电渗析法等，各具独特的功能，可以进行各种特殊的工作，是其它方法难以做到的。离子交换技术的开发和应用还在迅速发展之中。

二、化学法

有的污染物质，如重金属离子、酸碱度、病原菌以及一些难以生化降解的有机物等，可用改变其化学结构的方式将其从污水中去除、杀灭或使之变为无害的形式。这些方法归纳为化学处理过程，主要有化学沉淀法、中和法、氧化还原等。

1. 化学沉淀法

（1）化学沉淀法原理 化学沉淀法就是向被污染的水中投加含 N^{m-} 离子的化学物质。使它与污水中的溶解物质发生互换反应，生成难溶于水的沉淀物，以降低污水中溶解物质的方法。这种处理法常用于含重金属、氰化物等工业生产污水的处理和硬度超标的水的软化。

按无机化学原理进行化学沉淀的必要条件是能生成难溶盐。根据溶解积原理，在一定温度下，对所有难溶盐 M_mN_n（固体）的饱和溶液都存在溶度积常数 K_{sp}，沉淀和溶解的反应如下：

$$M_mN_n \rightleftharpoons mM^{n+} + nN^{m-}$$

$$K_{sp} = [M^{n+}]^m [N^{m-}]^n$$

若 $[M^{n+}]^m [N^{m-}]^n \geqslant K_{sp}$，则有沉淀析出，若要去除废水的 M^{n+}，则可投加适量的使 M^{n+} 生成沉淀的 N^{m-}，使 $[M^{n+}]^m [N^{m-}]^n > K_{sp}$，从而形成沉淀，达到去除 M^{n+} 的目的。在实际应用中，考虑到化学沉淀受诸多因素影响，沉淀剂的实际投加量通常要比理论投加量多，最好做实试验确定投加量的适宜值。

（2）化学沉淀法类型 根据使用的沉淀剂，化学沉淀可分为氢氧化物沉淀法、硫化物沉淀法和钡盐沉淀法等。

① 氢氧化物沉淀法。氢氧化物沉淀法也称中和沉淀法，是从废水中除去重金属的有效而经济的方法。氢氧化物沉淀法分一次通过式反应和晶种循环反应，前者沉淀物不回流，后者可以使部分沉淀物回流作为晶核以促进沉淀物形成并改善沉淀物的处理状况。这种方法所用的沉淀剂有碳酸钙、氧化钙、氢氧化钙，有时也用氢氧化钠。

② 硫化物沉淀法。金属硫化物的溶度积比金属氢氧化物的溶度积小得多。因此，这种方法能更有效地处理含金属的废水，特别是对于经过氢氧化物沉淀法处理后仍不能达到排放标准的含汞、含镉废水。此法所用的沉淀剂主要是硫化氢和硫化钠等。硫化钠过量，易于产生可溶性金属络离子；pH 值太高，可能生成氢氧化物。

硫化物沉淀法去除重金属效率高，沉淀物体积小，而且便于处理和回收金属。但以硫化钠作沉淀剂价格昂贵，采用硫化氢作沉淀剂则容易从废水中逸出，反应剩余的 S^{2-} 需要处理。

③ 钡盐沉淀法。电镀含铬废水常用钡盐沉淀法处理，沉淀剂用碳酸钡、氯化钡等。钡盐沉淀法可以将电镀含铬有毒废水净化到能回用的程度，但沉淀量多且有毒，处理困难。

2. 化学中和法

（1）中和法概述 酸和碱作用生成盐和水的反应称为中和。处理含酸污水时以碱作为中和剂，而处理碱性污水时则以酸作为中和剂，被处理的酸和碱主要是无机酸或无机碱。对于中和处理，首先应当考虑以废治废的原则，例如将酸性污水与碱性污水互相中和，或者利用废碱渣（电石渣、碳酸钙碱渣等）中和酸性污水。在没有这些条件时，才能采用药剂（中和剂）中和处理法。

酸、碱污水中和处理可以连续进行，也可以间歇进行。采用何种方式主要根据被处理的污水流量而定，连续式一般在流量较大时采用。

（2）酸性污水中和法处理 酸性废水的中和法可分为三类：酸性废水与碱性废水混合、投药中和及过滤中和。利用水体的缓冲能力也能够中和酸、碱污水。

① 酸、碱性废水中和法。这种中和方法是将酸性废水和碱性废水共同引入中和池中，

并在池内进行混合搅拌，中和结果应该使废水呈中性或弱碱性。根据质量守恒原理计算酸、碱废水的混合比例或流量，并且实际需要量略大于计算量。

当酸、碱废水的流量和浓度经常变化，而且波动很大时，应该设调节池加以调节，中和反应则在中和池进行，其容积应按1.5～2.0h的废水量考虑。

② 投药中和法。酸性废水中和处理采用的中和剂有石灰、石灰石、白云石、氢氧化钠、碳酸钠等。其中碳酸钠因价格较贵，一般较少采用。石灰来源广泛，价格便宜，所以使用较广。用石灰作中和剂能够处理任何浓度的酸性废水，最常采用的是石灰乳法。氢氧化钙对废水杂质具有混聚作用，因此它适用于含杂质多的酸性废水。

用石灰中和酸的反应：

$$H_2SO_4 + Ca(OH)_2 \longrightarrow CaSO_4\downarrow + 2H_2O$$
$$2HNO_3 + Ca(OH)_2 \longrightarrow Ca(NO_3)_2 + 2H_2O$$
$$2HCl + Ca(OH)_2 \longrightarrow CaCl_2 + 2H_2O$$

当废水中含有其它金属盐类例如铁、铅、锌、铜等时，也能生成沉淀：

$$ZnSO_4 + Ca(OH)_2 \longrightarrow Zn(OH)_2\downarrow + CaSO_4\downarrow$$
$$FeCl_2 + Ca(OH)_2 \longrightarrow Fe(OH)_2\downarrow + CaCl_2$$
$$PbCl_2 + Ca(OH)_2 \longrightarrow Pb(OH)_2\downarrow + CaCl_2$$

计算中和药剂的投量时，应增加与重金属化合产生沉淀的药量。

③ 过滤中和法。这种方法适用于含硫酸浓度不大于2～3g/L的硫酸污水和可与碱生成易溶盐的各种酸性废水的中和处理。

使酸性废水通过具有中和能力的滤料，例如石灰石、白云石、大理石等，即产生中和反应。例如石灰石与酸的反应：

$$2HCl + CaCO_3 \longrightarrow CaCl_2 + H_2O + CO_2\uparrow$$
$$H_2SO_4 + CaCO_3 \longrightarrow CaSO_4 + H_2O + CO_2\uparrow$$
$$2HNO_3 + CaCO_3 \longrightarrow Ca(NO_3)_2 + H_2O + CO_2\uparrow$$

白云石与硫酸的反应：

$$2H_2SO_4 + CaCO_3\cdot MgCO_3 \longrightarrow CaSO_4\downarrow + MgSO_4 + 2H_2O + 2CO_2\uparrow$$

采用白云石为中和滤料时，由于$MgSO_4$的溶解度很大，不致造成中和的困难，而产生的石膏量仅为石灰石反应生成物的一半，因此进水的硫酸允许浓度可以提高，不过白云石的缺点是反应速度比石灰石慢。

过滤中和时，废水中不宜有浓度过高的重金属离子或惰性物质，要求重金属离子含量小于50mg/L，以免在滤料表面生成覆盖物，使滤料失效。含HF的废水中和过滤时，因CaF_2溶解度很小，要求HF浓度小于300mg/L。如浓度超过限值，宜采用石灰乳进行中和。

过滤中和法的优点是操作管理简单，出水pH值较稳定，不影响环境卫生，沉渣少，一般少于废水体积的0.1%；缺点是进水酸的浓度受到限制。

(3) 碱性污水中和法处理　碱性废水的中和处理法有用酸性废水中和、投酸中和和烟道气中和三种。

在采用投酸中和法时，由于价格上的原因，通常多使用93%～96%的工业浓硫酸。在处理水量较小的情况下，或有方便的废酸可利用时，也有利用盐酸中和法的。在投加酸之前，一般先将酸稀释成10%左右的浓度，然后按设计要求的投量经计量泵计量后加到中和池。

由于酸的稀释过程中大量放热，而且在热的条件下酸的腐蚀性大大增强，所以不能采用将酸直接加到管道中的做法，否则管道很快将被腐蚀。一般应该设计混凝土结构的中和池，并保证一定的容积，通常可按 3～5min 的停留时间考虑。如果采用其它材料制作中和池或中和槽时，则应该充分考虑到防腐及耐热性能的要求。

烟道气中含有 CO_2 和 SO_2，溶于水中形成 H_2CO_3 和 H_2SO_3，能够用来使碱性废水得到中和。用烟道气中和的方法有两种，一是将碱性废水作为湿式降尘器的喷淋水，另一种是使烟道气通过碱性废水。这种中和方法效果良好，其缺点是会使处理后的废水中悬浮物含量增加，硫化物和色度也都有所增加，需要进行进一步处理。

(4) 中和处理装置 根据不同的中和方法，采用不同的处理装置。常用的废水中和处理装置包括中和池、药剂中和处理系统、中和滤池等。

① 中和池。中和池的作用类似于水质调节池，适用于酸、碱废水相互中和的情况。当水质水量变化较小或后续处理对 pH 值要求不高时，可在集水井（或管道、混合槽）内进行连续中和反应。当水质水量变化不大或后续处理对 pH 值要求高时，可设置连续流中和池。中和时间视水质水量变化情况而定，一般采用 1～2h。当水质水量变化较大、水量较小，连续流无法保证出水 pH 值要求时，可采用间歇式中和池，其有效容积可按废水排放周期的废水量计算。

中和池至少设置两座（格）交替使用，在池内完成混合、反应、沉淀和排泥等程序。

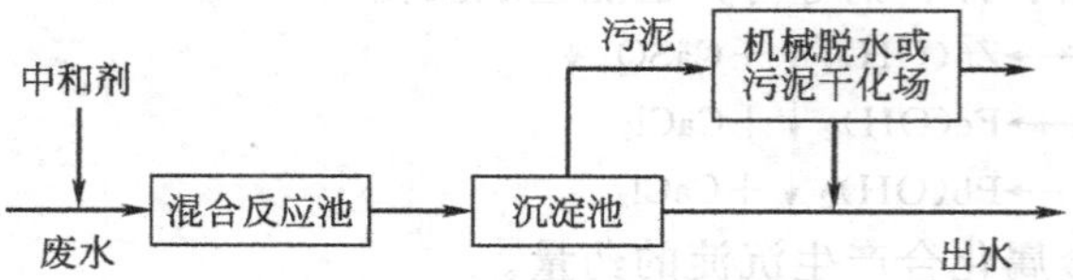

图 4-12 药剂中和处理系统流程

② 药剂中和处理系统。酸性废水的药剂中和处理通常采用图 4-12 所示流程。

③ 中和滤池。中和滤池仅用于酸性废水的中和处理。酸性废水流过碱性滤料时与滤料进行中和反应，碱性滤料主要有石灰石、大理石、白云石等。中和滤池分三类：普通中和滤池、升流式膨胀中和滤池和过滤中和滚筒。

3. 氧化还原法

溶解于污水中的一些有毒有害物质，在氧化还原反应中能氧化或还原，从而转化为无毒无害物质，存在于水中的病原微生物，也可因氧化而被杀死（消毒），这一类处理方法称为氧化还原法。

氧化还原法的热力学原理是能斯特（Nernst）方程式。原则上，对还原性污染物，可采用氧化剂来处理，对氧化性污染物，则采用还原剂来处理。不管对氧化性或还原性的污染物，均可采用电解法处理，因为电解的阴、阳极实质上可以分别看作是氧化剂和还原剂。

在实际的污染控制工程中，根据污水特性和处理要求，氧化还原法也是按氧化法、还原法和电解法等来分类的。

(1) 氧化还原反应与 Nernst 方程 氧化还原反应的一般表达式为：

$$a\text{A}_{氧}+b\text{B}_{还}\rightleftharpoons a'\text{A}_{还}+b'\text{B}_{氧}$$

氧化还原电位是衡量化合物在一定条件下氧化还原能力的指标，它表示某一物质由某种氧化态转变为某种还原态，或由某种还原态转变为某种氧化态的难易程度。氧化还原电位一般用化学方法在原电池中测得，以 E 表示，其值随氧化态和还原态的相对浓度而改变。标准氧化还原电位以氢的电位值作基准，即：

$$2H^{+}+2e^{-}\rightleftharpoons H_2 \qquad E^{\ominus}(2H^{+}/H_2)=0$$

H_2 是典型的还原性物质，因此，某物质的标准氧化还原电位值越大，其氧化能力就越强，还原能力越弱，反之亦然。

氧化还原电位值随浓度的变浓规律可按热力学原理导出的能斯特方程计算：

$$E=E^{\ominus}-\frac{RT}{nF}\ln\frac{[A_{还}]^{a'}[B_{氧}]^{b'}}{[A_{氧}]^{a}[B_{还}]^{b}}=E^{\ominus}-\frac{0.059}{n}\ln Q_c$$

平衡时，$E=0$，$Q_c=K_c$，$F=96500\text{C/mol}$，于是 $E^{\ominus}-\frac{0.059}{n}\ln K_c=0$，则 $\ln K_c=\frac{nE^{\ominus}}{0.0592}$，据此可求得氧化还原反应平衡常数。

式中，R 为气体常数；T 为绝对温度；K_c为平衡常数；n 为由还原态变为氧化态所损失的电子数，或由氧化态变为还原态所得到的电子数；F 为法拉第常数。

(2) 氧化法　向废水中投加氧化剂，氧化废水中的有毒有害物质，使其转变化为无毒无害或毒性小的新物质的方法称为氧化法。氧化法主要用于处理废水中的 CN^-、S^{2-}、Fe^{2+}、Mn^{2+} 等离子及造成色度、嗅、味、BOD 及 COD 的有机物，还可用于消灭导致生物污染的致病微生物。根据氧化剂的不同，氧化法可分为空气氧化法、氯氧化法、臭氧氧化法等。

① 空气氧化法。空气氧化是利用空气中的氧气氧化废水中有机物和还原性物质的一种处理方法，是一种常规处理含硫废水的方法。空气氧化的能力较弱，为提高氧化效果，氧化要在一定条件下进行。如采用高温、高压条件，或使用催化剂。

目前，从经济等方面考虑，国内多采用催化剂氧化法，即在催化剂作用下，利用空气中的氧将硫化物氧化成硫代硫酸盐或硫酸盐。采用的催化剂有醌类化合物、锰、铜、铁、钴等金属盐类以及活性炭等，处理工艺如图 4-13 所示。一般认为，该处理方法反应时间长，能耗较大。

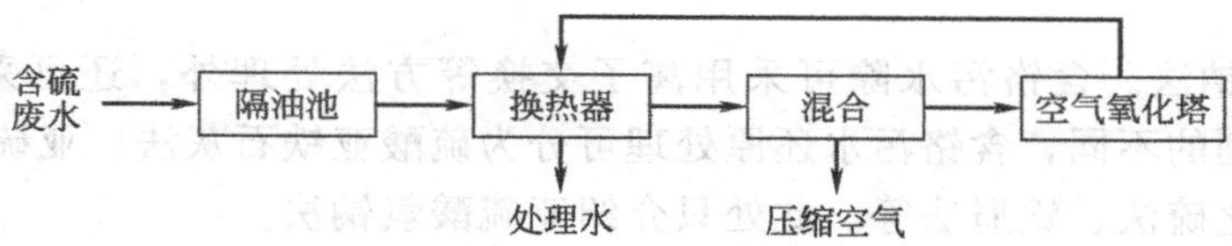

图 4-13　空气氧化法流程

炼油厂废水处理工艺所采用的空气氧化法包括一段空气氧化法、一段催化空气氧化法和两段催化空气氧化法等。

a. 一段空气氧化法是较老的处理含硫废水的一种方法。理论上氧化 1kg 硫化物生成硫代硫酸盐需要 1kg 氧，相当于 4.33kg 空气。由于其中一部分硫代硫酸盐会进一步氧化成硫酸盐，因此空气用量还会增加。目前，该法已较少使用。

b. 一段催化氧化法中，氧化塔填充铜和铁族的金属催化剂，pH 值呈微碱性（7～9），温度 100℃，水与充足的空气接触后，废水中硫化物大部分氧化成硫酸盐。

c. 两段催化空气氧化法是一种含硫废水制硫的方法。含硫废水通过装有催化剂的第一段空气氧化后，废水中的硫化钠和硫化氨分别氧化成硫酸钠、硫代硫酸钠和硫酸铵，然后废水进入第二段催化空气氧化塔，生成元素硫和氨。

② 氯化氧化法。利用氯的强氧化性氧化氰化物，使其分解成低毒物或无毒物的方法叫做氯化氧化法。在反应过程中，为防止氯化氰和氯逸入空气中，反应常在碱性条件下进行，故常常称做碱性氯化法。氯化氧化法目前主要用在对含酚废水、含氰废水、含硫化物废水的治理，如处理含 CN^- 废水时，可将有毒的 CN^- 转换成无毒的 N_2 使之逸出，反应方程式为

$$CN^- + OCl^- + H_2O \longrightarrow CNCl + 2OH^-$$

$$CNCl + 2OH^- \longrightarrow CNO^- + Cl^- + H_2O$$

$$2CNO^- + 3OCl^- \longrightarrow CO_2\uparrow + N_2\uparrow + 3Cl^- + CO_3^{2-}$$

氯氧化法常用来处理含氰废水，国内外比较成熟的工艺是碱性氯氧化法。在碱性氯氧化法处理反应中，pH 值小于 8.5 则有放出剧毒物质氯化氰的危险，一般工艺条件为：废水 pH 值大于 11，当氰离子浓度高于 100mg/L 时，最好控制在 pH＝12～13。在此情况下，反应可在 10～15min 内完成，实际采用 20～30min。该处理方法的缺陷是虽然氢酸盐毒性低，仅为氰的千分之一，但产生的氰酸盐离子易水解生成氨气。因此，需用次氯酸将氰酸盐离子进一步氧化成氮气和二氧化碳，消除氰酸盐对环境的污染，同时进一步氧化残余的氯化氰。在进一步氧化氰酸盐的过程中，pH 值控制是至关重要的。pH 值大于 12，则反应停止，pH 值 7.5～8.0，用硫酸调节 pH 值，反应过程适当搅拌以加速反应的完全进行。氯氧化法处理含氰电镀废水的工艺流程如图 4-14 所示。

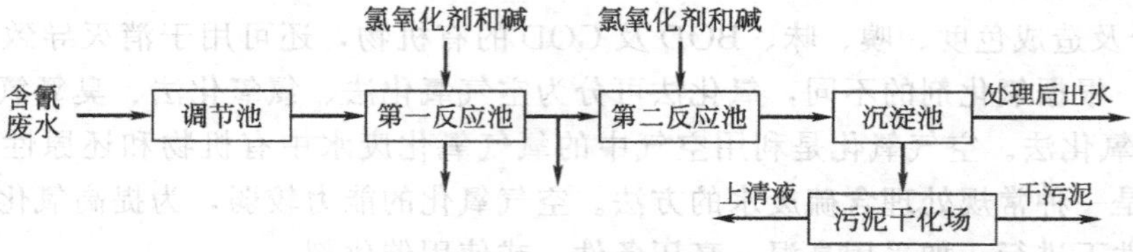

图 4-14 含氰电镀废水氯氧化法处理流程图

③ 臭氧氧化法。臭氧氧化法是利用臭氧的强氧化能力，使污水（或废水）中的污染物氧化分解成低毒或无毒的化合物，使水质得到净化。它不仅可降低水中的 BOD、COD，而且还具有脱色、除臭、除味、杀菌、杀藻等功能，因而，该处理方法愈来愈受到人们重视。

（3）还原法

① 亚硫酸氢钠法。含铬污水除可采用离子交换等方法处理外，还可采用还原法处理。根据使用的还原剂的不同，含铬污水还原处理可分为硫酸亚铁石灰法、亚硫酸氢钠法、焦亚硫酸盐法、二氧化硫法、铁屑法等。此处只介绍亚硫酸氢钠法。

在酸性条件下，向污水中投加亚硫酸氢钠，将污水中的六价铬还原为三价铬。然后投加石灰或氢氧化钠，生成氢氧化铬沉淀物，将此沉淀物从污水中分离出来，达到处理的目的。其化学反应如下：

$$2H_2Cr_2O_7+6NaHSO_3+3H_2SO_4 \xlongequal{} 2Cr_2(SO_4)_3+3Na_2SO_4+8H_2O$$

$$Cr_2(SO_4)_3+3Ca(OH)_2 \xlongequal{} 2Cr(OH)_3+3CaSO_4$$

$$Cr_2(SO_4)_3+6NaOH \xlongequal{} 2Cr(OH)_3+3Na_2SO_4$$

重铬酸的还原反应，pH 小于 3 时，反应速率很快，但为生成氢氧化铬沉淀，pH 应控制在 7.5～9.0 之间。

② 金属还原法。一些金属的氧化还原电位低于 Hg^{2+}，如 Fe^{2+}、Cu、Fe、Zn、Al、Mg 等，将其相应的金属屑装入填料塔置换出废水中的 Hg^{2+}。例以 Fe 除汞反应：

$$Fe+Hg^{2+} \xlongequal{} Fe^{2+}+Hg\downarrow$$

电对 Fe^{2+}/Fe 的 $E^{\ominus}$ 为－0.44V，电对 Hg^{2+}/Hg 的 $E^{\ominus}$ 为 0.854V，因此上述反应可以进行。金属还原法还可以与其它方法联合除汞，如滤布过滤和在碱液中以铝粉置换的联合方法净化含汞水。例如国内某金铜矿（混汞-浮选流程）对铜精矿澄清水的试验表明，澄清水含汞 7.28mg/L 时滤布过滤除汞率为 81.51%，总除汞率为 97.64%。但有机汞不能采用金属直接还原法处理，可先用氧化剂（如氯）将其转化为无机汞，再用金属置换。

（4）电解法

① 电解法的基本原理。电解质溶液在电流的作用下发生电化学反应的过程称为电解。与电源负极相连的电极从电源接受电子，称为电解槽的阴极，与电源正极相连的电极把电子

转给电源，称为电解槽的阳极。在电解过程中，阴极放出电子，使废水中某些阳离子因得到电子而被还原，阴极起还原剂的作用；阳极得到电子，使废水中某些阴离子因失去电子而被氧化，阳极起氧化剂的作用。

废水进行电解反应时，废水中的有毒物质在阳极和阴极分别进行氧化还原反应，产生新物质。这些新物质在电解过程中或沉积于电极表面，或沉淀下来，或生成气体从水中逸出，从而降低了废水中有毒物质的浓度。像这样利用电解的原理来处理废水中有毒物质的方法称为电解法。

② 电解法处理功能。电解法作为一种对各种污水处理适应性强、高效、无二次污染的处理方法，其电解槽中的废水在电流作用下除发生电极的氧化还原外，还有其它反应，电解法处理废水具有多种功能，主要有以下几个方面。

a. 氧化作用。电解过程中的氧化作用可以分为直接氧化，即污染物直接在阳极失去电子而发生氧化；间接氧化，利用溶液中电极电势较低的阴离子，例如 OH^-、Cl^- 在阳极失去电子生成新的活性物质 [O]、Cl_2 等，利用这些活性物质使污染物失去电子，起氧化分解作用，以降低原液中的 BOD_5、COD_{Cr}、NH_3-N 等。

b. 还原作用。电解过程中的还原作用亦可分为两类。一类是直接还原，即污染物直接在阴极上得到电子而发生还原作用。另一类是间接还原，污染物中的阳离子首先在阴极得到电子，使得电解质中高价或低价金属阳离子在阴极上得到电子直接被还原为低价阳离子或金属沉淀。

c. 凝聚作用。可溶性阳极例如铁、铝等阳极，通以直流电后，阳极失去电子，形成金属阳离子 Fe^{2+}、Al^{3+}，与溶液中的 OH^- 生成金属氢氧化物胶体絮凝剂，吸附能力极强，将废水中的污染物质吸附共沉而去除。

d. 气浮作用。电气浮法是对废水进行电解，当电压达到水的分解电压时，在阴极和阳极上分别析出氢气和氧气。气泡尺寸很小，分散度高，作为载体黏附水中的悬浮固体而上浮，这样很容易将污染物质去除。电气浮既可以去除废水中的疏水性污染物，也可以去除亲水性污染物。

③ 电解设备及应用。电解槽的形式多采用矩形，极板多采用普通钢板制成。极板取适当间距，以保证电能消耗较少而又便于安装、运行和维修。电解槽按极板连接电源的方式分单极性和双极性两种。双极性电极电解槽的特点是中间电极靠静电感应产生双极性。这种电解槽较单极性电极电解槽的电极连接简单，运行安全，耗电量显著减少。阳极与整流器阳极相连接，阴极与整流器阴极相连接。通电后，在外电场作用下，阳极失去电子发生氧化反应，阴极获得电子发生还原反应。废水流经电解槽，作为电解液，在阳极和阴极分别发生氧化和还原反应，有害物质被去除。这种直接发生在电极上的氧化或还原反应称为初级反应。废水电解处理法流程如图 4-15 所示。以含氰废水为例，它在阳极表面上的电化学氧化过程为：

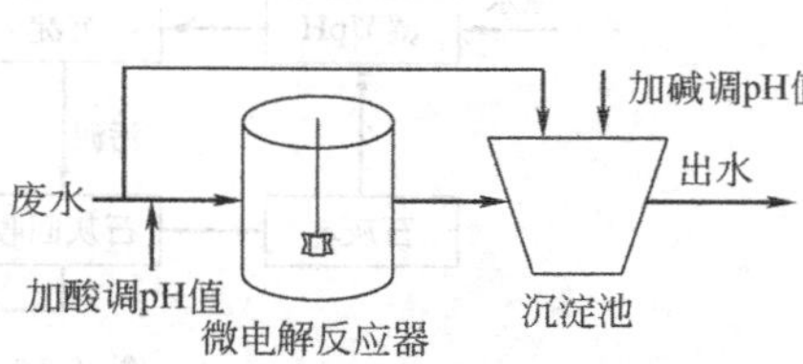

图 4-15 废水电解处理法示意图

$$CN^- + 2OH^- - 2e \longrightarrow CNO^- + H_2O$$
$$2CNO^- + 4OH^- - 6e \longrightarrow 2CO_2\uparrow + N_2\uparrow + 2H_2O$$

氰被转化为无毒而稳定的无机物。

电解要求直流电源的整流设备应根据电解所需的总电流和总电压来进行选择，而电源的总电流和总电压的确定与电解槽的极板电路有关。

第五节 污水中氮、磷的去除

一、脱氮

在自然界，氮化合物是以有机体（动物蛋白、植物蛋白）、氨态氮（NH_4^+，NH_3）、亚硝酸氮（NO_2^-）、硝酸氮（NO_3^-）以及气态氮（N_2）形式存在的。

污水中的氮主要是以氨氮或有机氮的形式存在的，在生物处理过程中，大部分有机氮转化成氨氮或其它无机氮，因此在二级处理水中，氮则是以氨态氮、亚硝酸氮和硝酸氮形式存在的。二级处理技术中氮的去除率比较低，它仅为微生物的生理功能所用。

脱氮的常用方法包括空气吹脱法、折点加氯法、选择离子交换法和生物脱氮法四种处理技术。前三种主要用于工厂内部废水的处理，对于城市污水处理厂通常采用生物脱氮法。

1. 脱氮技术

（1）物化法脱氮

① 空气吹脱法。污水中的氨氮大多以铵离子（NH_4^+）和游离氨（NH_3）形式存在，并在水中保持一定的平衡关系，即 $NH_3+H_2O \rightleftharpoons NH_4^+ + OH^-$

当 pH 升高时，平衡向右移动，污水中游离氨的比率增加，当 pH 升高到 11 左右时，水中的氨氮几乎全部以 NH_3 的形式存在，若加以搅拌、曝气等物理作用可使氨气从水中向大气转移。吹脱法除氨工艺是将水的 pH 提高到 10.8～11.5 的范围，在吹脱塔中反复形成水滴，通过塔内大量的空气循环，使气水接触，使氨气逸出。水经氨吹脱塔吹脱后，通入 CO_2 生成 $CaCO_3$ 沉淀，同时降低 pH，沉淀物经脱水后回收，CaO 和 CO_2 可以反复利用，残留污泥进行相应的污泥处理处置。

氨吹脱工艺流程如图 4-16 所示。

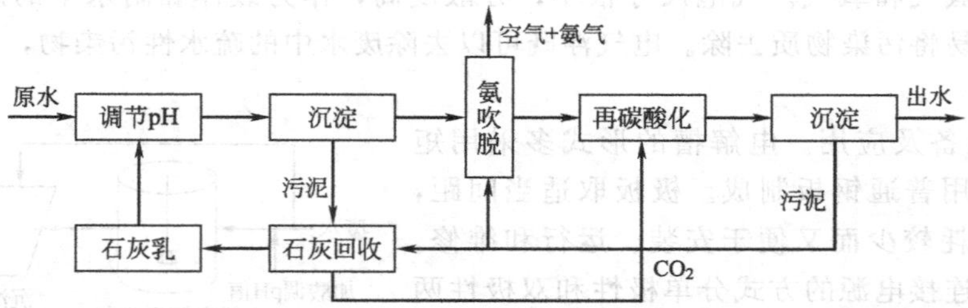

图 4-16 氨空气吹脱工艺流程图

吹脱除氨技术的优点有除氨效果稳定和操作简便、较易控制等。存在的问题是：a. 逸出的游离氨易造成二次污染；b. 使用石灰易结垢，当水温降低脱氨效果同时降低。采用以下措施可部分解决上述问题：改用氢氧化钠作为预处理碱剂，以防形成水垢，并对逸出的游离氨进行回收。

② 折点加氯法。折点加氯法脱氨是利用废水中的氨氮与投加的游离氯互相反应生成气态氯以除去废水中氨氮的方法。

废水中含有氨和各种有机氮化物，大多数污水处理厂排水中含有相当量的氮。如果在二级处理中完成了硝化阶段，则氮通常以氨或硝酸盐的形式存在。投氯后次氯酸极易与废水中的氨进行反应，在反应中依次形成三种氯胺：

$$NH_3+HOCl \longrightarrow NH_2Cl(\text{一氯胺})+H_2O$$

$$NH_2Cl+HOCl \longrightarrow NHCl_2(\text{二氯胺})+H_2O$$

$$NH_2Cl + 2HOCl \longrightarrow NCl_3(\text{三氯胺}) + 2H_2O$$

上述反应与 pH 值、温度和接触时间有关，也与氨和氯的初始比值有关，大多数情况下，以一氯胺和二氯胺两种形式为主。其中的氯称为有效化合氯。

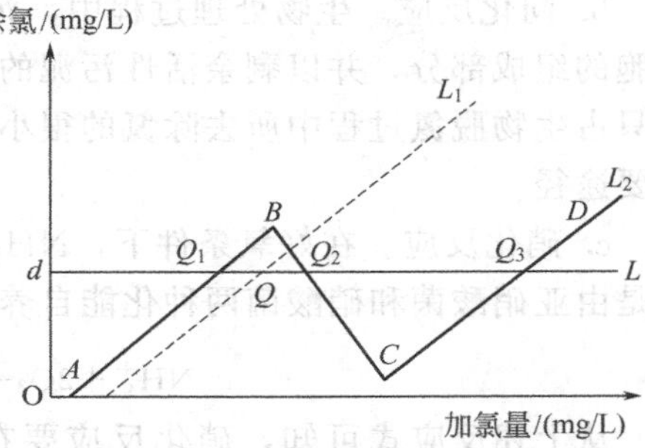

图 4-17 加氯量-余氯曲线

在含氨水中投入氯的研究中发现，当投氯量达到氯与氨的摩尔比为 1∶1 时，化合余氯即增加，当摩尔比达到 1.5∶1 时（质量比 7.6∶1），余氯下降到最低点，此即"折点"。在折点处，基本上全部氧化性的氯都被还原，全部氨都被氧化，进一步加氯就都产生自由余氯（图 4-17）。废水中的 NH_3-N 可在适当的 pH 时，利用氯系的氧化剂（如 Cl_2、NaOCl）使之氧化成氯胺（NH_2Cl、$NHCl_2$、NCl_3）之后，再氧化分解成 N_2 气体而达到脱除的目的。此处理方法一般通称为折点加氯法。

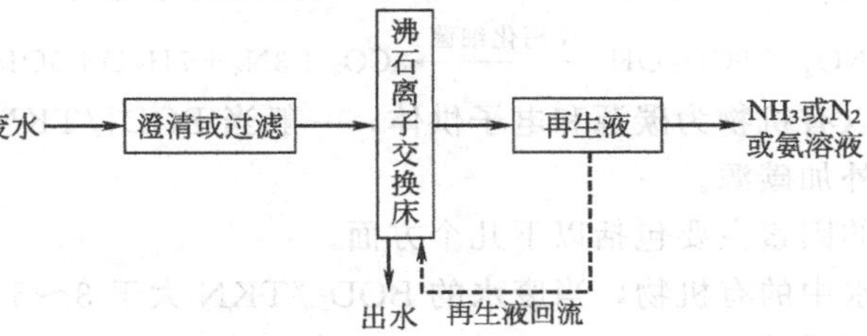

图 4-18 离子交换脱氮工艺

③ 选择性离子交换法。选择性离子交换法脱氮工艺（图 4-18）是在离子交换柱内借助于离子交换剂上的离子和废水中的铵离子（NH_4^+）进行交换反应，从而达到废水脱氮的目的。此法的优点是铵离子的去除率高，所用设备简单，操作易于控制。通常此法对含 10～50mg/L 的 NH_4^+-N 废水去除率可达 90%～97%，出水 NH_4^+-N 在 1～3mg/L。此法的缺点是离子交换剂用量较大，交换剂需要再生且再生频繁。交换剂的再生液需要再次脱氨氮，此法成本较高，对处理高浓度的含 NH_4^+-N 废水不适合。

④ 化学中和法。含氨废水（碱性）和酸性废水或酸性废气（SO_2、CO_2、CO 等）的中和是一种以废治废、既经济又简便的办法，如果业主在厂区内有锅炉要进行烟气脱硫治理，该废水可用作脱硫液。问题是业主没有锅炉烟气脱硫项目，该方法无法实施。

⑤ 化学沉淀法。该法是 20 世纪 90 年代兴起的一种新工艺，此法可以处理多种浓度的氨氮废水，尤其适合高浓度氨氮废水的处理。此法通常有 90%以上的脱氮效率，工艺也比较简单，但沉淀剂的投药量较大，且产生大量的污泥难以处理，1gNH_4^+-N 产生 20～50g 污泥，此法的费用较高，比吹脱法高 20%。

⑥ 乳化液膜分离法。液膜是膜的一种，它以乳液的形式存在。此种以乳液形式存在的液膜通常称为乳化液膜。此法长沙矿冶研究院已做过中试，比较成功，但运行成本高达几十元/吨，推广应用受到了限制。

(2) 生物法脱氮　污水生物脱氮处理过程中氮的转化包括氨化、同化、硝化和反硝化作用，生物脱氮是含氮化合物经过氨化与硝化、反硝化过程后转变为 N_2 而被去除。

a. 氨化反应。有机氮化合物在氨化细菌的作用下，进行脱氨基作用，分解转化为氨态氮。以氨基酸为例，反应式为：$RCHNH_2COOH+O_2 \longrightarrow RCOOH+CO_2+NH_3$

b. 同化反应。生物处理过程中，污水中的一部分氮（氨氮或有机氮）被同化成微生物细胞的组成部分，并以剩余活性污泥的形式得以从污水中去除。一般认为，同化作用去除的氮只占生物脱氮过程中所去除氮的很小一部分。但一些研究表明，同化作用有时是去除氮的主要途径。

c. 硝化反应。在好氧条件下，NH_4^+ 氧化成 NO_3^- 和 NO_2^- 的过程称为硝化反应。此反应是由亚硝酸菌和硝酸菌两种化能自养型微生物共同完成，其反应式为：

$$NH_4^+ + 2O_2 \xrightarrow{\text{硝化细菌}} NO_3^- + 2H^+ + H_2O$$

从上述反应式可知，硝化反应要在有氧条件下进行，理论硝化需氧量为 4.57g O_2/g NH_4^+-N；HNO_3 的产生使环境酸性增强，需投加一定的碱，维持 pH 在 8～9 为宜；由于自养硝化菌在大量有机物存在的条件下，对氧气和营养物的竞争不如好氧异养菌，从而使硝化菌得不到优势，降低硝化速率，一般认为 BOD_5 小于 20mg/L 时，硝化反应才能完成。

d. 反硝化反应。在无分子态氧存在的条件下，反硝化菌将 NO_3^- 和 NO_2^- 还原为 N_2 或 N_2O 的过程称为反硝化反应。它由一群异养型微生物完成。其反应式为：

$$6NO_3^- + 5CH_3OH \xrightarrow{\text{反硝化细菌}} 5CO_2 + 3N_2 + 7H_2O + 6OH^-$$

反硝化反应一般以有机物为碳源和电子供体，一般当 BOD_5/TKN＞3～5 时，可认为碳源充足，否则需投加外加碳源。

影响反硝化反应的因素主要包括以下几个方面。

碳源：一是原废水中的有机物，当废水的 BOD_5/TKN 大于 3～5 时，可认为碳源充足；二是外加碳源，多采用甲醇。

pH 值：适宜的 pH 值是 6.5～7.5，pH 值高于 8 或低于 6，反硝化速率将大大下降。

溶解氧：反硝化菌适于在缺氧条件下发生反硝化反应，但另一方面，其某些酶系统只有在有氧条件下才能合成，所以反硝化反应宜于在缺氧、好氧交替的条件下进行，溶解氧应控制在 0.5mg/L 以下。

温度：最适宜温度为 20～40℃，低于 15℃其反应速率将大为降低。

2. 生物脱氮工艺

根据污水处理系统的类别不同可将生物脱氮系统分为活性污泥脱氮系统和生物膜系统。其分别采用活性污泥法反应器与生物膜反应器作为好氧/缺氧反应器，实现硝化反硝化以达到脱氮目的。下面就目前国内常用的几种生物脱氮工艺分别做介绍。

(1) 活性污泥系统

① A/O 工艺。A/O 工艺是一种前置反硝化工艺，1973 年由 Barnard 为改进 Barth 传统三级生物脱氮工艺而提出的，是目前国内外在新厂建设和老厂改造方面普遍采用的城市污水生物脱氮工艺，具有较好的代表性。其工艺特点是将缺氧池置于曝气池前面，并将曝气池的硝化液和二沉池的污泥回流至缺氧池，如图 4-19 所示。

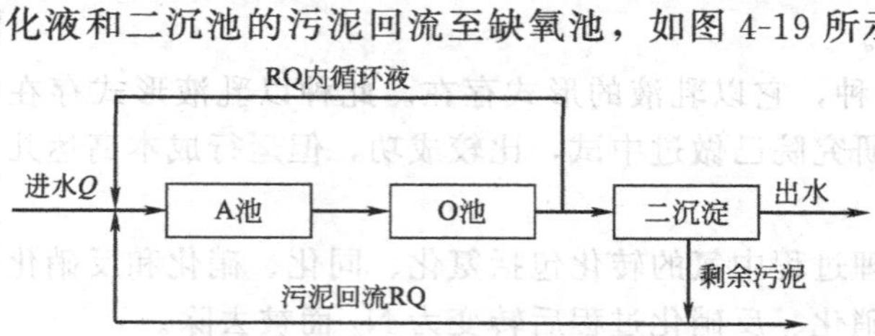

图 4-19 A/O 工艺流程图

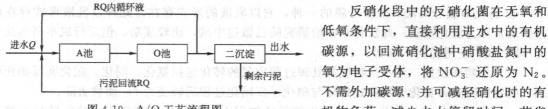

反硝化段中的反硝化菌在无氧和低氧条件下，直接利用进水中的有机碳源，以回流硝化池中硝酸盐氮中的氧为电子受体，将 NO_3^- 还原为 N_2。不需外加碳源，并可减轻硝化时的有机物负荷，减少水力停留时间，节省

曝气量；反硝化过程中产生的碱度可为硝化段用，节约碱的投加量。同时缺氧池前置，还具有生物选择器的作用，可改善活性污泥的沉降性能，有利于控制污泥膨胀。该工艺不足之处主要是工艺的处理水含有一定浓度的硝态氮，如运行不当，在沉淀池中可能进行反硝化反应，使污泥上浮，影响出水水质。

此外，由混合液回流比r与最大可能脱氮率R的关系式$R=r/(1+r)$可知，在一定程度上增大回流比可以提高脱氮效果，但其缺点是增加了动力消耗，同时，内循环液带入大量溶解氧，使反硝化段难以保持理想的缺氧状态，影响反硝化速率。故我们应从提供缺氧段硝酸盐和反硝化速率两方面综合考虑，根据处理的目标选择合适的回流比。

② SBR工艺。SBR法作为一种较早的污水活性污泥处理系统，随着自动化技术的提高加上其自身的许多独到之处而愈发受到重视。它将曝气池和沉淀池合而为一，生化反应呈分批进行，基本工作周期可由进水、反应、沉淀、排水和闲置5个阶段组成。SBR可以通过限制曝气或半限制曝气等运行方式在时间上实现缺氧/好氧的组合，并对每一部分的时间比例做合适的控制，以达到脱氮的目的。相对于A/O系统，能省去混合液和污泥回流，大大降低了运行费用。

③ 氧化沟工艺。氧化沟工艺的基本特征是曝气池呈封闭的沟渠型，污水和活性污泥的混合液在其中不停地循环流动，兼有完全混合式和推流式的特点。水力停留时间长达10～40h，泥龄一般大于20d。通过控制适宜的条件，使溶解氧浓度在沟内同时形成好氧区和缺氧区，可以实现良好的脱氮去除率。邯郸市东大型城市污水处理厂采用三沟式氧化沟处理城市污水，在有效去除有机物的同时对氨氮的去除率达95%。刘俊新等人对氧化沟处理城市污水的脱氮效果进行研究，试验结果表明，通过调节转刷的充氧能力可使氧化沟内形成好氧段和缺氧段，当缺氧段的容积占总容积的45～55%时，TN去除率达90%。并指出DO、缺氧与好氧容积比、温度对脱氮效果有影响。此外，氧化沟无需设初沉池和污泥回流系统，又因为泥龄长，污泥多已趋稳定，勿须另设污泥消化池。据周斌对华东地区城市污水处理厂运行成本分析，采用氧化沟脱氮，其基建和运行费用不比其它生物脱氮工艺高。

(2) 生物膜法脱氮系统　生物膜法脱氮系统自20世纪70年代才发展，目前，大多数处于小试、中试及生产性试验阶段。生物滤池、生物转盘、生物流化床等常用的生物膜法处理构筑物均可设计使其具有去除含碳有机物和硝化/反硝化的功能。

生物膜法改进型A/O法也称前置型反硝化生物脱氮工艺，基本原理是工业废水先进入缺氧池与好氧池的回流液混合进行反硝化，利用原水中的有机物作为碳源，将硝酸盐氮和亚硝酸盐氮转化为氮气从水中逸出，因此，缺氧池的作用是除去COD和硝态氮，反应方程式如下：

$$NO_3^- + 5[H](\text{供氢体-有机污染物}) \longrightarrow 0.5N_2 + 2H_2O + OH^-$$

$$NO_2^- + 3[H](\text{供氢体-有机污染物}) \longrightarrow 0.5N_2 + H_2O + OH^-$$

缺氧池出水进入好氧池，好氧池内氨氮氧化成亚硝酸盐和硝酸盐，同时进一步去除COD，反应过程如下：

$$NH_4^+ + 1.5O_2 + 2HCO_3^- = NO_2^- + 2H_2CO_3 + H_2O$$

$$3NO_2^- + 1.5O_2 = 3NO_3^-$$

$$CN^- + 0.5O_2 + 2H_2O = NH_4^+ + CO_3^{2-}$$

$$S^{2-} + 2O_2 = SO_4^{2-}$$

$$C_5H_7NO_2 + 5O_2 = 5CO_2 + NH_3 + 2H_2O(\text{COD降解})$$

污水从好氧池进入沉淀池后，挟带的脱落的生物膜被沉淀分离，有机物才能彻底从污水中去除，沉淀池出水一部分排放，大部分通过回流将硝态氮返回到缺氧池，在异养菌作用下完成反硝化过程，达到脱氮目的。沉淀池排出的剩余污泥经过浓缩脱水后成为干污泥，晾晒后处理。

(3) 生物脱氮新工艺 生物脱氮技术的发展具体体现在两个方面：a. 对传统生物脱氮工艺进行强化技术改进，提高原有有机物的脱氮去除能力；b. 开发了一些新型生物脱氮技术，如全程自养脱氮、短程硝化反硝化脱氮工艺、厌氧氨氧化脱氮工艺等，从而为高浓度氨氮废水的高效生物脱氮提供了可能的途径。

① 同步硝化反硝化工艺（SND）。同步硝化反硝化生物脱氮是利用硝化菌和反硝化菌在同一反应器中同时实现硝化和反硝化得以脱氮。国内外目前对其机理已初步形成三种解释。a. 宏观解释。由于生物反应器的混合形态不均，如充氧装置的不同，可在生物反应器内形成缺氧/厌氧段，此为生物反应器的大环境，即宏观环境。b. 微环境解释。由于氧扩散的限制，在微生物絮体内产生 DO 梯度，使实现 SND 的缺氧/厌氧环境可在菌胶团内部形成。目前该说法已被广泛认同。c. 生物学解释。近几年好氧反硝化菌和异样硝化菌的发现，使得 SND 更具有实质意义，它能使异养硝化和好氧反硝化同时进行，从而实现低碳源条件下的高效脱氮。

SND 为降低投资成本、简化生物脱氮技术提供了可能，在荷兰、德国已有利用同步硝化反硝化脱氮工艺的污水处理厂在运行，但影响 SND 工艺的因素很多，如何确定合理的工艺运行参数仍有待进一步研究。

② 全程自养脱氮技术（OLAND）。该技术又称为氧限制自养硝化反硝化技术。A. Hippen 等于 1997 年在德国 Mechernich 地区的垃圾渗滤水处理厂就发现在限制溶解氧条件下（1.0mg/L）有超过 60% 的氨氮在生物转盘反应器中转化成 N_2 而得到去除，整个氨氮去除过程全部由自养菌完成，其能耗仅为常规硝化反硝化脱氮能耗的 1/3。该技术的关键是控制溶解氧，使硝化过程仅进行到 NH_4^+ 氧化为 NO_2^- 阶段，产生的 NO_2^- 反硝化生成 N_2。对处理高氨氮含量和低 C/N 的废水，全程自养脱氮这一新型脱氮技术较常规硝化反硝化污泥技术可大大降低氧耗，并无需外加有机碳源，因此具有很好的应用前景。

③ 短程硝化反硝化脱氮技术（SHARON）。早在 1975 年 Voet 就发现在硝化过程中 HNO_2 积累的现象并首次提出了短程硝化反硝化脱氮，随后国内外许多学者对此进行了试验研究，其基本原理是将氨氮氧化控制在亚硝化阶段，然后进行反硝化。与传统硝化反硝化生物脱氮工艺相比，该工艺具有以下优势：a. 可节省 25% 的能耗；b. 节省反硝化所需碳源的 40%，在 C/N 一定的情况下可提高 TN 的去除率；c. 减少污泥生成量可达 50%；d. 减少投碱量；e. 缩短反应时间，相应反应器的容积减少。

实现短程硝化反硝化的关键是寻求抑制硝化细菌而不抑制亚硝化细菌活性的合适条件，以防止生成的亚硝酸盐氧化成硝酸盐。国内外的研究结果表明，通过控制环境的温度、pH、溶解氧、游离氨浓度等因素，实现硝化反硝化是可能的，但是还不成熟，到目前为止，经 NO_2^- 途径实现生物脱氮成功应用的报道还不多见，具有代表性的工艺为 1997 年由荷兰 Delf 科技大学开发的 SHARON 工艺。该工艺采用的是 CSTR 反应器（Complete Stirred Tank Reactor），适合于处理高浓度含氮废水（>0.5gN/L），其成功之处在于利用了硝酸菌在较高温度下（30～40℃）生长速率明显低于亚硝酸菌的特点，通过控制温度和 HRT 就可以自然淘汰掉硝酸菌，使反应器中的亚硝酸菌占绝对优势，从而使氨氧化控制在亚硝酸盐阶段，并通过间歇曝气便可达到反硝化的目的。利用此专利工艺的两座废水生物脱氮处理厂已在荷兰建成，证明了短程硝化反硝化的可行性。

④ 厌氧氨氧化技术（ANAMMOX）。厌氧氨氧化是指在厌氧条件下，微生物直接以 NH_4^+ 为电子供体，以 NO_3^- 或 NO_2^- 为受体，将 NO_3^- 或 NO_2^- 转变为 N_2 的生物转化氧化过程。1990 年，荷兰 Delf 技术大学 Kluyver 生物技术试验室开发出 ANAMMOX 工艺。Straous 等人实验发现将 ANAMMOX 工艺应用于固定床反应器处理氨氮和 NO_2^- 浓度在 70～840mg/L 的废水，可以达到 88%的去除率。与传统生物脱氮工艺相比，这种工艺具有以下优点：a. 氨作为电子供体，免除了外源有机物，节省了运行费用，也防止了二次污染；b. 曝气能耗下降，氧也得到了有效利用；c. 理论上由于部分氨未经硝化而直接参与厌氧氨氧化反应，产酸量下降，产碱量为零。该工艺最适于处理高氨氮、低 COD 的污水，如污泥消化液或填埋场垃圾渗滤液。

二、除磷

污水中的磷主要有三个来源：粪便、洗涤剂和某些工业废水。污水中磷的存在形式取决于废水的类型，常见的存在形态一般有磷酸盐（$H_2PO_4^-$、HPO_4^{2-}、PO_4^{3-}）、聚磷酸盐和有机磷，并具有以固体形态和溶解形态互相循环转化的性能。污水的除磷技术就是以磷的这种性能为基础而开发的，包括物理、化学和生物方法。其中常用的有两种技术：①化学除磷是通过化学沉析过程完成的，通过向污水或污泥中投加金属盐，它们与污水或污泥中溶解性磷酸盐等混合，形成非溶解性物质，从而与污水分离。使污水中的磷减少，达到化学除磷的目的。②生物除磷是利用微生物增殖的过程需要吸收磷并将磷转化为有机体，成为活性污泥的组成部分，随活性污泥一起沉降下来，与污水分离，实现生物除磷目的。通常活性污泥中微生物需磷量小，需要通过厌氧环境选择性培养聚磷菌等高需磷微生物，提高生物除磷效果。

1. 化学沉淀除磷

即向污水中投加药剂，与磷反应形成不溶性磷酸盐，然后通过固液分离将磷从污水中除去。用于化学除磷的常用药剂有石灰、铝盐、铁盐、亚铁盐和铝铁聚合物（AVR）等。药剂投加量根据除磷要求、反应时间、投加点等不同因素计算和试验确定。按工艺流程中化学药剂投加点的不同，磷酸盐沉淀工艺可分成前置沉淀、协同沉淀和后置沉淀。

(1) 石灰除磷　石灰与磷酸盐反应生成羟基磷灰石沉淀，其反应式如下：

$$5Ca^{2+}+4OH^-+3HPO_4^{2-} \longrightarrow Ca_5(PO_4)_3OH\downarrow +3H_2O$$

因磷灰石的构成不同，Ca 与 P 的物质的量之比在 1.3～2.0 之间变化。向水中投加石灰，石灰先与水中碱度发生反应形成碳酸钙沉淀：

$$Ca(OH)_2+Ca(HCO_3)_2 \longrightarrow 2CaCO_3\downarrow +2H_2O$$

然后过量的钙离子才能与磷酸盐反应生成羟基磷灰石沉淀，因此通常所需的石灰量主要取决于污水的碱度，而不取决于污水中的磷酸盐含量。随着 pH 增高，羟基磷灰石的溶解度急剧下降，从而磷的去除率增加。

石灰除磷的不同工艺流程见图 4-20。

石灰混凝沉淀除磷处理工艺，以熟石灰［$Ca(OH)_2$］作为混凝剂效果优于生石灰（CaO）。将正磷酸盐与聚磷酸盐两种磷的形态进行比较，本法对聚磷酸盐的去除率低于正磷酸盐。在聚磷酸盐中，去除由易到难的顺序为焦磷酸盐、三聚磷酸盐、偏磷酸盐。

采用石灰除磷时，生成 $Ca_5(PO_4)_3OH$ 沉淀，其溶解度与 pH 值有关，因而所需石灰量

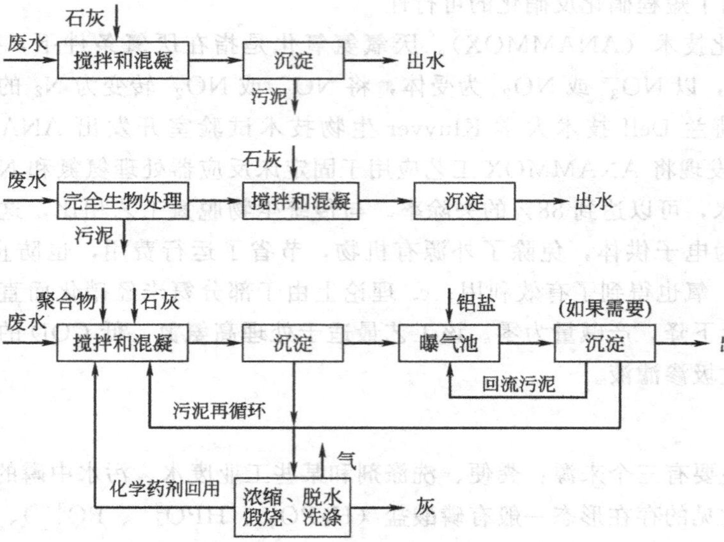

图 4-20 石灰除磷的不同工艺流程

取决于污水的碱度，而不是含磷量。石灰作混凝剂不能用于同步除磷，只能用于前置或后置除磷。石灰用于前置除磷后污水 pH 值较高，进生物处理系统前需调节 pH 值；石灰用于后置除磷时，处理后的出水必须调节 pH 值才能满足排放要求；石灰还可用于污泥厌氧释磷池或污泥处理过程中产生的富磷上清液的除磷。用石灰除磷，污泥量较铝盐或铁盐大很多，因而很少采用。

(2) 铁盐除磷 三氯化铁、氯化亚铁、硫酸亚铁（绿矾）、硫酸铁等都用来除磷，但常用的是三氯化铁。三氯化铁与磷酸盐的反应为：

$$FeCl_3 \cdot 6H_2O + H_2PO_4^- + 2HCO_3^- = FePO_4 + 3Cl^- + 2CO_2 + 8H_2O$$

由反应式可知，Fe 与 P 的物质的量之比是 1∶1，相应 Fe 与 P 的质量比约为 1.8∶1。与铝盐相似，大量三氯化铁要满足与碱度反应产生 $Fe(OH)_3$，以此促进胶体磷酸铁的沉淀分离。投加量随进水磷浓度变化而变化，磷酸铁沉淀最佳 pH 范围在 4.5～5.0，然而磷的有效去除可以发生在 pH 在 7 左右甚至 7 以上。

采用铁盐除磷时，主要生成难溶性的磷酸铁，其投加量与污水中的总磷量成正比，可用于生物反应池的前置、后置和同步投加。采用亚铁盐需先氧化成铁盐后才能取得最大的除磷效果，因此其一般不作为后置投加的混凝剂，在前置投加时，一般投加在曝气沉砂池中，以使亚铁盐迅速氧化成铁盐。

(3) 铝盐除磷 铝盐有硫酸铝、铝酸钠和聚合铝等，其中硫酸铝较常用。其除磷反应原理为：

$$Al_2(SO_4)_3 + 2PO_4^{3-} = 2AlPO_4 + 3SO_4^{2-}$$

在进行上述反应的同时，铝离子在水中发生水解，产生氢氧化铝絮体，废水中的胶体离子被絮凝体吸附而进一步去除。磷酸铝（$AlPO_4$）的溶解度与 pH 有关，当 pH 为 6 时，溶解度最小为 0.01mg/L；pH 为 5 时，为 0.03mg/L；pH 为 7 时，溶解度最小为 0.3mg/L。

铝盐的投加点比较灵活，可以加在初沉池前，也可以加在曝气池或在曝气池和二沉池之间，还可以将化学除磷与生物处理系统分开，以二沉池出水为原水投加铝盐进行混凝过滤，或者在滤池前投铝盐进行微絮凝过滤。

2. 生物除磷

（1）生物除磷原理 生物除磷主要是利用活性污泥的生物超量去除磷的技术，活性污泥中聚磷菌一类的微生物能吸收超过其正常生长所需要的磷量，并将磷以聚合的形式贮藏在体内，形成高磷污泥，排出系统。这种技术因具有较高的除磷效果而被广泛应用。

a. 聚磷菌过量摄取磷。好氧条件下，聚磷菌利用废水中的 BOD_5 或体内贮存的聚 β-羟基丁酸的氧化分解所释放的能量来摄取废水中的磷，一部分磷被用来合成 ATP，另外绝大部分的磷则被合成为聚磷酸盐而贮存在细胞体内。

b. 聚磷菌的磷释放。在厌氧条件下，聚磷菌能分解体内的聚磷酸盐而产生 ATP，并利用 ATP 将废水中的有机物摄入细胞内，以聚 β-羟基丁酸等有机颗粒的形式贮存于细胞内，同时还将分解聚磷酸盐所产生的磷酸排出体外。

c. 富磷污泥的排放。在好氧条件下所摄取的磷比在厌氧条件下所释放的磷多，废水生物除磷工艺是利用聚磷菌的这一过程，将多余剩余污泥排出系统而达到除磷的目的。

（2）生物除磷过程的影响因素

a. 溶解氧。在聚磷菌释放磷的厌氧反应器内，应保持绝对的厌氧条件，即使是 NO_3^- 等一类的化合态氧也不允许存在；在聚磷菌吸收磷的好氧反应器内，则应保持充足的溶解氧。

b. 污泥龄。生物除磷主要是通过排除剩余污泥而去除磷的，因此剩余污泥的多少对脱磷效果有很大影响，一般污泥龄短的系统产生的剩余污泥多，可以取得较好的除磷效果。有报道称：污泥龄为30d，除磷率为40%；污泥龄为17d，除磷率为50%；而污泥龄为5d时，除磷率高达87%。

c. 温度。在5～30℃的范围内，都可以取得较好的除磷效果。

d. pH值。除磷过程的适宜的pH值为6～8。

e. BOD_5 负荷。一般认为，较高的BOD负荷可取得较好的除磷效果，进行生物除磷的低限是BOD/TP＝20；有机基质的不同也会对除磷有影响，一般小分子易降解的有机物诱导磷释放的能力更强；磷的释放越充分，磷的摄取量也越大。

f. 硝酸盐氮和亚硝酸盐氮。硝酸盐的浓度应小于2mg/L；当COD/TKN＞10，硝酸盐对生物除磷的影响就减弱了。

g. 氧化还原电位。好氧区的ORP应维持在＋40～50mV；缺氧区的最佳ORP为－160～±5mV。

（3）生物除磷工艺

a. 厌氧-好氧生物除磷工艺（A/O工艺）。又称A/O工艺，由厌氧池和好氧池组成，可同时从污水中去除磷和有机碳，其工艺流程如图4-21所示。

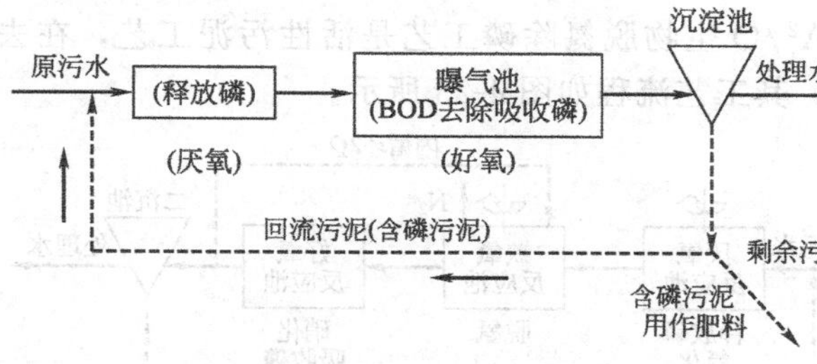

图4-21 厌氧-好氧生物除磷工艺流程

从上图可知，A/O系统由活性污泥反应池和二沉池构成，污水和污泥顺次经厌氧、好氧交替环境循环流动。不仅有利于抑制丝状菌的生长，防止污泥膨胀，而且厌氧状态有利于聚磷菌的选择性增殖，污泥的含磷量可达到干重的6%。

A/O生物除磷工艺流程简单，不设内循环，也不投药，因此建设费和运行费都较低，厌氧池内能够保持良好的厌氧状态。根据试验及实际运行情况，本工艺存在如下问题：(a) 因为微生物对磷的吸收有一定的限度，故除磷率难以进一步提高（特别是当进水BOD值不高或沸水中含磷量高的情况下）。对于含磷浓度较高的废水，还应以其它更有效的除磷工艺为主。(b) 在沉淀池易于产生磷的释放现象，应及时排泥和回流。

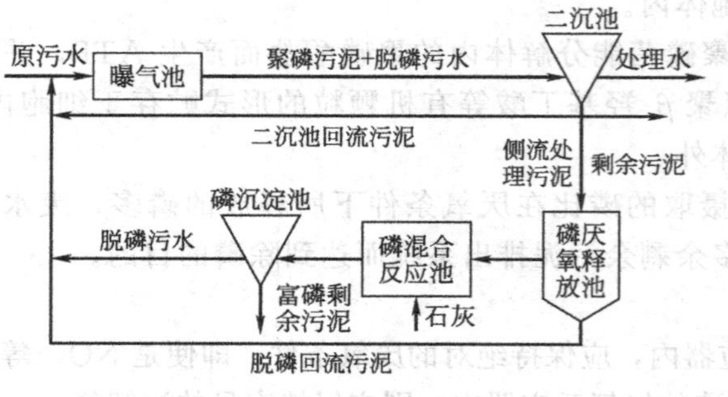

图4-22 Phostrip侧流除磷工艺流程

b. Phostrip侧流除磷工艺。Phostrip侧流除磷工艺是在常规的活性污泥工艺的基础上，在回流污泥过程中增设厌氧磷释放池和化学反应沉淀池，将来自常规生物处理工艺的一部分回流污泥转移到一个厌氧磷释放池，磷释放池内释放的磷随上层清液流到磷化学反应沉淀池，"富"磷上层清液中的磷在反应沉淀池内被石灰或其它沉淀剂沉淀，然后进入初沉池或一个单独的絮凝/沉淀池进行固液分离，最终磷以化学沉淀物的形式从系统中去除。具体流程见图4-22。

另外，约（0.1～0.2）q_v（q_v为平均进水流量）的回流污泥经厌氧释磷后和原水一起进入曝气池，聚磷菌再进行下一循环的好氧吸磷，因而该工艺实际上是一种生物和化学法协同作用的除磷过程，它具有以下特点：

(a) 该工艺和污泥回流系统的恰当设计，可保证磷出水值在1mg/L以下。

(b) 化学沉淀所需的石灰用量低，介于21～31.8mg $Ca(OH)_2/m^3$ 污水之间。

(c) 最终排出的污泥中磷含量可高达2.1%～7.1%，污泥肥效高。

(d) 污泥容积指数SVI值一般低于100mL/g，污泥不膨胀，易于沉淀浓缩、脱水。

(e) 根据BOD/TP比值可调节回流污泥与化学混凝污泥量的比例。

三、同步脱氮除磷技术

随着对水质处理程度要求的加强，以及工艺在应用过程中遇到的诸多问题，使其应用受到一定的限制。因此，寻找新的工艺方案，改良工艺技术，在一个处理系统中同时去除氮、磷，开发出一系列同步脱氮除磷的处理技术。

1. 厌氧-缺氧-好氧（A^2/O）工艺

(1) A^2/O工艺过程　A^2/O工艺是Anaerobic/Anoxic/oxic的简称，是目前较为常见的同步脱氮除磷工艺。A^2/O生物脱氮除磷工艺是活性污泥工艺，在去除BOD、COD、SS的同时可生物脱氮除磷，其工艺流程如图4-23所示。

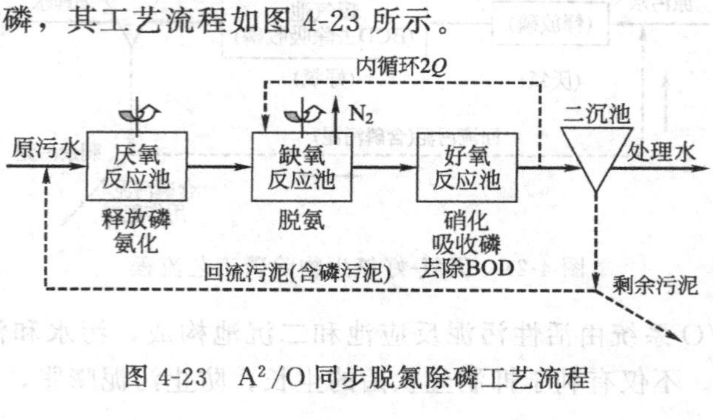

图4-23 A^2/O同步脱氮除磷工艺流程

在好氧段，硝化细菌将入流污水中的氨氮及由有机氮氨化成的氨氮，通过生物硝化作用转化成硝酸盐；在缺氧段，反硝化细菌将内回流带入的硝酸盐通过生物反硝化作用，转化成氮气逸入大气中，从而达到脱氮的目的。在厌氧段，聚磷菌释放磷，并吸收低级脂肪酸等易降解的有机物；而在好氧段，聚磷菌超量吸收磷，并通过剩余污泥的排放将磷去除。以上三类细菌均具有去除BOD_5的作用，但BOD_5的去除实际上以反硝化细菌为主。污水进入曝气池以后，随着聚磷菌的吸收、反硝化菌的利用及好氧段的好氧生物分解，BOD_5浓度逐渐降低。在厌氧段，由于聚磷菌释放磷，TP浓度逐渐升高，至缺氧段升至最高。在缺氧段，一般认为聚磷菌既不吸收磷，也不释放磷，TP保持稳定。在好氧段，由于聚磷菌的吸收，TP迅速降低。在厌氧段和缺氧段，NH_3-N浓度稳中有降，至好氧段，随着硝化的进行，NH_3-N逐渐降低。在缺氧段，由于内回流带入大量NO_3-N，NO_3-N瞬间升高，但随着反硝化的进行，NO_3-N浓度迅速降低。在好氧段，随着硝化的进行，NO_3-N浓度逐渐升高。

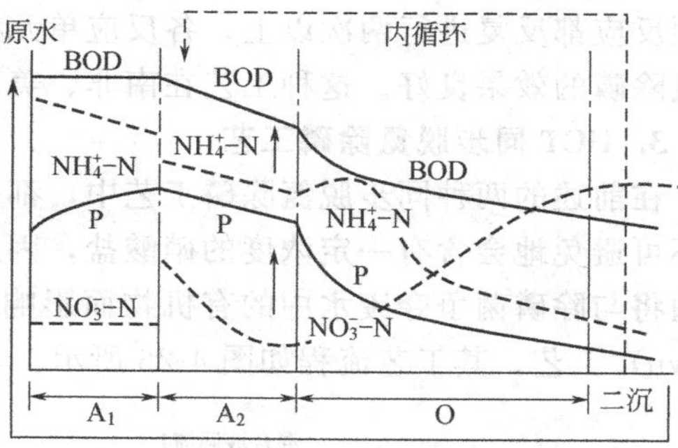

图 4-24 A^2/O工艺的特性曲线

图4-24为A^2/O工艺的特性曲线。原污水及从二沉池回流的部分含磷污泥首先进入厌氧池，其主要功能为释放磷，使污水中磷浓度升高，溶解性有机物被微生物细胞吸收而使污水中BOD浓度下降；在缺氧池中，反硝化细菌利用污水中的有机物作碳源，将回流混合液中带入的大量NO_3^--N和NO_2^--N还原为N_2释放到空气中，因此BOD_5浓度下降，NO_3^--N浓度大幅度下降；在好氧池中，有机物被微生物生化降解，浓度继续下降，有机氮被氨化继而被硝化，使NH_4^+-N浓度显著下降，但随着硝化过程使NO_3^--N浓度增加，磷随着聚磷菌的过量摄取也以较快的速度下降。好氧池完成氨氮的硝化过程，缺氧池则完成脱氮功能，厌氧池和好氧池联合完成除磷功能。

（2）A^2/O工艺特点

① 厌氧、缺氧、好氧三种不同的环境条件和不同种类的微生物菌群的有机配合，能同时具有去除有机物、脱氮除磷功能。

② 在同步脱氮除磷去除有机物的工艺中，该工艺流程最为简单，总的水力停留时间也少于其它同类工艺，好氧段为3.5～6.0h，厌氧段、缺氧段分别为0.5h和1.0h。

③ 在厌氧-缺氧-好氧交替运行下，丝状菌不会大量繁殖，SVI一般小于100，不会发生污泥膨胀。

④ 污泥中含磷量高，一般为2.5%以上。

⑤ 不需要外加碳源，厌氧段与缺氧段只需进行缓慢搅拌，运行费用较低。

2. Bardenpho同步脱氮除磷工艺

Bardenpho工艺采用两级A/O工艺组成，共有4个反应池，由于污泥回流的影响，第一个厌氧池和好氧池中均含有硝酸氮。在第一厌氧池中，反硝化细菌利用原水中的有机碳将回流混合液中的硝酸氮还原。第一厌氧池的出水进入第一好氧池，在好氧池中发生含碳有机物的氧化降解，同时进行含氮有机物的硝化反应，使有机氮和氨氮转化为硝酸氮。第一好氧池的处理出水进入第二厌氧池，废水中的硝酸氮进一步被还原为氮气，降低了出水中的总氮量，提高了污泥的沉降性能。具体工艺流程如图4-25所示。

由于采用了两级A/O工艺，Bardenpho工艺的脱氮效率可达90%～95%。其工艺特点：

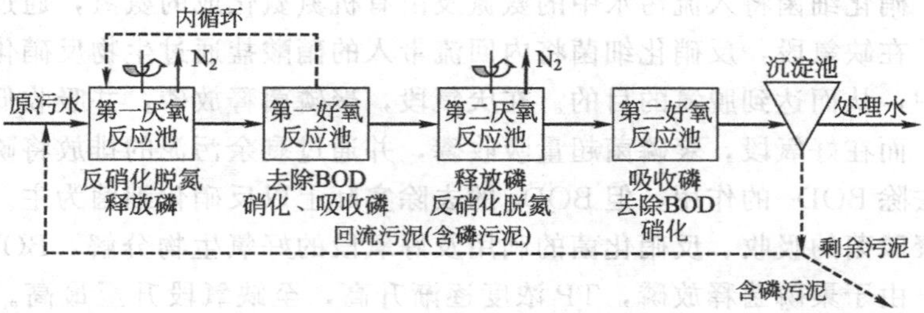

图 4-25 Bardenpho 同步脱氮除磷工艺流程

各项反应都反复进行两次以上，各反应单元都有其首要功能，同时又兼有二三项辅助功能，脱氮除磷的效果良好。这种工艺在南非、美国及加拿大有着广泛的应用。

3. UCT 同步脱氮除磷工艺

在前述的两种同步脱氮除磷工艺中，都是将回流污泥直接回流到工艺前端的厌氧池，其中不可避免地会含有一定浓度的硝酸盐，因此会在第一级厌氧池中引起反硝化作用，反硝化细菌将与除磷菌争夺废水中的有机物而影响除磷效果，因此提出 UCT（Univercity of Cape Town）工艺。其工艺流程如图 4-26 所示。

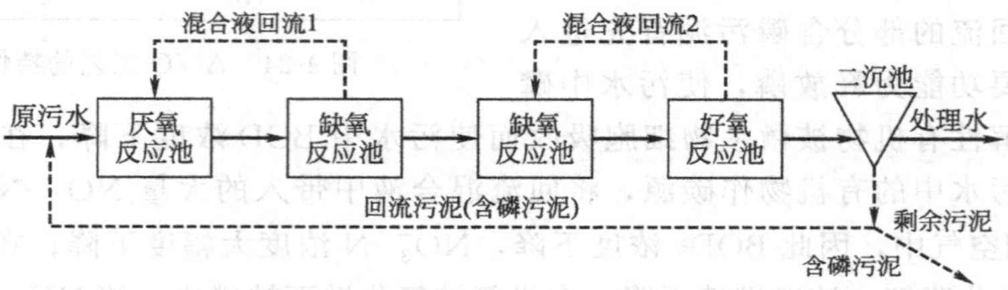

图 4-26 UCT 同步脱氮除磷工艺流程

UCT 工艺将二沉池的回流污泥回流到缺氧池，使污泥中的硝酸盐在缺氧池中进行反硝化脱氮，同时，为弥补厌氧池中污泥的流失以及除磷效果的降低，增设从缺氧池到厌氧池的污泥回流，这样厌氧池就可以免受回流污泥中硝酸盐的干扰。UCT 工艺较适用于原污水的 BOD_5/TP 较低的情况。

4. Phoredox 同步脱氮除磷工艺

Phoredox（五段）工艺流程如图 4-27 所示。

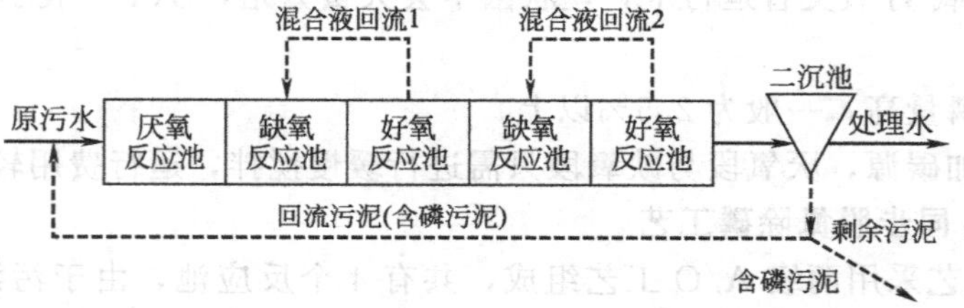

图 4-27 Phoredox 同步脱氮除磷工艺流程

该五段系统有厌氧、缺氧、好氧三个池子用于除磷、脱氮和碳氧化，第二个缺氧段主要用于进一步的反硝化。利用好氧段所产生的硝酸盐作为电子受体，有机碳作为电子供体。混合液两次从好氧区回流到缺氧区。该工艺的泥龄长（30～40d），增加了碳氧化的能力。

第六节 污水的生态处理

一、稳定塘

1. 概述

稳定塘旧称氧化塘或生物塘，是一种利用天然净化能力对污水进行处理的构筑物，其净化过程与自然水体的自净过程相似。通常是将土地进行适当的人工修整，建成池塘，并设置围堤和防渗层，依靠塘内生长的微生物来处理污水。

2. 稳定塘的特点

稳定塘的优点是：便于因地制宜，基建投资少；运行维护方便，能耗较低；能够实现污水资源化，对污水进行综合利用，变废为宝。

稳定塘的缺点是：占地面积过多；气候对稳定塘的处理效果影响较大；若设计或运行管理不当，则会造成二次污染。

3. 稳定塘类型

稳定塘按照占优势的微生物种属和相应的生化反应，可分为好氧塘、兼性塘、曝气塘和厌氧塘四种类型。

(1) 好氧塘　好氧塘是一种主要靠塘内藻类的光合作用供氧的氧化塘。它的水深较浅，一般在 0.3～0.5m，阳光能直接射透到池底，藻类生长旺盛，加上塘面风力搅动进行大气复氧，全部塘水都呈好氧状态。

按照有机负荷的高低，好氧塘可分为高速率好氧塘、低速率好氧塘和深度处理塘。高速率好氧塘用于气候温暖、光照充足的地区处理可生化性好的工业废水，可取得 BOD 去除率高、占地面积少的效果，并副产藻类饲料。低速率好氧塘是通过控制塘深来减小负荷，常用于处理溶解性有机废水和城市二级处理厂出水。深度处理塘（精制塘）主要用于接纳已被处理到二级出水标准的废水，因而其有机负荷很小。

(2) 兼性塘　兼性塘是指在上层有氧、下层无氧的条件下净化废水的稳定塘，是最常用的塘型。兼性塘的水深一般在 1.5～2m，塘内好氧和厌氧生化反应兼而有之。在上部水层中，白天藻类光合作用旺盛，塘水维持好氧状态，其净化能力和各项运行指标与好氧塘相同；在夜晚，藻类光合作用停止，大气复氧低于塘内耗氧，溶解氧急剧下降至接近于零。在塘底，由可沉固体和藻、菌类残体形成了污泥层，由于缺氧而进行厌氧发酵，称为厌氧层。在好氧层和厌氧层之间，存在着一个兼性层。

兼性塘常被用于处理城市一级沉淀或二级处理出水。在工业废水处理中，常在曝气塘或厌氧塘之后作为二级处理塘使用，有的也作为难生化降解有机废水的贮存塘和间歇排放塘（污水库）使用。由于它在夏季的有机负荷要比冬季所允许的负荷高得多，因而特别适用于处理在夏季进行生产的季节性食品工业废水。

(3) 曝气塘　通过人工曝气设备向塘中废水供氧的稳定塘称为曝气塘。为了强化塘面大气的复氧作用，可在氧化塘上设置机械曝气或水力曝气器，使塘水得到不同程度的混合而保持好氧或兼性状态。曝气塘有机负荷和去除率都比较高，占地面积小，但运行费用高，且出水悬浮物浓度较高，使用时可在后面连接兼性塘来改善最终出水水质。

(4) 厌氧塘　厌氧塘是一类在无氧状态下净化废水的稳定塘，其有机负荷高，以厌氧反应为主。厌氧塘的水深一般在 2.5m 以上，最深可达 4～5m。当塘中耗氧超过藻类和大气复氧时，就使全塘处于厌氧分解状态。因而，厌氧塘是一类高有机负荷的以厌氧分解为主的生物塘。其表面积较小而深度较大，水在塘中停留 20～50d。它能以高有机负荷处理高浓度废水，污泥量少，但净化速率慢、停留时间长，并产生臭气，出水不能达到排放要求，因而多作为好氧塘的预处理塘使用。

以上四类稳定塘的主要性能分别列于表 4-5。

表 4-5 四类稳定塘的主要性能

塘型	好氧塘	兼性塘	曝气塘	厌氧塘
典型 BOD 负荷 /[kg/(hm² · d)]	8.5～170	22～67	$(8\sim320)\times10^3$	$(16\sim80)\times10^4$
常用停留时间/d	3～5	5～30	3～10	20～50
水深/m	0.3～0.5	5～30	3～10	20～50
去除率/%	80～95	50～75	50～80	50～70
出水中藻类浓度 /(mg/L)	＞100	10～50	0	0
主要用途及优缺点	一般用于处理其它生物处理的出水。出水中水溶性浓度低，但藻类固体受到限制	常用于处理城市原污水及初级处理、生物滤池、爆气塘或厌氧出水。运行管理方便，对水量、水质变化的适应能力强，是氧化塘中最常用的池型	常接在兼性塘后，用于工业废水处理。易于操作维护，塘水混合均匀，有机负荷和去除率较高	用于高浓度有机废水的初级处理，后接好氧塘可提高出水水质。污泥量少，有机负荷高，但出水水质差，并产生臭气

表 4-5 中各项性能均受控于阳光辐射值、温度、养料及毒物等多种因素。因此，其具体数值也因纬度高低、气象条件和水质状况的不同而异。

4. 稳定塘系统的工艺流程

稳定塘处理系统由预处理设施、稳定塘和后处理设施等三部分组成。

(1) 稳定塘进水的预处理　为防止稳定塘内污泥淤积，污水进入稳定塘前应先去除水中的悬浮物质。常用设备为格栅、普通沉砂池和沉淀池。若塘前有提升泵站，而泵站的格栅间隙小于 20mm 时，塘前可不另设格栅。原污水中的悬浮固体浓度小于 100mg/L 时，可只设沉砂池，以去除砂质颗粒。原污水中的悬浮固体浓度大于 100mg/L 时，需考虑设置沉淀池。设计方法与传统污水二级处理方法相同。

(2) 稳定塘的常用工艺流程组合　稳定塘的流程组合依当地条件和处理要求不同而异，现介绍几种典型的流程组合。

① 处理城市废水的传统工艺流程（图 4-28、图 4-29）

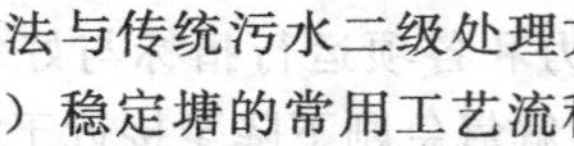

图 4-28　好氧塘为主处理工艺

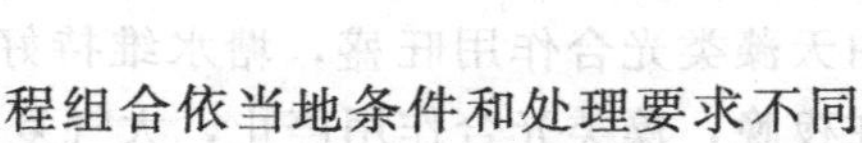

图 4-29　兼性塘与好氧塘串联处理工艺

② 有厌氧塘的工艺流程（图 4-30）

③ 有曝气塘工艺流程（图 4-31）

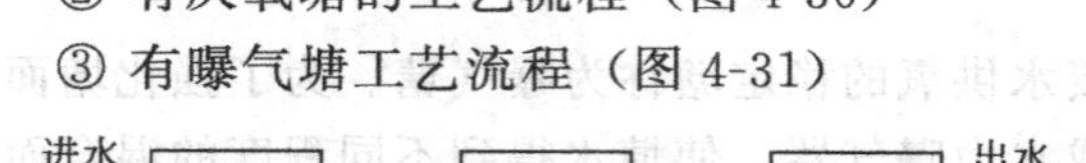

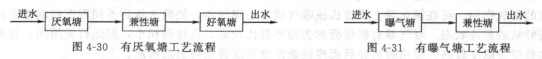

图 4-30　有厌氧塘工艺流程

图 4-31　有曝气塘工艺流程

(3) 稳定塘塘体设计要点

① 塘的位置。稳定塘应设在居民区下风向 200m 以外，以防止塘散发的臭气影响居民区。此外，塘不应设在距机场 2km 以内的地方，以防止鸟类（如水鸥）到塘中觅食、聚集

对飞机航行构成危险。

② 防止塘体损害。为防止浪的冲刷，塘的衬砌应在设计水位上下各 0.5m 以上。若需防止雨水冲刷时，塘的衬砌应做到堤顶。衬砌方法有干砌块石、浆砌块石和混凝土板等。

在有冰冻的地区，背阴面的衬砌应注意防冻。若筑堤土为黏土时，冬季会因毛细作用吸水而冻胀，因此，在结冰水位以上应置换为非黏性土。

③ 塘体防渗。稳定塘渗漏可能污染地下水源；若塘出水考虑再回用，则塘体渗漏会造成水资源损失，因此，塘体防渗是十分重要的。但某些防渗措施的工程费用较高，选择防渗措施时应十分谨慎。防渗方法有素土夯实、沥青防渗衬面、膨润土防渗衬面和塑料薄膜防渗衬面等。

④ 塘的进出口。进出口的形式对稳定塘的处理效果有较大的影响。设计时应注意配水、集水均匀，避免短流、沟流及混合死区。主要措施为采用多点进水和出水；进口、出口之间的直线距离尽可能大；进口、出口的方向避开当地主导风向。

二、人工湿地

1. 概述

湿地（wetland）被称作地球的“肾”，是地球上的重要自然资源。《中国自然保护纲要》（1987 年）定义：“沼泽是陆地上有薄层积水或间隙性积水，生长有沼生、湿生植物的土壤过渡地段，其中有泥炭积累。沼泽称为泥炭沼泽。海涂即沿海滩涂……有时称盐沼。国际上常把沼泽和海涂称为湿地。”以上所指都属于天然湿地。

天然湿地具有复杂的功能，可以通过物理的、化学的和生物的反应（诸如沉淀、储存调节、离子交换、吸附、生物降解等），去除废水中的有机污染物、重金属、氮、磷和细菌等，因而被人们用来净化废水。但由于天然湿地生态系统极其珍贵，而面对人类所需处理的大量污水它能承担的负荷能力有极大的局限性，因而不可能大规模地开发利用。然而，湿地系统复杂高效地净化污染物的功能使得科学家没有放弃对其研究利用，而是在进行大量调查及实验研究的基础上，创造了可以进行控制，能达到净化废水、改善水质的目的并适用于各种气候条件的人工湿地系统。天然湿地和人工湿地有明确的界定：天然湿地系统以生态系统的保护为主，以维护生物多样性和野生生物的良好生境为主，净化废水是辅助性的；人工湿地系统是通过人为地控制条件，利用湿地复杂特殊的物理、化学和生物综合功能净化废水并以此为主。应该指出，人工湿地系统所需要的土地面积较大，受气候条件影响且要支付一定的基建投资。但是若运行管理得当，它将会带来很高的经济效益、环境效益和社会效益。

2. 人工湿地特点

人工湿地污水处理系统是一个综合的生态系统，具有如下优点。

① 设计合理、运行管理严格的人工湿地处理废水效果稳定、有效、可靠，出水 BOD_5、SS 等明显优于二级生物处理出水，可与废水三级处理相媲美，其脱磷能力很强且寿命很长，同时具有相当的硝化脱氮能力。但若对出水除氮有更高的要求，则尚显不足。此外，它对废水中含有的重金属及难降解有机污染物有较高的净化能力。

② 基建投资费用低，一般为二级生物处理的 1/4～1/3，甚至 1/5。

③ 能耗省，运行费用低，为二级生物处理的 1/6～1/5。

④ 运行操作简单，不需复杂的自控系统进行控制。

⑤ 对于小流量及间歇排放的废水处理较为适宜，其耐污及水力负荷强，抗冲击负荷性能好；不仅适合于生活污水的处理，对某些工业废水、农业废水、矿山酸性废水及液态污泥

也具有较好的净化能力。

⑥ 既能净化污水，又能美化景观，形成良好的生态环境，为野生动植物提供良好的生境。

但其也存在明显的不足：

① 需要土地面积较大。

② 对恶劣气候条件抵御能力弱。

③ 净化能力受作物生长成熟程度的影响大。

④ 可能需要控制蚊蝇滋生等。

3. 人工湿地系统净化废水的作用机理

人工湿地系统去除水中污染物的作用机理列于表 4-6 中。从表 4-6 可知，湿地系统通过物理、化学、生物和植物的综合反应过程将水中可沉降固体、胶体物质、BOD_5、N、P、重金属、难降解有机物、细菌和病毒等去除，显示了强大的多功能净化能力。

表 4-6 湿地系统去除污染物的机理

反应机理		对污染物的去除与影响
物理方面	沉降	可沉降固体在湿地及预处理的酸化(水解)池中沉降去除；可絮凝固体也能通过絮凝沉降去除；并随之引起 BOD、N、P、重金属、难降解有机物、细菌和病毒等被去除
	过滤	通过颗粒间的相互引力作用及植物根系的阻截作用使可沉降及可絮凝固体被阻截而去除
化学方面	沉淀	磷及重金属通过化学反应形成难溶解化合物或与难溶解化合物一起沉淀去除
	吸附	磷及重金属被吸附在土壤和植物表面而被去除，某些难降解有机物也能通过吸附去除
	分解	通过紫外辐射、氧化还原等反应过程，使难降解有机物分解或变成稳定性较差的化合物
生物方面	微生物代谢	通过悬浮的、底泥的和寄生于植物上的细菌的代谢作用将凝聚性固体、可溶性固体进行分解；通过生物硝化-反硝化作用去除氮；微生物也将部分重金属氧化并经阻截或结合而被去除
植物方面	植物代谢	通过植物对有机物的吸收而去除，植物根系分泌物对大肠杆菌和病原体有灭活作用
	植物吸收	相当数量的 N、P、重金属及难降解有机物能被植物吸收而去除
其它	自然死亡	细菌和病毒处于不适宜环境中会自然腐败及死亡

4. 人工湿地分类

(1) 根据植物的存在状态分类 人工湿地主要分为三种类型：浮水植物系统、沉水植物系统、挺水植物系统。不同类型的人工湿地结合使用以及和传统污水处理方法联合使用可以获得更好的出水水质。

① 浮水植物系统。此系统中水生植物漂浮于水面，根系呈淹没状态。浮水植物目前主要用于氮和磷的去除以及提高稳定塘的效率。

② 沉水植物系统。此系统水生植物完全淹没于水中。系统中水的浊度不能太高，否则会影响植物的光合作用。该系统还处于试验阶段，主要用于初级处理与二级处理后的精处理。

③ 挺水植物系统。以挺水植物为主，植物根系发达，可通过根系向基质送氧，使基质中形成多个好氧、兼性厌氧、厌氧小区，利于多种微生物繁殖，便于污染物的多途径降解。目前人工湿地主要指挺水植物系统。

(2) 根据水的流动状态分类 该系统分为如下类型：自由水面系统（FWS），又称表面流湿地；潜流系统（SFS），又称潜流湿地。潜流湿地又分为水平流潜流系统（HFS）和垂直流潜流系统（VFS）。

① 自由水面系统（FWS）。自由水面系统和自然湿地相类似，水面位于湿地基质层以上，其水深一般为0.3～0.5m，采用最多的水流形式为地表径流，这种类型的人工湿地中，污水从进口以一定深度缓慢流过湿地表面，部分污水蒸发或渗入湿地，出水经溢流堰流出。与垂直流系统相比，其优点是投资少、操作简单、运行费用低，缺点是负荷低。北方地区冬季表面会结冰，夏季会滋生蚊蝇、散发臭味，目前已较少采用。

② 潜流型人工湿地系统（SFS）。潜流系统中污水在湿地床的表面下流动，利用填料表面生长的生物膜、植物根系及表层土和填料的截留作用净化污水。主要形式为采用各种填料的芦苇床系统。芦苇床由上下两层组成，上层为土壤，下层是由易使水流通过的介质组成的根系层，如粒径较大的砾石、炉渣或砂层等，在上层土壤层中种植芦苇等耐水植物。潜流式湿地能充分利用湿地的空间，发挥植物、微生物和基质之间的协同作用，因此在相同面积情况下其处理能力得到大幅提高。污水基本上在地面下流动，保温效果好，卫生条件也较好。

根据污水在湿地中流动的方向不同可将潜流型湿地系统分为水平潜流人工湿地、垂直潜流人工湿地和复合流人工湿地3种类型。不同类型的湿地对污染物的去除效果不尽相同，各有优势。

a. 水平潜流湿地系统。其水流从进口起在根系层中沿水平方向缓慢流动，出口处设水位调节装置，以保持污水尽量和根系接触。水平潜流人工湿地因污水从一端水平流过填料床而得名。它由一个或几个填料床组成，床体充填基质。与自由表面流人工湿地相比，水平潜流人工湿地的水力负荷和污染负荷大，对BOD、COD、SS、重金属等污染指标的去除效果好，且很少有恶臭和滋生蚊蝇现象，是目前国际上研究和应用较多的一种湿地处理系统。它的缺点是控制相对复杂，脱氮、除磷的效果不如垂直流人工湿地。

b. 垂直潜流湿地系统。其水流方向和根系层呈垂直状态，其出水装置一般设在湿地底部。和水平流潜流式湿地相比，这种床体形式的主要作用在于提高氧向污水及基质中的转移效率。其表层为渗透性良好的砂层，间歇式进水，提高氧转移效率，以此来提高BOD去除和氨氮硝化的效果。在垂直潜流人工湿地中污水从湿地表面纵向流向填料床的底部，床体处于不饱和状态，氧可通过大气扩散和植物传输进入人工湿地系统。该系统的硝化能力高于水平潜流湿地，可用于处理氨氮含量较高的污水。其缺点是对有机物的去除能力不如水平潜流人工湿地系统，落干/淹水时间较长，控制相对复杂。

c. 复合流潜流式湿地。其中的水流既有水平流也有竖向流。在芦苇床基质层中污水同时以水平流和垂直流的流态流出底部的渗水管中。也可以用两级复合流潜流式湿地进行串联的复合流潜流湿地系统，第一级湿地中污水以水平流和下向垂直流的组合流态进入第二级湿地，第二级湿地中，污水以水平流和上向垂直流的组合流态流出湿地。

三、土地处理

1. 概述

污水土地处理系统是指在人工调控和系统自我调控的条件下，利用土壤-微生物-植物组成的生态系统对废水中的污染物进行一系列物理的、化学的和生物的净化过程，使废水水质得到净化和改善，并通过系统内营养物质和水分的循环利用，使绿色植物生长繁殖，从而实现废水的资源化、无害化和稳定化的生态系统工程。

污水土地处理源于污水灌溉农田，其历史非常悠久。欧洲自1531年始即有记载，19世纪初在英国利用土地处理污水及污泥已盛行起来，19世纪70年代这种方法传播到美国。20世纪80年代以来，我国的环境保护部门在充分吸收、总结国外发达国家水污染防治经验的基础上，提出了“人工处理与自然处理并行”的水污染防治技术政策，指出“城市污水处理，应走污水处理厂与土地处理系统相结合的道路”。

土地处理是以土地作为主要处理系统的污水处理方法，其目的是净化污水，控制水污染。土地处理系统的设计运行参数（如负荷率）需通过试验研究确定，在系统的维护管理、稳定运行、出水的排放和利用、周围环境的监测等方面都有较全面的考虑与规定。

2. 废水土地处理系统的净化原理

结构良好的表层土壤中存在土壤-水-空气三相体系。在这个体系中，土壤胶体和土壤微生物是土壤能够容纳、缓冲和分解多种污染物的关键因素。废水土地处理系统的净化过程包括物理过滤、物理吸附与沉积、物理化学吸附、化学反应与沉淀、微生物代谢与有机物的生物降解等过程，是一个十分复杂的综合净化过程。

(1) 悬浮物的去除　悬浮物（SS）的去除机理为过滤截留、沉淀、生物的吸附及作物的阻截作用。慢速渗滤、快速渗滤和地下渗滤系统中悬浮物的去除以过滤截留作用为主，地表漫流系统中的悬浮物去除则主要靠沉淀、生物的吸附及作物的阻截作用，后者的去除效果较前者稍差。

值得注意的是，悬浮物是导致土地处理系统堵塞的一个重要原因。一般来说，二级处理出水中的悬浮物导致土壤堵塞的可能性更大，而一级处理出水的悬浮物则不易造成明显的堵塞，这是因为一级处理出水悬浮物中可降解成分多，而二级处理出水悬浮物中难降解的惰性成分较多。

(2) BOD的去除　BOD进入土地处理系统以后，在土壤表层区域即通过过滤、吸附作用被截留下来，然后通过土壤层中生长着的细菌、真菌、酵母、霉菌、原生动物、后生动物甚至蚯蚓进行生物氧化作用将其最后降解。土壤微生物一般集中在表层50cm深度的土壤中，因而大多数BOD的去除反应都发生在地表或靠近地表的地方。

通过土壤微生物的驯化，可以较大幅度地提高土地处理系统的有机负荷。对于某些处理易生物降解的工业废水的土地处理系统，进水BOD_5浓度即使达到1000mg/L或者更高的情况下，系统仍能有效地运行。城市污水有机物浓度一般远低于上述值，因此，采用土地处理系统净化城市污水中的有机物是没有问题的。各种土地处理系统处理城市污水时使用的典型有机负荷见表4-7。

表4-7　各种土地处理系统处理城市污水时使用的典型BOD_5负荷

工艺	慢速渗滤	快速渗滤	地表漫流	地下渗滤
BOD_5/[kg/($10^4m^2 \cdot a$)]	$2\times10^3\sim2\times10^4$	$3.6\times10^3\sim4.7\times10^4$	1.5×10^4	1.8×10^4

(3) 氮的去除　氮的脱除机理主要包括作物吸收、生物脱氮以及挥发。城市污水中的氮通常以有机氮和氨氮（也可以是铵离子）的形式存在。在土地处理系统中，有机氮首先被截留或沉淀，然后在微生物的作用下转化为NH_4^+-N。由于土壤颗粒带有负电荷，NH_4^+很容易被吸附，土壤微生物通过硝化作用将NH_4^+转化为NO_3^-后，土壤又恢复对铵离子的吸附功能。土壤对负电荷的NO_3^-没有吸附截留能力，因此一部分的NO_3^-随水分下移而淋失，一部分NO_3^-被植物根系吸收而成为植物营养成分，一部分NO_3^-发生硝化反应，最终转化为N_2或者N_2O而挥发掉。

土壤的微生物脱氮是土地处理系统中氮去除的主要机理，而在慢速渗滤和地表漫流系统中，作物吸收也是去除氮的重要方面（可达到施入氮素的10%～50%）。

土壤中的氨挥发是一个物理化学过程，其挥发量和土壤的 pH 有关。如果土壤 pH 小于 7.5，实际上只有 NH_4^+ 存在；在 pH 小于 8.0 时 NH_3 的挥发并不严重；在 pH 为 9.3 时，土壤中 NH_3 和 NH_4^+ 的物质的量之比是 1∶1，通过挥发造成的 NH_3-N 损失开始变得显著（达到 10%左右）；在 pH 为 12 时，全部 NH_3-N 都转化为溶解性氨气，挥发造成的 NH_3-N 损失非常显著。

(4) 磷的去除　废水中的磷可能以聚磷酸盐、正磷酸盐等无机磷和有机磷形态存在。土地处理系统中磷的去除过程包括植物根系吸收、生物作用过程、吸附和沉淀等，其中以土壤吸附和沉淀为主。

土壤对磷的吸附能力极强，水中 95%以上的磷可以被土壤吸附而储存于土壤中。而磷在土壤中的扩散、移动极弱，只有在砂质土壤、水田淹水土壤中大量施用有机肥的情况下，才可能引起土壤中磷的淋失。土壤的固磷作用主要有以下四种机制。

① 化学沉淀作用：在酸性土壤中，磷与铁、铝等作用，生成不溶性磷酸盐。

② 表面反应：土壤胶体和 $H_2PO_4^-$ 在土壤表面发生交换反应和吸附反应。

③ 闭蓄反应：土壤中的 $Fe(OH)_3$ 和其它不溶性的铝质和钙质胶膜将含磷矿化物包裹起来，使其丧失在土壤中的流动性。

④ 生物固定作用：土壤中的无机磷被微生物所吸收利用，转化为有机磷。

可见，土壤对磷的吸附容量与土壤中所含的黏土、铝、铁和钙等化合物的数量以及土壤的 pH 有关。矿物质含量高、pH 偏酸性或者偏碱性、具有良好团粒结构的土壤，对磷的吸附容量大。而有机质含量多、pH 呈中性、具有粗团粒结构的土壤，对磷的吸附容量小。

(5) 金属元素的去除　废水中的金属元素包括 Hg、As、Cr、Pb、Cd、Cu、Zn、Ni 等。微量金属元素在土壤中的去除是一个复杂的过程，包括吸附、沉淀、离子交换和配合等反应。由于大多数痕量金属的吸附发生在黏土矿物质、金属氧化物以及有机物的表面，所以质地细黏和有机质丰富的土壤对痕量金属的吸附能力比砂质土壤大。

(6) 痕量有机物的去除　痕量有机物在土地处理系统中的去除主要是通过挥发、光分解、吸附和生物降解等作用完成的。

典型城市污水中的痕量有机物一般不会对土地处理场地的地下含水层产生不良影响。但是应当指出，如果城市污水中包括了化学工业、制药工业、石化工业等行业的工艺废水，对这种混有工业废水的城市污水采用土地处理时，应重视废水中的有毒化合物。

(7) 病原微生物的去除　废水土地处理所关注的病原微生物有细菌、寄生虫和病毒。它们通过过滤、吸附、干化、辐照、生物捕食以及暴露在不利条件下等方式而被去除。由于原生动物和蠕虫的个体尺寸较大，它们主要是被土壤的表面过滤作用除去，细菌主要是通过土壤的吸附和土壤表面的过滤作用被去除，而病毒则几乎全部是通过土壤的吸附作用加以去除。

3. 土地处理系统的工艺类型

根据系统中水流运动的速率和流动轨迹的不同，污水土地处理系统可分为四种类型：慢速渗滤系统、快速渗滤系统、地表漫流系统和地下渗滤系统。

(1) 慢速渗滤系统　慢速渗滤系统是将污水投配到天然土壤或种有植物的天然土壤表面，污水垂直入渗地下，因为土壤-植物-微生物系统包含了过滤、吸附和微生物降解等十分复杂的综合过程，使得污水得以净化的土地处理工艺。在慢速渗滤系统中，投配的废水部分被作物吸收，部分渗入地下，部分蒸发散失，流出处理场地的水量一般为零。废水的投配方式可采用畦灌、沟灌及可升降的或可移动的喷灌系统。

慢速渗滤系统适用于处理村镇生活污水和季节性排放的有机工业废水，通过收割系统种植的经济作物，可以取得一定的经济收入；由于投配废水的负荷低，废水通过土壤的渗滤速度慢，水质净化效果非常好。但由于其表面种植作物，所以慢速渗滤系统受季节和植物营养需求的影响很大；另外因为水力负荷小，土地面积需求量大。

(2) 快速渗滤系统　快速渗滤系统是将废水有控制地投配到具有良好渗滤性能的土壤如砂土、砂壤土表面，进行废水净化处理的高效土地处理工艺，其作用机理与间歇运行的“生物砂滤池”相似。投配到系统中的废水快速下渗，部分被蒸发，部分渗入地下。快速渗滤系统通常淹水、干化交替运行，以便使渗滤池处于厌氧和好氧交替运行状态，通过土壤及不同种群微生物对废水中组分的阻截、吸附及生物分解作用等，使废水中的有机物、氮、磷等物质得以去除。其水力负荷和有机负荷较其它类型的土地处理系统高很多。其处理出水可用于回用或回灌以补充地下水，但其对水文地质条件的要求较其它土地处理系统更为严格，场地和土壤条件决定了快速渗滤系统的适用性，而且它对总氮的去除率不高，处理出水中的硝态氮可能导致地下水污染。但其投资省，管理方便，土地面积需求量少，可常年运行。

(3) 地表漫流系统　地表漫流系统是将污水有控制地投配到覆盖牧草、坡度和缓、土地渗透性能低的坡面上，污水以薄层的方式沿坡面缓慢流动，在地表流动过程中得以净化。在处理过程中，只有少部分的水量因蒸发和入渗地下而损失掉，大部分径流水汇入集水沟。

地表漫流系统对废水预处理程度要求低，出水以地表径流收集为主，对地下水的影响最小。处理过程中只有少部分水量因蒸发和入渗地下而损失掉，大部分径流水汇入集水沟，其水力负荷一般为 $1.5\sim7.5m^3/(m^2\cdot a)$

地表漫流处理系统适用于处理分散居住地区的生活污水和季节性排放的有机工业废水。它对废水预处理程度要求较低，处理出水可达到二级或高于二级处理的出水水质；投资省，管理简单；地表可种植经济作物，处理出水也可用于回用。但该系统受气候、作物需水量、地表坡度的影响大，气温降至冰点和雨季期间，其应用受到限制，而且通常还需考虑出水在排入水体以前的消毒问题。

(4) 地下渗滤系统　地下渗滤系统是将废水有控制地投配到距地表一定深度、具有一定构造和良好扩散性能的土层中，使废水在土壤的毛细管浸润和渗滤作用下，向周围运动且达到净化废水要求的土地处理工艺系统。

地下渗滤系统属于就地处理的小规模土地处理系统。投配废水缓慢地通过布水管周围的碎石和砂层，在土壤毛细管作用下向附近土层中扩散。在土壤的过滤、吸附、生物氧化等的作用下使污染物得到净化，其过程类似于废水慢速渗滤过程。由于负荷低，停留时间长，水质净化效果非常好，而且稳定。

地下渗滤系统的布水系统埋于地下，不影响地面景观，适用于分散的居住小区、度假村、疗养院、机关和学校等小规模的废水处理，并可与绿化和生态环境的建设相结合；运行管理简单；氮磷去除能力强，处理出水水质好，可用于回用。其缺点是：受场地和土壤条件的影响较大；如果负荷控制不当，土壤会堵塞；进、出水设施埋于地下，工程量较大，投资相对比其它土地处理类型要高一些。

(5) 废水土地处理工艺类型比较　表 4-8 给出了废水土地处理系统各种工艺的特性与场地特征。表 4-9 给出了废水土地处理系统各种工艺的处理效果。

表 4-8　废水土地处理系统各种工艺的特性与场地特征

工艺特性	慢速渗滤	快速渗滤	地表漫流	地下渗滤
投配方式	表面布水 高压喷洒	表面布水	表面布水或高低压布水	地下布水
水力负荷/(cm/d)	1.2～1.5	6.0～122.0	3.0～21.0	0.2～4.0
预处理最低程度	一级处理	一级处理	格筛筛滤	化粪池、一级处理
投配废水最终去向	下渗、蒸散	下渗、蒸散	径流、下渗、蒸散	下渗、蒸散
植物要求	谷物、牧草、森林	无要求	牧草	草皮、花木
适用气候	较温暖	无限制	较温暖	无限制
达到处理目标	二级或三级	二级、三级或回注地下水	二级、除氮	二级或三级
占地性质	农、牧、林	征地	牧业	绿化
土层厚度/m	>0.6	>1.5	>0.3	>0.6
地下水埋深/m	0.6>3.0	淹水期:>1.0。 干化期:1.5～3.0	无要求	>1.0
土壤类型	砂壤土、黏壤土	砂、砂壤土	黏土、黏壤土	砂壤土、黏壤土
土壤渗滤系数	≥0.15,中	≥5.00,快	≤0.50,慢	0.15～5.00,中

表 4-9　各种废水土地处理类型的处理出水水质

废水性质	慢速渗滤		快速渗滤		地表漫流		地下渗滤	
	平均值	最高值	平均值	最高值	平均值	最高值	平均值	最高值
BOD_5/(mg/L)	<2	<5	5	<10	10	<15	<2	<5
SS/(mg/L)	<1	<5	2	<5	10	<20	<1	<5
TN/(mg/L)	3	<8	10	<20	5	<10	3	<8
NH_3-N/(mg/L)	<0.5	<2.0	0.5	<2.0	<4.0	<6.0	<0.5	<2.0
TP/(mg/L)	<0.1	<0.3	1.0	<5.0	4.0	<6.0	<0.1	<0.3
大肠菌群/(个/L)	0	<100	<100	<1000	<1000	<10000	0	<100

习题与思考题

1. 水体的主要污染源有哪些？归纳污染物的主要类别。
2. 简述过滤类型及过滤机理。
3. 简述活性污泥法的基本流程、净化机理及性能指标。
4. 简述生物膜法的净化机理及主要特征。
5. 简述混凝和胶体脱稳机理以及混凝剂与助凝剂。
6. 简述离子交换法原理与工艺。
7. 简述污水脱氮基本原理及常用方法。
8. 阐述污水除磷的基本原理。
9. 简述氧化塘原理和分类。
10. 简述土地处理系统类型。

第五章　大气污染控制工程

第一节　大气污染概述

一、大气的组成

大气是包围地球的空气层，通常称之为大气层。空气是自然界中最宝贵的资源，每个人每时每刻都要呼吸空气。资料表明，一个人 5 周不吃食物，5d 不喝水仍可维持生命，而 5min 不呼吸空气，就会导致生命的终结。空气特别是洁净空气，对于动植物的生长和人类的生存起着十分关键的作用。

通常人们所指的空气是一种混合体，其构成成分包括干燥清洁的空气、水汽和悬浮颗粒。在人类的活动范围内，干洁空气的组成和物理性质基本相同。干洁空气中主要含有 78.08%的氮气、20.95%的氧气、0.93%的氩气和一定量的 CO_2，其含量占全部干洁空气的 99.996%（体积分数），氖、氦、氪、甲烷等次要成分只占 0.004%左右。

大气中的水汽含量随着时间、地点、气象条件的不同而有较大变化，自然大气中的悬浮微粒主要受岩石风化、火山爆发、宇宙落物以及海水溅沫等自然因素的影响。由于空气具有全球流动的特点，加上动、植物代谢等的气体循环作用，所以大气的基本组成成分是稳定和均匀的。

二、大气污染

按照国际标准化组织（ISO）的定义，所谓大气污染，系指由于人类活动或自然过程引起的某些物质进入大气中，呈现出足够的浓度、持续足够的时间并因此危害了人体的舒适、健康和福利或危害了环境的现象。

空气具有良好流动性和相当大的稀释容量，因此与受到边界条件约束的水体和固体污染相比，其污染特性也就表现出局地的严重性和全球性的特点。

局地的严重性是指一般情况下空气污染严重的区域往往出现在污染源的附近，污染的急性效应往往随扩散距离而迅速衰减。同时局地的污染状况与地形、地理位置、气象条件等密切相关。

空气污染的全球性体现在空气无国界，对于那些在空气中具有较长停留时间的污染物可扩散传播到全球各地，并在迁移转化的过程中产生出影响全球气候、生态系统等的慢性效应。包括温室效应、臭氧层破坏和酸雨三大问题。

三、大气污染物及污染源

1. 大气污染物

大气污染物是指由于人类的活动或是自然过程所直接排入大气或在大气中新转化生成的对人或环境产生有害影响的物质。至今为止，从环境空气中已识别出的人为空气污染物超过 2800 种，其中 90%以上为有机化合物（包括金属有机物），而不到 10%为无机污染物。

城市中影响健康的主要空气污染物是二氧化硫（及进一步氧化产物三氧化硫、硫酸盐）、悬浮颗粒物（烟雾、灰尘、PM_{10}、$PM_{2.5}$、$PM_{1.0}$）、氮氧化物、一氧化碳、挥发性有机化合物（碳氢化合物和氧化物）、臭氧、铅和其它有毒金属。

大气污染物的种类很多，根据其存在的形态可分为气溶胶状态污染物和气体状态污染物。

（1）气溶胶状态污染物　气溶胶是指分散在大气中的固态或液态微粒，与载气构成非均相体系，也称颗粒态污染物。

按照气溶胶的来源和物理性质，可将其分为以下几种。

① 粉尘（dust）。粉尘是指悬浮在空气中的固体微粒，受重力作用能发生沉降，但在某一段时间内能保持悬浮状态。粉尘通常是指固体物质的破坏、研磨、筛分及输送等机械过程或土壤、岩石风化、火山喷发等自然过程形成的。粉尘的粒径范围一般为1～200μm。

② 烟（fume）。烟一般是指燃料不完全燃烧产生的固体粒子的气溶胶，是熔融物质挥发后生成的气态物质的冷凝物，在其生成的过程中总是伴有氧化之类的化学反应。烟的粒径很小，一般在0.01～1μm的范围内，可长期地存在于大气之中。

③ 飞灰（fly ash）。飞灰是指由燃料燃烧所产生的烟气中分散的非常细微的无机灰分。

④ 黑烟（smoke）。黑烟一般指燃料燃烧产生的能见气溶胶，是燃料不完全燃烧的炭粒。黑烟的颗粒大小约为0.5μm。

⑤ 雾。是气体中液体悬浮物的总称。

通常在空气质量管理和控制中，根据空气中粉尘（或烟尘）颗粒的大小将其分为总悬浮颗粒、降尘、飘尘和微细颗粒物。总悬浮颗粒（TSP）系指空气中粒径小于100μm的所有颗粒物。降尘是空气中粒径大于10μm的固体颗粒。飘尘又称为可吸入尘，亦即PM_{10}，是指空气中粒径小于10μm的固体颗粒。微细颗粒物亦即$PM_{2.5}$，是指空气中粒径小于2.5μm的固体颗粒。就颗粒物的危害而言，小颗粒较大颗粒的危害要大得多。

（2）气态污染物　气态污染物指在空气中以分子状态存在的污染物，与载气构成均相体系。气态污染物的种类很多，常见有以二氧化硫为主的含硫化合物、以一氧化氮和二氧化氮为主的含氮化合物、碳氧化物、碳氢化合物及卤素化合物和臭氧等。

污染物按其形成过程又可分为一次污染物和二次污染物。

一次大气污染物是指由污染源直接排入空气环境中且在空气中物理和化学性质均未发生变化的污染物，又称为原发性污染物。如SO_2、CO、NO和挥发性有机化合物（VOCs）等。

二次大气污染物指由一次污染物与空气中已有成分或几种污染物之间经过一系列的化学或光化学反应而生成的与一次污染物性质不同的新污染物，又称为继发性污染物。如一次污染物SO_2在环境中氧化生成的硫酸盐气溶胶，氮氧化物、碳氢化合物等在日光紫外线辐射下生成的臭氧、过氧乙酰硝酸酯、醛等。通常二次污染物对环境和人体的危害比一次污染物严重得多。

2. 大气污染源

大气污染源有人为和天然之分。天然污染源是指自然原因向环境释放污染物的地点或地区，如火山爆发、森林火灾、飓风、海啸、土壤和岩石的风化及生物腐烂等自然现象。人为污染源是指人类活动形成的污染源。

对城市空气而言，绝大多数污染是由于人为源造成的。表5-1为城市主要空气污染物及其人为来源的简要情况。

从表5-1可知，人为的空气污染源种类繁多，但可大致划分为生产、生活和交通三类，通常，前两类通称为固定源，交通类则称为移动源。另外，在我国现阶段还有一类主要的污染来源就是散发源（主要为扬尘）。

表 5-1 主要空气污染物和人为来源

污染物	人为来源
二氧化硫	以煤和石油为燃料的火力发电厂、工业锅炉、垃圾焚烧炉、生活取暖、柴油发动机、金属冶炼厂、造纸厂等
颗粒物（灰尘、烟雾、PM_{10}、$PM_{2.5}$）	以煤和石油为燃料的火力发电厂、工业锅炉、垃圾焚烧炉、生活取暖、餐饮烹调、各类工厂、柴油发动机、建筑、采矿、露天采矿、水泥厂、裸露地面等
氮氧化物	以煤和石油为燃料的火力发电厂、工业锅炉、垃圾焚烧炉、机动车、氮肥厂等
一氧化碳	机动车、燃料燃烧
挥发性有机化合物（VOCs），如苯	机动车发动机排气、加油站泄漏气体、油漆涂装、石油化工、干洗等
有毒微量有机物，如多环芳烃、多氯联苯、二噁英等	垃圾焚烧炉、焦炭生产、燃煤、机动车
有毒金属（如铅、镉）	（含铅汽油）机动车尾气、金属加工、垃圾焚烧炉、石油和煤燃烧、电池厂、水泥厂和化肥厂
有毒化学品（如氯气、氨气、氟化物）	化工厂、金属加工、化肥厂
温室气体（如二氧化碳、甲烷）	二氧化碳：燃料燃烧，尤其是燃煤发电厂。 甲烷：采煤、气体泄漏、废渣填埋场
臭氧	挥发性有机化合物和氮氧化物形成的二次污染物
电离辐射（放射性核物质）	核反应堆、核废料储藏库
气味	污水处理厂、污水泵站、垃圾填埋场、化工厂、石油精炼厂、食品加工厂、油漆制造、制砖、塑料生产

对于生产工艺过程中的燃烧和加工反应装置，一般多为有组织排放，其特点是排放口集中，排放量大，根据其污染物排放和散发的情况，将其作为点源；生产中的无组织排放、生活和一些服务行业的排放过程的特点是分布面广，污染物以低空和自由扩散的形式排放，可将其作为面源；而沿道路行驶的机动车则可作为线源。

四、大气污染的类型

大气污染的类型可分为煤烟型污染、石油型污染和混合型污染。

煤烟型污染的主要原因是燃煤。由于燃煤烟气中含较高浓度的 SO_2、CO 和颗粒物，遇上低温、高湿度的阴天，在风速很小并伴有逆温存在时，这些污染物扩散受阻，易在低空聚积，SO_2 能被雾滴和微粒表面中的各种金属杂质和碳转变生成硫酸盐和硫酸气溶胶烟雾。1952 年冬季的伦敦烟雾事件便是这种类型，所以又称伦敦烟雾型，它能引起呼吸道和心肺疾病。

石油型污染物的主要来源是汽车尾气和燃油锅炉的排气。由于采用石油作燃料，排气中的主要污染物是氮氧化物和碳氢化合物，它们受阳光中的紫外线辐射而引起光化学反应，生成二次污染物，如臭氧、醛类、过氧化乙酰硝酸酯、过氧化苯硝酸酯、过氧化氢等物质。它能使橡胶制品开裂，对人的眼黏膜有强烈刺激作用，并能引起呼吸系统疾病。这种烟雾首次出现于美国洛杉矶，所以又称洛杉矶烟雾。

混合型污染是指来自煤炭和石油燃烧产生的污染物与从工矿企业排放出的各种化学物质互相结合在一起所造成的大气污染。早期的如 1948 年美国宾夕法尼亚州发生的多诺拉污染事件和 1961 年日本四日市发生的哮喘事件，都属于混合型污染。有人认为这些地区高浓度的 SO_2 以及氧化产物和 NO_x 与金属粉尘、金属氧化物反应生成的硫酸盐、硝酸盐，它们与空气中的尘埃结合在一起是造成危害的主要因素。而目前我国的一些城市空气中也存在较大量的煤炭和石油燃烧的污染物并存的现象。

五、大气环境标准及污染控制措施

1. 大气环境标准

(1) 大气环境质量标准的种类和作用　为了保证人民健康和维护生态平衡，消除日趋严重的大气污染，国家和地方政府根据国家的环境法规和法令，在综合分析了自然环境特征、经济条件和技术水平等要求的基础上，制定了大气环境标准。大气环境标准按用途可分为大气环境质量标准、污染物排放标准、环境技术和大气污染警报标准。按适用范围可分为国家标准、地方标准和行业标准。

大气环境质量标准是以保护生态环境和人群健康的基本要求为目标而对各种污染物在环境空气中的允许浓度所做的限制性规定。它是进行大气环境质量管理、大气环境质量评价以及制定大气污染防治规划和大气污染物排放标准的依据。

大气污染物排放标准是以实现环境空气质量标准为目标，对从污染源排入大气的污染物浓度（或数量）所做的限制性规定。它是控制大气污染物的排放量和进行净化装置设计的依据。

环境技术标准是根据污染物排放标准引申出来的辅助标准，包括大气环境基础标准（如名词标准）、方法标准（采样分析标准）、样品标准（监测样品标准）、大气污染控制技术标准（如燃料、原料使用标准、净化装置选用标准、排气筒高度标准及卫生防护距离标准等）、环保产品质量标准等。它们都是为保证达到污染物排放标准而从某一方面做出的具体技术性规定，目的是使生产、设计和管理人员容易掌握和执行。

大气污染警报标准是为保护环境空气质量不至恶化或根据大气污染发展趋势，预防发生污染事故而规定的污染物含量的极限值。达到这一极限值时就发出警报，以便采取必要的措施。警报标准的制定，主要建立在对人体健康的影响和生物承受限度的综合研究基础之上。

(2) 环境空气质量标准　《环境空气质量标准》(GB 3095—1996) 从 1996 年 10 月 1 日起实施，同时代替 GB 3095—82。

该标准将环境空气质量功能区分为三类：一类区为自然保护区、风景名胜区和其它需要特殊保护的地区；二类区为城镇规划中确定的居住区、商业交通居民混合区、文化区、一般工业区和农村地区；三类区为特定工业区。

环境空气质量标准分为三级：一级标准为保护自然生态和人群健康，在长期接触情况下，不发生任何危害性影响的空气质量要求；二级标准为保护人群健康和城市、乡村的动植物在长期和短期的接触情况下，不发生伤害的空气质量要求。三级标准为保护人群不发生急、慢性中毒和城市一般动植物（敏感者除外）正常生长的空气质量要求。

执行级别根据环境空气质量功能区的分类确定，即一类区执行一级标准；二类区执行二级标准；三类区执行三级标准。

本标准规定了各项污染物不允许超过的浓度限值，见表 5-2。

(3) 大气污染物综合排放标准 经原国家环保局 1996 年 4 月 12 日批准，《大气污染物综合排放标准》(GB 16279—1996) 于 1997 年 1 月 1 日实施。

在我国现有的国家大气污染物排放标准体系中，按照综合性排放标准与行业性排放标准不交叉执行的原则，锅炉执行《锅炉大气污染物排放标准》(GB 13271—91)、工业炉窑执行《工业炉窑大气污染物排放标准》(GB 9078—1996)、火电厂执行《火电厂大气污染物排放标准》(GB 13223—1996)、炼焦炉执行《炼焦炉大气污染物排放标准》(GB 16171—1996)、水泥厂执行《水泥厂大气污染物排放标准》(GB 4915—1996)、恶臭物质排放执行

表 5-2 各项污染物的浓度限值

污染物名称	取值时间	浓度限值			浓度单位
		一级标准	二级标准	三级标准	
二氧化硫(SO_2)	年平均	0.02	0.06	0.10	mg/m³ (标准状态下)
	日平均	0.05	0.15	0.25	
	1小时平均	0.15	0.50	0.70	
总悬浮颗粒物(TSP)	年平均	0.08	0.20	0.30	
	日平均	0.12	0.30	0.50	
可吸入颗粒物(PM_{10})	年平均	0.04	0.10	0.15	
	日平均	0.05	0.15	0.25	
氮氧化物(NO_x)	年平均	0.05	0.05	0.10	
	日平均	0.10	0.10	0.15	
	1小时平均	0.15	0.15	0.30	
二氧化氮(NO_2)	年平均	0.04	0.04	0.08	
	日平均	0.08	0.08	0.12	
	1小时平均	0.12	0.12	0.24	
一氧化碳(CO)	日平均	4.00	4.00	6.00	
	1小时平均	10.00	10.00	20.00	
臭氧(O_3)	1小时平均	0.12	0.16	0.20	
铅 Pb	季平均	1.50			μg/m³ (标准状态下)
	年平均	1.00			
苯并[a]芘 (B[a]P)	日平均	0.01			
氟化物	日平均	7①			
	1小时平均	20①			
	月平均	1.8②		3.0③	μg/(dm²·d)
	植物生长季平均	1.2②		2.0③	

① 适用于城市地区。

② 适用于牧业区和以牧业为主的半农半牧区、蚕桑区。

③ 适用于农业和林业区。

《恶臭污染物排放标准》(GB 14554—93)、汽车排放执行《汽车大气污染物排放标准》(GB 14761.1～14761.7—93)、摩托车排气执行《摩托车排气污染物排放标准》(GB 14621—93),其它大气污染物排放均执行本标准。本标准实施后再行发布的行业性国家大气污染物排放标准,按其适用范围规定的污染源不再执行本标准。

本标准规定了 33 种大气污染物的排放限值,同时规定了标准执行中的各种要求。

① 本标准设置三项指标。通过排气筒排放的污染物最高允许排放浓度;按排气筒高度规定的最高允许排放速率;以无组织方式排放的污染物,规定无组织排放的监控点及相应的监控浓度限值。

② 排放速率标准分级。本标准规定的最高允许排放速率,现有污染源分为一、二、三级,新污染源分为二、三级。按污染源所在的环境空气质量功能区类别,执行相应级别的排放速率标准,即位于一类区的污染源执行一级标准(一类区禁止新、扩建污染源,一类区现有污染源改建时执行现有污染源的一级标准)、位于二类区的污染源执行二级标准、位于三类区的污染源执行三级标准。

③ 对于新老污染源规定了不同的排放限值。1997 年 1 月 1 日前设立的污染源为现有(老)污染源,1997 年1月1日起设立(包括新建、扩建、改建)的污染源为新污染源。

2. 大气污染控制措施

目前，世界上还不存在某一种单独的技术和经济手段能简单有效地减少能源和交通造成的污染。进一步而言，世界上也不存在一种措施能简单地解决所有地区的空气质量问题。这一切都是因为空气质量问题的复杂性造成的。因此，对每一地区空气污染问题的解决办法也不尽相同。

特定城市的空气中所含污染物的种类取决于该城市的能源结构和交通状况。对于某一具体城市的空气质量而言，除了城市类型、自然或人为污染源外，城市的地形、地理和气象条件也具有极其重要的影响作用。这些因素在一定程度上决定了城市区域的大气环境容量。从人为的因素考虑，城市空气质量的控制取决于城市规划、管理措施的到位和社会经济及控制技术的支撑两个方面。城市空气质量控制已从最初的污染源排放控制发展成为一项系统工程，内容涉及城市规划与生态系统、城市污染源和空气质量监测、城市能源结构调整、交通流量规划与公共交通选择、市民环保意识的提高等。

所谓大气污染综合防治，实质上就是为了达到区域环境空气质量控制目标，对多种大气污染控制方案的技术可行性、经济合理性、区域适应性和实施可能性等进行最优化选择和评价，从而得出最有效的控制技术方案和工程措施。其基本点是防与治相结合。

简而言之，空气污染综合防治措施包括以下几个方面。

(1) 全面规划，合理布局　规划和布局对促进经济发展和保护空气环境至关重要。规划合理，在很大程度上可以防患于未然。由于空气的高度流动性，空气污染会产生大范围、多方位的影响，所以对于地区、城市及有污染工程的项目，合理布局就更加重要，需要切实做好空气环境规划和空气环境影响评价。对于已形成的不合理布局，要有计划地调整。对老的工业城市和乡镇，要加快技术改造，减少污染，以减轻环境负担。对产品质量低劣、能源消耗高、污染严重的企业，要限期治理，一时难以改变面貌的，要责令停产、转产或搬迁。对搬迁企业，要落实治理措施，防治污染转嫁。

(2) 严格环境管理　完整的环境管理体制是由环境立法、环境监测和环境保护管理机构三部分组成的。

(3) 控制空气污染的技术措施　控制空气污染的技术措施包括清洁生产、可持续发展的能源战略、建立综合型的工业基地等。

(4) 控制空气污染的经济措施　控制空气污染的经济措施保证必要的环境保护投资，并随经济发展而逐年增加，同时实行"污染者和使用者支付原则"，可采用的经济手段有建立市场（排污许可证制度等）、实行税收手段（污染税、资源税等）、实施收费制度（排污费等）等，并通过财政手段（生态环境基金等）和责任制度（赔偿损失和罚款等）来解决环境重大事故。

(5) 绿化造林　绿色植物是区域生态环境中不可缺少的重要组成部分，通过绿化造林不仅能美化环境、调节空气温度、湿度或城市小气候，保持水土、防治风沙，而且在净化空气（吸收二氧化碳、有害气体、颗粒物、杀菌）和降低噪声方面皆会起到显著作用。

(6) 安装废气净化装置　安装废气净化装置是控制环境空气质量的基础，也是实行环境规划与管理等各项综合措施的前提。各种净化装置的结构原理、性能特点和设计计算等是本章的重点内容。

(7) 提高公众环保意识　大力开展环境保护的宣传教育，提高全民的环境意识，是一项推进环保工作的基本措施。加强各级领导的环境保护责任感尤为重要。

第二节 颗粒污染物的控制

颗粒污染物是由固体或液体分散于气体（称为载气）中形成的，颗粒物的捕集过程也称为除尘。颗粒物与载气分子二者质量相差很大，因此常规的颗粒污染控制过程是通过作用在颗粒物和载气分子上的外力差异来进行分离的。净化过程受颗粒物和运载气体性质的影响，分离方法一般是机械或物理方法。

一、颗粒污染物控制技术基础

1. 颗粒的粒径及粒径分布

颗粒物的粒径及其分布对除尘过程的机制、除尘器的设计及运行效果都有很大影响，它们是颗粒污染物控制的主要基础参数。

如果颗粒是大小均匀的球体，则可用其直径作为颗粒的代表性尺寸，并称为粒径。但在实际中，不仅颗粒的大小不同，而且形状各种各样，需按一定的方法确定一个表示颗粒大小的代表性尺寸，以作为颗粒的粒径。一般是将粒径分为代表单个颗粒大小的单一粒径和代表由不同大小的颗粒组成的粒子群的平均粒径。

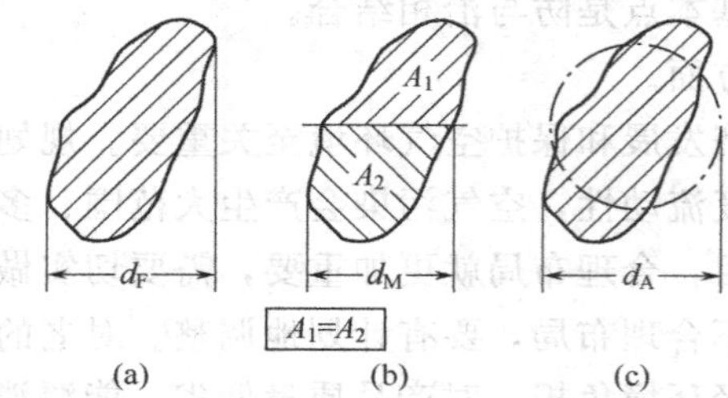

图 5-1 单个颗粒粒径的表达方式
(a) 定向直径；(b) 定向面积等分直径；
(c) 投影面积直径

（1）单个颗粒的粒径 球形颗粒的大小是用其直径来表示的，对于非球形颗粒，一般用以下几种方法定义其粒径，即投影径、几何当量径、物理当量径和筛分径。

① 投影径（图 5-1）

a. 定向径（Feret）。各颗粒在投影图中同一方向上的最大投影长度，此径可取任意方向，通常取与底边平行的线。

b. 定向面积等分径（Martin）。将颗粒投影面积二等分的线段长度，等分径与所取的方向有关，通常采用与底边平行的等分线作为粒径。

c. 投影面积直径（Heywood）。与颗粒投影面积相等的圆的直径。

② 几何当量径

a. 等投影面积径。与颗粒投影面积相同的某一圆的直径。

b. 等体积径。与颗粒体积相同的某一球形颗粒的直径。

c. 等表面积径。与颗粒外表面积相同的某一球形的直径。

d. 颗粒的体积表面积平均径。与颗粒体积与表面积之比相同的球形的直径。

③ 物理当量径。取与颗粒某一物理量相等的球形颗粒的直径，有以下几种表示方法。

a. 斯托克斯（Stokes）直径 d_{st}。同一流体中与颗粒密度相同、沉降速度相等的球体直径，即

$$d_{st}=\left[\frac{18\mu u_t}{(\rho_p-\rho)g}\right]^{\frac{1}{2}} \tag{5-1}$$

式中，u_t 为颗粒在流体中的终端沉降速度，m/s；μ 为流体黏度，Pa·s；ρ_p 为颗粒密度，kg/m^3；ρ 为流体密度，kg/m^3；g 为重力加速度，m/s^2。

b. 空气动力学当量直径 d_a。在空气中与颗粒沉降速度相等的单位密度（$1g/cm^3$）的球

体的直径。

④ 筛分径。颗粒能够通过的最小方筛孔的宽度。筛孔的大小常用“目”表示，“目”即为每英寸长度上筛孔的个数。

在表示颗粒大小的表达方式中，斯托克斯直径和空气动力学当量直径与颗粒的空气动力学行为密切相关，是除尘技术中应用最多的两种直径。

(2) 颗粒物群体尺度的表达方式　颗粒物在大气中的停留时间、对环境的影响及分离的难易程度，都与颗粒物的大小密切相关。实际工作中所处理的对象为颗粒物的群体而非单个颗粒物，所以人们发展了一套颗粒物群体尺度的表达方法，即颗粒物群体的粒径分布和颗粒物群体的平均粒径。

① 用平均值和特征值来表示

a. 长度平均径。对于一个由大小和形状不同的粒子组成的实际粒子群，与一个由均一的球形组成的假想粒子群相比，如果两者的粒径全长相同，则称此球形粒子的直径为实际粒子群的平均粒径。由于是把粒子群的全长作为基准，所以也称长度平均直径。

同样，还可以根据应用目的，求出其它一些具有某种物理意义的平均粒径，如面积长度平均径、体面积平均径、质量平均径、表面积平均径、体积平均径等。应根据应用的目的选择合适的计算方法。

b. 中位径。大于或小于某一粒径的颗粒各占 50%，该粒径称为中位径。

c. 众径。颗粒群中占比例最大的颗粒直径。

② 粒径分布。上面列出的各种特征粒径值只能概略描述颗粒物粒径大小的总体情况，不能反映各种大小颗粒所占比例，即粒径分布情况。粒径分布是指某一粒子群中不同粒径的粒子所占的比例，亦称粒子的发散度。粒径分布可以按其质量为标准，也可以按其数目来计算，除尘方面多数用质量标准，空气净化则多用数目标准。

a. 质量粒径分布。第 i 个间隔中的颗粒质量 m_i 与颗粒总质量 $\sum_{i=1}^{n} m_i$ 之比，即

$$f_i = \frac{m_i}{\sum_{i=1}^{n} m_i} \tag{5-2}$$

上述以粒径分组质量分数表示的粒径分布称为粒径频率分布；以单位粒径间隔质量分数表示的粒径分布称为粒径频度分布，见表 5-3。

表 5-3　质量粒径分布示意

粉尘粒径幅 $d_p/\mu m$	0～5	5～10	10～20	20～30	30～40	40～50
粒径间隔 $\Delta d_p/\mu m$	5	5	10	10	10	10
频率分布 $\Delta R_i/\%$	7	16	34	23	12	8
频度分布 $f(\%/\mu m)$	1.4	3.2	3.4	2.3	1.2	0.8

b. 筛上累积分布 R (%)。系大于某一粒径 d_p 的所有颗粒质量与粒子群总质量之比。

c. 筛下累积分布 D (%)。系小于某一粒径 d_p 的所有颗粒质量与粒子群总质量之比。

R 与 D 的关系为：

$$D = 1 - R \tag{5-3}$$

当 $D = R = 50\%$ 时所对应的直径为中位径。

在除尘技术中，由于使用筛上累计分布 R 比使用频度分布更为方便，所以在一些国家的粉尘标准中多用 R 表示粒径分布。

2. 粉尘的物理性质

(1) 粉尘的密度 单位体积粉尘的质量称为密度，单位为kg/m^3或g/cm^3。若粉尘体积不包括颗粒内部和之间的缝隙体积，而是颗粒物自身所占的真实体积，则称为真密度，用ρ_p表示。若用堆积体积（包括粉尘内部和粉尘之间的缝隙体积）求得的密度称为堆积密度，用ρ_b表示。可见，对同一粉尘来说，$\rho_p \leqslant \rho_b$。颗粒间和内部空隙的体积与堆积总体积之比称为空隙率，用ε表示，则

$$\rho_b=(1-\varepsilon)\rho_p \tag{5-4}$$

粉尘的真密度用于研究尘粒在气体中的运动、分离和去除等方面，堆积密度用于贮仓或灰斗的容积确定等方面。

(2) 粉尘的安息角与滑动角

① 粉尘的安息角。粉尘从漏斗连续落下自然堆积形成的圆锥体母线与地面的夹角称为粉尘的安息角，也称动安息角或堆积角，一般为35°～55°。

② 粉尘的滑动角。自然堆积在光滑平板上的粉尘随平板做倾斜运动时粉尘开始发生滑动的平板倾角称为粉尘的滑动角，也称静安息角，一般为40°～55°。

安息角与滑动角是评价粉尘流动特性的重要指标，安息角小的粉尘，其流动性好，反之，流动性差。安息角与滑动角是设计除尘器灰斗（或粉料仓）锥度及除尘管路或输灰管路倾斜度的主要依据。安息角和滑动角的影响因素有粉尘粒径、含水率、颗粒形状、颗粒表面光滑程度、粉尘黏性等。

(3) 粉尘的比表面积 单位体积（或质量）粉尘所具有的表面积称为粉尘的比表面积。粉尘的比表面积变化范围很广，大部分烟尘在$1000cm^2/g$（粗烟尘）到$10000cm^2/g$的范围内变化。

粉状物料的许多理化性质往往与其表面积大小有关，细颗粒表现出显著的物理、化学活性。例如，通过颗粒层的流体阻力，会因细颗粒表面积增大而增大；氧化、溶解、蒸发、吸附、催化及生理效应等，都因细颗粒表面积增大而被加速，有些粉尘的爆炸性和毒性随表面积增加而增大。

(4) 粉尘的含水率 粉尘中一般均含有一定的水分，包括附在颗粒表面和包含在凹坑和细孔中的自由水分以及颗粒内部的结合水分。粉尘中的水分含量一般用含水率表示，是指粉尘中的水分质量与粉尘总质量之比。粉尘的含水率对粉尘的导电性、黏附性、流动性等物理特性会产生影响。

(5) 粉尘的润湿性 粉尘颗粒与液体接触后能够互相附着或附着的难易程度的性质称为粉尘的润湿性。润湿性与粉尘的种类、粒径、形状、生成条件、组分、温度、含水率、表面粗糙度及荷电性有关，还与液体的表面张力及尘粒与液体之间的黏附力和接触方式有关。粉尘的润湿性随压力增大而增大，随温度升高而下降。

润湿性是选择湿式除尘器的主要依据。只有润湿性好的亲水性粉尘可以选用湿式除尘净化。

(6) 粉尘的荷电性 天然粉尘和工业粉尘几乎都带有一定的电荷，使粉尘荷电的因素很多，如电离辐射、高压放电、高温产生的离子或电子被捕获、颗粒间或颗粒与壁面间摩擦、产生过程中荷电等。在干空气情况下，粉尘表面的最大荷电量约为1.66×10^{10}电子$/cm^2$或$2.7\times10^{-9}C/cm^2$，而天然粉尘和人工粉尘的荷电量一般为最大荷电量的1/10。粉尘的荷电量随温度增高、表面积增大及含水率减小而增加，且与化学组成有关。

粉尘荷电后，将改变其某些物理特性，如凝聚性、附着性及其在气体中的稳定性等，同

时对人体的危害也将增强。粉尘的荷电在除尘中有重要作用，如电除尘器就是利用粉尘荷电而除尘的，在袋式除尘器和湿式除尘器中也可利用粉尘或液滴荷电来进一步提高对尘粒的捕集性能。实际中，由于粉尘天然荷电量很小，并且有两种极性，所以一般多采用高压电晕放电等方法来实现粉尘荷电。

(7) 粉尘的导电性　粉尘的导电性通常用比电阻 ρ_d（Ω·cm）来表示，其计算公式如下：

$$\rho_d=\frac{V}{j\delta} \tag{5-5}$$

式中，V 为通过粉尘的电压，V；j 为通过粉尘层的电流密度，A/cm^2；δ 为粉尘层的厚度，cm。

在高温（200℃以上）范围内，粉尘比电阻随温度升高而降低，其大小取决于粉尘的化学组成。例如，具有相似组成的燃煤锅炉飞灰，比电阻随飞灰中钠或锂的含量增加而降低。在低温范围内（100℃以下），粉尘比电阻随温度的升高而增大，还随气体中水分或其它化学物质（如 SO_2）含量的增加而降低。在中间温度范围内，粉尘比电阻达到最大值。

比电阻对电除尘器运行有很大影响，最适宜于电除尘器运行的比电阻范围是 $10^4\sim10^5$ Ω·cm。当比电阻超出这一范围时，则需采取措施进行调节。

(8) 粉尘的黏附性　粉尘颗粒附着在固体表面上，或者颗粒彼此相互附着的现象称为黏附，后者也称自黏。附着的强度，即克服附着现象所需要的力称为黏附力。粉尘颗粒之间的黏附力有三种：分子力（范德华力）、毛细力、静电力（库仑力）。颗粒的粒径、形状、表面粗糙度、润湿性、荷电量均影响黏附性。

就气体除尘而言，一些除尘器的捕集机制是依靠施加捕集力以后尘粒在捕集表面上的黏附。但在含尘气体管道和净化设备中，又要防止粉尘在壁面上的黏附，以免造成管道和设备的堵塞。

(9) 粉尘的自燃性和爆炸性

① 粉尘的自燃。粉尘的自燃是指粉尘在常温下存放过程中自然发热，此热量经长时间积累，达到该粉尘的燃点而引起的燃烧现象。

各种粉尘的自燃温度相差很大。某些粉尘的自燃温度较低，如黄磷、还原铁粉、还原镍粉、烷基铝等，在常温下暴露于空气中就可能直接起火。

影响粉尘自燃的因素，除了取决于粉尘本身的结构和物化特性外，还取决于粉尘的存在状态和环境。处于悬浮状态的粉尘自燃温度要比堆积状态粉体的自燃温度高很多，悬浮粉尘的粒径越小、比表面积越大、浓度越高，越易自燃。堆积粉体较松散、环境温度较低、通风良好，就不易自燃。

② 粉尘的爆炸性。这里所说的爆炸是指可燃物的剧烈氧化作用，在瞬间产生大量的热量和燃烧产物，在空间造成很高的温度和压力，故称为化学爆炸。粉尘发生爆炸必备的条件有两个：一是可燃物与空气或氧气构成的可燃混合物达到一定的浓度，即可燃物浓度介于爆炸浓度下限（最低可燃物浓度）与爆炸浓度上限（最高可燃物浓度）之间，可燃物浓度过低，热效应低，无法维持足够的燃烧温度，可燃物浓度过高，助燃气体（氧气）不足；二是存在能量足够的火源。

3. 除尘设备的性能指标

从气体中除去或收集固态或液态粒子的设备称为除尘装置，其作用一方面是净化含尘气体，避免空气污染；另一方面也可以从含尘气体中回收有价值的物料。因此，除尘装置是工业除尘和物料回收的关键设备之一。

按照除尘装置分离捕集粉尘的原理，可将其分为四类：机械式除尘装置、湿式除尘装置、过滤式除尘装置和静电除尘装置。另外，根据除尘装置除尘效率的高低又可分为高效、中效和低效除尘器，如静电除尘器、滤袋式除尘器和湿式除尘中的文丘里除尘器是目前国内外应用较广的三种高效除尘器；重力沉降室和惯性除尘器则属于低效除尘器，一般只用于多级除尘系统中的初级除尘；旋风除尘器和除文丘里除尘器之外的湿式除尘器一般属于中效除尘器。

除尘器的优劣常用技术指标和经济指标来评价。除尘设备的主要技术指标有除尘效率、压力损失和处理气量，其它经济指标有对负荷变化的适应能力、造价、体积、运转费用、寿命以及操作和维护管理的难易等。在选择使用除尘器时，要对上述指标综合考虑，下面主要讨论除尘器的技术指标。

(1) 含尘气体处理量　含尘气体处理量是衡量除尘器处理气体能力的指标，一般用气体的体积流量来表示。考虑到装置漏气等因素的影响，因此，一般用除尘器进出口气体流量的平均值来表示除尘器的气体流量。

$$Q=\frac{(Q_{1N}+Q_{2N})}{2} \tag{5-6}$$

式中，Q_{1N}为除尘器入口气体标准状态下的体积流量，m^3/s；Q_{2N}为除尘器出口气体标准状态下的体积流量，m^3/s；Q 为除尘器处理气体标准状态下的体积流量，m^3/s。

(2) 除尘效率　除尘设备的除尘效果用除尘效率表示，除尘效率是表示除尘器性能的重要技术指标。

① 总效率。除尘器总净化效率系指在同一时间内，除尘器去除污染物的量与进入装置的污染物量之比。总净化效率实际上是反映装置净化程度的平均值，亦称为平均净化效率，用 η_T 表示，它是评价除尘器性能的重要技术指标。

若除尘器进口的气体流量为 Q_{1N}（标态下，m^3/s），粉尘流入量为 G_1（g/s），气体含尘浓度 c_1（g/m^3）；出口的气体流量为 Q_{2N}（标态下，m^3/s），粉尘流出量为 G_2（g/s），气体含尘浓度 c_2（g/m^3），除尘器捕集的粉尘为 G_3（g/s）。根据除尘效率的定义，除尘效率可用式(5-7) 表示，即

$$\eta=\frac{G_3}{G_1}\times 100\% \tag{5-7}$$

由于 $G_3=G_1-G_2$，$G_1=Q_{1N}c_1$，$G_2=Q_{2N}c_2$，因此有

$$\eta=\frac{G_1-G_2}{G_1}\times 100\%=\left(1-\frac{G_2}{G_1}\right)\times 100\%$$

$$\eta=\left(1-\frac{Q_{2N}c_2}{Q_{1N}c_1}\right)\times 100\% \tag{5-8}$$

若装置不漏风，$Q_{1N}=Q_{2N}$，于是有

$$\eta=\left(1-\frac{c_2}{c_1}\right)\times 100\% \tag{5-9}$$

式(5-7) 要通过称重求得除尘效率，故称为质量法，这种方法多用于实验室，得到的结果比较准确。式(5-9) 的方法称为浓度法，这种方法比较简便。只要同时测出除尘装置进出口的含尘浓度，就可以计算除尘效率。

② 通过率。除尘器的通过率是指排除的颗粒物质量占颗粒物总质量的分数，用 p（%）表示。对于高效除尘器，用效率来描述捕集效果不够明显。例如，某净化系统效率由 99%

提高到 99.5%，从数值上看，效率似乎提高不多，只有 0.5%，但该系统的污染物排放量却减少了一半，也就是环境效益提高了一倍。如果改用通过率来表示，通过率由 1%降低到 0.5%，即通过率降低了一半，就比较直接地反映了环境效益提高的程度。

通过率与效率之间的关系为：

$$p=1-\eta \tag{5-10}$$

③ 分级除尘效率。捕集效率与被处理颗粒物的粒度有很大关系。例如，用旋风除尘器捕集 40μm 以上的尘粒，其效率接近 100%；而捕集 5μm 以下的尘粒，效率会降低到 40%甚至更低，因此，要正确评价颗粒物捕集设备的效果，必须确定其对不同粒径颗粒物的捕集效率，即分级效率。

分级效率是对某一粒径或粒径范围的颗粒物的捕集效率，即：

$$\eta_i=\frac{m_2\Delta\phi_{2i}}{m_1\Delta\phi_{1i}}=\eta\frac{\Delta\phi_{2i}}{\Delta\phi_{1i}} \tag{5-11}$$

式中，η_i 为分级效率，%；$\Delta\phi_{1i}$ 为进入除尘设备的颗粒物中在粒径范围 Δd_1 内的颗粒物所占的质量分数；$\Delta\phi_{2i}$ 为被捕集的颗粒物中在粒径范围 Δd_1 内的颗粒物所占的质量分数。

由上式可得：

$$\eta_i\Delta\phi_{1i}==\eta\Delta\phi_{2i} \tag{5-12}$$

对整个粒径范围求和：

$$\sum_{i=1}^{n}\eta_i\Delta\phi_{1i}=\sum_{i=1}^{n}\eta\Delta\phi_{2i}=\eta\sum_{i=1}^{n}\Delta\phi_{2i} \tag{5-13}$$

因为 $\eta\sum_{i=1}^{n}\Delta\phi_{2i}=100\%$，所以颗粒污染物的分离全效率为：

$$\eta=\sum_{i=1}^{n}\eta_i\Delta\phi_{1i} \tag{5-14}$$

全效率描述了捕集设备对颗粒物的捕集效果，而分级效率反映了捕集设备所能去除的颗粒物的粒径大小情况，揭示了捕集设备本质的东西。

【例 5-1】 进行除尘器试验时，测出除尘器的全效率为 90%，实验颗粒物与除尘器的粒径分布见表 5-4，试计算该除尘器的分级效率。

表 5-4 质量粒径分布

粉尘粒径幅 d_p/μm	0～5	5～10	10～20	20～40	>40
入口频数分布 $\Delta\phi_{1i}$/%	10	25	32	24	9
灰斗中颗粒物 $\Delta\phi_{2i}$/%	7.1	24	33	26	9.9

解：根据式(5-11)：

$$\eta_i=\frac{m_2\Delta\phi_{2i}}{m_1\Delta\phi_{1i}}=\eta\frac{\Delta\phi_{2i}}{\Delta\phi_{1i}}$$

可得：

$$d_p=0\sim5\mu m,\ \eta_{0\sim5}=0.9\times\frac{7.1}{10}=64\%$$

$$d_p=5\sim10\mu m,\ \eta_{5\sim10}=0.9\times\frac{24}{25}=86.4\%$$

$$d_p=10\sim20\mu m,\ \eta_{10\sim20}=0.9\times\frac{33}{32}=92.8\%$$

$$d_p=20\sim40\mu m,\ \eta_{20\sim40}=0.9\times\frac{26}{24}=97.4\%$$

$$d_p>40\mu m,\ \eta_{>40}=0.9\times\frac{9.9}{9}=99\%$$

④ 组合装置的除尘效率。颗粒物捕集设备的组合方式有串联、并联两种。

a. 串联。当入口气体中含尘浓度很高，或者要求出口气体中含尘气体浓度较低时，用一级除尘装置往往不能满足排放要求，因此，可将两级或多级除尘器串联起来使用。

两个颗粒物捕集设备串联，如果第一级除尘器的捕集效率为 η_1，经过一级处理后颗粒物的通过率则为 $1-\eta_1$，如果第二级除尘器的捕集效率为 η_2，经过二级处理后颗粒物的通过率则为 $(1-\eta_1)(1-\eta_2)$，除尘总效率即为

$$\eta=1-(1-\eta_1)(1-\eta_2) \tag{5-15}$$

当几台除尘装置串联使用时

$$\eta=1-(1-\eta_1)(1-\eta_2)(1-\eta_3)\cdots(1-\eta_n) \tag{5-16}$$

b. 并联。从理论上说，型号、规格相同的捕集装置并联，其效率不变。但在实际应用中，如果各并联分路的阻力不等，气量分配不均，则会导致整个系统效率降低。

⑤ 除尘装置的压力损失。含尘气体经过除尘装置后会产生压力降，这个压力降被称为除尘装置的压力损失，单位是 Pa。压力损失的大小除了与装置的结构形式有关之外，还与流体的流速有关。两者的关系为

$$\Delta p=\xi\times\frac{\rho u_1^2}{2} \tag{5-17}$$

式中，Δp 为除尘装置的压力损失，Pa；ξ 为净化装置的阻力系数；ρ 为气体的密度，kg/m^3；u_1 为装置入口气体流速，m/s。

除尘装置的压力损失是一项重要的经济技术指标。装置的压力损失越大，动力消耗也就越大，除尘装置的设备运行费用就高。通常，除尘装置的压力损失一般控制在 2000Pa 以下。

二、机械除尘器

机械除尘器通常指利用重力、惯性力和离心力等方法使颗粒物与气体分离的装置，包括重力沉降室、惯性除尘器和旋风除尘器等类型。这种设备构造简单、投资少、动力消耗低，除尘效率一般在 40%～90%。

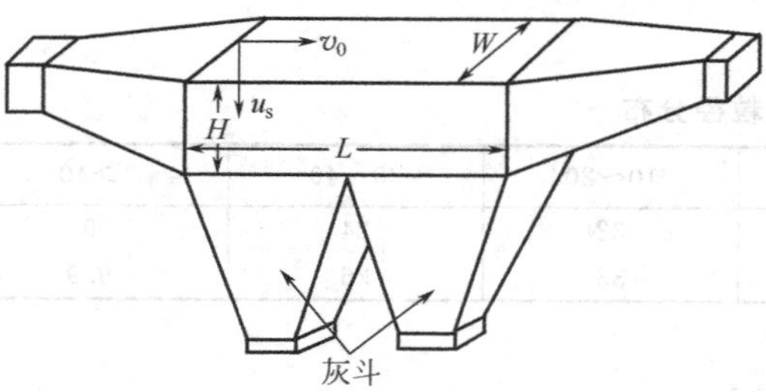

图 5-2 水平气流沉降室示意

1. 重力沉降室

重力沉降室是通过重力作用使尘粒从气流中沉降分离的除尘装置，如图 5-2 所示。重力沉降室的优点是：结构简单、造价低、压力损失小（一般为 50～100Pa）、维修管理容易、可以处理高温气体。缺点是：体积大，沉降小颗粒的效率低，一般只能除去 50μm 以上的大颗粒，仅作为高效除尘器的预除尘装置除去较大和较重的粒子。

(1) 重力沉降室的作用原理 气流进入重力沉降室后，流动截面积扩大，流速降低，较重颗粒在重力作用下缓慢向灰斗沉降。

尘粒从沉降室顶部到底部所需时间为：

$$t_1=\frac{H}{u_s} \tag{5-18}$$

式中，H 为沉降室高度，m；u_s 为尘粒的降落速度，m/s。

气流在沉降室内的停留时间：

$$t_2=\frac{L}{v_0} \tag{5-19}$$

式中，L 为沉降室长度，m；v_0 为沉降室内气流速度，m/s。

要使颗粒不被气流带走，必须满足当 $t_2 \geqslant t_1$，即

$$\frac{L}{v_0} \geqslant \frac{H}{u_s} \tag{5-20}$$

尘粒在重力作用下沉降，当尘粒周围的气体为层流状态，沉降速度按式(5-1) 计算，如果忽略气体密度的影响，则沉降速度：

$$u_s=\frac{\rho_p g d_p^2}{18\mu} \tag{5-21}$$

将上式代入式(5-20) 即可得到沉降室有效分离的最小粒径：

$$d_{p(\min)}=\left(\frac{18\mu H v_0}{\rho_p g L}\right)^{\frac{1}{2}} \tag{5-22}$$

式中，$d_{p(\min)}$ 为有效分离粒径，μm。

上式表明，沉降室的长度越大或高度越小，就越能分离小颗粒。

(2) 重力沉降室的结构　沉降室主要由含尘气体进出口、沉降空间、灰斗和出灰口、检查(清扫) 口等部分组成。沉降室一般是空心的，或在室内装有横向隔板。在气速相同的情况下，装有横向隔板的沉降室净化效果更好，因为隔板间基本上保持了相同的气体流动速度，而颗粒到达隔板通道底部的沉降距离更短。为了便于清灰，可将隔板装成可翻动式或倾斜式。

2. 惯性除尘器

惯性除尘器是使含尘气体与挡板撞击或者急剧改变气流方向，利用惯性力分离并捕集粉尘的除尘设备。惯性除尘器净化效率不高，一般只用于多级除尘中的一级除尘，捕集 10～20μm 以上的粗颗粒，压力损失 100～1000Pa。对于净化密度和粒径较大的金属或矿物粉尘具有较高的除尘效率，对于黏结性和纤维性粉尘，易造成设备堵塞，不宜采用。

(1) 惯性分离的原理　惯性除尘器的工作原理如图 5-3 所示。当含尘气流以 u_1 的速度进入装置后，在 T_1 点，较大的粒子（粒径 d_1）由于惯性力作用离开曲率半径为 R_1 的气流撞在挡板 B_1 上，有的粒子由于重力的作用沉降下来而被捕集。粒径较小的粒子（粒径 d_2）则与气流以曲率半径为 R_1 绕过挡板 B_1，然后再以曲率半径 R_2 随气流做回旋运动。当粒径为 d_2 的粒子运动到点 T_2 时，将脱离以 u_2 的速度流动的气流撞击在挡板 B_2 上，同样也因重力沉降而被捕集下来。因此，惯性除尘器是惯性力、离心力和重力共同作用的结果。

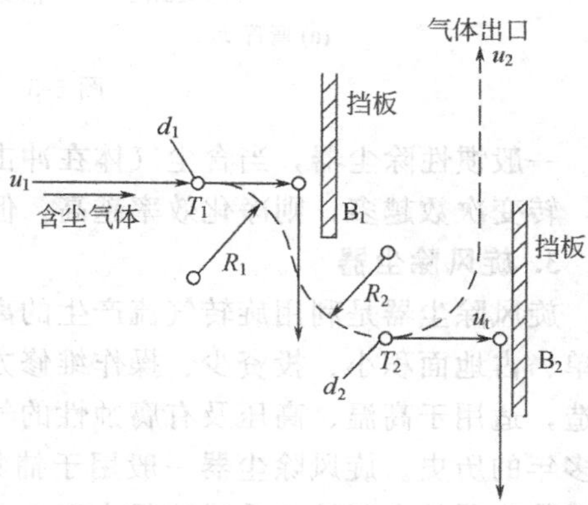

图 5-3　惯性除尘器分离机理示意

(2) 结构形式　惯性除尘器的结构可分为碰撞式（冲击式）和回转式两种。

碰撞式惯性除尘器一般是在气流流动的通道内增设挡板构成的，当含尘气流流经挡板时，尘粒借助惯性力撞击在挡板上，失去动能后的尘粒在重力的作用下沿挡板下落，进入灰

斗中。挡板可以是单级，也可以是多级（图 5-4）。多级挡板交错布置，一般可设 3～6 排。在实际工作中多采用多级型，目的是增加撞击的机会，以提高除尘效率。

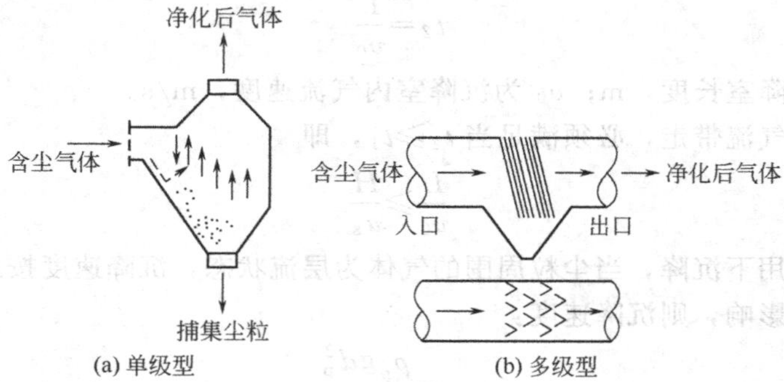

(a) 单级型　　(b) 多级型

图 5-4　碰撞式惯性除尘装置

回转式惯性除尘器又分为弯管型、百叶窗型和多层隔板型三种（图 5-5）。它是使含尘气体多次改变运动方向，在转向过程中把尘粒分离出来。

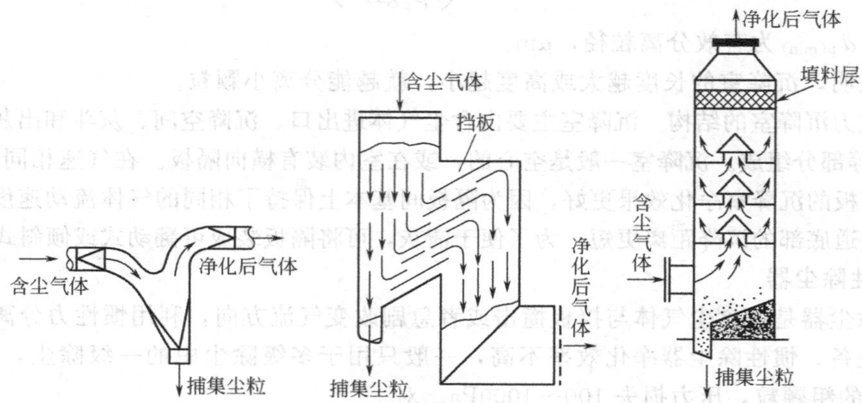

(a) 弯管型　　(b) 百叶窗型　　(c) 多层隔板型

图 5-5　回转式惯性除尘装置

一般惯性除尘器，当含尘气体在冲击或改变方向前的速度越高，方向转变的曲率半径越小，转变次数越多，则净化效率越高，但阻力也越大。

3. 旋风除尘器

旋风除尘器是利用旋转气流产生的离心力将尘粒从气流中分离的装置。旋风除尘器结构简单、占地面积小、投资少、操作维修方便、压力损失中等、动力损失不大、可用各种材料制造，适用于高温、高压及有腐蚀性的气体，并可直接回收干物质，在工业上的应用已有一百多年的历史。旋风除尘器一般用于捕集 5～15μm 以上的颗粒物，除尘效率可高达 80%。旋风除尘器的主要缺点是对粒径小于 5μm 的颗粒捕集效率不高，一般作预除尘用。

(1) 工作原理　旋风除尘器内气流运动示意如图 5-6 所示。普通旋风除尘器由进气管、筒体（圆柱体）、锥体及排气管等组成。含尘气体从除尘器筒体上部切向进入，气流由直线运动变为圆周运动。旋转气流的绝大部分沿器壁和圆筒体呈螺旋形向下朝锥体流动，通常称此为外涡流。含尘气体在旋转过程中产生离心力，将密度大于气体的颗粒甩向器壁，颗粒一旦与器壁接触，便失去惯性力而靠入口速度的动量和向下的重力沿壁下落，进入排灰管。旋转下降的外旋流到达锥体时，因锥形的收缩而向除尘器中心靠拢，其切向速度不断提高，并以同样的旋转方向在除尘器中由下回转而上，最后，净化气体经排气管排出器外，通常称此为内涡流。一部分未被捕集的颗粒也随内旋流带出。

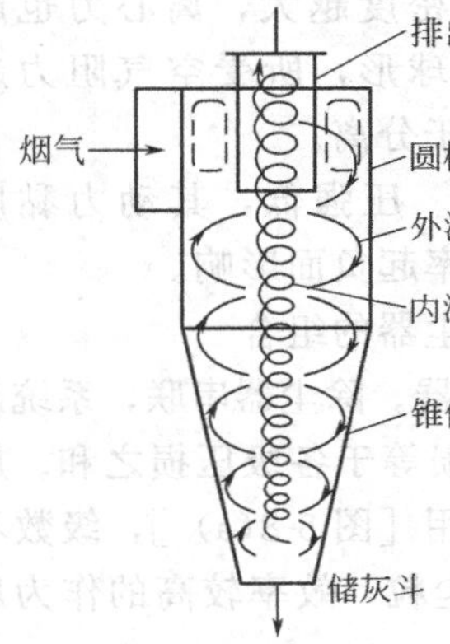

图 5-6　旋风除尘器示意

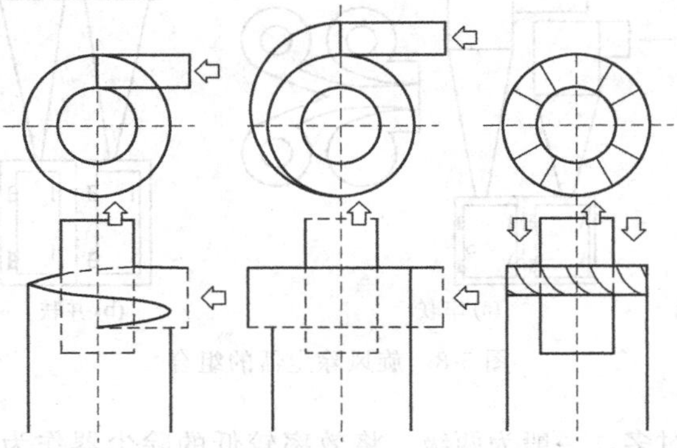

图 5-7　旋风除尘器入口形式

(a) 切入式；(b) 蜗壳式；(c) 轴向式

(2) 影响旋风除尘器效率的因素

① 进口和出口形式。旋风除尘器的入口形式有三种：切入式、蜗壳式和轴向式，见图 5-7。不同的进口形式有着不同的性能、特点和用途。就性能而言，蜗壳式入口效果最好，而轴向式入口阻力最低。对于小型旋风除尘器多采用轴向进入式。除尘器入口断面的宽高之比越小，进口气流在径向方向越薄，越有利于粉尘在圆筒内分离和沉降，收尘效率越高。因此，进口断面多采用矩形，宽高之比为 2 左右。旋风除尘器的排气管口均为直筒形。排气管的插入深度与除尘效率有直接关系。插入加深，效率提高，但阻力增大；插入变浅，效率降低，阻力减小。这是因为短浅的排气管容易形成短路现象，造成一部分尘粒来不及分离便从排气管排出。

② 除尘器的结构尺寸。由离心力的计算式可知，在相同的切向速度下，筒体直径越小，尘粒所受的离心力越大，分离效率越高，但处理气量也越小。筒体高度增加，虽可增加气流旋转圈数，但也使尘粒由外旋流进入内旋流的机会增加。因而筒体高度也不宜过大，筒体高度与直径之比一般在 0.6～2.0。

③ 锥体。锥体部分直径渐小，气流切向速度不断增大，有利于尘粒分离。所以，很多高效旋风除尘器采用长锥体。

锥角（锥壁与水平面的夹角）对分离也有较明显的影响。锥角过大，离心作用力沿锥壁向上的分离较大，妨碍尘粒下降，容易形成下灰环。下灰环的尘粒易被上升旋流带出，造成返混。

④ 负荷量。旋风除尘器负荷量大，则加快了气流的旋转速度，使颗粒物所受的离心力增大，从而提高分离效率，同时也增大了处理气量。然而入口气速的增大，会导致气流压降迅速增加。当入口气速增大到一定数值后，分离效率增加很少，甚至下降，这主要是由于器壁对尘粒的回弹、尘粒之间的碰撞及二次飞扬等原因所引起的。最适宜的入口气速一般在 12～20m/s 范围内。

⑤ 气密性。在旋风除尘器中，由于旋转上升的气流的作用，锥底压强最低，即使除尘器在正压状态下工作，下部中心处仍可能出现负压。因此要求除尘器排灰口保持气密，否则下降的尘粒可能将重新被漏入的气流带走。实验证明，当下部漏气量达 10%～15%时，效率即接近于零。

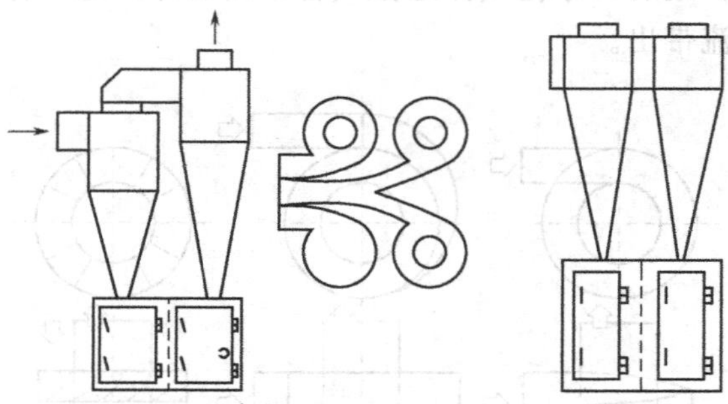

图 5-8 旋风除尘器的组合

⑥ 含尘气体的性质。一般情况下，被处理气体含尘浓度高，分离效率也稍高。尘粒粒径和密度越大，离心力也越大；尘粒越接近球形，所受空气阻力越小，这些都有利于分离。

载气温度高、压强低，其动力黏度就大，对分离效率起负面影响。

(3) 旋风除尘器的组合

① 串联除尘器。除尘器串联，系统总效率提高，总压损等于各级压损之和。旋风除尘器串联使用 [图 5-8(a)]，级数不宜过多，一般为两级。将效率较低的除尘器作为前级，捕集较大的尘粒，效率较高的作为后级，捕集较细的尘粒，这样可以较好地发挥各级的作用。

② 并联。旋风除尘器的效率与其筒体直径有很大关系。当处理气量很大时，若采用大直径除尘器，则效率较低。在这种情况下，可以采用若干个直径较小的除尘器并联，如图 5-8(b) 所示。并联运行时气量分配必须均匀，另外如果采用同一灰箱，灰箱应该用隔板隔开，以防灰箱内发生串流，导致效率降低。

三、静电除尘器

静电除尘是利用静电力从气流中分离悬浮粒子（尘粒或液滴）的一种方法。它与前面所述的机械除尘的根本区别是其分离的力直接作用于尘粒上，而不是作用在整个气流上，因此，分离尘粒所消耗的能量低，为 0.2～0.4kW・h/1000m^3。除此以外，静电除尘器的主要优点有：压力损失小，一般为 200～500Pa；处理烟气量大，可达 10^5～10^6 m^3/h；对细粉尘（粒径小于 5μm 的微粒）有很高的捕集效率，一般可高于 99%；可在高温或强腐蚀性气体下操作。静电除尘器被广泛应用于冶金、化工、能源、材料等工业部门。但静电除尘器的主要缺点是设备庞大，占地面积大，一次性投资费用高，不易实现对高比电阻粉尘的捕集。

1. 静电除尘的基本原理

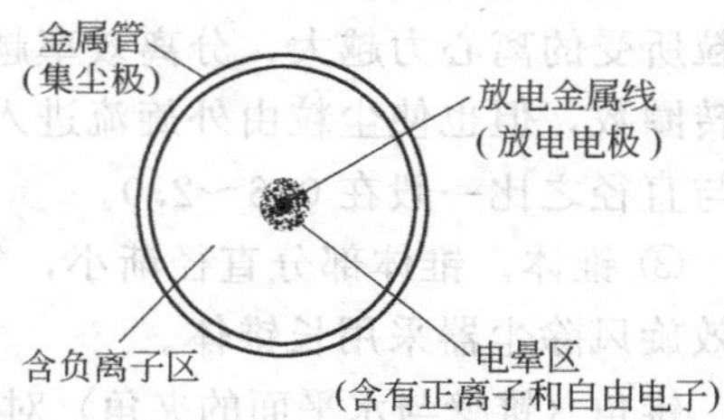

图 5-9 管式电除尘器示意

静电除尘器主要由放电电极和集尘电极组成，如图 5-9 所示。放电电极（电晕极）是一根曲率半径很小的纤细裸露电线，上端与直流电源的一极相连；集尘电极是具有一定面积的管或板，它与电源的另一极相连。当在两极间加上一较高电压，则在放电电极附近产生很强的电场强度，静电除尘主要分为电晕放电、粒子荷电、带电粒子在电场内迁移、颗粒物的沉积与清除四个基本过程。

(1) 电晕放电　通常，空气中总存在着少量的自由电子和离子。但由于数量少，在低电场作用下产生的电流极其微弱，此时可认为空气是不导电的。随着电压的升高，电流变化分为三个不同阶段，见图 5-10。图中区域Ⅰ是随着电压的增加，参与电极间运动的离子和电子数量增多，电流强度也随之增大；当电压加大到一定数值（U_0）时，电场中的离子和电子全部参加极间运动，电流不再随电压升高而加大（区域Ⅱ）；电压继续升高，自由电子获得足够能量后撞击电极间的中性气体分子，使其电离，产生正离子和电子，这个电子又将进一步引起碰撞电离，如此重复多次，使电晕极周围产生大量的自由电子和气体离子，这一过程称为“电子雪崩”。在“电子雪崩”过程中，电晕极表面出现青紫色光点，并发出“嘶嘶”声，这种现象叫电晕放电，此时可认为气体导电，电流随电压升高而急剧增大，电晕放电更加强烈。当电压达到 U_s 时，极间气体全部电离，空气被击穿，出现火花放电，即此时空气电阻为零，电极间短路，极间会出现电弧，损坏设备，故电除尘操作中应避免这种现象，应保持在电晕放电状态。

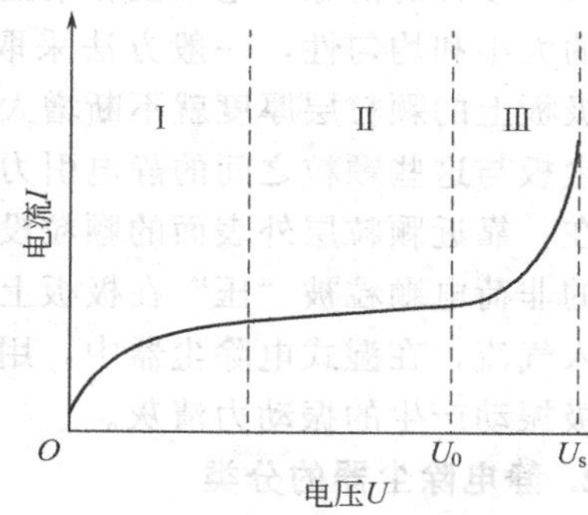

图 5-10 电极放电特性

在电晕极上加的是负电压，则产生的是负电晕；反之，则产生的是正电晕。因为产生负电晕的电压低，并且电晕电流大，所以工业用的电除尘器均采用负电晕放电的形式。正电晕虽然功率消耗大，但是产生臭氧和氮氧化物的量低（只相当于负电晕放电的 1/10），因此，从健康的角度考虑，用于空气调节的小型除尘器多采用正电晕放电。

(2) 粒子荷电 粒子荷电有两种过程，一种是离子在静电力作用下做定向运动，与粒子碰撞而使粒子荷电，称为电场荷电或碰撞荷电；另一种是由于离子的扩散现象而导致的粒子荷电过程，称为扩散荷电，扩散荷电依赖于离子的热能，而不是依赖于电场。粒子的主要荷电过程取决于粒径，粒径大于 0.5μm 的微粒，以电场荷电为主，粒径小于 0.15μm 的微粒，以扩散荷电为主，而介于 0.15～0.5μm 之间的粒子，需要同时考虑这两种过程。

粒子荷电形式也有两种：一种是电子直接撞击颗粒，使粒子荷电；另一种是气体吸附电子而成为负气体离子，此离子再撞击颗粒而使粒子荷电。在电除尘中主要是后一种荷电形式。能吸附电子的气体称为电负性气体，如 O_2、Cl_2、CCl_2、HF、SO_2、SF_8 等。由于粒子比气体分子少得多，如果没有电负性气体很快地吸附电子，则大量的自由电子将直接跑到正极产生火花放电。因此，对负电晕来说，电负性气体的存在、电子的吸附、空间电荷的形成，是维持电晕放电的重要条件在电负性气体不存在的情况下，就只有采用正电晕放电。

(3) 荷电粒子的迁移与沉积 荷电粒子在电场力的作用下，将朝着与其电性相反的集尘极移动。颗粒荷电越多，所处位置的电场强度越大，则迁移速度越大。当荷电粒子到达集尘极处，颗粒上的电荷便与集尘极上电荷的中和，从而使颗粒恢复中性，此即颗粒的放电过程。实践证明，最适宜经典除尘的粒子比电阻范围为 $10^4 \sim 10^5 \Omega \cdot cm$。当粒子比电阻小（比电阻小于 $10^4 \Omega \cdot cm$）时，颗粒导电性好，此颗粒与集尘极表面一接触，立即释放电荷，并重新带上与集尘极电性相同的电荷。重新荷电的颗粒将在斥力的作用下重返气流，再次被捕集后，又再次跳出，造成二次飞扬，从而除尘效率大大降低。当粒子比电阻大（比电阻大于 $10^5 \Omega \cdot cm$）时，颗粒导电性差，此颗粒物沉积到集尘极表面，由于不能完全释放电荷，就会在集尘极表面形成一层与集尘极电性相反的带电积尘层。该层排斥后到的带电颗粒，阻止其向集尘极沉积，从而影响除尘效率。另外，带电沉积层如果出现裂缝，裂缝处会形成不均匀电场，产生局部电晕放电。这一电晕放电过程的离子运动与整个集尘装置的离子运动方向相反，所以被称为是反电晕。反电晕产生的离子与空间颗粒所带电荷的电性相反，因此碰撞后中和。中和尘粒不会向集尘极做驱进运动，所以反电晕出现，会使电除尘器效率显著下降。

对于比电阻较大的粒子可采用降低温度、增大湿度、添加化学药剂（如 Na_2CO_3）及某些气体（SO_2、NH_3 等）使其比电阻降低，以改善吸尘操作，提高吸尘效率。

（4）颗粒的清除 电晕极和集尘极上都会有粉尘沉积。粉尘沉积在电晕极上会影响电晕电流的大小和均匀性，一般方法采取振打清灰方式清除。气流中的颗粒在集尘极上连续沉积，极板上的颗粒层厚度就不断增大。最靠近集尘板的颗粒已把大部分电荷传给极板，因而使集尘板与这些颗粒之间的静电引力减弱，颗粒将有脱离极板的趋势。但是由于颗粒层电阻的存在，靠近颗粒层外表面的颗粒没有失去其电荷，它们与极板产生的静电引力足以使靠近极板的非荷电颗粒被“压”在极板上。从集尘极清除已沉积的粉尘的主要目的是防止粉尘重新进入气流，在湿式电除尘器中，用水冲洗集尘极板，在干式电除尘器中，一般用机械撞击或电极振动产生的振动力清灰。

2. 静电除尘器的分类

静电除尘器一般有如下几种分类方法。

（1）按集尘极的形式 可以分为圆管型和平板型电除尘器，分别如图 5-11 和图 5-12 所示。管式电除尘器电场强度变化均匀，一般皆采用湿式清灰，用于气体流量小、含雾滴气体或需要用水洗刷电极的场合；板式电除尘器电场强度变化不均匀，但清灰方便，制作安装比较容易，结构布置较灵活，为工业上应用的主要形式，气体处理量大，一般为 25～50m^3/s 以上。

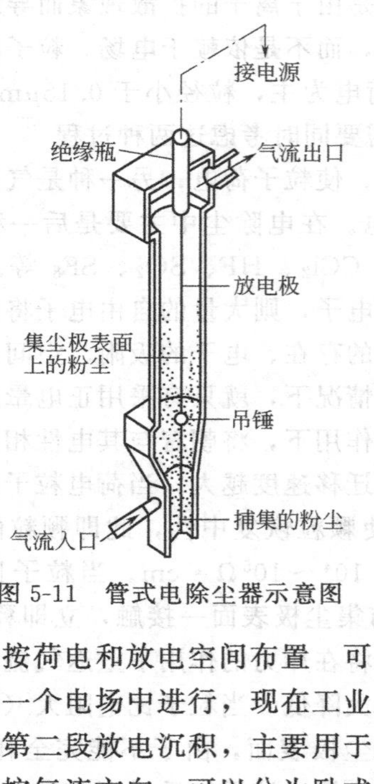

图 5-11 管式电除尘器示意图

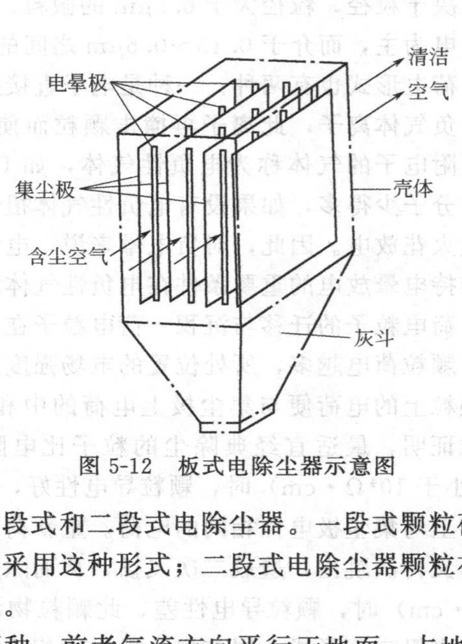

图 5-12 板式电除尘器示意图

（2）按荷电和放电空间布置 可以分为一段式和二段式电除尘器。一段式颗粒荷电与放电是在同一个电场中进行，现在工业上一般都采用这种形式；二段式电除尘器颗粒在第一段荷电，在第二段放电沉积，主要用于空调装置。

（3）按气流方向 可以分为卧式和立式两种。前者气流方向平行于地面，占地面积大，但操作方便，故目前被广泛采用；后者气流垂直于地面，通常由下而上，圆管型电除尘器均采用立式，占地面积小，捕集细尘粒易产生再飞扬。

3. 电除尘器结构

板式电除尘器的主体结构主要由电晕极、集尘极、清灰装置、气流分布装置和灰斗组成。

（1）电晕电极 电晕电极通常采用直径 3mm 左右的圆形线、芒刺形线、锯齿形线、麻花形线、星形线及 RS 型线等，如图 5-13 所示。电晕线的一般要求：起晕电压低、电晕电流大、机械强度高、能维持准确的极距、易清灰等。圆形线、麻花形线、星形线是沿线全长放电，而芒刺形线、锯齿形线及RS型线则是尖端放电，其放电强度高，起始电晕电压低。

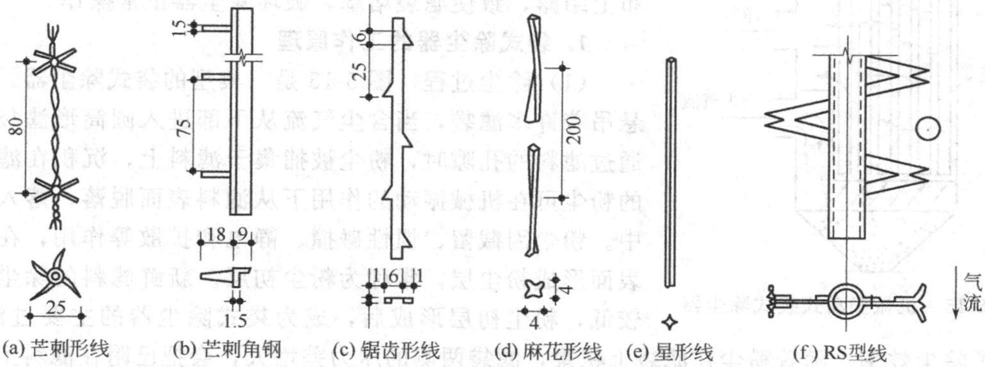

图 5-13　各种放电极形式

(2) 集尘极　集尘极结构对粉尘的二次扬起及除尘器金属消耗量（约占总耗量的40%～50%）有很大影响。性能良好的集尘极应满足下述基本要求：振打时粉尘的二次扬起少；单位集尘面积消耗金属量低；极板高度较大时，应有一定的刚性，不易变形；振打时易于清灰；造价低。如图5-14所示，平板形集尘极易于清灰、简单，但尘粒二次飞扬严重、刚度较差，而Z形、C形、波浪形、曲折形则既有利于尘粒沉积，二次飞扬又少，且有足够的刚度，因此应用较多。

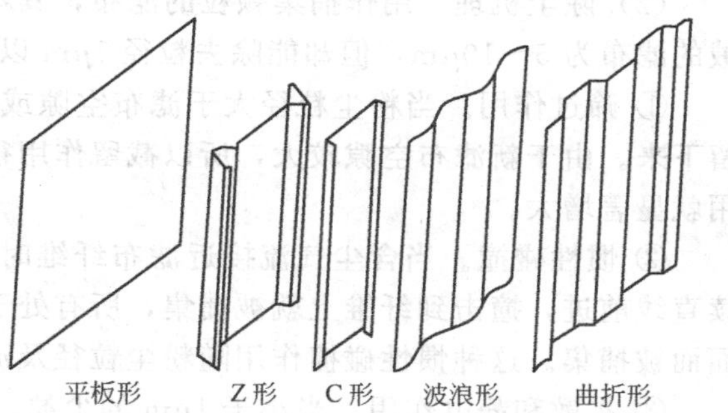

图 5-14　各种集尘极形式

(3) 清灰装置　清灰的主要方式有机械振打、电磁振打、刮板清灰、水膜清灰等。现代的电除尘器大都采用电磁振打或锤式振打清灰，振打系统要求既能产生高强度的振打力，又能调节振打强度和频率，常用的振打器有电磁型和挠臂锤型。

(4) 气流分布装置　电除尘器内气流分布对除尘效率具有较大影响。为保证气流分布均匀，在进出口处应设变径管道，进口变径管内应设气流分布板。最常见的气流分布板有百叶窗式、多孔板分布格子、槽形钢式和栏杆型分布板。对气流分布的具体要求是能使气流分布均匀，气压损失小。

四、袋式除尘器

袋式除尘器是使含尘气流通过棉、毛或人造纤维等加工的滤布，将粉尘分离捕集的装置。袋式除尘器在工业尾气的除尘方面应用较广，主要特点是：①除尘效率高，特别是对细粉也有很高的捕集效率，一般可达99%以上；②适应能力强，能处理不同类型的颗粒物（包括电除尘器不能处理的高比电阻粉尘），根据处理气量可设计成小型袋滤器，也可设计成大型袋房；③操作弹性大，入口气体含尘浓度变化较大时，对除尘效率影响不大。此外，除尘效率对气流速度的变化也具有一定的稳定性；④结构简单、操作简单，因而获得越来越广泛的应用。

袋式除尘器的应用主要受滤布的耐温、耐腐蚀等操作性能限制，一般滤布的使用温度应

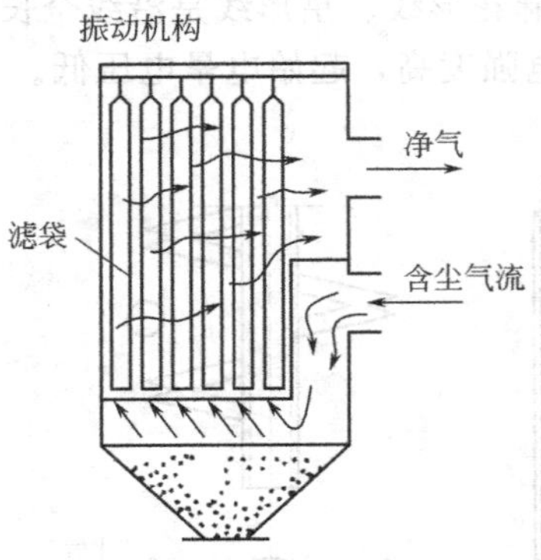

图 5-15 机械振动式袋式除尘器

小于 300℃；袋式除尘器不适于处理黏结性强和吸湿性强的粉尘，特别是烟气温度不能低于露点温度，否则会在滤布上结露，致使滤袋堵塞，破坏除尘器正常操作。

1. 袋式除尘器的工作原理

(1) 除尘过程 图 5-15 是一典型的袋式除尘器，室内悬吊着许多滤袋，当含尘气流从下部进入圆筒形滤袋，在通过滤料的孔隙时，粉尘被捕集于滤料上，沉积在滤料上的粉尘可在机械振动的作用下从滤料表面脱落，落入灰斗中。粉尘因截留、惯性碰撞、静电和扩散等作用，在滤袋表面形成粉尘层，常称为粉尘初层。新鲜滤料的除尘效率较低，粉尘初层形成后，成为袋式除尘器的主要过滤层，提高了除尘效率。随着粉尘在滤袋上积聚，滤袋两侧的压力差增大，会把已附在滤料上的细小粉尘挤压过去，使除尘效率下降。同时，除尘器压力过高，还会使除尘系统的处理气体量显著下降，因此除尘器阻力达到一定数值后，要及时清灰，但清灰不应破坏粉尘初层。

(2) 除尘机理 用作捕集颗粒的滤布，其本身的网孔较大，一般为 20～50μm，表面起绒的滤布为 5～10μm，但却能除去粒径 1μm 以下的颗粒。下面简单介绍其除尘机理。

① 筛过作用。当粉尘粒径大于滤布空隙或沉积在滤布上的尘粒间空隙时，粉尘即被截留下来。由于新滤布空隙较大，所以截留作用很小。但当滤布表面沉积大量粉尘后，截留作用就显著增大。

② 惯性碰撞。当含尘气流接近滤布纤维时，气流将绕过纤维，而尘粒由于惯性作用继续直线前进，撞击到纤维上就被捕集，所有处于粉尘轨迹临界线内的大尘粒均可到达纤维表面而被捕集。这种惯性碰撞作用随粉尘粒径及流速的增大而增强。

③ 扩散和静电作用。当小于 1μm 的尘粒，在气流速度很低时，其去除主要是靠扩散和静电作用。小于 1μm 的尘粒在气体分子的撞击下脱离流线，像气体分子一样做布朗运动，如果在运动过程中和纤维接触，即可从气流中分离出来，这种现象称为扩散作用。它随气流速度的降低、纤维和粉尘粒径的减小而增强。一般粉尘和滤布都可能带有电荷，当两者所带电荷相反时，粉尘易被吸附在滤布上；反之，若两者带有同性电荷，粉尘将受到排斥。因此，如果有外加电场，则可强化静电效应，从而提高除尘效率。

④ 重力沉降。当缓慢运动的含尘气流进入除尘器后，粒径和密度大的尘粒可能因重力作用自然沉降下来。

上述捕集机理，通常不是同时有效。根据粉尘性质、袋滤器结构特性及运动条件等实际情况不同，各种除尘机理的重要性也不相同。

2. 过滤材料

袋滤器的关键是滤布。对滤布的要求是容尘量大、吸湿性小、效率高、阻力低；使用寿命长，耐温、耐磨、耐腐蚀、机械强度高。表面光滑的滤料容尘量小，清灰方便，适用于含尘浓度低、黏性大的粉尘，采用的过滤速度不宜过高；表面起毛（绒）的滤料容尘量大，粉尘能深入滤料内部，可以采用较高的过滤速度，但必须及时清灰。常用的滤料是纤维织物，按滤料材质可分为天然纤维、无机纤维和合成纤维。天然纤维主要指棉毛织物，适用于无腐蚀、温度在 350～360K 以下气体；无机纤维主要指玻璃纤维，该种滤布化学稳定性好，耐高温，但质地脆；合成纤维品种多，性能各异，可满足不同需要，如涤纶、锦纶（尼龙）、腈纶、丙纶等。合成纤维扩大了除尘器的应用领域，是目前应用最广泛的过滤材料。

3. 袋式除尘器的结构形式

（1）按滤袋形状分类　除尘器的滤袋主要有圆袋和扁袋。圆袋除尘器结构简单，便于清灰，应用最广；扁袋除尘器单位体积过滤面积大，占地面积小，但清灰、维修较困难，应用较少。

（2）按含尘气流进入滤袋方向分类　按含尘气流进入滤袋的方向，袋式除尘器可分为内滤式和外滤式。内滤式含尘气体首先进入滤袋内部，故粉尘积于滤袋内部，便于从滤袋外侧检查和换袋；外滤式含尘气体由滤袋外部到滤袋内部，适用于脉冲喷吹等清灰。

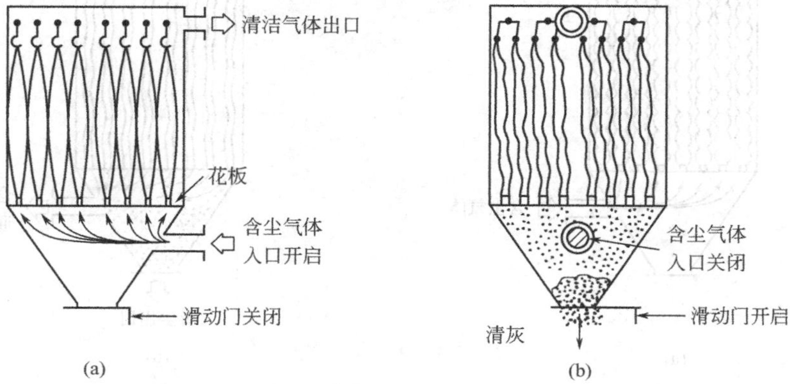

图 5-16　机械振动式布袋除尘器工作过程示意图

（a）过滤；（b）清灰

（3）按进气的方向不同分类　根据进气方式的不同，可分为下进气和上进气。下进气方式是含尘气流从除尘器下部进入除尘器内，除尘结构较简单，但由于气流方向与粉尘沉降的方向相反，清灰后会使细粉尘重新附积在滤袋表面，使清灰效果受到影响。上进气方式是含尘气流由除尘器上部进入除尘器内，粉尘沉降方向与气流方向一致，粉尘在袋内迁移距离较下进气远，能在滤袋上形成均匀的粉尘层，过滤性能比较好，但除尘结果较复杂。

（4）按清灰方式分类　袋式除尘器的清灰是袋式除尘器运行中十分重要的一环，多数袋式除尘器是按清灰方式命名和分类的。常用的清灰方式有三种，分别为机械振动式、逆气流清灰、脉冲喷吹清灰。

图 5-16 和图 5-17 分别为机械振动式布袋除尘器的工作过程示意图和典型的机械振动式布袋式除尘器，它利用马达带动振打机构产生垂直振动或水平振动。机械振动袋式除尘器的过滤风速一般取 1.0～2.0m/min，压力损失为 800～1200Pa。此类型袋式除尘器的优点是工作性能稳定，清灰效果较好，缺点是滤袋常受机械力作用，损坏较快，滤袋检修与更换工作量大。

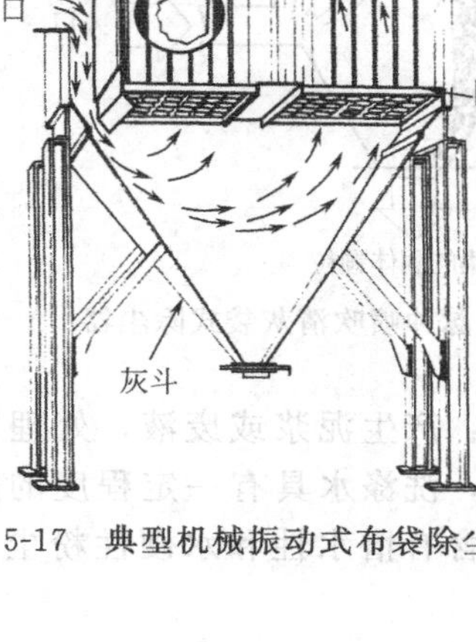

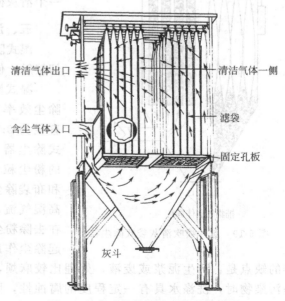

图 5-17　典型机械振动式布袋除尘器

① 逆气流清灰。图 5-18 为逆气流清灰袋式除尘器的工作过程示意图。逆气流清灰是利用反吹气流使滤袋瞬时胀缩，并将集尘抖落的清灰方式。逆气流清灰袋式除尘器的过滤风速一般为 0.5～2.0m/min，压力损失控制范围 1000～1500Pa。这种清灰方式的除尘器结构简单，清灰效果好，滤袋磨损少，特别适用于粉尘黏性小，玻璃纤维滤袋的情况。

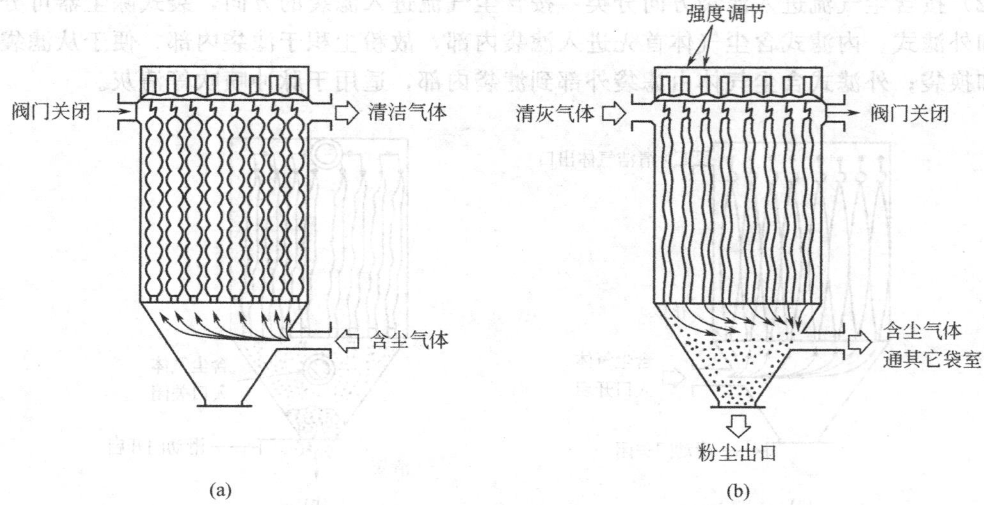

图 5-18 逆气流清灰袋式除尘器工作过程示意图
(a) 过滤；(b) 清灰

② 脉冲喷吹清灰。图 5-19 为脉冲喷吹清灰袋式除尘器的工作过程示意图。脉冲喷吹清灰是利用 4～7atm 的压缩空气反吹，压缩空气的脉冲产生冲击波，使滤袋振动，从而使粉尘层脱落的清灰方式。脉冲喷吹清灰必须选择适当压力的压缩空气和适当的脉冲持续时间（通常为 0.1～0.2s），每清灰一次，叫做一个脉冲，全部滤袋完成一个清灰循环的时间称为脉冲周期，通常为 60s。

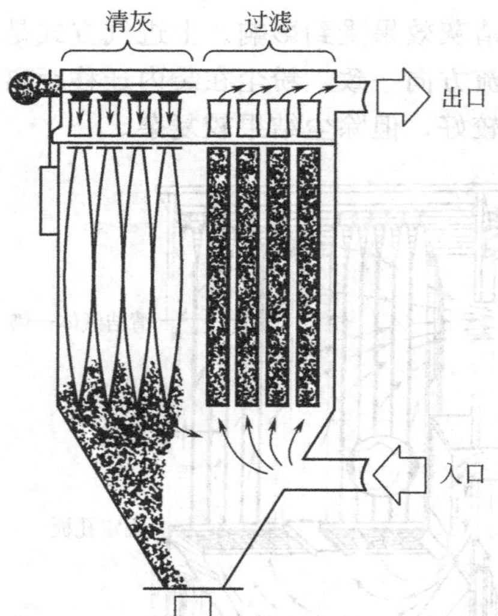

图 5-19 脉冲喷吹清灰袋式除尘器

五、湿式除尘器

湿式除尘器是使含尘气体与液体（一般为水）密切接触，使其中的颗粒物由气相转入液相的装置。

湿式除尘器的优点是：在耗用相同的能耗时，除尘效率比干式机械除尘器高；可以有效地除去直径为 0.1～20μm 的液态或固态粒子，高能耗湿式除尘器（文丘里湿式除尘器）清除 0.1μm 以下的粉尘粒子仍有很高效率；可适用于静电除尘器和布袋除尘器不能胜任的条件，如能够处理高温、高湿气流、高比电阻粉尘及易燃易爆的含尘气体；在去除粉尘粒子的同时，亦能脱除气态污染物，既起除尘作用，又起到冷却、净化的作用。湿式除尘器的缺点是：产生泥浆或废液，处理比较麻烦，容易造成二次污染；净化有腐蚀性的气态污染物时，洗涤水具有一定程度的腐蚀性，因此要特别注意设备和管道腐蚀问题；不适用于净化含有憎水性和水硬性粉尘的气体；寒冷地区使用湿式除尘器，容易结冻，应采取防冻措施。

1. 湿式除尘机理

在湿式除尘器中，气体中的粉尘粒子是在气液两相接触的过程中被捕集的。虽然湿式除尘与过滤的工作介质不同，但二者的主要机理基本相同，其中直接捕集或促进捕集的主要作用有：通过惯性碰撞、截留，尘粒与液滴或液膜发生接触；微小尘粒通过扩散与液滴接触；加湿的尘粒相互凝并；蒸气凝结，促进尘粒凝并。对于粒径为1～5μm的尘粒，第一种机理起主要作用，粒径在1μm以下的尘粒，后三种机理起主要作用。

根据湿式除尘器的净化机理，大致分为重力喷雾洗涤器、旋风洗涤器、自激喷雾洗涤器、板式洗涤器、填料洗涤器、文丘里洗涤器、机械诱导喷雾洗涤器等。

2. 湿式除尘器的类型

根据气液分散情况的不同，湿式除尘器可分为以下三种类型。

(1) 液滴洗涤类　主要有重力喷雾塔、离心喷洒洗涤器、自激喷雾洗涤器、文丘里洗涤器和机械诱导喷雾洗涤器等。这类洗涤器主要以液滴为捕集体。

(2) 液膜洗涤类　如旋风水膜除尘器、填料层洗涤器等，尘粒主要靠惯性、离心力等作用撞击到水膜上而被捕集。

(3) 液层洗涤器　如泡沫除尘器，含尘气体分散成气泡与水接触，主要作用因素有惯性、重力和扩散等。

3. 重力喷雾洗涤器

重力喷雾洗涤器又称喷雾塔，其结构形式如图5-20所示。重力喷雾洗涤器是洗涤器中最简单的一类。当含尘气体通过喷淋液体所形成的液滴空间时，因尘粒和液滴之间的惯性碰撞、截留及凝聚等作用，较大的粒子被液滴捕集，夹带了尘粒的液滴将由于重力而沉于塔底。为保证塔内气流分布均匀，采用孔板型气流分布板，塔顶安装除雾塔，以除去那些微小液滴。重力喷雾洗涤塔的除尘效率取决于液滴大小、粉尘空气动力学直径、液气比、液气相对运动速度和气体性质等，能有效地净化50μm以上颗粒，压力损失一般小于250Pa，塔断面气流速度一般为0.6～1.5m/s。重力喷雾洗涤器结构简单，压力损失小，一般在250Pa以下，操作稳定，但耗水量大，设备庞大，占地面积大，除尘效率低，经常与高效洗涤器联用。严格控制喷雾的过程，保证液滴大小均匀，对有效的操作很有必要。

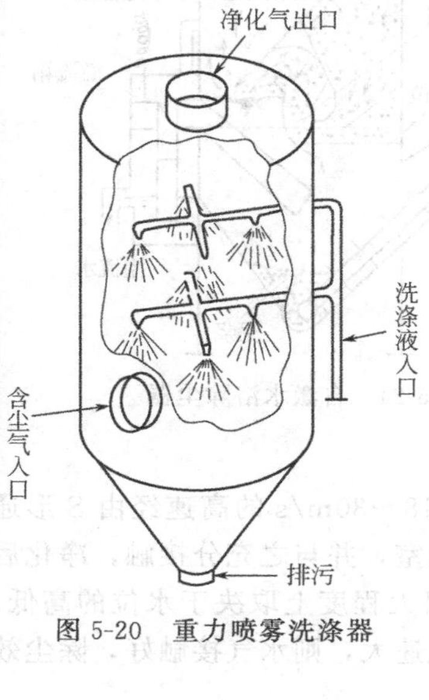

图5-20　重力喷雾洗涤器

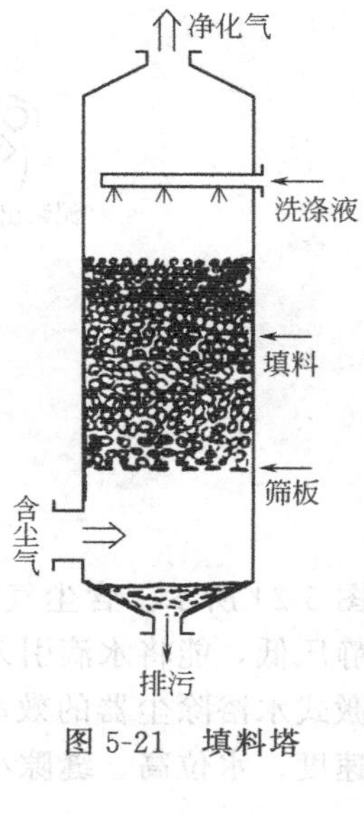

图5-21　填料塔

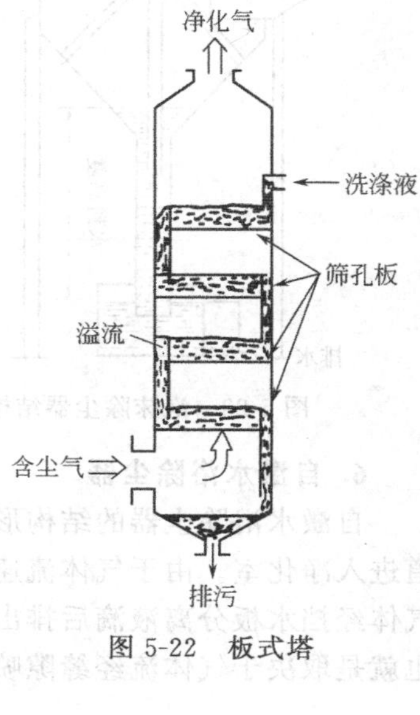

图5-22　板式塔

4. 填料塔

填料塔是以塔内的填料作为气液两相间接触构件的传质设备，工作示意如图 5-21 所示。液体从塔顶经液体分布器喷淋到填料上，并沿填料表面流下。气体从塔底送入，经气体分布装置分布后与液体呈逆流连续通过填料层的空隙，在填料表面上，气液两相密切接触进行传质。填料塔属于连续接触式气液传质设备，两相组成沿塔高连续变化，在正常操作状态下，气相为连续相，液相为分散相。

填料塔具有生产能力大、分离效率高、压降小、持液量小、操作弹性大等优点。填料塔也有一些不足之处，如填料造价高；当液体负荷较小时不能有效地润湿填料表面，使传质效率降低；不能直接用于有悬浮物或容易聚合的物料，以免填料堵塞。

5. 板式塔鼓泡洗涤除尘器

板式塔鼓泡洗涤除尘器又称泡沫除尘器，工作示意如图 5-22 所示，其结构如图 5-23 所示。含尘气体由下部进入，穿过筛板，将筛板上的液层强烈搅动，形成泡沫，气液充分接触，尘粒进入水中。净化后的气体通过上部挡水板后排出，污水从底部经水封排至沉淀池。筛孔板上小孔直径 5～7mm，孔中心间距 11～13mm，菱形排列。泡沫除尘器的效率主要取决于泡沫层的高度和发泡程度。泡沫层高度增加，除尘效率提高，气体压降也增大。泡沫除尘器的优点是结构简单，投资少，除尘效率高。缺点是耗水量大，在气体流量大时断面气速不易保持均匀。初始含尘浓度过高或供水量不足，容易引起筛板堵塞。

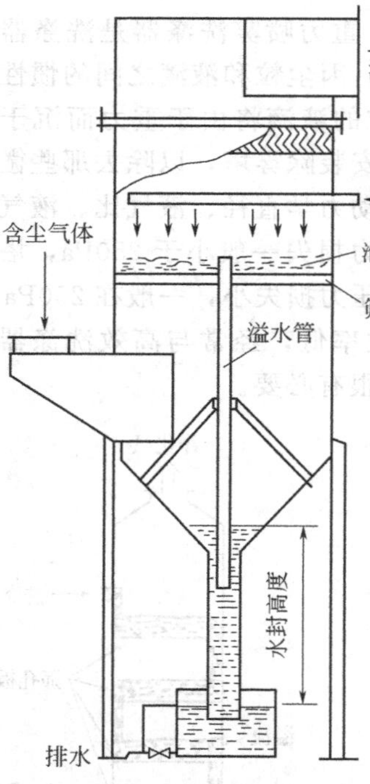

图 5-23 泡沫除尘器结构

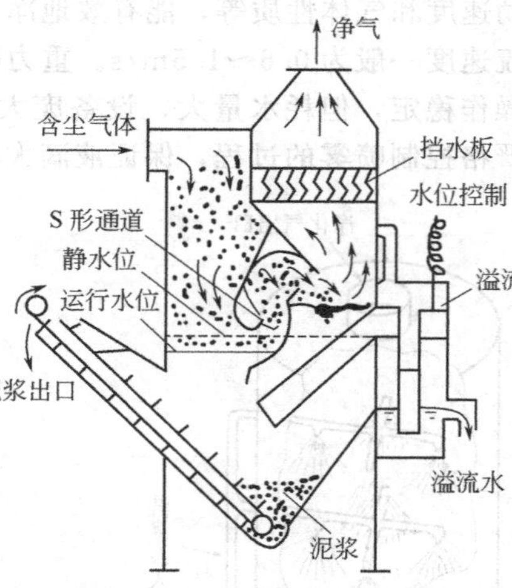

图 5-24 自激水浴除尘器

6. 自激水浴除尘器

自激水浴除尘器的结构形式如图 5-24 所示。含尘气体以 18～30m/s 的高速经由 S 形通道进入净化室。由于气体流速高，静压低，能将水滴引入净化室，并与之充分接触，净化后气体经挡水板分离液滴后排出。自激式水浴除尘器的效率在很大程度上取决于水位的高低，也就是取决于气体流经缝隙喷嘴的速度。水位高、缝隙小、流速大，则水气接触好，除尘效率高，但压降也高。水位过高，不仅压降过大，而且排气带水量也过大。

这种除尘器的特点是：效率高而稳定，处理气量在较大的范围（60%～110%）内变动时，效率变化不大；初始含尘浓度和粉尘性质变化，对效率的影响也较小；该种除尘器结构紧凑，体积较小。

7. 旋风洗涤器

在干式旋风除尘器内部以环形方式安装一排喷嘴，就构成一种最简单的旋风洗涤器。喷雾作用发生在外涡旋区，并捕集尘粒，携带尘粒的液滴被甩向旋风洗涤器的湿壁上，然后沿壁面沉落到器底，在出口处通常需要安装除雾器。

（1）立式旋风水膜除尘器　立式旋风水膜除尘器有切向喷雾和中心喷雾两种形式（图5-25和图5-26）。切向喷雾旋风水膜除尘器喷雾沿切向喷向筒壁，使壁面形成一层很薄的不断下流的水膜，含尘气流由筒体下部导入，旋转上升，靠离心力甩向壁面的粉尘为水膜所黏附，沿壁面流下排走。中心喷雾旋风水膜除尘器是在除尘器中心喷雾，其原理与切向喷雾除尘器相同。

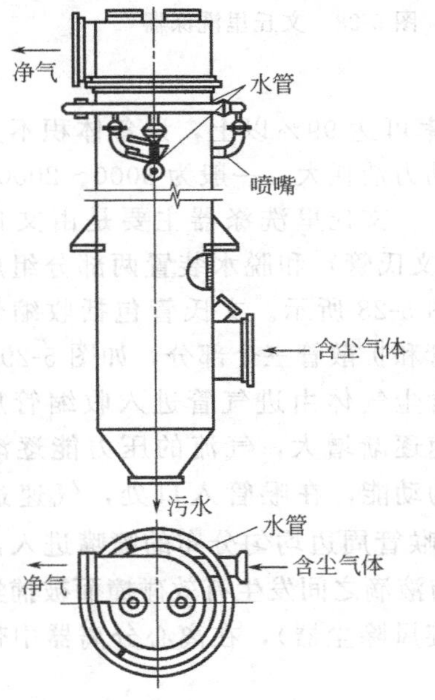

图 5-25　切向喷雾的旋风水膜除尘器

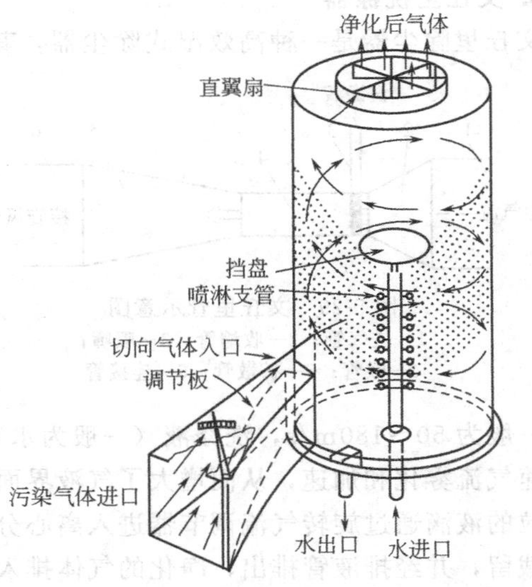

图 5-26　中心喷雾的旋风除尘器

（2）卧式旋风水膜除尘器　卧式旋风水膜除尘器又称旋筒水膜除尘器，其构造如图5-27所示。其内筒、外筒和内外筒之间的螺旋形导流片构成气流通道。含尘气体由一端切向进入，在内外筒之间沿螺旋形导流片做旋转运动。气体中的尘粒在离心力的作用下，被甩至外筒的内壁，气体流过除尘器的下部水面时，由于气流的冲击和旋转运动，在外筒内壁上形成一层不断流动的水膜（厚3～5mm）。被甩到外筒内壁上的尘粒被不断流动的水膜冲洗而进入泥浆槽。在形成水膜的同时，还会产生水雾，它能将离心分离不了的较细颗粒捕集下来。净化后的气体流过挡水板后排出。

离心洗涤器净化粒径小于5μm的尘粒仍然有效，适用于处理烟气量大、含尘浓度高的场合，可单独使用，也可安装在文丘里洗涤器之后作脱水器，由于气流的旋转运动，使其带水现象减弱。

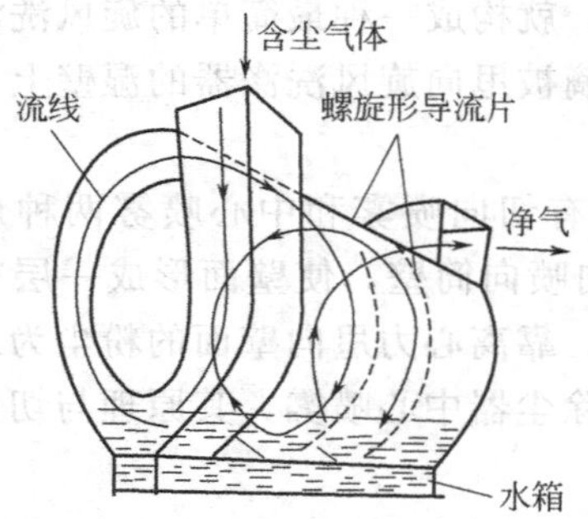

图 5-27 旋筒水膜除尘器

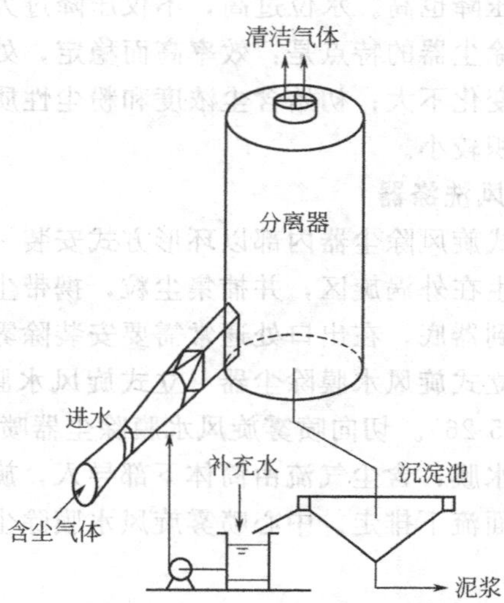

图 5-28 文丘里洗涤器

8. 文丘里洗涤器

文丘里除尘器是一种高效湿式除尘器，其捕集效率可达99%以上，设备体积不大，但动力消耗大，一般为3000～20000Pa。

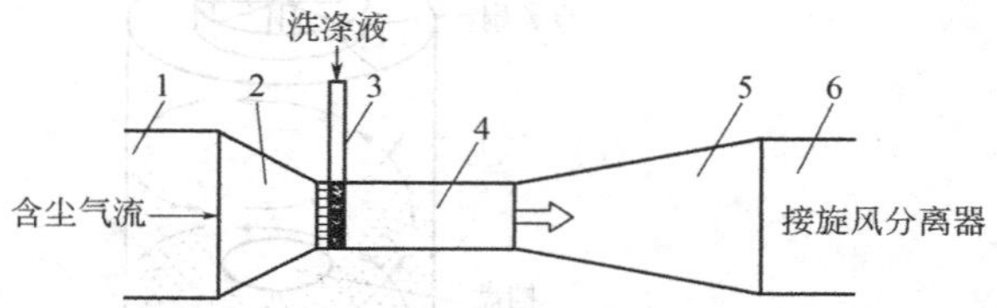

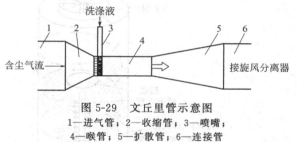

图 5-29 文丘里管示意图
1—进气管；2—收缩管；3—喷嘴；
4—喉管；5—扩散管；6—连接管

文丘里洗涤器主要是由文丘里管（文氏管）和脱水装置两部分组成，如图 5-28 所示。文氏管包括收缩管、喉管和扩散管三个部分，如图 5-29 所示。含尘气体由进气管进入收缩管后，流速逐渐增大，气流的压力能逐渐转变为动能，在喉管入口处，气速达到最大，一般为50～180m/s，洗涤液（一般为水）通过沿喉管周边均匀分布的喷嘴进入，液滴被高速气流雾化和加速，从而增大了气液界面，尘粒与液滴之间发生有效碰撞而被捕集，夹带尘粒的液滴通过旋转气流调节器进入离心分离器（旋风除尘器），在离心分离器中带尘液滴被截留，并经排液管排出，净化的气体排入大气。

在文丘里除尘器中，充分的雾化是实现高效除尘的基本条件。气液两相的相对速度增加，雾化程度也将增加，碰撞捕集效率也随之增加，因此气流入口速度必须较高。

第三节 气态型污染物的控制

废气中的气态污染物与载气形成均相体系，不能像微粒污染物那样用机械的或简单的物理方法，靠作用在微粒上的各种外力（如重力、离心力、电场力等），使其与载气分离，而要利用污染物与载气二者的物理和化学性质的差异，经过物理、化学变化，使污染物的物相或物质结构改变，从而实现分离或转化。在此过程中，需要各种吸收剂、吸附剂、催化剂和能量。因此，气态污染物的净化，技术比较复杂，所需代价较高。

气态污染物种类繁多，物理、化学性质各不相同，因此其净化方法也多种多样。按照净化原理，可分为物理净化法和化学转化法，习惯上又将这些常用的净化方法分为五类：冷凝，燃烧，吸收，吸附和催化转化。

冷凝是利用污染物与载气二者沸点不同进行分离的方法，该方法主要用于高浓度有机蒸气和高沸点无机气体的净化回收或预处理。

燃烧是利用污染物的可燃性，通过强氧化反应将污染物转化为非污染物，燃烧法比较简便、有效，可利用燃烧热。

液体吸收是利用气体溶解度的不同，通过废气与液体接触，使气态污染物转入液相。吸收又可分为物理吸收和化学吸收两类。物理吸收是让气态污染物由气相溶入液相；化学吸收是让污染物转入液相后再发生化学转化。

吸附是让废气与多孔固体接触，其中的气态污染物分子被微孔表面捕集，吸附也有物理吸附和化学吸附两类。物理吸附，污染物仅由气相转到固相；化学吸附，污染物在固体表面发生化学反应。

催化转化是在催化剂的作用下，将废气中的污染物通过化学反应转化为非污染物或容易分离的物质。催化转化可分为催化氧化（催化燃烧就是一种催化氧化）和催化还原两类。

一、冷凝分离

废气净化中的冷凝方法就是将废气冷却，使其温度降低到污染物的露点以下，气相污染物凝结析出的方法。在冷凝过程中，由于被冷凝的物质仅发生物理变化，其化学性质不变，所以可以回收利用。

1. 冷凝分离的原理

冷凝法的原理是利用气态污染物在不同温度及压力下具有不同的饱和蒸气压，在降低温度或加大压力条件下，某些污染物凝结出来，以达到净化或回收的目的，甚至可以借助于控制不同的冷凝温度将不同的污染物分离出来。

冷凝法由于受到冷凝温度的限制，净化效率往往不高，为 30%～50%，冷凝后的尾气往往达不到排放要求，需要进一步处理。所以冷凝法一般用来进行高浓度废气的回收，很少单独用来进行废气净化。

2. 冷却方式和冷凝设备

根据冷却介质与废气是否直接接触，冷却方式分为直接冷却和间接冷却。

(1) 直接冷却　直接冷却是冷却介质与废气直接接触进行热交换，冷却效果好，设备简单；但要求废气中的组分不会与冷却介质发生化学反应，也不互溶，否则难以回收利用。

直接接触冷却常用的热交换设备是喷淋塔。最简单的喷淋塔为空塔，如图 5-30 所示。冷却介质自上而下喷淋，被冷却气体自下而上流动。为了防止雾滴带出，塔顶加除雾器。空塔的热交换效果较差，为了增加气液接触面积，均匀气体在塔内的停留时间，可加装挡板或填料。喷淋塔一般可按空塔气速 2m/s 和塔内有效停留时间 1s 设计。通过喷淋塔的气流压降为 250～500Pa。

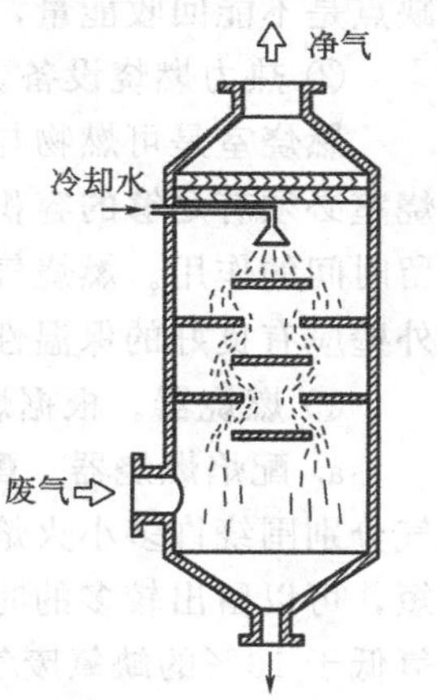

图 5-30　喷淋冷却塔

(2) 间接冷却　间接冷却时废气与冷却介质不直接接触，因此不会相互影响，但热交换设备稍复杂，冷却介质用量较大。为了避免由于固态物质在热交换表面沉积而妨碍热交换，要求废气不含微粒物或胶黏物。

间接冷却常用的冷却介质有空气、水或氟利昂等。间接冷却采用各种表面冷却器作冷凝器。冷却介质为水或氟利昂时，用管壳式冷凝器。风冷时采用管式或翅片式冷凝器。管壳式冷凝器是广泛使用的冷凝设备，在外壳内有多根管道，被冷却气体在壳内（管外）流动，冷却介质在管内流动。为了增加冷却介质在冷凝器内的停留时间，增加热交换量，壳内一般加挡板。

二、燃烧

气态污染物中，少数无机物（如CO）和大部分有机物是可燃的。焚烧净化法就是利用热氧化作用将废气中的可燃有害成分转化为无害物或易于进一步处理的物质的方法。燃烧法的优点是：净化效率高，设备不复杂，如果污染物浓度高还可以回收余热。难以回收或回收价值不大的污染物，用焚烧法净化较为适宜。但在污染物浓度低的情况下，采用焚烧法要添加辅助燃料，因此为了提高经济性，必须注意焚烧后的热能回收问题。

采用焚烧法应仔细分析废气成分，确定焚烧反应的中间和最终产物不是污染物，若废气中的污染物含硫、氯等元素，焚烧后往往含有二氧化硫、氮氧化物、氯化氢等污染物，还需要二次处理。对于处于爆炸范围内的废气的焚烧净化处理要特别注意安全，防止发生回火、爆炸等事故。

1. 燃烧过程分类及燃烧设备

（1）燃烧过程的分类　按燃烧过程是否使用催化剂，可分为催化燃烧和非催化燃烧两类。催化燃烧是一种催化氧化反应，其反应温度较低，产生的氮氧化物少，但要求废气中不可燃的固体微粒含量少，并不含硫、砷等有害元素。非催化燃烧设备简单，反应温度高，但可能产生氮氧化物等二次污染。非催化燃烧又可分为直接燃烧和热力燃烧两种。

① 直接燃烧。直接燃烧又称为直接火焰燃烧，当废气中可燃物浓度较高，无需补充辅助燃料，燃烧产生的热量足以维持燃烧过程连续进行，可采用直接燃烧。

② 热力燃烧。如果废气中可燃物含量较少，燃烧产生的热量不足以维持燃烧过程继续进行，就必须添加附加燃料，这种燃烧方式称为热力燃烧。热力燃烧中，辅助燃料首先与部分废气混合并燃烧，产生高温气体，然后大部分废气与高温气体混合，可燃污染物在高温下与氧反应，转化成非污染物后排放。

（2）燃烧设备　一般来说，少量可燃废气可通入锅炉或窑炉燃烧；对于大流量或高浓度可燃废气，才专设气体焚化设备，进行燃烧处理。

① 直接燃烧设备。火炬是常用的直接燃烧设备。它是一种敞开式直接燃烧器，适用于只需补充空气、无需补充燃料的工业废气。火炬往往会因废气中碳含量过高或混合不良而产生黑烟，为减少黑烟常常需向火炬中喷水。火炬的优点是安全、结构简单、成本低，但它的缺点是不能回收能量，并且会由于燃烧不完全而排放大量大气污染物。

② 热力燃烧设备。这种燃烧装置主要包括燃烧器和燃烧室两部分。

燃烧室是可燃物与空气混合和进行燃烧反应的空间。为了保证燃烧反应能充分进行，燃烧室必须有足够的容积。在燃烧室内设挡环、挡墙，可起蓄热、增加湍流混合程度和延长停留时间的作用。燃烧气体的进入方式有切向式和轴向式两种。为了减少热量损失，燃烧室的外壁应有良好的保温性能。

③ 燃烧器。根据燃烧器形式的不同，可分成配焰燃烧器和离焰燃烧器两类。

a. 配焰燃烧器。配焰燃烧器根据“火焰接触”理论将燃烧分配成许多小火焰，使冷废气分别围绕许多小火焰流过去，以达到迅速完全的湍流混合，见图5-31。该系统混合时间短，可以留出较多的时间用于燃烧反应，燃烧反应完全，净化效率高。配焰燃烧器不适于含氧低于16%的缺氧废气和废气中含有焦油、颗粒物等易于沉积于燃烧器的废气治理。

b. 离焰燃烧器。离焰燃烧器结构如图5-32所示。在离焰燃烧器中，燃料与助燃空气

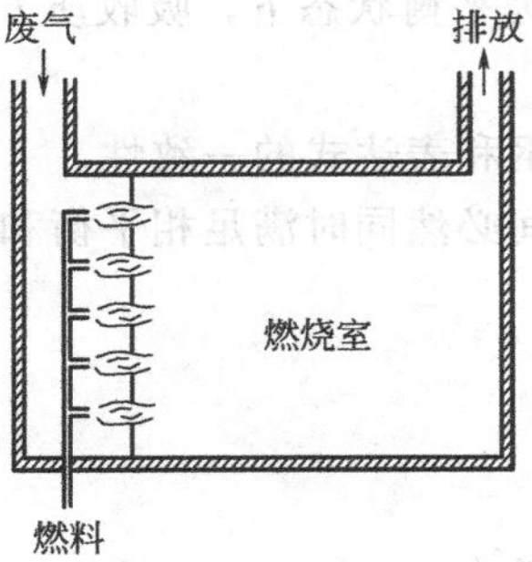

图 5-31　配焰燃烧器

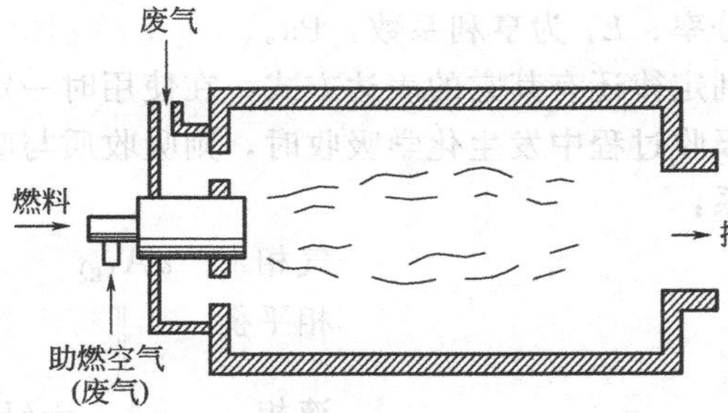

图 5-32　离焰燃烧器

(或废气) 先通过燃烧器燃烧，产生高温燃气，然后与冷废气在燃烧室内混合，完成氧化过程。由于没有像配焰那样将火焰与废气一起分成许多小股，高温燃气与冷废气的混合不如配焰炉好，横向混合往往很差，因此燃烧室的长度需保证有足够的停留时间，且可采用轴向火焰喷射混合、切向或径向进废气（或燃料气）以及燃烧室内设置挡板等改善燃烧效果。离焰燃烧器可以燃烧气，也可以燃烧油，可用废气助燃，也可用空气助燃。火焰可大可小，容易调节，制作也较简单。

2. 热回收方式

热力燃烧产生的热量一般可以通过以下方式加以利用。

① 用于燃烧系统本身，如预热待处理废气和燃烧所用的空气，从而减少辅助燃料的消耗。

② 用于其它需要加热的系统中，如加热新鲜空气，作为干燥或烘烤装置的工作气体；或加热水、油等，产生需要的蒸汽或热油。

三、吸收净化

利用气体混合物中各组分在一定液体中溶解度的不同而分离气体混合物的操作称为吸收净化。在空气污染控制工程中，这种方法已广泛应用于含 SO_2、NO_x、HF、H_2S 及其它气态污染物的废气净化上，成为控制气态污染物排放的重要技术之一。

吸收过程通常分为物理吸收和化学吸收两大类。物理吸收主要是溶解，吸收过程中没有或仅有弱化学反应，吸收质在溶液中呈游离或弱结合状态，过程可逆，热效应不明显。化学吸收过程存在化学反应，一般有较强的热效应。如果发生的化学反应是不可逆的，则不能解吸。化学吸收过程的吸收速率和净化效率都明显高于物理吸收，所以净化气态污染物多采用化学吸收。

1. 吸收过程的基本原理

混合气体与吸收剂接触过程中，气体中可吸收组分（吸收质）向液相吸收剂进行质量传递（吸收过程），同时也发生液相中的吸收质组分向气相逸出的质量传递（解吸过程）。当吸收过程和解吸过程的传质速率相等时，气液两相就达到了动态平衡。平衡时气相中的组分分压称为平衡分压，液相吸收剂（溶剂）所溶解组分的浓度称为平衡溶解度，简称溶解度。溶解度越大，越有利于吸收过程。气体在液体中的溶解度与溶剂的性质有关，并受温度和压力的影响。

当仅发生物理吸收时，常用亨利定律来描述气液相间的相平衡关系。当总压不高时，在一定的温度下，稀溶液中溶质的溶解度与气相中溶质的平衡分压成正比，即

$$P_i^* = E_i x_i \tag{5-23}$$

式中，P_i^* 为溶液表面吸收质 i 的气相平衡分压，Pa；x_i 为平衡状态下，吸收质 i 的液相摩尔分率；E_i 为亨利系数，Pa。

亨利定律还有其它的表达方式，在使用时一定要注意其量纲和表达式的一致性。

当吸收过程中发生化学吸收时，则吸收质与吸收剂二者之间必然同时满足相平衡和化学平衡关系：

$$\begin{array}{ll} \text{气相} & aA_{(g)} \\ \text{相平衡} & \quad\Updownarrow \\ \text{液相} & aA_{(l)}+bB_{(l)} \rightleftharpoons mM+nN \end{array}$$

由于存在化学反应，使吸收到液相中的一部分 A 组分转变为产物，导致 A 组分在液相的浓度较物理吸收低，从而降低了其气相分压，也就是说提高了吸收净化效果。同时，化学吸收往往还能提高对污染物的吸收容量。

2. 吸收剂和吸收设备

(1) 吸收剂

① 对吸收剂的要求。吸收剂是吸收操作的关键之一。对吸收剂的要求是：对吸收质的溶解度大，选择性好，以提高吸收效果，减少吸收剂用量；蒸气压低，避免吸收剂的损失并造成新的污染；沸点高，熔点低；无毒性，无腐蚀性，化学稳定性好；易于解吸、再生；价廉，易得。

② 吸收剂的选择。对于物理吸收，要求溶解度大，可以根据化学上的相似相溶规律选择吸收剂。

对于化学吸收，选择与污染物起化学反应，特别是快速反应的物质。最常用的是中和反应，因为许多重要的空气污染物是酸性气体（如 SO_2、NO_x、HF 等），可以用碱或碱性盐溶液吸收。选择化学吸收剂应注意反应产物的性质，要使产物无害或易于回收利用。

水是一种良好的工作介质，符合上述大部分要求，是许多吸收过程（特别是物理吸收）的首选对象。水既可以直接作吸收剂，也可用水溶液作吸收剂。

③ 吸收剂的再生。吸收剂使用到一定程度，需要更换，使用后的吸收剂可直接回收利用或处理后排放。多数情况下，需对吸收剂解析再生。

物理吸收剂的再生方法有：负压解吸、通惰性气体或贫气解吸、水蒸气解吸或加热解吸。化学吸收液的解吸比较复杂，对于可逆反应，可采用前述物理解吸的方法；对于不可逆反应，需针对生成物的特点，采取吸附、离子交换、沉淀、电解等方法再生。

(2) 吸收设备

① 对吸收设备的要求。为了强化吸收过程，降低设备的投资和运转费用，吸收设备应满足的要求有：气液间有较大的接触面积和足够的接触时间；气液扰动强烈，吸收阻力低；操作稳定，弹性好；压降小；耐磨，耐蚀，运转安全可靠；结构简单，便于制造、安装、维修。

② 吸收设备的形式

a. 气液分散形式。吸收设备的主要功能就在于建立最大的能迅速更新的相接触表面。为增加气液接触面积，要求气体和液体分散，分散形式有三种：气相分散，液相连续（如板式塔）；液相分散，气相连续（如喷淋、填料塔）；气液同时分散（如文丘里吸收器）。

b. 气液接触方式。吸收设备的气液接触方式两种：连续接触（如喷淋塔、填料塔、湍球塔、文丘里吸收器）；阶段接触（如板式塔、多层机械喷洒洗涤器）。

③ 大气污染控制常见吸收设备类型

a. 喷淋塔。喷淋塔又称空塔，塔内一般仅装有喷头，气体从下部进入，吸收剂自上而下喷淋，塔的上部设有气液分离器，如图 5-33(a) 所示。液滴应大小适中，直径过大，气液接触面积小，接触时间短，影响吸收；直径过小，液滴易被气流带走，吸收剂损失大，并可能影响后续工艺或设备。喷淋塔的特点是阻力小，结构简单，操作简单，但传统的喷淋塔因吸收效率不高，不能使用较高的空塔气速（一般小于 1.5m/s），因此处理能力小。

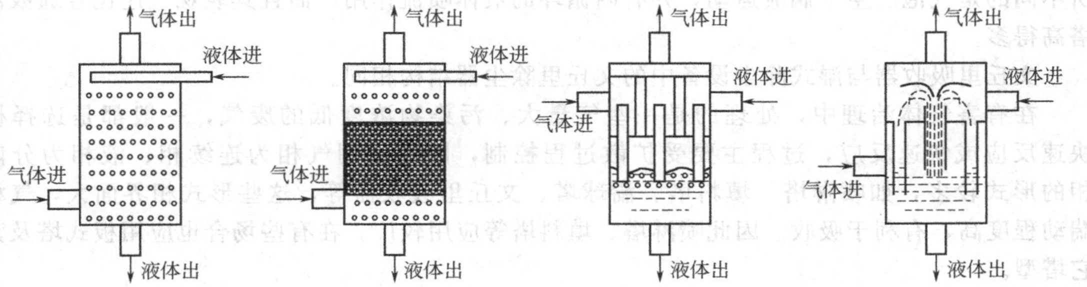

(a) 喷淋塔　(b) 填料塔　(c) 喷射鼓泡塔　(d) 道尔顿型

图 5-33　常见吸收设备类型

近年来发展了大流量高速喷淋塔，可提高其吸收效率、处理气量。如成功应用于火电厂烟气湿式脱硫装置中喷淋塔结构的改进，其改进的重点是喷嘴，改进的方向主要有：增大喷淋密度、减小喷淋液滴的直径以提高气液接触面积，合理布置喷嘴的位置和喷射方向，提高塔内湍流强度，提高喷嘴喷射的速度等。现在的喷淋塔的空塔气速一般在 4m/s 以上，有的高达 6m/s。

b. 填料塔。在喷淋塔内放置填料就变成了填料塔，如图 5-33(b) 所示。放置填料后，可以增大气液接触面积。填料塔性能的优劣关键取决于填料。好的填料要有较大的比表面积、较高的孔隙率，单位体积的质量轻，造价低，坚固耐用，不易堵塞，对于气液两相介质都有良好的化学稳定性。常用的填料有拉西环、鲍尔环、阶梯环、鞍形和波纹填料等。

c. 湍球塔。湍球塔是填料塔的特殊情况，其塔内的填料处于悬浮状态，以强化吸收过程。湍球塔内设有开孔率较大的筛板，筛板上放置一定数量的轻质小球。气流以较高的速度通过，使小球在塔内湍动并相互碰撞，吸收剂自上而下喷淋加湿小球表面。由于小球表面的液膜能不断地更新，增大了吸收推动力，提高了吸收效率，并由于小球不断相互碰撞，不容易发生结垢、堵塞。

湍球塔的空塔气速一般为 2～6m/s，气体通过每段湍流塔的压降约为 400～1200Pa。同样空塔气速下，湍球塔内的气体压降比填料塔小。湍球塔的优点是：气速高，处理能力大，体积小，吸收效率高。缺点是：有一定程度的返混，小球磨损大，需经常更换。

d. 板式塔。板式塔是化工工业中常用的吸收设备，其的构造形式很多，如筛板塔、泡罩塔、浮阀塔、旋流板塔等，最简单的是筛板塔。筛板塔内设几层筛板，气体自上而下流经筛板上的液层。气液在筛板上错流流动，为了在筛板上有一定的液层厚度，筛板上有溢流堰，液体由溢流堰经降液管流至下层筛板，如图 5-22 所示。

塔内气体必须保持适当的流速。气体速度低，液体将从筛孔泄漏，使吸收效率急剧下降，气流过高，气流带液现象严重。筛板塔的空塔气速一般取 1.0～3.5m/s，随气流速度不同，筛板上液层呈现不同的气液混合状态。筛孔直径一般为3～8mm，开孔率一般10%～18%，对于含悬浮物的液体，可采用13～15mm的大孔，筛孔直径过小，容易堵塞。

筛板塔的优点是构造简单，吸收效率高。缺点是筛孔容易堵塞，操作不稳定，只适用于气液负荷波动不大的情况，处理气量较大时，采用筛板塔较为经济。

e. 喷射鼓泡塔是把气体用带细缝或小孔的管子吹入吸收液中产生大量的细小气泡，在气泡上升的过程中完成气液传质，见图5-33(c)。喷射鼓泡塔与板式塔类似，气相是分散的，所不同的是气泡产生了涡流运动，并有内循环的液体喷流作用，而且其表观气速比普通鼓泡塔高得多。

文丘里吸收器与湿式除尘设备中的文丘里除尘器结构相同。

在有害气体治理中，处理的是一些气量大、污染物浓度低的废气，一般都是选择极快速反应或快速反应，过程主要受扩散过程控制，因而选用气相为连续相、液相为分散相的形式较多，如喷淋塔、填料塔、湍球塔、文丘里吸收器等，这些形式相界面大，气相湍动程度高，有利于吸收。因此喷淋塔、填料塔等应用较广，在有些场合也应用板式塔及其它塔型。

四、吸附净化

气体吸附是用多孔固体吸附剂将气体混合物中的一种或数种组分浓集于固体表面，而与其它组分分离的过程。被吸附到固体表面的物质称为吸附质，附着吸附质的物质称为吸附剂。气体吸附净化方法是一种常见的气态污染物净化方法，特别适用于处理低浓度废气和高净化度要求的场合。该法的主要优点是效率高、可回收、设备简单；主要缺点是吸附容量小、设备体积大。

1. 吸附过程

(1) 物理吸附与化学吸附　根据吸附剂表面与被吸附物质之间作用力的不同，吸附可分为物理吸附和化学吸附。

物理吸附是由于分子键范德华力引起的，它可以是单层吸附，也可以是多层吸附。物理吸附的特征是：①吸附剂与吸附质之间不发生化学反应；②过程快，参与吸附的各相间常常瞬间达到平衡；③吸附为放热反应；④过程可逆，工业上的吸附操作正是利用这种可逆性进行吸附剂的再生及吸附质回收的。

化学吸附是由吸附质与吸附剂之间的化学键力而引起的，是单层吸附，吸附需要一定的活化能。化学吸附的主要特征有：①吸附有很强的选择性；②吸附速率较慢，达到吸附平衡需要相当长的时间；③升高温度有助于提高速率；④吸附过程不可逆。

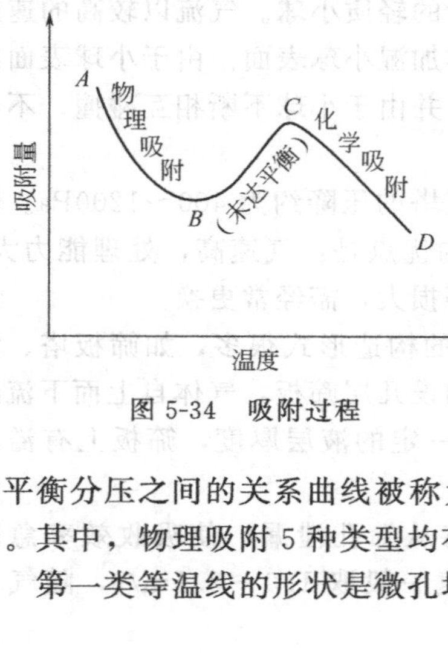

图 5-34　吸附过程

应当指出，同一污染物可能在较低温度下发生物理吸附，若温度升高到吸附剂具备足够高的活化能时，可能发生化学吸附（图5-34）。两种吸附可能同时发生。

(2) 吸附平衡　气固两相长时间接触，吸附与脱附即达到动态平衡。在一定的温度下，吸附量与吸附质平衡分压之间的关系曲线被称为等温吸附线。等温吸附线有5种基本类型，如图5-35所示。其中，物理吸附5种类型均有，化学吸附仅有（1）型。

第一类等温线的形状是微孔填充的特征，极限吸附量为微孔容积的一种量度，它也出现

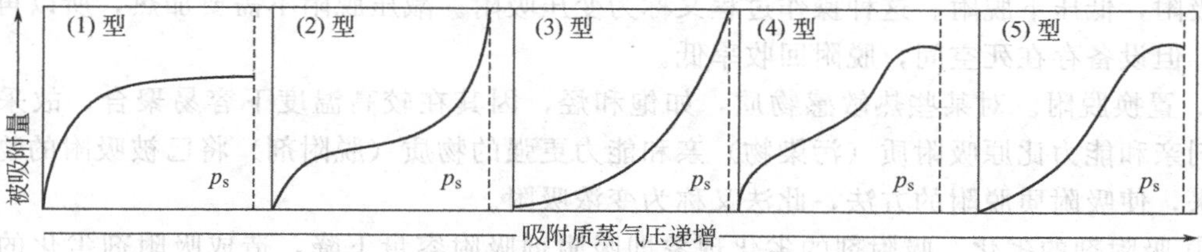

图 5-35　等温吸附线的 5 种基本类型

在能级高的表面吸附中。

第二类可逆等温线是在许多无孔或有中间孔的粉末上吸附测得的，它代表在多相基质上不受限制的多层吸附。

当吸附质与吸附剂相互之间的作用微弱时，就出现了第三类等温线。

第四类等温线的特征具有滞后回线，这可解释为由于毛细管现象的缘故，该部分等温曲线适用于孔尺寸分布的估算。

第五类等温线与第四类相似，只是吸附质与吸附剂之间的相互作用较弱。

（3）吸附剂及其再生

① 吸附剂。与水处理中所用的吸附剂要求相仿，用于气体净化的吸附剂需具备如下特性：比表面积大；具有选择性吸附作用；具有高机械强度、化学稳定性和热稳定性；吸附容量大；来源广泛，造价低廉；具有良好的再生性能。常用吸附剂有活性炭、活性氧化铝、硅胶、分子筛等。

a. 活性炭。活性炭是应用最早、用途最广的一种优良吸附剂。活性炭由含碳原料（如果壳、动物骨骼、煤和石油焦）在不高于 773K 的温度下炭化，通水蒸气活化制成，形状有颗粒状（球状、柱状和不规则形状）、纤维状和粉末状。纤维活性炭是近年来发展的新型吸附材料，纤维活性炭比表面积大，微孔多而均匀，且微孔直接通向外表面，吸附分子内扩散距离较短，因而吸附脱附性能好，且有密度小、可进一步加工成形等优点。

b. 活性氧化铝（极性吸附剂）。含水氧化铝在严格控制加热速度的条件下脱水，形成多孔结构，即得活性氧化铝。活性氧化铝的机械强度高，可用于气体干燥和含氟废气净化。

c. 硅胶（极性吸附剂）。用酸处理硅酸钠溶液得硅酸凝胶，经水洗后在 398～403K 温度下脱水至含湿量在 5%～7%即可得到硅胶。硅胶有很强的亲水性，可吸湿至自身质量的 50%，难以吸附非极性分子。

d. 分子筛。分子筛是一种人工合成的泡沸石，是具有微孔的立方晶体硅酸盐。分子筛的微孔丰富，吸附容量大，孔径均一，又是离子型吸附剂，有较强的吸附选择性，对一些极性分子在较高温度和较低分压下也有很强的吸附能力。

② 再生。在吸附过程中，当吸附剂持续吸附吸附质达到饱和以后即失去吸附能力，为了重复使用或回收有效成分，需要将吸附在吸附剂上的吸附质脱附，使吸附剂得到再生。再生是净化系统的主要环节之一，脱附后的物质可再利用或进行无害化处理处置。脱附再生的方法包括加热脱附、减压解吸、置换再生等方式。

a. 加热脱附。恒压条件下，吸附剂的吸附容量随温度降低而增大，随温度升高而减小。所以，可在较低的温度下吸附，再用高温气体吹扫脱附。这种高低温交替进行的操作过程又称变温吸附。常用的加热脱附介质有水蒸气、空气、惰性气体等。加热再生给热量大，脱附较完全，但一般吸附剂导热性较差，冷却缓慢，因而再生时间较长。

b. 减压脱附。恒温条件下，吸附剂的吸附容量随系统压强降低而减小，所以可以在高压下吸附，低压下脱附。这种操作过程又称为变压吸附。减压脱附不需要加热，所以再生时间短，但设备存在死空间，脱附回收率低。

c. 置换脱附。对某些热敏感物质，如饱和烃，因其在较高温度下容易聚合，故采用与吸附剂亲和能力比原吸附质（污染物）亲和能力更强的物质（脱附剂）将已被吸附的物质置换出来，使吸附质脱附的方法，此法又称为变浓吸附。

③ 吸附剂的劣化。吸附剂的劣化现象即吸附剂吸附容量下降，造成吸附剂劣化的原因有：a. 吸附剂表面有物质沉淀；b. 反复的加热冷却，使吸附剂的微孔结构破坏；c. 化学反应破坏了晶体结构。由于劣化现象，设计时留有10%～30%的容量。

2. 吸附设备

吸附设备可分为固定床、回转床、移动床和流化床。在空气污染控制中最常用的是由两个以上的固定床组成的半连续式吸附流程。

（1）固定床吸附器　固定床吸附器由固定的吸附床层、气体进出管道和脱附介质分布管等部分组成，分卧式和立式两种（图5-36）。卧式固定床吸附器适合于在废气流量大、浓度低的情况下使用。立式固定床吸附器主要适合于小气量、高浓度情况下使用。在吸附净化器

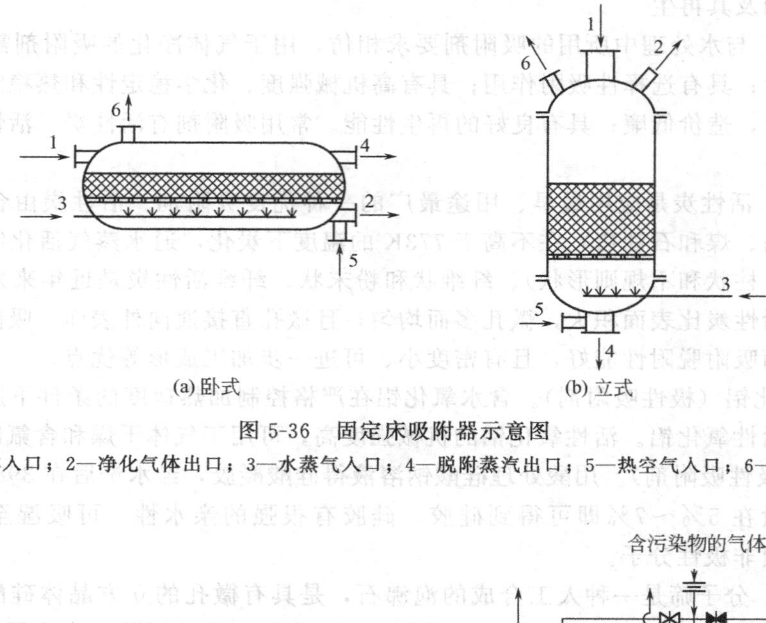

(a) 卧式　(b) 立式

图5-36　固定床吸附器示意图

1—污染气体入口；2—净化气体出口；3—水蒸气入口；4—脱附蒸汽出口；5—热空气入口；6—热湿空气出口

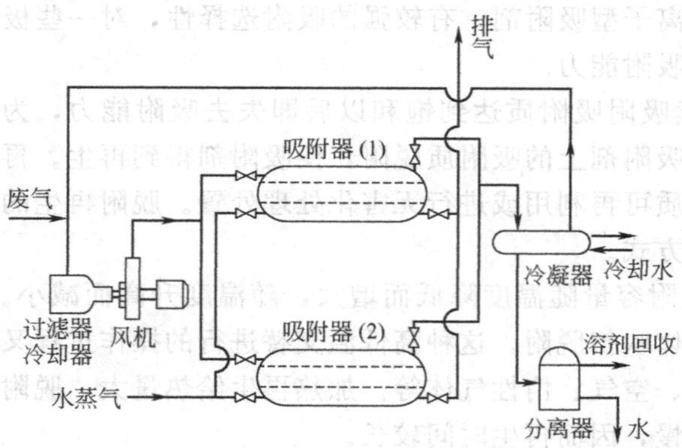

图5-37　两个吸附器交替吸附和再生

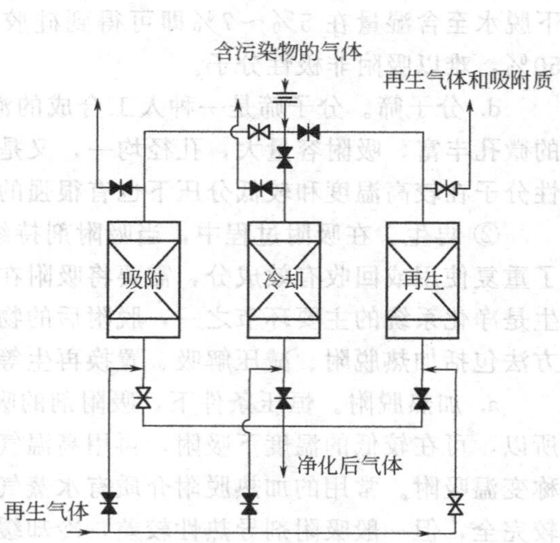

图5-38　三个吸附器交替吸附、再生和冷却

出口浓度达到允许排放浓度后，即停止吸附，更换吸附剂或在净化器内进行脱附再生。通过脱附，使吸附剂恢复吸附能力，并将脱附出的吸附质回收利用或进行无害化处理。吸附剂用水蒸气脱附后，再经过干燥和冷却，重新恢复吸附能力，这样就完成了整个再生过程。卧式和立式固定床吸附器装在净化系统中可进行吸附-脱附-干燥-冷却全过程，但均只能间歇运转。如果需要连续工作，则至少要设两个吸附器，交替进行吸附和再生（图 5-37、图5-38）。

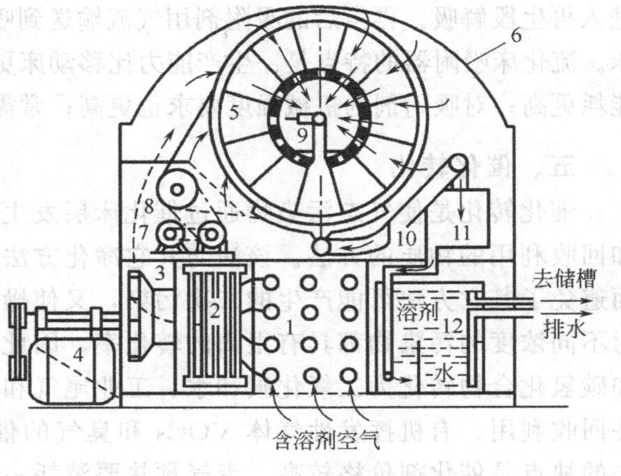

图 5-39 回转床吸附器

1—过滤器；2—冷却器；3—风机；4—电机；5—吸附转筒；6—外壳；7—转筒电机；8—减速传动装置；9—水蒸气入口管；10—脱附气出口管；11—冷凝冷却器；12—分离器

（2）回转床吸附器　回转床吸附器的吸附床层做成环状，通过回转连续进行吸附和脱附再生，见图 5-39。回转床吸附器结构紧凑、能量节省、使用方便，但各工作区之间的串气较难避免。这种装置能连续运转，很适合于广泛存在的大气量、低浓度的有机溶剂废气（涂料、印刷、橡胶或塑料制品等工艺过程均有此类废气）。

（3）移动床吸附器　移动床吸附器工艺流程图如图 5-40 所示，在吸附器中，固体吸附剂与含污染物气体以恒定速度连续逆流运动，完成吸附过程，两相接触良好，不致发生沟流和局部不均匀现象，同时克服了固定床吸附器过热的缺点。移动床吸附器的优点是处理气量大，可稳定、连续使用；缺点是动力和热量消耗大，吸附剂磨损大。

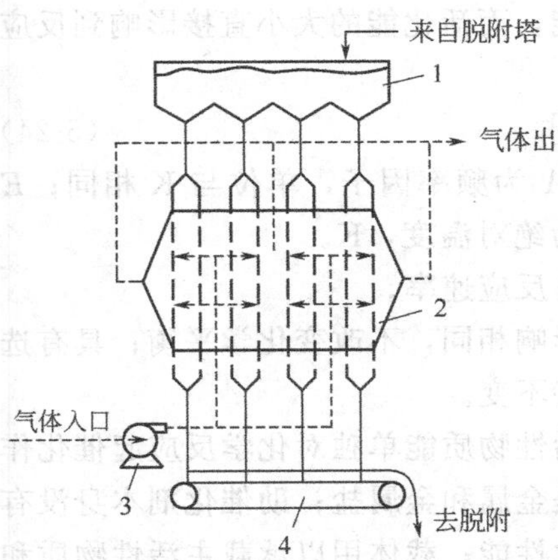

图 5-40 移动床吸附工艺流程图

1—料斗；2—吸附器；3—风机；4—传送带

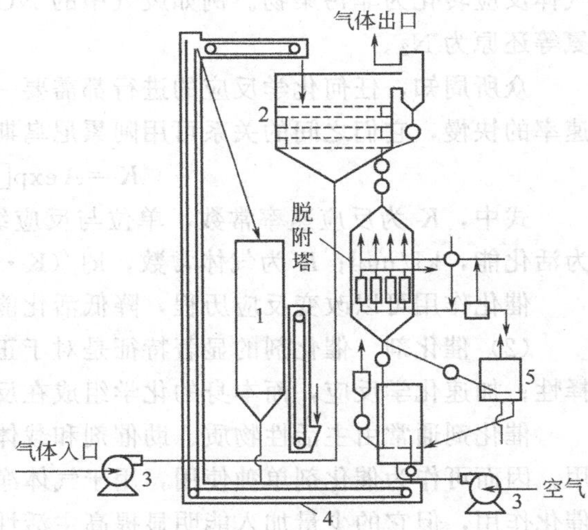

图 5-41 连续式流化床吸附工艺流程图

1—料斗；2—多层流化床吸附器；3—风机；4—传送带；5—再生塔

（4）流化床吸附器　流动床吸附器由吸附段和再生段两部分组成，如图 5-41 所示。废气从吸附段下部进入，因气速较大，而使吸附剂呈流化状态，气、固接触相当充分，气体经充分吸附净化后从上部排出。吸附剂从吸附段上部加入，经每层流化床的溢流堰流下，最后进入再生段解吸。再生后的吸附剂用气流输送到吸附段上部，重复使用。再生段一般采用移动床。流化床吸附器的特点是：生产能力比移动床更大，适合处理连续性、大气量的污染源；但能耗更高；对吸附剂的机械强度要求也更高；常需增设除尘设备；吸附剂和容器的磨损严重。

五、催化转化

催化转化是使气态污染物通过催化床层发生催化反应，使污染物转化为无害或易于处理和回收利用的物质的方法。该法与其它净化方法的区别在于无需使污染物与主气流分离，因而避免了其它方法可能产生的二次污染，又使操作过程得到简化。催化转化的另一个特点是对不同浓度的污染物都具有很高的转化率，因此，在大气污染控制工程中得到较多的应用。如碳氢化合物转化为二氧化碳和水、工业尾气和烟气中的 NO_x 转化为氮、SO_2 转化为 SO_3 并回收利用、有机挥发性气体 VOCs 和臭气的催化燃烧净化和汽车尾气的催化净化等。该法的缺点是催化剂价格较高，废气预热要消耗一定的能量。

1. 催化作用与催化剂

(1) 催化作用　化学反应速率因加入某种物质而改变，而加入物质的数量和性质在反应终了时却不变的作用称为催化作用，加入的物质称为催化剂。能加快反应速率的催化作用称为正催化，减慢反应速率的称为负催化。根据催化剂和反应物的物相，催化过程可分为均相催化和非均相催化两类。催化剂和反应物的物相相同，其反应过程称为均相催化，催化剂和反应物的物相不同，其反应过程称为非均相催化。一般气体净化采用加快反应速率的固体催化剂，其反应是非均相正催化作用。

根据化学反应不同可分成催化氧化和催化还原两类。催化氧化法净化就是让废气中的污染物在催化剂作用下被氧化成非污染物或更易于处理的物质。例如将不易溶于水的 NO 氧化成 NO_2 的活性炭催化氧化。催化还原法净化是让废气中的污染物在催化剂作用下与还原性气体反应转化为非污染物。例如废气中的 NO_2 在 Pt 或稀土等催化剂作用下，被甲烷、氢、氨等还原为 N_2。

众所周知，任何化学反应的进行都需要一定的活化能，而活化能的大小直接影响到反应速率的快慢，它们之间的关系可用阿累尼乌斯方程表示：

$$K=A\exp[-E/(RT)] \tag{5-24}$$

式中，K 为反应速率常数，单位与反应级数有关；A 为频率因子，单位与 K 相同；E 为活化能，kJ/mol；R 为气体常数，kJ/(K·mol)；T 为绝对温度，K。

催化作用可以改变反应历程，降低活化能，从而提高反应速率。

(2) 催化剂　催化剂的显著特征是对于正逆反应的影响相同，不改变化学平衡；具有选择性；加速化学反应，而本身的化学组成在反应前后保持不变。

催化剂通常由主活性物质、助催剂和载体组成。主活性物质能单独对化学反应起催化作用，因而可作为催化剂单独使用，用于气体净化的主要是金属和金属盐；助催化剂本身没有催化作用，但它的少量加入能明显提高主活性物质的催化性能；载体用以承载主活性物质和助催化剂，它的基本作用在于提供大的比表面积，以节约活性物质，载体材料通常为氧化铝、铁矾土、石棉、陶土、活性炭、金属等，形状多为网状、球状、柱状、蜂窝状（阻力小，比表面积大，填放方便）。

催化转化法选用催化剂的原则：所选择的催化剂应具有很好的活性和选择性、良好的热稳定性、机械稳定性和化学稳定性以及经济性。净化气态污染物常用的几种催化剂及组成见表 5-5。

表 5-5　净化气态污染物常用的几种催化剂及组成

用　　途	主活性物质	载　　体
有色冶炼烟气制酸，硫酸厂尾气回收制酸等 $SO_2 \longrightarrow SO_3$	V_2O_5 含量 6%～12%	SiO_2（助催化剂 K_2O 或 Na_2O）
硝酸生产及化工等工艺尾气 $NO_2 \longrightarrow N_2$	Pt、Pd 含量 0.5%	Al_2O_3-SiO_2
	$CuCrO_2$	Al_2O_3-MgO
碳氢化合物的净化 $CO+HC \longrightarrow CO_2+H_2O$	Pt、Pd、Rh	Ni、NiO、Al_2O_3
	CuO、Cr_2O_3、Mn_2O_3、稀土金属氧化物	Al_2O_3
汽车尾气净化	Pt(0.1%)	硅铝小球、蜂窝陶瓷
	碱土、稀土和过渡金属氧化物	α-Al_2O_3、γ-Al_2O_3

2. 催化反应器

(1) 工业上常用的气-固相催化反应器　分固定床、移动床及流化床，而以固定床反应器应用最广泛。固定床反应器的优点是轴向返混少，反应速度较快，因而反应器体积小，催化剂用量少；气体在反应器内停留时间可严格控制，温度分布可适当调节，因而有利于提高转化率和选择性；催化剂磨损小；可在高温高压下操作。固定床反应器的主要缺点是传热条件差，不能用细粒催化剂，催化剂更换、再生不方便，床层温度分布不均。

① 单层绝热反应器。单层绝热反应器如图 5-42(a) 所示，它与外界不进行任何热交换，一般呈圆筒状，内有栅板，承装催化剂。它的特点是结构简单、造价低廉、气流阻力小、内部温度分布不均，适用于反应热效应较小、对温度变化不敏感以及副反应较少的情况。

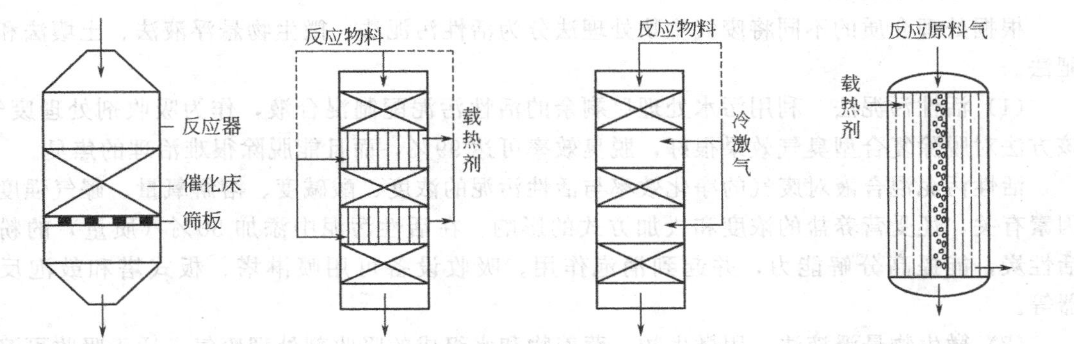

图 5-42　绝热反应器

② 多段绝热反应器。多段绝热器见图 5-42(b)，它是把多个单层绝热床串联起来，并在相邻两段之间通过热交换器进行热交换（引出热量或加入热量），以使各层温度控制在合适的范围内。它适用于中等热效应的反应。

③ 列管式反应器。列管式反应器见图 5-42(c)，管内装催化剂，管间通热载体。热载体可以是水或其它介质，在放热反应中常用原料气作传热体。适用于对反应温度要求高或反应热效应很大的场合。

(2) 反应器类型的选择　根据反应热的大小和对温度的要求，选择反应器的结构类型，尽量降低反应器阻力，反应器应易于操作，安全可靠，结构简单，造价低廉，运行与维护费用经济。

六、生物净化

废气的生物处理，就是利用微生物的生命活动过程，把废气中的气态污染物转化为少害甚至无害的物质。生物处理不需要再生过程与其它高级处理，与传统的物理化学净化方法相比，生物法具有投资运行费用低、较少二次污染等优点，在处理低浓度、生物可降解性好的气态污染物时更显其优越性。生物法作为一种新型的气态污染物的净化工艺在国外已得到越来越广泛的研究与应用，在德国、荷兰、美国及日本等国的脱臭及近几年的有机废气的净化实践中已有许多成功采用生物法的实例，如屠宰场、肉类加工厂、金属铸造厂、固废资源化处理厂的臭气处理。

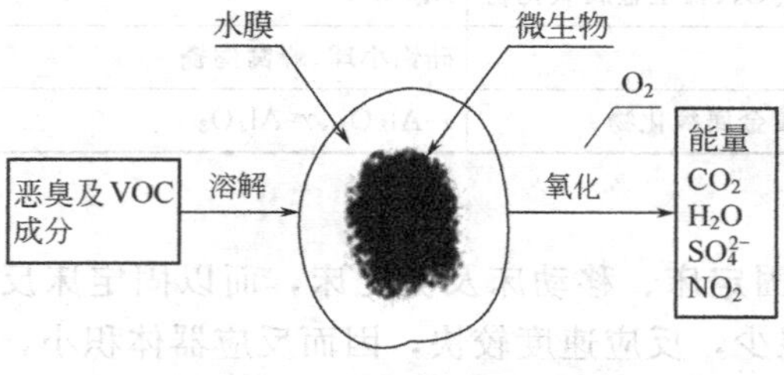

图 5-43 生物净化机理示意图

1. 生物净化原理

生物净化废气机理如图 5-43 所示。与废水生物处理工艺相似，生物净化气态污染物的过程也同样是利用微生物的生命活动将废气中的污染物转化为二氧化碳、水和细胞物质等。与废水生物处理的重大区别在于：气态污染物首先要经历由气相转移到液相或固相表面液膜中的传质过程，然后才能在液相或固相表面被微生物吸收降解。与废水的生物处理一样，气态污染物的生物净化过程也是人类对自然过程的强化与工程控制。其过程的速度取决于：①气相向液固相的传质速率（这与污染物的理化性质和反应器的结构等因素有关）；②能起降解作用的活性生物质的量；③生物降解速率（与污染物的种类、生物生长的环境条件、抑制作用等有关）。

2. 生物净化方法

根据处理介质的不同将废气生物处理法分为活性污泥法、微生物悬浮液法、土壤法和堆肥法。

(1) 活性污泥法 利用污水处理厂剩余的活性污泥配制混合液，作为吸收剂处理废气。该方法对脱除复合型臭气效果很好，脱臭效率可达 99%，而且能脱除很难治理的焦臭。

活性污泥混合液对废气的净化效率与活性污泥的浓度、酸碱度、溶解氧量、曝气强度等因素有关，还受营养盐的浓度和投加方式的影响。在活性污泥中添加 50%（质量）的粉状活性炭，能提高分解能力，并起到消泡作用。吸收设备可用喷淋塔、板式塔和鼓泡反应器等。

(2) 微生物悬浮液法 用微生物、营养物和水组成的吸收剂处理废气，适于吸收可溶性气态污染物。该方法的原理、设备和操作条件与活性污泥法基本相同，由于吸收液接近清液，因此设备不易堵塞。

(3) 土壤法 土壤法是利用土壤中胶状颗粒物的吸附作用将废气中的气态污染物浓缩到土壤中，再利用土壤中的微生物将污染物转化成无害的形式。

所用的土壤以地表沃土为好，因为地表 300～500mm 的土层内集中存在着细菌、放线菌、霉菌、原生动物、藻类及其它微生物，每克沃土中微生物可达数亿个。土壤中微生物生活的适宜条件是：温度 278～303K，湿度 50%～70%，pH 为 7～8。土壤处理装置以固定床形式为主。

(4) 堆肥法 好氧发酵的熟化堆肥中生存着许多微生物，其数量要远大于土壤中的微生物的量，且其中含有丰富的营养成分，能为微生物提供适宜的生长环境，因而净化效果要较土壤法好，处理装置与土壤法基本相同。堆肥的种类有污泥堆肥、农林堆肥和城市固体废物堆肥等，从研究的情况来看，以城市固体废物的堆肥净化效果最好。

3. 主要的气体净化生物反应器类型

气体净化生物反应器可以按照它们的液相是否流动以及微生物群落是否固定分为三种类型：生物过滤器（biofilter）、生物洗涤器（bioscrubber）和生物滴滤器（biotrickling filter）。三种生物净化反应器类型及特点见表 5-6，典型流程示意图见图 5-44。

表 5-6　生物净化反应器类型及特点

类　型	微生物群落	液相状态
生物过滤器	固着	静止
生物滴滤器	固着	流动
生物洗涤器	分散	流动

生物过滤器的液相和微生物群落都固定于填料中；生物洗涤器的液相连续流动，其微生物群落也自由分散在液相中；生物滴滤器的液相是流动或间歇流动的，而微生物群落则固定在过滤床层上。这三种装置的典型流程示意图如图 5-44 所示。

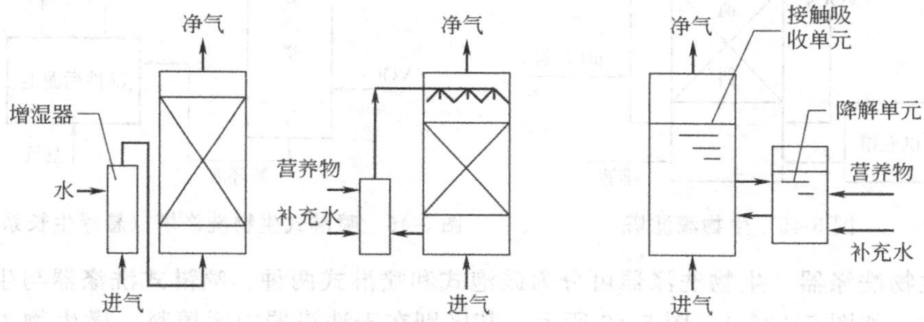

图 5-44　气态污染物生物净化设备的典型流程示意图

(1) 生物过滤器　生物过滤器又称生物滤池，是最早开始研究和应用的一类生物气体净化设备，通常主要由开口或密闭的过滤床构成。过滤床池体可以是在地面挖的浅坑，也可以是在地面上的筑池，池底设排水管和布气管，其上覆砂石等材料。过滤材料一般由泥炭、堆肥、土壤、树皮、树枝、木片等天然材料构成。近年来人们还开始在滤料中添加塑料、颗粒活性炭、陶瓷介质等以提高处理效果。生物过滤床内的水分通常是通过润湿进气保持的，而生物生长所需的营养物质一般由过滤介质本身提供。通常由于滤料所含营养物质的减少和某些酸性反应产物积累导致滤料酸化，过滤器的净化效果会逐渐变差，一般需要每隔一定时间更换新的滤料。

如采用土壤作为滤料，优点在于设备简单、成本低，适用于脱臭及低浓度有机废气的净化场合。缺点为：占地面积大，易于形成短流和气流分布不均匀，缓冲能力有限，介质内微生物量不是很高，因而降解能力有限，体积负荷很低。

采用堆肥和泥炭类作为滤料，与土壤法相比，有机负荷为土壤法的二至六倍，因而占地面积也较土壤法小，成本也较低。由于堆肥是由可生物降解的有机质所构成的，因而其寿命有限，为一到三年。堆肥填料的生物过滤器在国外已得到大量的商业应用，但由于堆肥质量的不统一会造成生物过滤器性能的不一致，因此，对于每一种应用场合往往需通过现场试验才能确定实际设备的设计参数。

（2）生物滴滤器 生物滴滤器是在生物过滤器基础上发展起来的一种净化设备。它的结构与生物过滤器相似，见图 5-44(b)，不同之处在于其顶部设有喷淋装置，而且生物滴滤器所用的滤料通常由不含生物质的惰性材料构成，主要作为生物挂膜的载体，一般不需要更换。生物滴滤器的填料要求具有较好的布水布气作用，有较高的孔隙率，并且在高负荷情况下不容易发生堵塞。滴滤器内的喷淋装置能够比较容易地控制滤料层内的湿度，而且喷淋液中往往还添加微生物生长所需的营养物质（如 N、P、和 S、K、Ca、Fe 等微量元素）和 pH 缓冲剂。

生物滴滤器为微生物的生长和繁殖创造了比较好的环境，它具有净化效率高、操作弹性较强等优点，适合处理污染负荷相对较高的非亲水性 VOCs 污染物，也适合处理卤代烃类降解过程产酸（及其它对微生物有毒害的物质）的污染物，是一种具有良好发展前途的生物净化设备。生物滴滤塔见图 5-45。

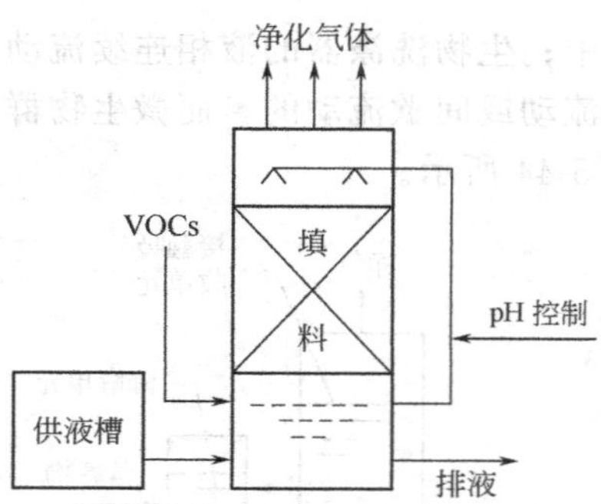

图 5-45 生物滴滤塔

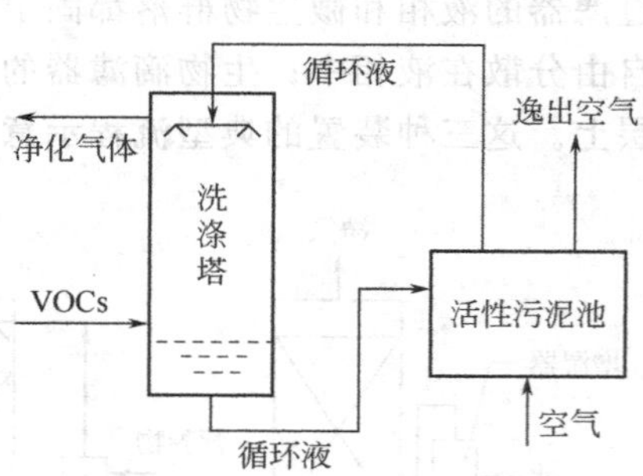

图 5-46 喷淋式生物洗涤塔（悬浮生长系统）

（3）生物洗涤器 生物洗涤器可分为鼓泡式和喷淋式两种。喷淋式洗涤器与生物滴滤器的结构相仿，如图 5-44(c)、图 5-46 所示，其区别在于洗涤器中无填料，微生物主要存在于液相中，而滴滤器中的微生物主要存在于滤料介质表面的生物膜中。鼓泡式的生物洗涤器则是一个三相流化床，与上述两类设备有很大差别。典型的鼓泡式生物洗涤器由两个互联的反应器构成，第一个反应器是吸收单元，通过将气体鼓泡的方式与水、填料和生物质的混合液接触，从而将污染物由气相转移到液相；第二个反应器是生物降解单元，污染物在此进行生物降解，有时这两个反应器合并成一个设备。在这类装置中，采用活性炭作为填料能有效地提高污染物的去除效率。

三种类型气体污染物生物净化装置优缺点比较见表 5-7。

表 5-7 三类典型的气态污染物生物净化装置优缺点比较

项目	生物过滤器	生物滴滤器	生物洗涤器
优点	操作简便； 投资少； 运行费用低； 对水溶性低的污染物有一定的去除效果； 适合于去除恶臭类污染物	操作简便； 投资少； 运行费用低； 适合于中等浓度污染气体的净化； 可控制 pH 值； 能投加营养物质	操作控制弹性强； 传质好； 适合于高浓度污染气体的净化； 操作稳定性好； 便于进行过程模拟； 便于投加营养物质
缺点	污染气体的体积负荷低； 只适合于低浓度气体的处理； 工艺过程无法控制； 滤料中易形成气体短流； 滤床有一定的寿命期限； 过剩生物质无法去除	有限的工艺控制手段； 可能会形成气流短流； 滤床会由于过剩生物质较难去除而堵塞失效	投资费用高； 运行费用高； 过剩生物质量可能较大； 需处置废水； 吸附设备可能会堵塞， 只适合处理可溶性气体

七、气体污染物控制新技术

膜分离法是已经具有一定商业应用的发展中技术，光催化氧化法和等离子体法目前还处在研究开发阶段。这些方法中除膜分离方法为分离过程外，其它的均为高能粒子和电磁波对污染物分子的转化过程。与燃烧和催化转化的高温过程相比，这些新技术的转化过程通常发生在常温的情况下。

1. 光催化氧化法

与前述的燃烧和催化燃烧在较高温度下发生的氧化不同，光催化氧化法是利用光能或与催化剂联合作用使气态有机污染物在常温下发生氧化的过程。常温氧化技术无须对污染气流进行较大幅度的加热和冷却，因而能量消耗相对较少。

现有研究表明，光催化氧化可以使大多数烷烃、芳香烃、卤代烃、醇、醛和酮等有机物降解，还可以使有机酸发生脱碳反应。Alberici 等人在相同实验条件下，研究了 17 种挥发性有机物的光催化降解规律，结果发现，只有甲苯、异丙基苯、四氯化碳、甲基氯仿和吡啶等化合物的降解活性较差，其余 12 种挥发性有机物的光催化降解效果均很好。另一些研究还表明，含氮化合物较含磷、硫或氯化合物的降解速度慢。但目前，对挥发性有机物的气相光催化降解产物一直存在争议，一般认为挥发性有机化合物的光催化降解比较完全，主要生成 CO_2 和 H_2O，但目前越来越多的研究发现，光催化降解有大量的副产物生成，反应的最终产物的形式取决于反应时间、反应条件等因素。

2. 膜分离技术

膜法气体分离的基本原理是根据混合气体中各组分在压力的推动下透过膜的传递速率不同，从而达到分离目的。对不同结构的膜，气体通过膜的传递扩散方式不同，因而分离机理也各异。目前常见的气体通过膜分离的机理有两种：①气体通过多孔膜的微孔扩散机理；②气体通过非多孔膜的溶解-扩散机理。

膜分离技术的核心是膜，膜的性能主要取决于膜材料及成膜工艺。按材料的性质区分，气体分离膜材料主要有高分子材料、无机材料和金属材料三大类。就目前气体膜分离技术的发展而言，膜组件及装置的研究已日趋完善，而膜的发展仍有相当大的潜力。若在膜上有所突破，气体膜分离技术必将得到更大的发展。

与水处理的膜分离工艺相同，气体分离膜在具体应用时也必须装配成各种膜组件。气体分离膜组件常见的有平板式、卷式和中空纤维式三种。

膜分离方法可用于处理很多类型的污染物，包括苯、甲苯、二甲苯、甲基乙基酮、三氯甲烷、三氯乙烯、溴代甲烷、二氯甲烷、氯乙烯等。据报道，膜分离法的净化效果可达 90%～99.9%以上。膜分离法能回收有用物质，无二次污染，膜分离过程是一个连续的过程，使用比较方便，可应用于浓度波动较大的场合。采用的模件化结构易于安装和扩充处理能力。当气流中有机物浓度达到 1000×10^{-6}时，其经济性可与活性炭吸附相当。膜分离工艺最有希望的应用之处是用于净化那些冷凝和活性炭吸附效果不好的低沸点有机物和氯代有机物。膜分离法还可以应用于一些不适合活性炭吸附处理的场合，如一些低分子量的化合物和易于在活性炭表面聚合的化合物，其优于炭吸附之处在于省去了解吸和浓缩气进一步处理的麻烦。

3. 等离子净化技术

等离子净化技术系利用高能电子射线激活、电离、裂解工业废气中的各组分，从而发生氧化等一系列复杂的化学反应，将有害物转化为无害物或将有用的副产物加以回收的方法。

等离子体被称为物质的第 4 种形态，由电子、离子、自由基和中性粒子组成，是导电性流体，总体上保持电中性。等离子体按粒子温度的不同可分为热平衡等离子体（thermal plasma）和非热平衡等离子体（non-thermal equilibrium plasma）。热平衡等离子体中离子温度和电子温度相等；而非热平衡等离子体中离子温度和电子温度不相等，电子的温度高达数万度，中性分子的温度只有 300～500K，整个体系的温度仍不高，所以又称为低温等离子体（non-thermal or cold plasma）。等离子体中存在很多电子、离子、活性基和激发态分子等有极高化学活性的粒子，使得很多需要更高活化能的化学反应能够发生。

非平衡等离子体的产生方法很多，常见的有电子束照射法和气体放电法。

电子束照射法是利用电子加速器产生的高能电子束，直接照射待处理气体，通过高能电子与气体中的氧分子及水分子碰撞，使之离解、电离，形成非平衡等离子体，继而与污染物进行反应，使之氧化去除。该技术产生于 20 世纪 70 年代，由日本原子能研究所与荏原制作公司共同开发，最先应用于烟气脱硫、脱硝的研究中，结果表明其有效性和经济性优于常规技术。但是目前电子束照射法用于产生高能电子束的电子枪价格昂贵，电子枪及靶窗的寿命短。此外 X 射线的屏蔽与防护问题也不易解决，从而限制了它的实际应用。

气体放电法产生非平衡等离子体的种类较多，按电极结构和供能方式的差异，可将气体放电方法分为：电晕放电、介质阻挡放电和表面放电等。无论采用何种放电方法产生等离子体，它们的催化作用原理是一致的，都是以高能电子与气体分子的碰撞反应为基础。其净化机理包括两个方面：①在产生等离子体的过程中，高频放电产生瞬间高能量，打开某些有害气体分子的化学键，使其分解成单质原子或无害分子；②等离子体中包含大量的高能电子、离子、激发态粒子和具有强氧化性的自由基，这些活性粒子的平均能量高于气体分子的键能，它们和有害气体分子发生频繁的碰撞，打开气体分子的化学键，同时还会产生的大量·OH、·OH_2、·O 等自由基和氧化性极强的 O_3，它们与有害气体分子发生化学反应生成无害产物。在化学反应过程中，添加适当的催化剂，能使分子化学键松动或削弱，降低气体分子的活化能从而加速化学反应。

习题与思考题

1. 简述导致酸雨、温室效应以及臭氧层破坏的原因。

2. 根据我国《大气环境质量标准》的二级标准，求出 SO_2、NO_2、CO 三种污染物日平均浓度限值。

3. 简述颗粒污染物和气态污染物控制方法和设备。

4. 某一除尘装置处理含尘气体，入口粉尘的粒径分布和分级效率如下表所示，求该除尘装置的总效率。

粉尘粒径幅 d_p/μm	<5	5～8	8～11.7	11.7～16.5	16.5～22.6	22.6～33	33～47	>47
入口频数分布 $\Delta\phi_{1i}$/%	31	4	7	8	13	19	10	8
分级效率 η_i/%	61	85	93	96	98	99	100	100

5. 某燃煤电厂电除尘器的进口和出口的烟尘粒径分布数据如下表所示。若电除尘器总除尘效率为 98%，试确定分级效率。

粉尘粒径幅 d_p/μm	<0.7	0.7～1.0	1～3	3～5	5～8	8～20	20～30	>30
入口频数分布 $\Delta\phi_{1i}$/%	2.4	11.1	18.5	37	4	14	8	5
灰斗中颗粒物 $\Delta\phi_{2i}$/%	8	5	30	35	4	11	6.5	0.5

6. 有一两级除尘系统，已知系统的流量为 2.22m^3/s，工艺设备产生粉尘量 22.2g/s，各级除尘效率分别为 80%和 95%。试计算该除尘系统的总除尘效率、粉尘排放浓度和排放量。

7. 简述旋风除尘器中颗粒物的分离过程及影响粉尘捕集效率的因素。

8. 某净化系统用水吸收废气中的 SO_2，废气流量为 2.8m^3/s，SO_2 浓度为 1000$\mu L/L$，进塔的水中不含 SO_2，出塔的水中 SO_2 的浓度为 370mg/L，液气比为 86kmol 水/kmol 惰性气体。试求系统 SO_2 的排放量。

9. 现有设计一个固定床活性炭吸附系统流程的任务。给出以下数据：入口处气流流速 8500m^3/h（35℃和 101325Pa 下），此气流包括体积分数为 0.2%的 n-戊烷，吸附 3.5kg n-戊烷耗用 100kg 活性炭为最合适的活性炭用量。那么，如果使系统在两次吸附床再生期间运行 1h，每个吸附床所需的最少活性炭量（用 kg 表示）为多少？

10. 有一含甲苯废气的净化系统，前级用回转轮吸附器吸附浓缩，后级用固定床吸附回收。已知初始废气流量为 1500m^3/h，甲苯浓度为 1g/m^3，浓缩比为 1∶10，要求排放浓度不大于 150mg/m^3，吸附床层对甲苯的活性为 0.2kg 甲苯/kg 活性炭，脱附率为 90%，吸附周期取 8h。试计算固定床吸附器的装炭量。

第六章　固体废物的处理与处置工程

第一节　固体废物污染概述

一、固体废物的来源及分类

1. 固体废物的来源

固体废物是指人类在生产建设、日常生活和其它活动中产生，在一定时间和地点无法利用而被丢弃的污染环境的固体、半固体废物质。

目前，全世界固体废物每年的产生量约为 70×10^{8}t，其中，美国约占一半；我国每年固体废物产量约 8×10^{8}t，仅次于美国。我国历年来固体废物累积存量超过 600×10^{8}t，其中生活垃圾约 60×10^{8}t，且每年以 8%～10%的速度增长。据统计，2008 年我国 668 座城市产生生活垃圾 1.5×10^{8}t/a，其中只有不到 10%达到处理标准或资源化利用。我国垃圾侵占土地面积已超过 $5\times10^{8}m^{2}$，全国已有 200 多座城市出现垃圾围城现象。据统计 1981 年国内工业固体废物的产生量为 3.37×10^{8}t，1995 年达到 6.45×10^{8}t，增长了一倍，1998 年达到 8×10^{8}t，2008 年达到 600×10^{8}t。全国工业固体废物的累积存量更为惊人，侵占了大量的土地和农田。

中国在固体废物治理方面起步较晚，相对于废水、废气污染控制而言，其治理刚刚起步。就城市垃圾来说，主要存在以下问题：①处理方式单一，不利于城市可持续发展。随着经济社会的发展，城市垃圾的成分日趋复杂，单一的处理方式往往不能适应需要。国内城市垃圾主要采用填埋法处理，这种方法没有废物减量化和资源化目标，占用大量土地，浪费了可回收资源，不利于可持续发展。②处理技术差，管理落后，对环境影响大。由于填埋作业不规范，填埋场管理不严格，往往造成填埋场的废气、渗滤液严重污染附近环境。对于工业固体废物，我国还没有实现大规模的回收利用。危险固体废物由于对环境和人体健康的巨大威胁而受到国际社会的广泛重视，我国还需要进一步完善相关控制机制。图 6-1 是我国 1981～2003 年城市垃圾清运量与无害化处理率。

2. 固体废物的分类

固体废物按其组成可分为有机废物和无机废物；按形态可分为固态、半固态和液态废物；按污染特性可分为危险废物和一般废物；按来源分为工业固体废物、矿业固体废物、农业固体废物、有害固体废物和城市垃圾。在 1995 年颁布的《中华人民共和国固体废物污染环境防治法》中，将固体废物分为：①城市固体废物或城市生活垃圾；②工业固体废物；③危险废物。

城市固体废物或城市生活垃圾是指在城市居民日常生活中或在为日常生活提供服务的活动中产生的固体废物，如厨余物、废纸、废塑料、废织物、废金属、废玻璃陶瓷碎片、粪便、废旧电器等。城市居民家庭、城市商业、餐饮业、旅馆业、旅游业、服务业、市政环卫、交通运输业、文化卫生业和行政事业单位、工业企业单位以及水处理污泥等都是城市固体废物的来源。城市固体废物成分复杂多变，有机物含量高，主要成分为碳，其次是氧、氢、氮、硫。

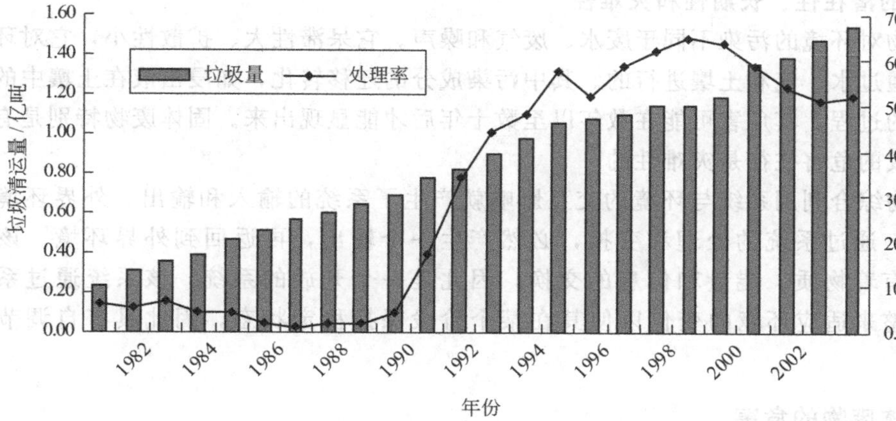

图 6-1 我国 1981～2003 年城市垃圾清运量与无害化处理率

工业固体废物是指在工业生产过程中产生的固体废物。按行业分有如下几类。①矿业固体废物：产生于采、选矿过程，如废石、尾矿等。②冶金工业固体废物：产生于金属冶炼过程，如高炉渣等。③能源工业固体废物：产生于燃煤发电过程，如煤矸石、炉渣等。④石油化工工业固体废物：产生于石油加工和化工生产过程。⑤轻工业固体废物：产生于轻工生产过程，如废纸、废塑料、废布头等。⑥其它工业固体废物：产生于机械加工过程，如金属碎屑、电镀污泥等。工业固体废物含固态和半固态物质，随着行业、产品、工艺、材料不同，污染物产量和成分差异很大。

危险废物是这种一种固体废物，由于不适当的处理、储存、运输、处置或其它管理方面，它能引起各种疾病甚至死亡，或对人体健康造成显著威胁（美国环保局，1976）。危险废物通常具有急性毒性、易燃性、反应性、腐蚀性、浸出毒性、疾病传播性。危险废物来源于工、农、商、医各部门乃至家庭生活。工业企业是危险固体废物的主要来源之一，集中于化学原料及化学品制造业、采掘业、黑色和有色金属冶炼及其压延加工业、石油工业及炼焦业、造纸及其制品业等工业部门，其中一半危险废物来自化学工业。医疗垃圾带有致病病原体，也是危险废物的来源之一。此外，城市生活垃圾中的废电池、废日光灯管和某些日化用品也属于危险废物。

二、固体废物的性质

1. 资源和废物的相对性

固体废物是在一定的时间和地点被丢弃的物质，是放错地方的资源，因此固体废物的“废”具有明显的时间和空间特征。从时间看，固体废物仅仅是相对于目前的科技水平和经济条件限制，暂时无法利用，随着时间的推移、科技水平的提高、经济的发展以及资源与人类需求矛盾的日益凸现，今日的废物必然会成为明日的资源。从空间角度看，废物仅仅是相对于某一过程或某一方面没有价值，但并非所有过程和所有方面都无价值，某一过程的废物可能成为另一过程的原料，例如，煤矸石发电、高炉渣生产水泥、电镀污泥回收贵金属等。“资源”和“废物”的相对性是固体废物最主要的特征。

2. 成分的多样性和复杂性

固体废物成分复杂、种类繁多、大小各异，既有有机物也有无机物，既有非金属也有金属，既有有味的也有无味的，既有无毒物又有有毒物，既有单质又有合金，既有单一物质又有聚合物，既有边角料又有设备配件。

3. 危害的潜在性、长期性和灾难性

固体废物对环境的污染不同于废水、废气和噪声。它呆滞性大、扩散性小，它对环境的影响主要是通过水、气和土壤进行的。其中污染成分的迁移转化，如浸出液在土壤中的迁移是一个缓慢的过程，其危害可能在数年以至数十年后才能显现出来。固体废物特别是有害废物对环境造成的危害往往是灾难性的。

固体废物综合利用系统与环境的交互影响就产生了系统的输入和输出。外界环境给系统一个输入，通过系统的处理和变换，必然产生一个输出，再返回到外界环境。该系统与环境之间有着物质、能量和信息的交换，因此是一个开放的系统，该系统通过系统部件的不断调整来适应环境的变化以使其在某个阶段保持稳定状态，因此具有自调节和自适应功能。

三、固体废物的危害

固体废物产生以后，须占地堆放，堆积量越大，占地越多。据估算，每堆积 1×10^4t 渣约须占地 1 亩。我国仅工、矿业废渣、煤矸石、尾矿堆累积量就达 66 亿多吨，占地 90 多万亩。随着生产的发展和消费的增长，垃圾占地的矛盾日益尖锐。即使是固体废物的填埋处置，若不着眼于场地的选择以及场地的工程处理和填埋后的科学管理，废物中的有害物质也会通过不同途径进入环境中，并对生物包括人类产生危害。中国许多城市利用市郊设置垃圾堆场，侵占了大量农田，对农田破坏严重。未经处理或未经严格处理的生活垃圾直接用于农田或仅经农民简易处理后用于农田，破坏了可耕地土壤的团粒结构和理化性质，致使土壤保水、保肥能力降低。随着生产的发展和消费的增长，垃圾占地的矛盾日益尖锐。固体废物的任意露天堆放，不但占用土地，而且其累积的存放量越多，所需的面积也越大。

固体废物是各种污染物的最终形态，其中的化学有害成分会通过环境介质——大气、水体和土壤参与生态系统的物质循环，具有潜在的、长期的危害性。因此，固体废物尤其是有害固体废物处理处置不当时，能通过各种途径危害人体健康。例如，工业废物所含化学成分形成的化学物质污染，能使人致病；生活垃圾是多种病原微生物的滋生地，能形成病原体型污染，病原体型微生物可传播疾病。未经处理的工业废弃物和生活垃圾简单露天堆放，占用土地，破坏景观，而且废物中的有害成分通过刮风进行空气传播，经过下雨进入土壤、河流或地下水源。固体废物污染环境的途径主要有以下几种。

1. 对土壤环境的影响

废物堆置，其中的有害组分容易污染土壤。如果直接利用来自医院、肉类加工厂、生物制品厂的废渣作为肥料施入农田，其中的病菌、寄生虫等就会造成土壤污染。人与污染的土壤直接接触，或生吃此类土壤上种植的蔬菜、瓜果，就会致病。当污染土壤中的病原微生物与其它有害物质随天然降水径流或渗流进入水体后就可能进一步危害人的健康。

固体废物及其淋洗和渗滤液中所含的有害物质会改变土壤的性质和土壤结构，并将对土壤中微生物的活动产生影响。这些有害成分的存在，不仅有碍植物根系发育和生长，而且还会在植物有机体内积蓄，通过食物链危及人体健康。土壤是许多细菌、真菌等微生物聚居的场所。这些微生物形成了一个生态系统，在大自然的物质循环中起着重要作用。工业固体废物，特别是有害固体废物，经过风化、雨雪淋溶、地表径流的侵蚀，产生高温和毒水或其它反应，能杀灭土壤中的微生物，使土壤丧失分解能力，导致草木不生。固体废物中的有害物质进入土壤后，还可能在土壤中发生积累。来自大气层核爆炸实验产生的散落物以及来自工业或科研单位的放射件固体废物也能在土壤中积累，并被植物吸收，进而通过食物进入人体。

20 世纪 70 年代，美国密密苏里州为了控制道路粉尘，曾把混有四氯二苯-对二嗯英（2,3,7,8-TCDD）的淤泥废渣当作沥青铺洒路面，造成多处污染。土壤中的 TCDD 浓度高达 300μg/L，污染深度达 60cm，致使牲畜大批死亡，人们备受多种疾病折磨。在居民的强烈要求下，美国环保局同意全市居民搬迁，并花费 3300 万美元买下该城镇的全部地产，还赔偿了市民的一切损失。我国内蒙古包头市的某尾矿堆积量已达 1500 万吨，使尾砂坝下游一个乡的大片土地被污染，居民被迫搬迁。据 2004（更新）年统计，我国受工业废渣污染的农田已超过 $12\times10^5hm^2$。来自大气层核爆炸实验产生的散落物以及来自工业或科研单位的放射性固体废物也能在土壤中积累，并被植物吸收，进而通过食物进入人体。

2. 对大气环境的影响

堆放的固体废物中的细微颗粒、粉尘等可随风飞扬，从而对大气环境造成污染。据研究表明：当风力在 4 级以上时，在粉煤灰或尾矿堆表层的 $\varphi=1\sim1.5$cm 以上的粉末将出现剥离，其飘扬的高度可达 20～50m 以上，在风季期间可使平均视程降低 30%～70%。而且堆积的废物中某些物质的分解和化学反应可以不同程度地产生废气或恶臭，造成地区性空气污染。例如煤矸石自燃会散发大量的二氧化硫。美国有 3/4 的垃圾堆散发臭气造成大气污染。一些有机固体废物在适宜的温度和湿度下被微生物分解，能释放出有害气体，以细粒状存在的废渣和垃圾，在大风吹动下会随风飘逸，扩散到远处。固体废物在运输和处理过程中，也能产生有害气体和粉尘。煤矸石自燃会散发大量的二氧化硫。在大量垃圾露天堆放的场区，臭气冲天，老鼠成灾，蚊蝇滋生，有大量的氨、硫化物等污染物向大气中释放，仅有机挥发性气体就多达 100 多种，其中含有许多致癌、致畸物。采用焚烧法处理固体废物已成为有些国家大气污染的主要污染源之一。

3. 对水环境的影响

在世界范围内，有不少国家直接将固体废物倾倒于河流、湖泊或海洋，甚至以后者当成处置固体废物的场所之一，应当指出，这是有违国际公约、理应严加管制的。固体废物随天然降水或地表径流进入河流、湖泊，或随风飘落入河流、湖泊，污染地面水，并随渗滤液渗透到土壤中，进入地下水，使地下水污染，废渣直接排入河流、湖泊或海洋，能造成更大的水体污染。

垃圾在堆放腐败过程中会产生大量的酸性和碱性有机污染物，并会将垃圾中的重金属溶解出来，是有机物、重金属和病原微生物三位一体的水体污染源，任意堆放或简易填埋的垃圾，其内部所含水量和淋入堆放垃圾中的雨水产生的渗滤液流入周围地表水体和渗入土壤，会造成地表水或地下水的严重污染，致使污染环境的事件屡有发生。废渣直接排入河流、湖泊或海洋，能造成更大的水体污染。生活垃圾未经无害化处理任意堆放，也已造成许多城市地下水污染。例如，德国莱茵河地区的地下水因受废渣渗滤液污染，导致自来水厂有的关闭，有的减产。即使无害的固体废物排入河流、湖泊，也会造成河床淤塞，水面减小，水体污染，甚至导致水利工程设施的效益降低或废弃。

我国沿河流、湖泊、海岸建立的许多企业，每年向附近水域排放大量灰渣。仅燃煤电厂每年向长江、黄河等水系排放灰渣就达 5×10^6t 以上。有的电厂排污口外的灰滩已延伸到航道中心，灰渣在河道中大量淤积，从长远看对其下游的大型水利工程是一种潜在的威胁。

美国的 Love canal 事件是典型的固体废物污染地下水事件。1930～1913 年，美国胡克化学工业公司在纽约州尼亚加拉瀑布附近的 Love canal 废河谷填埋了 2800 多吨桶装有害废物，1953 年填平覆土，在上面兴建了学校和住宅。1978 年大雨和融化的雪水造成有害废物外溢，而后就陆续发现该地区井水变臭，婴儿畸形，居民身患怪异疾病，大气中有害物质浓度超标500多倍，测出有毒物质82种，致癌物质11种，其中包括剧毒的二噁英。1978年，美国总统颁布法令，封闭了住宅和学校，710多户居民迁出避难，并拨出2700万美元进行补救治理。生活垃圾未经无害化处理任意堆放，也已造成许多城市地下水污染。

第二节 固体废物的处理技术

一、固体废物的收集与运输

1. 收集方法

生活垃圾的收集分为5个阶段：垃圾发生源到垃圾桶的过程；垃圾的清除；垃圾车按收集路线将垃圾桶中垃圾进行收集；运输至垃圾填堆场或转运站；垃圾由转运站送至最终处置场或填埋场。

目前我国城市垃圾分类的主体有居民、拾荒者等，分类的方式几乎都采取源头粗分，表6-1列出的是国内部分城市居民生活垃圾分类的类别。

表 6-1 部分城市居民生活垃圾分类的类别

城市	类　别	数量
广州	可回收物、大件垃圾、可燃垃圾、有害垃圾、其它垃圾	5
杭州	可回收物、大件垃圾、厨余垃圾、干垃圾	4
桂林	有机垃圾、无机垃圾和废品	3
厦门	可回收垃圾、厨余垃圾、有害垃圾、其它垃圾	4
深圳	厨余垃圾、大件垃圾、非厨余垃圾、有毒有害垃圾	4
南京	可回收垃圾、不可回收垃圾、有害垃圾	3
上海	可回收物、玻璃、有害垃圾、其它垃圾	4

生活垃圾分类是整个生活垃圾管理体系的基础，生活垃圾的运输、处理和回收都是在分类的基础上进行，分类应该由谁来实现，应该在什么阶段分，如何分，都是值得探讨的问题。表6-2列出的是部分国家和地区生活垃圾分类的相关执行机构。

表 6-2 部分国家和地区生活垃圾分类的相关执行机构

国家和地区	执行人员/机构
美国	居民、回收物经营者、商业机构、生产者
加拿大	居民、私营企业、环保团体、地方市政部门、非营利代理机构
日本	居民、当地市政当局、废物生产者
韩国	居民、市政当局、生产者、废物处理企业
菲律宾	政府、拾荒者、环卫工人、非正式团体、回收公司、废品回收站
中国香港	居民、食物环境卫生署、私人公司、生产商、生产力促进局、商业机构、减少废物委员会、社会团体
印度	居民、拾荒者、非正规部门、当地市政部门
法国	居民、公共企业、环境部
丹麦	居民、工业协会、废物公司、承包商、公共的废物管理组织
英国	生产者、非营利制造和非公共团体、地方当局
德国	居民、地区废物管理机构、收集处理公司、生产厂家、销售者、行业组织
瑞典	居民、政府回收站、废物回收公司、垃圾处理公司
澳大利亚	行业协会等
中国台湾	居民、废物处理公司、资源回收管理基金管理委员会
马来西亚	废物管理全部私有化，私人投资财团
泰国	工业部、私人团体
土耳其	地方市政部门、私人投资者、废品商人
新加坡	环境部下属国有企业、私营企业、个体户

从表中可以看出，大部分国家的分类主体中都有居民存在，而居民又是整个城市生活垃圾的主要产生者，处在生活垃圾的源头位置。居民的分类也就是生活垃圾管理战略中提到的"源头分类"，它对于生活垃圾管理的优先战略"源削减"十分重要。

除此之外，频繁被列入执行机构的还有生产者、私人公司和政府下属机构。生产者指的是以企业为代表的生产者，它们产生的废物包括工业废物和与生活消费有关的废物，比如饮料瓶、包装盒、家电等，在分类中它们承担的责任是回收自己生产的消费品使用后产生的废物。经过居民分类收集的垃圾，如何在运输过程保证不被重新混合是分类运输需要注意和解决的问题，运输车辆的结构、运输路线、运输设备和人员、运输频率等都是需要认真设计的环节。垃圾的收集方法分固定式和移动式两种，即固定容器收集法和移动容器收集法。

（1）固定容器收集法　固定容器收集法是指用垃圾车到各容器集装点装载垃圾，容器倒空后再放回原地，收集车装满后运往转运站或处理处置场。其特点是垃圾贮存容器始终固定停留在原处不动。固定容器收集法的操作过程如图 6-2 所示。

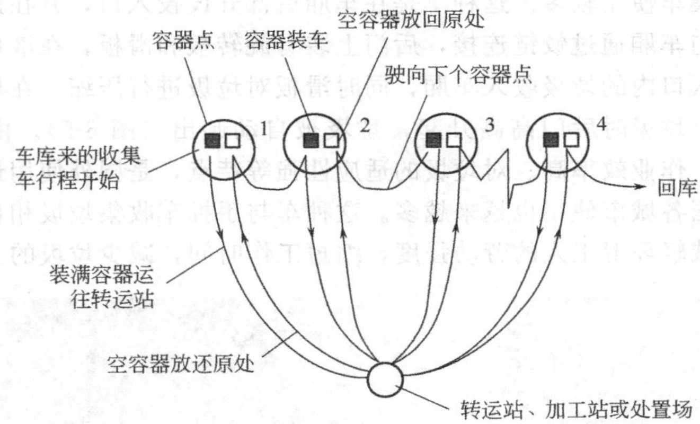

图 6-2　固定容器收集法的操作过程

（2）移动容器收集法　移动容器收集法是指将某集装点装满的垃圾连同容器一起运往中转站或处理处置场，卸空后再将空容器送回原处，然后，收集车再到下一个容器存放点重复上述操作过程（图 6-3）。当然，也可将卸空的容器送到下一个集装点而不是送回原处，同时把该集装点装满垃圾的容器运走，这种收集法也称改进移动容器收集法。

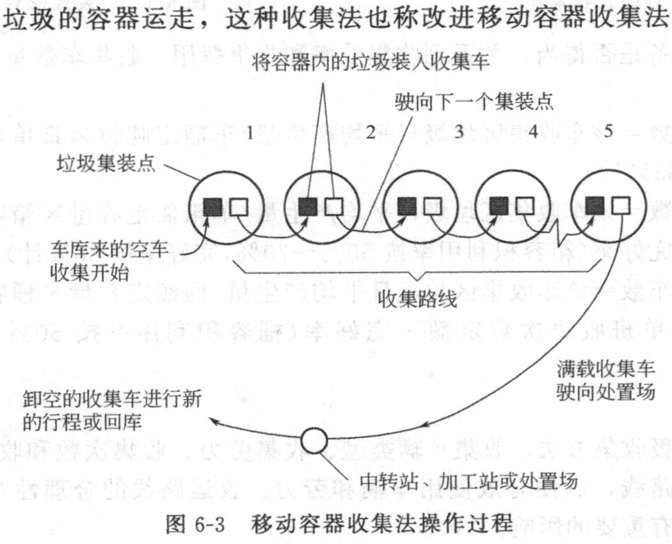

图 6-3　移动容器收集法操作过程

2. 收集车和收集站

垃圾收集车的形式有多种多样，不同城市可根据当地的经济、交通、垃圾组成特点、垃圾收运系统的构成等实际情况，开发和选择使用与其相适应的垃圾收集车。国外垃圾收集清运车都有自己的收集车分类方法和型号规格。我国目前尚未形成垃圾收集车的分类体系，型号规格和技术参数也无统一标准。下面简要介绍几种国内外常用垃圾收集车的工作过程和特点。同时，对管道真空收集系统、垃圾收集站的工作过程也将进行简要的介绍。

(1) 人力车　人力车包括手推车、三轮车等靠人力驱动的车辆，人力车在发达国家已不再使用，但在我国尤其是小城镇或大中城市街道比较狭窄的区域仍发挥着重要的作用。

(2) 自卸式收集车　这是国内最常用的收集车，一般是在普通货车底盘上加装液压倾卸机构和装料箱后改装而成。通过液压倾卸机构可使整个装料箱体翻转，进行垃圾的自动卸料(图6-4)。

(3) 密封压缩收集车　根据垃圾装填位置，可分为前装式、侧装式和后装式三种类型，其中后装式密封压缩收集车使用较多。这种车是在车厢后部开设投入口，并在此部位装配有一压缩推板装置。后门与车厢通过铰链连接，后门上装有旋转板和滑板，在液压油缸的驱动下，旋转板旋转，将投入口内的垃圾收入车厢，同时滑板对垃圾进行压缩。在后门的底部还设计有污水收集箱。排出垃圾时后门高高升起，垃圾被自动卸出（图 6-5）。由于其具有压缩能力强、装载容积大、作业效率高、对垃圾的适应性强等特点，是国外使用最为广泛的一种收集车。近几年在我国各城市使用也越来越多。这种车与手推车收集垃圾相比，工效可提高 6 倍以上，并可大大减轻环卫工人的劳动强度，缩短工作时间，减少垃圾的二次污染。

图 6-4　自卸式收集车

图 6-5　后装式密封压缩收集车

收集车数量配备是否得当，关系到收集效率和收集费用。收集车数量的配备可参照下列公式计算：

自卸式收集车数＝该车收集区垃圾日平均产生量/车额定吨位×日单班收集次数定额×完好率(完好率按 85%计)

多功能收集车数＝该车收集区垃圾日平均产生量/车箱额定容量×箱容积利用率×日单班收集次数定额×完好率(箱容积利用率按 50%～70%,完好率按 80%计)

后装密封收集车数＝该车收集区垃圾日平均产生量/桶额定容量×桶容积利用率×日单班装桶数定额×日单班收集次数定额×完好率(桶容积利用率按 50%～70%,完好率按80%计)

3. 收运路线

在城市生活垃圾收集方法、收集车辆类型、收集劳力、收集次数和收集时间确定以后，就可着手设计收运路线，以便有效使用车辆和劳力。收运路线的合理性对整个垃圾收运水平、收运费用等都有重要的影响。

一条完整的垃圾收集清运路线通常由“收集路线”和“运输路线”组成。前者指收集车在指定街区收集垃圾时所遵循的路线；后者指装满垃圾后，收集车为运往转运站（或处理处置场）所走过的路线。收运路线的设计应遵循如下原则：①每个作业日每条路线限制在一个地区，尽可能紧凑，没有断续或重复的线路；②工作量平衡，使每个作业、每条路线的收集和运输时间都大致相等；③收集路线的出发点从车库开始，要考虑交通繁忙和单行街道的因素；④在交通拥挤时间，应避免在繁忙的街道上收集垃圾。

设计收集路线的一般步骤如下：①准备适当比例的地域地形图，图上标明垃圾清运区域边界、道口、车库和通往各个垃圾集装点的位置、容器数、收集次数等，如果使用固定容器收集法，应标注各集装点垃圾量；②资料分析，将资料数据概要列为表格；③收集路线的初步设计；④对初步设计的收集路线进行比较，通过反复试算进一步均衡收集路线，使每周各个工作日收集的垃圾量、行驶路程、收集时间等大致相等，最后将确定的收集路线画在收集区域图上。

4. 生活垃圾分类运输设施

生活垃圾运输主体的不同也反映出不同的运营模式，有由政府出资运营的运输公司，有以私人投资运营的私人运输公司，还有自组织的运营方式。比如印度生活垃圾的运输由市政当局雇佣的车承担，也由当地政府管理；莫斯科有 80 多家企业团体从事垃圾的收运，同时政府也拥有大型的运输公司，其比例各占 50%左右，形成了一个竞争局面。各个发达国家根据源头分类的不同，也会有不同的生活垃圾运输设备，但几乎所有的运输车都有数个分室，用以分装已经分类的生活垃圾。在加拿大的 Guelph 市，现在采用的是生活垃圾两分流法系统，该系统的一个最重要的优势是可以只用一辆两个分室的车收集生活垃圾，使得该市的公共系统将垃圾收集车辆从 13 辆减少到 9 辆，每辆卡车容积 $28m^3$，干湿垃圾按 3∶1 分开。湿垃圾被压实到 $0.35t/m^3$，干垃圾被压实到 $0.17t/m^3$，相比之下三分流法系统则需要两辆车或一辆车多次往返或轮周收集。所以说，运输车辆的数量、大小、路线、运输周期与源头分类有很大关系。

二、固体废物的压实技术

1. 压实的原理与作用

压实又称压缩，即利用机械的方法增加物料的容重和减少其体积，以增加物料的聚集程度。垃圾压实的作用有二：一是增大容重和减小体积，以便于装卸和运输、确保运输安全与卫生、降低运输成本和减少填埋占地；二是制取高密度惰性块料，便于贮存、填埋或作其它用途。例如，在城市垃圾的收集运输过程中，许多纸张、塑料和包装物具有很小的密度，占有很大的体积，必须经过压实才能有效地增大运输量，减少运输费用。如垃圾经多次压缩后，其密度可达 $1380kg/m^3$，体积比压缩前可减少一半以上，因而可大大提高运输车辆的装载效率。而惰性固体废物如建筑垃圾，经压缩成块后，用作地基或填海造地的材料，上面只需覆盖很薄土层即可再恢复利用，而不必等待其多年沉降后再开发利用。

因为容重易于测量，所以常用容重来表示物料的密实程度。在自然堆积状态下，单位体积物料的质量称为该物料的容重，以 kg/L、kg/m^3 或 t/m^3 表示。物料经压实处理后，其容重会发生变化。固体废物被压实的程度用压缩比表示。

压缩比是指固体废物压实前、后的体积之比，可用下式来表示：

$$R=V_f/V_i$$

式中，R 为固体废物体积压缩比；V_i 为废物压缩前的原始体积；V_f 为废物压缩后的最终体积。

当固体废物为均匀松散的物料时，其压缩比可以达到3～10倍。所谓压实处理，实际上就是通过消耗压力能来提高废物的容重。对固体废物实施的压力，根据不同物料有不同的压力范围，一般可以在几 kg/cm^2～几百 kg/cm^2（$1kg/cm^2=98066.5Pa$）。例如，近年来日本创造了一种高压压缩技术，对垃圾进行三次压缩，最后一次压力达 $258kg/cm^2$（约253MPa），最后制成垃圾块，密度可达到1125.4～$1380kg/cm^3$。

2. 压实设备与流程

固体废物的压实机有多种类型，它们可以分为固定式压实机和移动式压实机。固定式压实机又分为小型家用压实机和工业大型压实机。小型家用压实机可安装在橱柜下面，大型的可以压缩整辆汽车，每日可压缩成千吨的垃圾。不论何种用途的压实机，其构造主要由容器单元和压实单元两部分组成。容器单元接受废物，压实单元对物料施加压力。压实单元具有液压或气压操作之分，利用高压使废物致密化。固定式压实器一般设在废物转运站、高层住宅垃圾滑道底部以及需要压实废物的场合。移动式压实器一般安装在垃圾收集车上，接受废物后即行压缩，随后送往处理处置场地。图6-6所示为用于高层住宅垃圾压实的固定式压实机。

其工作过程如下：开始压缩，这时从滑道中落下的垃圾进入料斗；压缩臂全部缩回处于起始状态，垃圾充入压缩室内；压臂全部伸展，垃圾被压入容器中。如此反复，垃圾被不断充入，并在容器中压实。压实后的垃圾再装入其它运输工具上。

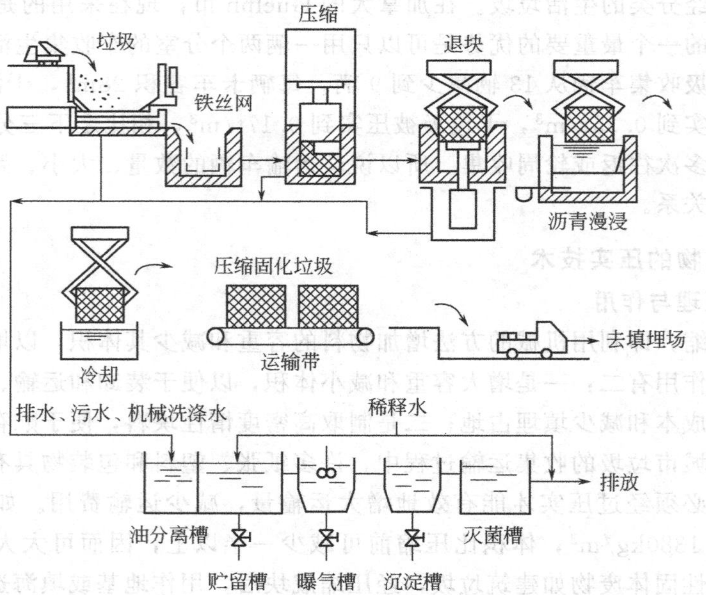

图 6-6 城市垃圾压实处理工艺流程

三、固体废物的破碎

1. 固体废物破碎的意义

固体废物破碎过程是减少其颗粒尺寸使之质地均匀，从而可降低空隙率、增大容重的过程。据有关研究表明，经破碎后的城市垃圾比未经破碎时其容重增加25%～50%，且易于压实，同时还带来其它好处，如减少臭味、防止鼠类繁殖、破坏蚊蝇滋生条件、减少火灾发生机会等。这一处理技术对大规模城市垃圾的运输、物料回收、最终处置以及对提高城市垃圾管理水平，无疑具有特殊意义。

2. 固体废物的机械强度和破碎方法

固体废物的机械强度是指固体废物抗破碎的阻力，通常采用静载下测定的抗压强度、抗拉强度、抗剪强度、抗弯强度。

破碎可分为机械能破碎（压碎、劈碎、折碎、磨碎、冲击破碎）和非机械能破碎。

（1）破碎比与破碎段　在破碎过程中，原废物粒度与破碎产物粒度的比值称为破碎比。

用废物破碎前的最大粒度与破碎后最大粒度的比值来确定的破碎比称为极限破碎比（根据最大块直径来选择破碎机给料口宽度）。

用废物破碎前的平均粒度与破碎后平均粒度的比值来确定的破碎比称为真实破碎比。

（2）破碎流程

① 单纯的破碎流程：特点是简单、操作控制方便、占地少；对产品粒度要求不高时适用。

② 带预先筛分的破碎流程：相对减少进入破碎机的总给料量，有利于节能。

③ 带检查筛分及兼有检查和预先筛分的破碎流程：能获得全部符合粒度要求的产品。

3. 固体废物破碎机械

用于城市垃圾破碎的机械大体有三种类型：锤式破碎机、剪切破碎机与颚式破碎机。

（1）锤式破碎机　锤式破碎机可分为单转子和双转子两种。单转子又分为可逆式和不可逆式两种。目前普遍采用可逆式单转子破碎机。其工作原理是：固体废物自上部给料口给入机内，立即遭受高速旋转的锤子的打击、冲击、剪切、研磨等作用而被破碎。锤子以铰链方式装在各圆盘之间的销轴上，可以在销轴上摆动。电动机带动主轴、圆盘、销轴及锤子以高速旋转。这个包括主轴、圆盘、销轴和锤子的部件称为转子。在转子的下部设有筛板，破碎物料中小于筛孔尺寸的细粒通过筛板排出；大于筛孔尺寸的粗粒被阻流在筛板上，并继续受到锤子的打击和研磨，达一定颗粒度时，通过筛板排出。

（2）剪切破碎机　这类破碎机安装有固定刃和可动刃，可动刃又分为往复刃和回转刃，其作用是将固体废物剪切成段或小块。往复剪切式破碎机其固定刃和可动刃通过下端活动铰轴连接，犹似一把无柄剪刀，开口时侧面呈 V 字形破碎腔，固体废物投入后，通过液压装置缓缓将活动刃推向定刃，将固体废物剪成碎片（块）。

（3）颚式破碎机　颚式破碎机虽然是一种比较古老的破碎设备，但由于它构造简单、工作可靠、制造容易、维修方便，至今仍获得广泛的应用（图 6-7）。颚式破碎机通常都是按照可动颚板（动颚）的运动特性来进行分类的，工业中应用最广的主要有以下两种类型，即简单摆动颚式破碎机和复杂摆动颚式破碎机。

4. 低温破碎

（1）低温破碎原理　低温破碎技术是利用一些固体废物中所具有的各种材质在低温下的脆性温差，控制适宜温度，使不同材质变脆，然后进行破碎，最后进行分选。

例如：聚氯乙烯（PVC）脆化点为－20～－5℃，聚乙烯（PE）的脆化点为－135～－95℃，聚丙烯（PP）的脆化点为－20～0℃，对于这三种材料的混合物进行分选和回收，只需控制适宜温度，就可以将其破碎，并进行分选。

（2）低温破碎的优点

① 破碎后的同一种物料均匀，尺寸大体一致，形状好，便于分离利用。

② 复合材料经过低温破碎后，分离性能好，资源的回收率和回收的材质的纯度都比较高，并且很容易分离出混在其中的非塑料物质。

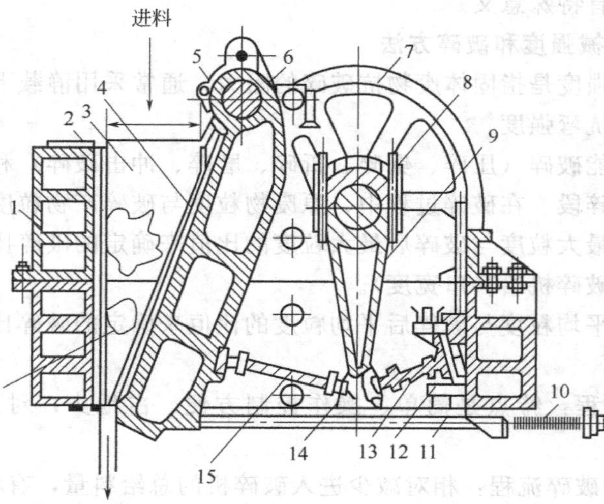

图 6-7 简单摆动颚式破碎机结构示意图

1—机架；2，4—破碎齿板；3—侧面衬板；5—可动颚板；6—心轴；7—飞轮；8—偏心轴；9—连杆；10—弹簧；11—拉杆；12—楔块；13—后推力板；14—肘板支座；15—前推力板；16—物料

③ 使用的冷媒一般采用无毒无味无爆炸性液氮，并且原料易得到。

④ 对于极难破碎的并且塑性极高的氟塑料废物，采用液氮低温破碎，能够获得碎块和高分散度的粉末。

(3) 低温破碎的处理对象　常温破碎装置噪声大、振动强、产生粉尘多，过量消耗能量。低温破碎所需动力为常温破碎的 1/4，噪声约降低 7dB，振动减轻 1/5～1/4。但是液氮消耗量大，以塑料加橡胶复合制品为例，每吨需 300kg 液氮。

当前低温破碎技术发展的关键是液氮的制备问题。这一技术需要耗用大量能源使空气液化，然后从液态空气中分离液氮。从经济上考虑，低温破碎处理只有以常温下难以破碎的合成材料（橡胶、塑料）为处理对象时才可取。

5. 湿式破碎

湿式破碎原理：湿式破碎是利用特制的破碎机将投入机内的含纸垃圾和大量水流一起剧烈搅拌和破碎成为浆液的过程，从而可以回收垃圾中的纸纤维。湿式破碎的优点：

① 使含纸垃圾变成均质浆状物，可按流体处理。

② 不滋生蚊蝇、无恶臭、卫生条件好。

③ 噪声低，无发热、粉尘等危害。

④ 可回收有色金属、铁、纸纤维等，剩余泥土可以做堆肥。

四、固体废物的分选技术

分选是指通过各种方法，把垃圾中可回收利用的或不利于后续处理、处置工艺要求的物料分离出来的过程。这是固体废物处理工程中重要的处理环节之一。依据废物的物理和化学性质的不同，可选择不同的分选方法，这些性质包括粒度、密度、磁性、电性、光电性、摩擦性、弹性和表面湿润性等。相应的分选方法有筛选（分）、重力分选、磁力分选、电力分选、光电分选、摩擦及弹性分选、浮选等。

1. 筛分

(1) 筛分原理　利用筛子使物料中小于筛孔的细粒物料透过筛面，而大于筛孔的粗粒物料留在筛面上，完成粗、细料分离的过程。筛分效率（E）是指实际得到的筛下产品质量（Q_1）与入筛废物中所含小于筛孔尺寸的细粒物料质量（αQ）之比，用百分数表示。

$$E=Q_1/(Q\times\alpha/100)\times100\%$$

（2）固体废物性质的影响 废物中“易筛粒”含量越多，筛分效率越高；而粒度接近筛孔尺寸的“难筛粒”越多，筛分效率越低。含水率和含泥量对筛分效率也有一定影响。废物外表水分会使细粒结团或附着在粗粒上而不宜透筛。当废物中含泥量高时，稍有水分也能引起细粒结团，使效率降低。另外，废物形状对筛分效率也有影响，一般球形、立方形、多边形颗粒筛分效率较高；而颗粒呈扁平状或长方块，用方形或圆形筛孔的筛子筛分，其筛分效率越低。

（3）筛分设备性能的影响 有效筛分面积越高，筛分效率越高；筛子的运动强度太高或太低效率均不高，只有运动强度合适时才能保持较高的效率；负荷相等时，筛面宽度越窄，废物层越厚，不利于细粒接近筛面；筛面过宽使废物筛分时间太短，一般宽长比为1∶(2.5～3)；筛面倾角过小不利于筛上产品的排出，过大排出速度过快，筛分时间短，效率低，一般以15°～25°较适宜。

（4）筛分条件的影响 在筛分操作中应注意连续均匀给料，使废物沿整个筛面宽度铺成一薄层，既充分利用筛面，又便于细粒透筛，提高筛子的处理能力和筛分效率。及时清理和维修筛面也是保证筛分效率的重要条件。

（5）筛分设备 最常用的筛分设备有以下几种类型。

① 固定筛。由许多平行排列的筛条组成，可水平也可倾斜安装，有格筛（粗破碎之前）和棒条筛（粗中破碎之前）之分。具有构造简单、不耗动力、设备费用低和维修方便的特点，多适用于粗粒废物（尺寸≥50mm）。

② 滚筒筛（转筒筛、筒形筛）。为一缓慢旋转（10～15r/min）的圆柱形或截头圆锥形筛分面，前者以与筛筒轴线成倾角3°～5°安装，滚筒筛结构见图6-8。

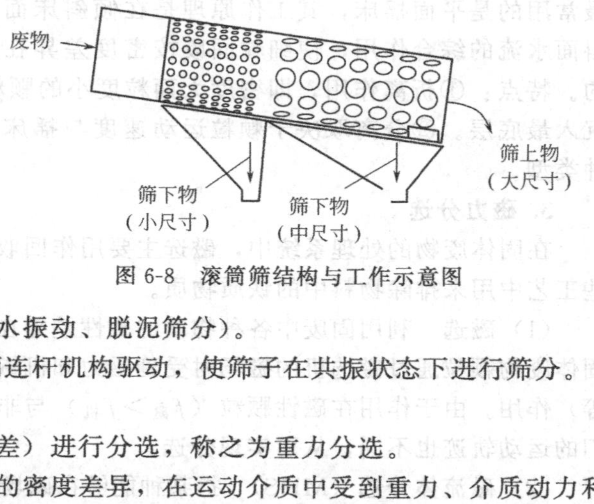

图6-8 滚筒筛结构与工作示意图

③ 振动筛。工业部门应用广泛的一种设备。

通过振动，物料在筛面上发生离析，密度大而粒度小的颗粒透过密度小而粒度大的颗粒的空隙进入下层到达筛面。可消除筛孔堵塞，有利湿物料筛分，适应性广（粗、中、细颗粒均可，脱水振动、脱泥筛分）。

④ 共振筛。利用连杆装有弹簧的曲柄连杆机构驱动，使筛子在共振状态下进行筛分。

2. 重力分选

根据固废在介质中的密度差（或重力差）进行分选，称之为重力分选。

（1）基本原理 利用不同物质颗粒间的密度差异，在运动介质中受到重力、介质动力和机械力的作用，使颗粒群产生松散分层和迁移分离，从而得到不同密度的产品。按介质不同，固体废物的重选可分为重介质分选、跳汰分选、风力分选和摇床分选等。各种重选过程具有的共同工艺条件是：①固体废物中颗粒间必须存在密度差异。②分选过程都是在运动介质中进行的。③在重力、介质动力及机械力的综合作用下，使颗粒群松散并按密度分层。④分好层的物料在运动介质流的推动下互相迁移，彼此分离，并获得不同密度的最终产品。

（2）重介质分选 重介质分选原理是在重介质中使固体废物中的颗粒群按密度分开的方

法。重介质密度介于固体废物中轻物料密度和重物料密度之间，是高密度的固体微粒（加重质）和水构成的固液两相分散体系，为非均匀介质。加重质是高密度固体微粒起加大介质密度的作用，均匀分散在水中。常见的加重质如硅铁，其含硅量13%～18%，密度6.8g/cm^3，可配制成密度为3.2～3.5g/cm^3的重介质；磁铁矿，密度5.0g/cm^3，用含铁60%以上的铁精矿粉可制得密度达2.5g/cm^3重介质。对重介质性能的要求为密度高、黏度低，化学稳定性好、无毒、无腐蚀性，易回收再生。重液是可溶性高密度盐溶液（$CaCl_2$、$ZnCl_2$等）或高密度有机液体（CCl_4、$CHCl_3$、$CHBr_3$、四溴乙烷等）。

（3）跳汰分选　跳汰分选原理：是在垂直变速介质流中按密度分选固废的一种方法。分选介质可以是水，也可以是空气，目前常用水作跳汰介质，称为水力跳汰，其设备称跳汰机。位于跳汰机筛板上的物料，在垂直脉动运动介质中按密度分层，小密度的颗粒群进入上层，被水平介质（水流）带到机外成为轻产物；大密度的颗粒群集中到下层，透过筛板或其它装置排出成为重产物，从而实现物料分离。

（4）风力分选　风力分选/气流分选：以空气为分选介质，在气流作用下使固体废物颗粒按密度和粒度大小进行分选。密度小的颗粒粒度（d_{r1}）与密度大的颗粒粒度（d_{r2}）之比称为等降比。因而风力分选过程是以各种固体颗粒在空气中的沉降规律为基础的（实际上各种重力分选方法都是利用混合固体中的各种颗粒在分选介质中随不同受力下的沉降情况而分离的）。按工作气流的主流向可分为以下三种：①垂直气流（立式）风选机。优点：分选精度高，操作极简便，应用最广泛。②水平气流（卧式）风选机。优点：构造简单，维修方便。缺点：分选精度低，一般很少单独使用。③倾斜气流风选机。采用风力分选设备时，一般要求垃圾中无机物含量低，含水率低（小于45%），并预先破碎到一定粒度。

（5）摇床分选　是细粒（微粒）固体物料分选应用最为广泛的方法之一。目前主要用于从含硫铁矿较多的煤矸石中回收硫铁矿，是一种分选精度很高的单元操作。在摇床分选中最常用的是平面摇床，其工作原理是在倾斜床面上，利用床面的不对称往复运动和薄层斜面水流的综合作用，使细粒固废按密度差异在床面上呈扇形分布，从而达到分选的目的。特点：①析离作用，即密度大而粒度小的颗粒钻过密度轻而粒度大的颗粒间的空隙，沉入最底层。②分离取决于颗粒运动速度与摇床方向的夹角。③斜面薄层水流分选的一种类型。

3. 磁力分选

在固体废物的处理系统中，磁选主要用作回收或富集黑色金属（强磁性组分），或在某些工艺中用来排除物料中的铁质物质。

（1）磁选　利用固废中各种物质的磁性差异在不均匀磁场中进行分选的一种处理方法。固体废物颗粒通过磁选机的磁场时受到磁力和机械力（重力、摩擦力、流动阻力、静电引力等）作用。由于作用在磁性颗粒（$f_{磁}>f_{机}$）与非磁性颗粒（$f_{磁}<f_{机}$）的合力不同，使它们的运动轨迹也不同，从而实现分选。

（2）磁流体分选（MHS）　指某种能够在磁场或电场和磁场的联合作用作用下磁化，呈现似加重现象，对颗粒产生磁浮力作用的稳定分散液（强电解质溶液、顺磁性溶液和铁磁性胶体悬浮液）。

① 磁流体分选原理。利用磁流体作为分选介质，在磁场或电场的联合作用下产生“加重”作用，按固废各种组分的磁性和密度的差异，或磁性、导电性和密度的差异，使不同组分分离。

② 磁流体分选类型。

a. 磁流体动力分选（MHDS）。在磁场与电场的联合作用下，以强电解质为分选介质，按固废中各组分间密度、比磁化率和电导率的差异使不同组分分离，多在固废各组分间电导率差时采用。优点：电解质溶液价廉、分选设备简单、处理能力大。缺点：分离精度低。

b. 磁流体静力分选（MHSS）。在非均匀磁场中，以顺磁性溶液和铁磁性胶粒悬浮液为分选介质，按固废中各组分间密度、比磁化率和电导率的差异使不同组分分离，多在要求分离精度高时采用。优点：介质黏度小、分离精度高。缺点：分选设备较复杂、介质价格高，回收困难，处理能力较小。

③ 分选介质。介质要求磁化率高、密度大、黏度低、稳定性好、无毒、无刺激性、无色透明、价廉易得。顺磁性盐溶液如 Mn、Fe、Ni、Co 盐的水溶液，总计约 30 余种，此种介质黏度低、无毒。铁磁性胶粒悬浮液多用超细粒磁铁矿胶粒作分散质，用油酸、煤油等非极性液体介质并加表面活性剂为分散剂调制而成，此种介质黏度高、稳定性差、回收再生难。

4. 电力分选

电选是利用垃圾中各组分在高压电场中电性的差异而实现分选的一种方法。电选分离过程是在电选设备中进行，废物颗粒在电晕-静电复合电场电选设备中的分离。

5. 浮选

在固废与水调制的料浆中，加入浮选药剂，并通过空气形成无数细小气泡，使欲选物质颗粒黏附在气泡上，随气泡上浮于料浆表面成为泡沫层，然后刮出回收，不浮的颗粒仍留在料浆内，通过适当处理后废弃。

（1）浮选药剂　据药剂在浮选过程中的作用，可分为以下几种。捕收剂：能选择性地吸附在欲选物质颗粒表面，使其疏水性增强，可浮性提高，分异极性（黄药、油酸）和非异极性油类（煤油）两种。起泡剂：表面活性物质，主要作用在水-气界面上使其界面张力降低，促使空气在料浆中弥散，形成小气泡，增大分选界面，提高气泡与颗粒黏附和上浮过程中的稳定性，以保证气泡上浮形成泡沫层，常用的有松油、松醇油、脂肪醇等。调整剂：调整颗粒表面之间的作用力，也可调整料浆的性质，提高浮选过程的选择性，其种类包括活化剂、抑制剂、介质调整剂、分散与混凝剂等。

（2）气浮分类

① 电解气浮法。在直流电的电解作用下，正极产生氢气，负极产生氧气，微气泡。具有除 BOD、氧化、脱色等多种作用，去除污染物范围广，污泥量少，占地少，但电耗大。

② 散气气浮法。分扩散板曝气气浮和叶轮气浮法两种。扩散板曝气气浮压缩空气通过扩散装置以微小气泡形式进入水中，简单易行，但容易堵塞，气浮效果不好。叶轮气浮法适用于处理水量不大、污染物浓度高的废水。

③ 溶气气浮法。根据气泡析出时所处的压力不同，分为溶气真空气浮和加压溶气气浮。

6. 摩擦与弹跳分选

摩擦与弹跳分选是根据废物中各组分的摩擦系数和碰撞系数的差异，在斜面上运动或与斜面碰撞弹跳时，产生不同的运动速度和弹跳轨迹实现彼此分离的一种处理方法。颗粒沿斜面运动，当斜面倾角大于颗粒的摩擦角时，颗粒将沿斜面向下滑动，否则颗粒将不产生滑动。

碰撞后弹跳的速度（u）和碰撞前速度（v）的比值称为碰撞恢复系数（k），即 $k=u/v=(h/H)/2$，k 值表示颗粒碰撞的弹性性质，当 $k=1$ 时，$u=v$，$h=H$，此时表示颗粒为完全弹性碰撞。当 $k=0$ 时，$u=0$，$h=0$，表示颗粒为塑性碰撞。

五、固体废物的脱水和干燥

1. 固体废物的脱水

固体废物的脱水问题常见于城市污水与工业废水处理厂产生的污泥处理以及类似于污泥含水率的其它固体废物的处理。凡含水率超过90%的固体废物，必须先脱水减容，以便于包装、运输和资源化利用。固体废物的脱水方法很多，主要有浓缩脱水、机械脱水和自然干化脱水。

(1) 浓缩脱水　浓缩脱水主要用于污水处理厂产生的污泥，目的是除去污泥中的间隙水，缩小污泥体积，为污泥的输送、消化、脱水、利用与处置创造条件。污泥浓缩的方法主要有重力浓缩法、气浮浓缩法和离心浓缩法三种。

(2) 机械脱水　包括机械过滤脱水与离心脱水两种类型。机械过滤脱水是以过滤介质两边的压力差为动力，将水分强制通过过滤介质成为滤液，固体颗粒被截留成为滤饼，达到固液分离的目的。过滤机械常采用真空抽滤脱水机和压滤机。离心脱水是利用高速旋转作用产生的离心力，将密度大于水的固体颗粒与水分离的操作。

(3) 自然干化脱水　自然干化脱水是城市污水厂污泥常采用的利用自然蒸发和底部滤料、土壤过滤脱水的一种方法，称为污泥干化场或晒泥场。

2. 固体废物的干燥

干燥操作主要应用于破碎分选后的城市垃圾中的轻物料，利用这类轻物料进行能源回收或焚烧处理时，需先干燥，以达到去水、减重的目的。干燥器有三种加热方式，即对流、传导与辐射。固体废物干燥过程多采用对流加热，其加热器有多膛转盘干燥器、循环履带干燥器等。干燥炉有旋转筒式、流化床式和喷撒式等多种炉型。

六、有毒有害固体废物的化学处理和固化

1. 固体废物的化学处理

化学处理是针对固体废物中易于对环境造成严重后果的有毒有害化学成分，采用化学转化的方法，使之达到无害化。由于这类化学转化反应的条件较为复杂，受多种因素影响，因此，化学处理仅限于对单一成分或几种化学性质相近的混合成分进行处理。对于不同成分的混合物，采用化学处理方法往往达不到预期的效果。化学处理方法主要包括中和法与氧化还原法。

(1) 中和法　中和法是处理酸性或碱性废水常用的方法。对固体废物主要用于化工、冶金、电镀与金属表面处理等工业中产生的酸、碱性泥渣。这类泥渣对土壤与水体均会造成危害。中和反应设备可以采用罐式机械搅拌或池式人工搅拌，前者多用于大规模中和处理，而后者多用于间断的小规模处理。

(2) 氧化还原法　通过氧化或还原化学处理，将固体废物中可以发生价态变化的某些有毒成分转化为无毒或低毒且具有化学稳定性的成分，以便无害化处置或进行资源回收。

① 铬渣干式还原处理。利用一氧化碳与硫酸亚铁为还原剂的干式还原处理是以CO与H_2为还原剂，使渣中含有的Cr(Ⅵ)还原为Cr(Ⅲ)，并在密封条件下水淬，然后投加适量硫酸亚铁与硫酸混合，以巩固还原效果。

② 铬渣湿式还原法。铬渣湿式还原处理是利用碳酸钠溶液处理经过湿磨过筛（100目）后的铬渣，使其中的酸溶性铬酸钙与铬铝酸钙转化为水溶性铬酸钠而被浸出，由浸出液中可以回收铬酸钠产品。余渣再用硫化钠溶液处理，使剩余的Cr(Ⅵ)还原为Cr(Ⅲ)，加硫酸中和，并用硫酸亚铁固定过量S^{2-}。经处理后的铬渣已为无毒渣。

2. 固体废物的固化处理

(1) 固化处理是利用物理或化学方法将有害固体废物固定或包容在惰性固体基质内，使

之呈现化学稳定性或密封性的一种无害化处理方法。固化后的产物应具有良好的机械性能以及抗渗透、抗浸出、抗干、抗湿与冻、抗融等特性。

(2) 固化处理的基本要求 ①有害废物经固化处理后所形成的固化体应具有良好的抗渗透性、抗浸出性、抗干湿性、抗冻融性及足够的机械强度。②固化过程中材料和能量消耗要低，增容比要低。③固化工艺过程简单、便于操作。④固化剂来源丰富，价廉易得。⑤处理费用低。

(3) 水泥固化 水泥固化是以水泥为固化基质，利用水泥与水反应后可形成坚固块体的特征，将有害废物包容其中，从而达到减小表面积、降低渗透性，使之能在较为安全的条件下运输与处置。水泥品种较多，可根据废物性质、当地水泥生产情况、处理费用等因素进行选择。水泥固化是对有害废物处理较为成熟的方法，具有工艺设备简单、操作方便、材料来源广泛、费用相对较低、产品机械强度较高等优点。这一方法在原子能工业固体与液体废物处理中已得到广泛应用，常用于电镀业污泥的固化处理、含汞泥渣的固化处理、含砷泥渣的固化处理。

水泥固化的主要缺点是产品体积比原废物增大约 0.5～1.0 倍，致使最终处置费用增大。

(4) 石灰固化与应用 石灰固化是以石灰为固化基质，活性硅酸盐类为添加剂的一种固定废物的方法，工艺与设备大体与水泥固化相似。各项工艺参数应通过实验确定。添加剂主要采用粉煤灰与水泥窑灰，为提高强度，也可添加其它类型添加剂。石灰固化法适用于各种含重金属泥渣，并已应用于烟道气脱硫的废物（如钙基 SO_x）的固化中。这种固化方法除有水泥固化的缺点外，抗浸出性较差，易受酸性水溶液的侵蚀。

(5) 沥青固化与应用 沥青固化属于热塑性材料固化，以热塑性材料为固化基质的种类较多，除沥青之外，尚有聚乙烯、石蜡、聚氯乙烯等。在常温下这些材料为较坚固的固体，在较高温度下，有可塑性与流动性。利用这种特性对固体废物进行固化处理。

(6) 玻璃固化与应用 这种固化方法的基质为玻璃原料。将待固化的废物首先在高温下煅烧，使之形成氧化物，然后再与熔融的玻璃料混合，在 1000℃温度下烧结，冷却后形成十分坚固而稳定的玻璃体。

第三节 固体废物资源化利用与最终处理

一、固体废物的热处理技术

1. 焚烧技术

焚烧法是一种对城市垃圾进行高温热化学处理的技术。将垃圾送入焚烧炉中，在 800～1000℃高温条件下，垃圾中的可燃成分与空气中的氧进行剧烈的化学反应，放出热量，转化成高温燃烧气体和少量性质稳定的惰性残渣。通过焚烧可以使垃圾中可燃物氧化分解，达到减少体积、去除毒物、回收能量的目的。经焚烧处理后垃圾中的细菌和病毒能被彻底消灭，各种恶臭气体得到高温分解，烟气中的有害气体经处理达标排放。焚烧法减量化的效果最好，无害化程度高，且产生的热量可作能源回收利用，资源化效果好。该法占地少，处理能力可以调节，处理周期短，但建设投资大，处理成本高，处理效果受垃圾成分和热值的影响，是大中城市垃圾处理的发展方向。

我国城市生活垃圾处理起步较晚，近年来，我国一些城市先后建设了城市垃圾处理设施。如上海老港填埋场，杭州天子岭填埋场，上海安亭、无锡及常州堆肥厂，深圳焚烧发电厂等，具体采用何种工艺，应因地制宜。在常见的垃圾处理方法中，焚烧、填埋、堆肥的技术较为成熟，使用也较多。德国从1980年的4600个垃圾填埋场已降为1995年的527个。从2005年开始，德国严禁建设填埋场，废除垃圾直接填埋方式，包括污水厂污泥在内必须进行热处理，垃圾处理趋于彻底化和资源化。

(1) 可燃固体废物　从焚烧角度分析，城市生活垃圾可分为可燃和不可燃两部分：可燃垃圾如橡塑、纸张、破布、竹木、皮革、果皮及动植物、厨房垃圾等，其组分、物性和燃烧特性等非常复杂，不易直接填埋；不可燃垃圾如金属、建筑垃圾、玻璃、灰渣等，除可回收利用部分外，大多可直接安全填埋。

目前发达国家对于垃圾焚烧处理的投资回收形式主要有3个途径。销售收入：包括发电供热，销售从垃圾中分选出的金属和塑料等再生资源，利用垃圾烧结渣制作建材。垃圾收费：对居民和企事业单位实行垃圾收费，用于垃圾焚烧厂的补贴。其它税收补贴：政府从其它税收中提取部分资金用于垃圾焚烧厂的补贴。

(2) 热量的测定　热值指单位质量的固体废物燃烧释放出来的热量，kJ/kg。

粗热值（高位热值，HHV）：是指化合物在一定温度下反应到达最终产物的焓的变化，产物中水为液态。

净热值（低位热值，NHV）：是指化合物在一定温度下反应到达最终产物的焓的变化，产物中水为气态。

【例6-1】 某固体废物含可燃物60%、水分20%、惰性物20%。固体废物的元素组成为碳28%、氢4%、氧23%、氮4%、硫1%、水分20%、灰分20%。假设：①固体废物的热值为11630kJ/kg；②炉栅残渣含碳量5%；③空气进入炉膛的温度为65℃，离开炉栅残渣的温度为650℃；④残渣的比热容为0.323kJ/(kg·℃)；⑤水的汽化潜热2420kJ/kg；⑥辐射损失为总炉膛输入热量的0.5%；⑦炭的热值为32564kJ/kg，试计算这种废物燃烧后可利用的热值。

解：以固体废物1kg为计算基准。

惰性物的质量为1kg×20%=0.2kg

总残渣量为0.2kg/(1−0.05)=0.2105kg

未燃烧炭的量=0.2105−0.200=0.0105kg

未燃烧炭的热损失=32564kJ/kg×0.0105kg=340kJ

计算水的汽化潜热

总水量=固体废物原含水量+组分中氢与氧结合生成水的量

固体废物原含水量=1kg×20%=0.2kg

组分中氢与氧结合生成水的量=1kg×4%×9/1=0.36kg

总水量=(0.2+0.36)kg=0.56kg

水的汽化潜热：2420kJ/kg×0.56kg=1360kJ

辐射热损失为进入焚烧炉总能量的0.5%

辐射热损失=11630kJ×0.005=58kJ

残渣带出的显热=0.2105kg×0.323kJ/(kg·℃)×(650−65)℃=39.8kJ

可利用的热值=固体废物总含能量−各种热损失之和=11630−(340+1360+58+39.8)=9882.2kJ

(3) 固体废物焚烧的产物　可燃的固体废物基本是有机物，由大量的碳、氢、氧及少量氮、硫、磷和卤素等元素焚烧过程中与空气中的氧反应，生成各种氧化物或部分元素的氢化物。有害有机废物焚烧后要求达到的三个标准：①主要有害有机组成（POHC）的破坏去除率（DRE）要达到99.99%以上。②HCl的排放量应符合从焚烧炉烟囱排出的HCl量在进入洗涤设备之前小于1.8kg/h，若达不到该要求，则经过洗涤设备除去HCl的最小洗涤率应为99.0%。③烟囱的排放颗粒物应控制在183mg/m³，空气过量率为50%。如果空气过量率大于或小于50%，应折算成50%的排放量。

2. 固体废物的热解

热解是把有机固体废物在无氧或缺氧条件下加热分解的过程。该过程是一个复杂的化学反应过程，包括大分子的键断裂、异构化和小分子的聚合等反应，最后生成各种较小的分子。

热解的过程可以用通式表示如下：

有机固体废物→（H_2、CH_4、CO、CO_2 等）气体+（有机酸、焦油等）有机液体+炭黑+炉渣

采用热解法生产气体燃料是使有机固体废物在8000～10000℃的温度下分解，最终形成含 H_2、CH_4、CO等气体的燃料。热解所得燃料气有两个作用：一是把热解气体直接送入二级燃烧室燃烧，用于生产蒸气和预热空气；二是通过净化，冷凝去除烟尘、水、残油等杂质，生产出纯度较高的气体燃料，以备它用。所生产的气体燃料的性质因废物的种类、热解方法而异。热值一般为4186～29302kJ/m³。

热解法生产液体燃料是使有机固体废物在500～600℃的温度下分解，最终形成含有乙酸、丙酸、乙醇、焦油等的液体燃料。热解产生的燃料油是具有不同沸点的各种油的混合物，含水焦油比较多，精制后方能得到热值较高的燃料油。热值一般为29302kJ/L左右。

随着工业的发展和人民生活水平的提高，城市垃圾中的可燃组分日趋增长，纸张、塑料及合成纤维等占有很大比例。因此，日本和美国结合本国城市垃圾的特点开发了许多工艺，有些已达到实用阶段。我国的城市垃圾不同于日本与美国，这些工艺能否应用于我国有待研究。主要的热解工艺如下。

（1）移动床热解工艺　经适当破碎除去重组分的城市垃圾从炉顶的气锁加料斗进入热解炉，从炉底送入约600℃的空气-水蒸气混合气，炉子的温度由上到下逐渐增加。炉顶为预热区，依次为热分解区和气化区。垃圾经过各区分解后产生的残渣经回转炉栅从炉底排出。空气-水蒸气与残渣换热，排出的残渣温度接近室温，热解产生的气体从炉顶出口排出。炉内的压力为7kPa，生成的气体含 N_2 43%、H_2O 和CO均为21%、CO_2 12%、CH_4 1.8%、C_2H_6 和 C_2H_4 在1%以下。由于含有大量的 N_2，热值非常低，为3770～7540kJ/m³（标准状况）。

（2）双塔循环式流动床热解工艺　该工艺的特点是热分解及燃烧反应分别在两个塔中进行，热解所需要的热量由热解生成的固体炭或燃料气在燃烧塔内燃烧来供给。惰性的热媒体（砂）在燃烧炉内吸收热量并被流化气鼓动成流态化，经连接管到热分解炉与垃圾相遇，供给热分解所需的热量，再经连接管返回燃烧炉内，被加热后再返回热分解炉。受热的垃圾在热分解炉内分解，生成的气体一部分作为热分解炉的流动化气体循环使用，一部分为产品。

双塔循环式的特点是：①热分解的气体系统内，不混入燃烧废气，提高了气体热值，热值为17000～18900kJ/m³；②炭燃烧需要的空气量少，向外排出废气少；③在流化床内温度均匀，可以避免局部过热；④由于燃烧温度低，NO_x 产生量较少，特别适于处理含热塑性材料多的垃圾热解。

（3）纯氧高温热分解法　垃圾由炉顶加入并在炉内缓慢下移。纯氧从炉底送入首先到达燃烧区，参与垃圾燃烧。垃圾燃烧产生的高温烟气与向下移动的垃圾在炉体中部相互作用，有机物在还原状态下发生热解。热解气向上运动穿过上部垃圾层并使其干燥。最后，烟气离开热解炉到净化系统处理回收。产生的气体主要有CO、CO_2、H_2，约占烟气量的90%。此外，还有玻璃、金属等熔融体。根据实验表明，产生的气体组分为CO 47%、H_2 33%、

CO_2 14%、CH_4 4%，低发热值为 1.1×10^4 kg/m³，每吨垃圾所得热量为 7.3×10^6 kJ，产生气体量为 0.7t，熔融玻璃、金属 0.22t，消耗纯氧量为 0.2t/t 垃圾。

该法的特点是不需前处理，流程简单。有机物几乎全部分解，分解温度高达 1650℃。由于不是供应空气而是采用纯氧，故 NO_x 产生量极少，主要问题是能否提供廉价的纯氧。

3. 好氧生物降解制堆肥

堆肥化的概念：堆肥化就是在人工控制下，在一定的水分、C/N 和通风条件下通过微生物的发酵作用，将有机物转变为肥料的过程。在这种堆肥化过程中，有机物由不稳定状态转化为稳定的腐殖质物质，对环境尤其土壤环境不构成危害，而把堆肥化的产物称为堆肥。

(1) 堆肥的基本原理　有机固体废物是堆肥微生物赖以生存、繁殖的物质条件，由于微生物生活时有的需要氧气，有的不需要氧气，因此，根据处理过程中起作用的微生物对氧气要求的不同，有机废物处理可分为好氧堆肥法（高温堆肥）和厌氧堆肥法两种。前者是在通气条件下借好氧性微生物活动使有机物得到降解，由于好氧堆肥温度一般在 50～60℃，极限可达 80～90℃，故亦称为高温堆肥。后者是利用微生物发酵造肥。

(2) 前处理　在以家畜粪尿、污泥等为堆肥原料时，前处理的主要任务是调整水分和 C/N，或者添加菌种和酶。但以城市生活垃圾为堆肥原料时，由于垃圾中含有大块的非堆肥物质，因此有破碎和分选前处理工艺。通过破碎和分选，去除非堆肥物质，调整垃圾的粒径。

(3) 主发酵　主发酵可在露天或发酵装置内进行，通过翻堆或强制通风向堆积层或发酵装置内供给氧气。在露天堆肥或发酵装置内堆肥时，由于原料和土壤中存在的微生物作用而开始发酵。首先是易分解物质分解，产生 CO_2 和 H_2O，同时产生热量，使堆温上升，这些微生物吸取有机物的碳氮营养成分。在细菌自身繁殖的同时，将细胞中吸收的物质分解而产生热量。

(4) 后发酵　经过主发酵的半成品被送到后发酵工序，将主发酵工序尚未分解的易分解有机物和较难分解的有机物进一步分解，使之变成腐殖酸、氨基酸等比较稳定的有机物，得到完全成熟的堆肥制品。一般把物料堆积到 1～2m 高，进行后发酵，并要有防止雨水流入的装置。有的场合还需要翻堆和通风，通常不进行通风，而是每周进行一次翻堆。

(5) 后处理　经过两次发酵后的物料中，几乎所有的有机物都变细碎和变形，数量减少了。然而，城市生活垃圾堆肥时，在预分选工序没有去除的塑料、玻璃、陶瓷、金属、小石块等物质依然存在。因此，还需要经过一道分选工序，去除杂物，并根据需要进行再破碎(如生产精制堆肥)。

(6) 脱臭　部分堆肥工艺和堆肥物在堆制过程和结束后，会产生臭味，必须进行脱臭处理。去除臭气的方法主要有化学除臭剂除臭，碱水和水溶液过滤，熟堆肥或活性炭、沸石等吸附剂过滤。在露天堆肥时，可在堆肥表面覆盖熟堆肥，以防止臭气逸散。较为多用的除臭装置是堆肥过滤器，当臭气通过该装置，恶臭成分被堆肥（熟化后的）吸附，进而被其中好氧微生物分解而脱臭，也可用特种土壤代替堆肥使用，这种过滤器叫土壤脱臭过滤器。

(7) 贮存　堆肥一般在春秋两季使用，在夏冬就必须积存，所以要建立贮存六个月生产量的设备。贮存方式可直接堆存在发酵池中或袋装，要求干燥而透气，闭气和受潮会影响制品的质量。

(8) 影响堆肥的因素

① 有机质含量。对于快速高温机械化堆肥而言，首要的是热量和温度间的平衡问题。有机质含量低的物质发酵过程中所产生的热将不足以维持堆肥所需要的温度，并且产生的堆

肥由于肥效低而影响销路，但过高的有机物含量又将给通风供氧带来影响，从而产生厌氧和发臭。研究表明，堆肥中合适的有机物含量为20%～80%。

② 水分。水分为微生物生长所必需，在堆肥过程中，按重量计，50%～60%的含水率最有利于微生物分解，水分超过70%，湿度难以上升，分解速度明显降低。

③ 温度。对堆肥而言，温度是堆肥得以顺利进行的重要因素，温度的作用主要是影响微生物的生长，一般认为高温菌对有机物的降解效率高于中温菌，现在的快速、高温、好氧堆肥正是利用了这一点。

④ 碳氮比。C/N与堆肥温度有关，原料C/N高，碳素多，氮素养料相对缺乏，细菌和其它微生物的发展受到限制，有机物的分解速度就慢，发酵过程就长。如果碳氮比高，容易导致成品堆肥的碳氮比过高，这样堆肥施入土壤后，将夺取土壤中的氮素，使土壤陷入“氮饥饿”状态，会影响作物生长。若碳氮比低于20∶1，可供消耗的碳素少，氮素养料相对过剩，则氮将变成铵态氮而挥发，导致氮元素大量损失而降低肥效。

⑤ C/P。磷是磷酸和细胞核的重要组成元素，也是生物能ATP的重要组成成分，一般要求堆肥料的C/P在75～150为宜。

⑥ pH值。一般微生物最适宜的pH值是中性或弱碱性，pH值太高或太低都会使堆肥处理遇到困难。pH值是一个可以对微生物环境做估价的参数，在整个堆肥过程中，pH值随时间和温度的变化而变化。在堆肥初始阶段，由于有机酸的生成，pH值下降（可降至5.0），然后上升至8～8.5，如果废物堆肥成厌氧状态，则pH值继续下降。此外，pH值也会影响氮的损失，因pH值在7.0时，氮以氨气的形式逸入大气。

二、固体废物的填埋技术

1. 卫生填埋

卫生填埋有别于垃圾的自然堆放或简易填埋，卫生填埋是按卫生填埋工程技术标准处理城市垃圾的一种方法，其填埋过程为一层垃圾一层覆盖土交替填埋，并用压实机压实，填埋堆中预埋导气管导出垃圾分解时产生的有害气体（CH_4、CO_2、N_2、H_2S等）。填埋场底部做成不透水层，防止渗滤液对地下水的污染，并在底部设垃圾渗滤液导出管将渗滤液导出进行集中处理。

卫生填埋具有技术简单、处理量大、风险小、建设费用和运行成本相对较低的优点，但卫生填埋对场址条件要求较高，所需的覆盖土量较大。如果能够找到合适场址并解决覆盖土的来源问题，在目前的经济、技术条件下，卫生填埋法是最适用的方法。

(1) 卫生填埋场的分类

① 山谷型填埋场。地处重丘山地，库容大；填埋区工程设施由垃圾坝、渗滤液收集系统、大气系统、防排洪系统、覆土备料场等组成；垃圾填埋多采用斜坡作业法。

② 坑洼型填埋场。地处低洼丘地，库容通常较小；填埋区工程设施由引流、防渗、导气等系统组成；多采用坑填作业法。

③ 滩涂型填埋场。地处海边或江边滩涂地形，采用围堤筑路、排水清基等手段辟为填埋场，库容较大；填埋区工程设施由排水、防渗、导气、覆土场等系统组成；多采用平面作业法。

(2) 卫生填埋场的特点　无论从环境还是从社会与经济角度看，卫生填埋场的建立都是必要的。

其优点是：①是一种完全的、最终的处理方式；②适应性广（垃圾的质和量）；③一次性投资和运行费用较低；④运行管理较方便。

其不足是：①占地面积大，选址困难；②渗滤液处理难度大；③减量化、资源化程度低。目前卫生填埋仍是世界各国生活垃圾处置的主要方式，而国内因垃圾热值普遍较低、数量巨大和经济实力较弱等原因，卫生填埋也被普遍采用。

(3) 卫生填埋场的生物降解产物　有机垃圾的微生物降解依次经历好氧分解、兼氧分解和完全厌氧分解几个阶段。

① 第一阶段——好氧分解阶段。复杂有机物通过微生物胞外酶分解成简单有机物，后者再通过好氧分解转化成小分子物质或 CO_2 和水，并释放热量。在较短时间内完成（一般为十至数十天）。其特点是：渗滤液产量较少，有机质浓度较高，可生化性好；pH 呈弱酸或近中性，CO_2 开始产生；渗滤液含一定的硫酸根、硝酸根和重金属；产生大量热，可使温度增加数度至十余度。

② 第二阶段——过渡阶段（液化或兼氧分解阶段）。通常为好氧分解后的十余天，填埋场内水分渐达饱和，氧气被耗尽，厌氧环境开始建立。复杂有机物（多糖、蛋白质等）在微生物和化学作用下水解、发酵，由不溶性物质变为可溶性物质，并生成VFA、CO_2 和少量 H_2。其特点如下：渗滤液的 pH 继续下降，COD 升高；渗滤液含较高浓度的脂肪酸、钙、铁、重金属和氨；气体以 CO_2 为主，含有少量 H_2 和 N_2，基本不含 CH_4。

③ 第三阶段——产酸阶段（发酵阶段）。微生物降解第二阶段积累的溶于水的产物转化为酸（大部分为乙酸）、醇及 CO_2 和 H_2，可作为甲烷细菌的底物而转换为 CH_4 和 CO_2。其特征为：pH 值很低，呈酸性，而 COD 和 BOD 急剧升高；酸性使无机物尤其是重金属溶解，呈离子态；渗滤液含大量可产气有机物和营养物，可生化性好（$BOD_5/COD>0.4$），氨氮浓度逐渐升高。CO_2 仍是该阶段的主要气体，pH 值先升高后趋缓，有少量 H_2。

④ 第四阶段——产甲烷阶段。前几阶段的产物（乙酸、H_2）在产甲烷菌的作用下转化为 CH_4 和 CO_2，为能源回用的黄金期，一般持续数年。其特点是：脂肪酸浓度降低，渗滤液的 BOD、COD 逐渐下降，可生化性变差，氨氮浓度高，pH 值升高（6.8～8），重金属离子降低。甲烷产生率稳定，甲烷浓度保持在 50%～65%。

⑤ 第五阶段——填埋场稳定阶段。其主要特征是：填埋垃圾及渗滤液的性质趋于稳定；填埋场中的微生物量极度贫乏；几乎没有气体产生，即使有，亦以 N_2、O_2、CO_2 为主；填埋场的沉降停止。

2. 安全土地填埋

处置废物的一种陆地处置设施，它由若干个处置单元和构筑物组成，处置场有界限规定，主要包括废物预处理设施、废物填埋设施和渗滤液收集处理设施。

计划填埋量：在计划填埋年限中危险废物的填埋量与覆盖物量之和。

相容性：某种危险废物同其它危险废物或填埋场中其它物质接触时不产生气体、热量、有害物质，不会燃烧或爆炸，不发生其它可能对填埋场产生不利影响的反应和变化。

防渗层：人工构筑的防止渗滤液进入地下水的隔水层。

双人工衬层：由一层压实的低渗透性土壤和上铺的两层人工合成衬层组成的防渗层。

(1) 场址选择　填埋场场址的选择应符合国家及地方城乡建设总体规划要求，场址应处于一个相对稳定的区域，不会因自然或人为的因素而受到破坏。填埋场作为永久性的处置设施，封场后除绿化以外不能做它用。

填埋场场址的选择应进行环境影响评价，并经环境保护行政主管部门批准。

填埋场场址不应选在城市工农业发展规划区、农业保护区、自然保护区、风景名胜区、文物（考古）保护区、生活饮用水源保护区、供水远景规划区、矿产资源远景储备区和其它需要特别保护的区域内。

填埋场距飞机场、军事基地的距离应在3000m以上。

填埋场场界应位于居民区800m以外，应保证在当地气象条件下对附近居民区大气环境不产生影响。

填埋场场址应位于百年一遇的洪水标高线以上，并在长远规划中的水库等人工蓄水设施淹没区和保护区之外。若确难以选到百年一遇洪水标高线以上场址，则必须在填埋场周围已有或建筑可抵挡百年一遇洪水的防洪工程。

填埋场场址距地表水域的距离应大于150m。

填埋场场址的地质条件应符合下列要求：

① 能充分满足填埋场基础层的要求。

② 现场或其附近有充足的黏土资源以满足构筑防渗层的需要。

③ 位于地下水饮用水水源地主要补给区范围之外，且下游无集中供水井。

④ 地下水位应在不透水层3m以下。如果小于3m，则必须提高防渗设计要求，实施人工措施后的地下水水位必须在压实黏土层底部1m以下。

⑤ 天然地层岩性相对均匀、面积广、厚度大、渗透率低。

⑥ 地质构造相对简单、稳定，没有活动性断层。非活动性断层应进行工程安全性分析论证，并提出确保工程安全性的处理措施。

填埋场场址选择应避开下列区域：破坏性地震及活动构造区；海啸及涌浪影响区；湿地和低洼汇水处；地应力高度集中，地面抬升或沉降速率快的地区；石灰岩溶洞发育带；废弃矿区或塌陷区；崩塌、岩堆、滑坡区；山洪、泥石流地区；活动沙丘区；尚未稳定的冲积扇及冲沟地区；高压缩性淤泥、泥炭及软土区以及其它可能危及填埋场安全的区域。

填埋场场址必须有足够大的可使用容积以保证填埋场建成后具有10年或更长的使用期。

填埋场场址应选在交通方便、运输距离较短，建造和运行费用低，能保证填埋场正常运行的地区。

(2) 防渗系统　填埋场防渗系统应以柔性结构为主，且柔性结构的防渗系统必须采用双人工衬层。其结构由下到上依次为：基础层、地下水排水层、压实的黏土衬层、高密度聚乙烯膜、膜上保护层、渗滤液次级集排水层、高密度聚乙烯膜、膜上保护层、渗滤液初级集排水层、土工布、危险废物。

① 黏土塑性指数应＞10%，粒径应在0.075～4.74mm，至少含有20%细粉，含砂砾量应＜10%，不应含有直径＞30mm的土粒。

② 若现场缺乏合格黏土，可添加4%～5%的膨润土。宜选用钙质膨润土或钠质膨润土，若选用钠质膨润土，应防止化学品和渗滤液的侵害。

③ 必须对黏土衬层进行压实，压实系数≥0.94，压实后的厚度应≥0.5m，且渗透系数≤1.0×10^{-7}cm/s。

④ 在铺设黏土衬层时应设计一定的坡度，利于渗滤液收集。

⑤ 在周边斜坡上可铺设平行于斜坡表面或水平的铺层，平行铺层不应建在坡度大于1∶2.5的斜坡上，应使一个铺层中的高渗透区与另一个铺层中的高渗透区不连续。

(3) 人工合成衬层

① 人工衬层材料应选择具有化学兼容性、耐久性、耐热性、高强度、低渗透率、易维护、无二次污染的材料。若采用高密度聚乙烯膜，其渗透系数必须≤1.0×10^{-12}cm/s。

② 柔性填埋场中，上层高密度聚乙烯膜厚度应≥2.0mm；下层高密度聚乙烯膜厚度应≥1.0mm。刚性填埋场底部以及侧面的高密度聚乙烯膜的厚度均应≥2.0mm。

在铺设人工合成衬层以前必须妥善处理好黏土衬层，除去砖头、瓦块、树根、玻璃、金属等杂物，调配含水量，分层压实，压实度要达到有关标准，最后在压平的黏土衬层上铺设人工合成衬层，以使黏土衬层与下人工合成衬层紧密结合。刚性结构填埋场钢筋混凝土箱体侧墙和底板作为防渗层，应按抗渗结构进行设计，按裂缝宽度进行验算，其渗透系数应≤1.0×10^{-6}cm/s。

(4) 渗滤液控制系统

① 初级集排水系统应位于上衬层表面和废物之间，并由排水层、过滤层、集水管组成，用于收集和排除初级衬层上面的渗滤液。

② 次级集排水系统应位于上衬层和下衬层之间，用于监测初级衬层的运行状况，并作为初级衬层渗滤液的集排水系统。

③ 排出水系统应包括集水井、泵、阀、排水管道和带孔的竖井等。集水井用于收集来自集水管道的渗滤液，若集水井设置在场外，管道与衬层之间应注意密封，防止渗漏；泵的材质应与渗滤液的水质相容；分单元填埋时，可在集水管末端连接两个阀门，使未填埋区的雨水排至雨水沟，使填埋区的渗滤液排至污水处理系统。

(5) 渗滤液处理系统

① 渗滤液在排入自然环境前必须经过严格处理，满足废水排放标准后方可排放。

② 填埋场内必须自设渗滤液处理设施，严禁将危险废物填埋场的渗滤液送至其它污水处理厂处理。

③ 应根据各地危险废物种类不同，设置相应的渗滤液调节池调节水质水量。渗滤液处理前应进行预处理，预处理应包括水质水量的调整、机械过滤和沉砂等。

④ 渗滤液处理应以物理、化学方法处理为主，生物处理方法为辅。可根据不同填埋场的不同特性确定适用的处理方法。

(6) 封场　封场系统由下至上应依次为气体控制层、表面复合衬层、表面水收集排放层、生物阻挡层以及植被层。应在封场系统的最底部建设30cm厚的砂石排气层，并在砂石排气层上安装气体导出管。砂石排气层上面应设表面复合衬层，其上层为高密度聚乙烯膜，下层为厚度≥60cm的压实黏土层。表面人工合成衬层材料选择应与底部人工合成衬层材料相同，且厚度≥1mm、渗透系数≤1.0×10^{-12}cm/s。复合衬层上面应建表面水收集排放层，其材质应选择小卵石或土工网格。当使用土工网格作为地表水收集排放系统的材料时，应在表面水收集排放系统上面铺一层≥30cm厚的卵石，以防止挖洞动物入侵安全填埋场。封场系统的顶层应设厚度≥60cm的植被层，以达到阻止风与水的侵蚀、减少地表水渗透到废物层、保持安全填埋场顶部的美观及持续生态系统的作用。

三、固体废物的最终处置技术

无论以何种方式实现城市垃圾与其它固体废物的综合利用与资源回收，终将会有相当大量没有任何利用价值的固体废物要返回于自然环境中。这类废物包括无任何使用意义的城市垃圾中的某些成分、工业废渣、经处理与资源回收剩余的无用废物，同时还包括各类有毒有害固体废物，这些废物均以终态排放于环境中。为防止对环境造成污染，根据排放的不同环境条件，采取适当而必要的防护措施，达到被处置废物与环境生态系统最大限度的隔绝，此乃谓之“最终处置”。

1. 处置的分类

从固体废物最终处置的历史发展，可归纳为两大途径，即陆地处置与海洋处置，海洋处置是工业化国家早期曾采用的途径，特别是对有毒有害废物，至今仍有一些国家采用。由于海洋保护法的制订与在国际上不断扩大影响，以致对此类处置途径引起较大争议，其使用范围已逐步缩小。我国不主张海洋处置。因此，陆地处置是当前国际上多为采用的途径。陆地处置从露天堆存已发展了多种处置方式，其中最广泛应用的是陆地填埋处置，适用于多种废物。其它处置方法包括土地耕作处置、深井灌注、尾矿坝、废矿坑处置等。

2. 海洋处置

(1) 海洋倾倒　海洋倾倒是利用海洋的巨大环境容量，将废物直接倾入海水中。根据有关法规，选择适宜的处置区域，结合区域的特点、水质标准、废物种类与倾倒方式，进行可行性分析，最后做出设计方案。

废物通常装在专用处置船内，用驳船拖运到处置区域。散装废物一般在驳船行进中投放，容器装的废物通常加重物后使之沉入海底，有时将容器破坏后沉海。液体废物用船尾软管伸入水下 1.8～4.5m 处连续排放，排放速率每分钟约为 4～20t，船的行进速度 5.6～11.0km/h。对于有毒有害性废物，如放射性或重金属废物，在进行海洋倾倒前必须通过固化或稳定化处理。容器结构可用单层钢板桶，也可以用外层钢板内层衬注混凝土覆面的复合桶，有效容积取 $0.2m^3$。

(2) 海洋倾倒中固体废物分类　禁止倾倒的废物：①含有机卤素、汞、镉及其化合物的废物；②强放射性废物；③原油、石油炼制品、残油及废弃物；④严重妨碍航行、捕鱼及其它活动或危害海洋生物的、能在海洋上漂浮的物质。需要严格控制的废物：①含砷、铅、铜、锌、铬、镍、钒等物质及其化合物；②含氰化物、氟化物及有机硅化合物的废物；③弱放射性废物；④容易沉入海底，可能严重妨碍航行、捕鱼的笨重的废弃物。除以上之外的低毒或无毒废物。

(3) 远洋焚烧　远洋焚烧是利用焚烧船将固体废物运至远洋处置区进行船上焚烧作业。这种技术适用于可燃性废物，如含氯有机废物等。远洋焚烧船的焚烧器结构因焚烧对象而异，需要专门设计。废物焚烧后产生的废气通过气体净化装置与冷凝器，凝液排入海中，气体排入大气，余渣倾入海洋。

3. 陆地处置

① 深井灌注处置是把液体废物注入地下与饮用水和矿脉层隔开的可渗透性的岩层中。

② 卫生土地填埋是处置一般固体废物而不会对公众健康及环境安全造成危害的一种方法，主要用来处理城市垃圾。

③ 安全土地填埋是一种改进的卫生土地填埋方法，主要用来处置有害废物，对场地的建造技术要求更为严格。

④ 浅地层埋藏方法，是指地表或地下的、具有防护覆盖层的、有工程屏障或没有工程屏障的浅埋处理，主要用于处置低放废物。

固体废物的处理是指将固体废物转变成适于运输、利用、贮存或最终处置的过程。固体废物的处置是固体废物污染控制的末端环节，是解决固体废物的归宿问题。固体废物的处理技术可以分为物理处理、化学处理、生物处理、热处理、固化/稳定化处理等。

固体废物处置方法分为陆地处置和海洋处置两大类。海洋处置分为深海投弃和海上焚烧，目前海洋处置已被国际公约所禁止。陆地处置分为土地耕作、永久储存、土地填埋、深井灌注和深层处置。目前，固体废物处置主要以土地填埋为主。

土地填埋技术的含义如下：①土地填埋处置是一种按照工程理论和施工标准，对固体废物进行有效控制管理的综合性科学工程技术，而不是传统意义上的堆放、填埋；②在处置方式上，已从堆、填、覆盖向包容、屏蔽隔离的工程贮存方向发展；③填埋处置工艺简单，成本较低，适于处置多种类型的固体废物。

习题与思考题

1. 试比较四种卡车收运路线方案的优缺点。
2. 试说明四种清洁人员编组的方法。
3. 试解释什么叫转运站及其作用。
4. 试列举和讨论影响填埋场选址的因素。
5. 试述建造卫生填埋场的两种方法。
6. 试说明卫生填埋场每天覆土的目的和每天最小覆土厚度。
7. 试给出渗滤液定义并说明其产生的原因。
8. 绘出卫生填埋场基本构造图，包括适当的覆土和渗滤液收集系统。
9. 试定义或说明以下各项名词：3R 原则，分类收集，危险废弃物。
10. 试说明氧气量、时间、温度、紊流度与高效率燃烧反应的关系。

第七章　噪声及其它物理污染的控制

从污染源的属性上来看，环境污染可以分为三大类型：物理性污染、化学性污染、生物性污染。物理性污染是指由物理因素引起的环境污染，如噪声、放射性辐射、电磁辐射、光污染等。与化学污染和生物污染相比，物理性污染具有以下两个特点：①物理性污染大多数都是局部或区域的，只有极少数的如温室效应为全球性的；②物理性污染大多数都是即时性的，即污染源一旦消除，污染也即消除。

大多数物理性污染都能通过物理学基本原理进行消减和消除。

第一节　噪声污染概述

人类生活在有声音的环境中，并且借助声音进行信息的传递、交流思想感情，但是也有一些声音是我们不需要的，如睡眠时的吵闹声。从广义上来讲，凡是人们不需要的、使人厌烦并干扰人的正常生活、工作和休息的声音统称为噪声。噪声可能是由自然现象产生的，也可能是由人们活动形成的；可以是杂乱无章的宽带声音，也可以是节奏和谐的乐音。噪声不仅取决于声音的物理性质，而且还与人的主观感觉密切相关。例如，音乐演播厅里，某个人正沉醉于优美的琴声中，周围的几个人却窃窃私语，对他而言这样的私语显然是噪声。即使听到同样的声音，有些人感到很喜欢，愿意听，有些人却感到厌恶。

我国制定的《中华人民共和国环境噪声污染防治法》中把超过国家规定的环境噪声排放标准，并干扰他人正常生活、工作和学习的现象称为环境噪声污染。

一、噪声的来源及危害

1. 噪声的来源

产生噪声的声源很多，若按产生机理来划分，有机械噪声、空气动力性噪声和电磁性噪声三大类。

若噪声源按其随时间的变化来划分，又可分成稳态噪声和非稳态噪声两大类。非稳态噪声中又有瞬态的、周期性起伏的、脉冲的和无规则的噪声之分。

环境噪声按污染源种类可分为工厂噪声、交通噪声、施工噪声、社会生活噪声以及自然噪声5类。

2. 噪声的危害

随着工业生产、交通运输、城市建筑的发展以及人口密度的增加和家庭设施（音响、空调、电视机等）的增多，环境噪声日益严重，20世纪50年代后，噪声被公认为是一种与污水、废气、固体废物并列的四大公害之一。

（1）对人体生理和心理的影响　噪声不仅会影响听力，而且还对人的心血管系统、神经系统、内分泌系统产生不利影响，所以有人称噪声为“致人死命的慢性毒药”。噪声给人带来的生理上和心理上的危害主要有以下几个方面。

① 干扰休息和睡眠，影响交谈和思考，使工作效率降低

a. 干扰休息和睡眠。休息和睡眠是人们消除疲劳、恢复体力和维持健康的必要条件。

但噪声使人不得安宁，难以休息和入睡。当人辗转不能入睡时，便会心态紧张，呼吸急促，脉搏跳动加剧，大脑兴奋不止，第二天就会感到疲倦或四肢无力，从而影响到工作和学习，久而久之，就会得神经衰弱症，表现为失眠、耳鸣、疲劳。人进入睡眠之后，即使是40～50dB较轻的噪声干扰，也会使人从熟睡状态变成半熟睡状态。人在熟睡状态时，大脑活动是缓慢而有规律的，能够得到充分的休息；而半熟睡状态时，大脑仍处于紧张、活跃的阶段，这就会使人得不到充分的休息和体力的恢复。

b. 影响交谈和思考，使工作效率降低。在噪声环境下，妨碍人们之间的交谈、通信是常见的。因为人们的思考也是语言思维活动，其受噪声干扰的影响与交谈是一致的。试验研究表明噪声干扰交谈，其结果见表7-1。此外，研究发现，噪声超过85dB，会使人感到心烦意乱，人们会感觉到吵闹，因而无法专心地工作，结果会导致工作效率降低。

表7-1　噪声对交谈的影响

噪声/dB	主观反映	保证正常讲话距离/m	通信质量
45	安静	10	很好
55	稍吵	3.5	好
65	吵	1.2	较困难
75	很吵	0.3	困难
85	太吵	0.1	不可能

② 损伤听觉、视觉器官。我们都有这样的经验，从飞机里下来或从锻压车间出来，耳朵总是嗡嗡作响，甚至听不清对方说话的声音，过一会儿才会恢复。这种现象叫做听觉疲劳，是人体听觉器官对外界环境的一种保护性反应。如果人长时间遭受强烈噪声作用，听力就会减弱，进而导致听觉器官的器质性损伤，造成听力下降。

③ 对人体的生理影响。噪声是一种恶性刺激物，长期作用于人的中枢神经系统，可使大脑皮层的兴奋和抑制失调，条件反射异常，出现头晕、头痛、耳鸣、多梦、失眠、心慌、记忆力减退、注意力不集中等症状，严重者可产生精神错乱。这种症状，药物治疗疗效很差，但当脱离噪声环境时，症状就会明显好转。噪声可引起植物神经系统功能紊乱，表现为血压升高或降低，心率改变，心脏病加剧。噪声会使人唾液、胃液分泌减少，胃酸降低，胃蠕动减弱，食欲不振，引起胃溃疡。噪声对人的内分泌机能也会产生影响，如导致女性性机能紊乱、月经失调、流产率增加等。噪声对儿童的智力发育也有不利影响，据调查，3岁前儿童生活在75dB的噪声环境里，他们的心脑功能发育都会受到不同程度的损害，在噪声环境中生活的儿童，智力发育水平要比安静条件下的儿童低20%。噪声对人的心理影响主要是使人烦恼、激动、易怒甚至失去理智。

(2) 对动植物及建筑物等设施的影响　噪声不但会给人体健康带来危害，而且还会给动、植物以及建筑物等设施产生一定的影响。

① 噪声对动物的影响。有人给奶牛播放轻音乐后，牛奶的产量大大增加，而强烈的噪声使奶牛不再产奶。20世纪60年代初，美国一种新型飞机进行历时半年的试验飞行，结果使附近一个农场的10000只鸡羽毛全部脱落，不再下蛋，有6000只鸡体内出血，最后死亡。

② 噪声对植物的影响。噪声能促进果蔬的衰老进程，使呼吸强度和内源乙烯释放量提高，并能激活各种氧化酶和水解酶的活性，使果胶水解，细胞破坏，导致细胞膜透性增加。85～95dB的噪声剂量对果蔬的生理活动影响较为显著。

③ 噪声对建筑物的影响。一般的强噪声只能损害人的听觉器官，对建筑物的影响尚无

法察觉。日常生活中有一些噪声对建筑物影响的事实，如当重型车辆沿街急驶时，沿街建筑中松动的窗玻璃会发出轻微的颤抖声，紧靠的玻璃器皿有轻微的碰撞声，这主要是由地面传给建筑物的微振引起的，不是噪声产生的作用。如果建筑物附近有振动剧烈的振动筛、大型空气锤或建设施工时的打桩和爆破等，则可以观察到桌上的物品有小跳动。在这种振动的反复冲击下，曾发生墙体裂痕、瓦片震落和玻璃震碎等危害建筑物的现象。

轰声是超声速飞行中的飞机产生的一种噪声。1970 年德国韦斯特堡城及其附近曾因强烈的轰声而发生 378 起建筑物受损事件，大部分是玻璃损坏、石板瓦掀起、合页及门心板损坏等。另据美国对轰声受损的统计，在 3000 起建筑受损事件中，抹灰开裂占 43%，窗损坏占 32%，墙开裂占 15%，还有瓦和镜子损坏等，均未提及主体受损。因此可以认为轰声对结构基本无显著影响，而对大面积的轻质结构则可能造成损害。但英、法合制的超声速运输机“协和号”试飞时，航线下的古建筑物有震裂受损的情况。

二、噪声的评价和标准

1. 噪声评价

为了正确评估环境噪声对社会活动和人体健康的影响，必须对环境噪声进行定量评价。环境噪声的评价是指通过严格的科学研究，确定一系列指标体系，确定拟议开发行动或建设项目发出的噪声对人群和生态环境影响的范围和程度；评价影响的重大性，提出避免、消除和减少其影响的措施，为开发行动或建设项目方案的优化选择提供依据。

噪声影响评价主要包括以下内容：

① 根据拟建项目多个方案的噪声预测结果和环境噪声标准，评述拟建项目各个方案在施工、运行阶段噪声的影响程度、影响范围和超标状况（以敏感区域或敏感点为主）。对项目建设前和预测得到的建设后的状况进行分析比较，判断影响的重大性，依据各个方案噪声影响大小提出推荐方案。

② 分析受噪声影响的人口分布（包括受超标和不超标噪声影响的人口分布）。

③ 分析拟建项目的噪声源和引起超标的主要噪声源或主要原因。

④ 分析拟建项目的选址、设备布置和设备选型的合理性；分析建设项目设计中已有的噪声防治对策的适应性和防治效果。

⑤ 为了使拟建项目的噪声达标，提出需要增加的、适用于该项目的噪声防治对策，并分析其经济、技术的可行性。

⑥ 提出针对该拟建项目的有关噪声污染管理、噪声监测和城市规划方面的建议。

2. 噪声标准

环境噪声标准（the standard for the environment noise）是为保护人群健康和生存环境，对噪声容许范围所做的规定。制定的原则，应以保护人的听力、睡眠休息、交谈思考为依据，应具有先进性、科学性和现实性。许多国家都制定了有关的噪声标准和管理条例。我国环境保护部和国家质量监督检验检疫总局已提出了《声环境质量标准》（GB 3096—2008）、《社会生活环境噪声排放标准》（GB 22337—2008）和《工业企业厂界环境噪声排放标准》（GB 12348—2008）。这 3 项标准不仅与群众生产生活密切相关，而且也是环境监测、执法人员进行噪声监管的重要依据。

第二节 噪声污染控制

控制噪声环境，除了考虑人的因素之外，还须兼顾经济和技术上的可行性。因此，噪声的控制应采取综合措施，噪声控制技术是基本手段，行政管理措施和合理的规划也都是非常重要的。

一、严格行政管理

依靠政府有关部门颁布法令和规定来控制噪声。如限制高噪声车辆的行使区域；在学校医院及办公机关等附近禁止车辆鸣笛；限制飞机起飞或降落的路线，使之远离居民区；颁布噪声限制标准，要求工厂或高噪声车间采取减噪措施；对各类机器、设备包括飞机或机动车辆等定出噪声指标。

二、合理规划布局

合理地布局各种不同功能区的位置。其基本原则是让居民区、学校、办公机关、疗养院和医院这些要求低噪声的地方，尽量免除交通噪声、工业噪声和商业区噪声的干扰，为此，上述地区应与街道隔开一定距离，中间布置林带以隔声、滤声和吸声。避免过境车辆穿市而过，因此应设城市外环公路以减少市区的车辆。此外，长途汽车站要紧靠火车站，以避免下火车的旅客往返于市内；工厂和噪声大的企业应搬离市区；居民区、学校、办公机关、医院等也应远离商业区。

三、采取噪声控制技术

所有的噪声问题基本上都可以分为三部分：声源一传播途径一接收者。因此，一般噪声控制技术都是分为三部分来考虑。首先是降低声源本身的噪声，如果做不到，或都能做到却又不经济，则考虑从传播途径中来降低。如上述方案仍然达不到要求或不经济，则可考虑接收者的个人防护。

1. 声源控制

声源控制降低声源本身的噪声是治本的方法，包括改进运转的机械设备和运输工具的结构，提高有关部件的加工精度和装配质量；采用合理的操作方法等以降低声源的噪声发射功率；利用声的吸收、反射、干涉等特性，以控制声源的噪声辐射。

2. 噪声传播途径控制

控制噪声常用的技术有吸声、隔声、消声等，下面加以简要介绍。

(1) 吸声 吸声主要是利用吸声材料或吸声结构来吸收声能。室内空间如厂房、剧场内的噪声比同一声源在空旷的露天要高，这是因为市内的壁面会使声源发出的声音来回反射。吸声材料大多是用多孔的材料制成，如玻璃棉、矿渣棉、泡沫塑料、毛毡、吸声砖、木丝板和甘蔗板等。当声波通过它们时，压缩孔中的空气，使得孔中的空气与孔壁产生摩擦，由于摩擦损失而使声能吸收变为热能。

(2) 隔声 在许多情况下，可以把发声的物体或需要安静的场所封闭在一个小的空间中，使它与周围环境隔绝，这种方法叫隔声。典型的隔声措施是隔声罩、隔声室、隔声屏。

隔声罩由隔声材料、阻尼涂料和吸声层构成。隔声材料可用 1～3mm 的钢板，也可以用较硬的木板。钢板上需要涂上一定厚度的阻尼层，防止钢板产生共振。吸声层可用玻璃棉或泡沫塑料。

隔声室要采取隔声结构，并强调密封。如在高噪声车间（空压机站、柴油机试车车间、鼓风机房），需要一个比较安静的环境供职工谈话、打电话或休息，常采用建立隔声室的方法。

隔声屏主要用在大车间或露天场合下隔离声源与人集中的地方，如在居民稠密的公路、铁路两侧设置隔声堤、隔声墙等。在大型车间设置活动隔声屏可以有效地降低机器的高中频噪声。

(3) 消声 消声是利用消声器来降低噪声在空气中的传播。消声器主要包括阻性消声器、抗性消声器、阻抗复合性消声器。

阻性消声器是在管壁内贴上吸声材料的衬里，使声波在管中传播时逐渐被吸收。它的优点是能在较宽的中高频范围内消声，特别是对刺耳的高频噪声有显著的消声作用。缺点是不耐高温和气体侵蚀，消声频带窄，对低频噪声消声效果差。

抗性消声器是根据声学滤波原理设计出来的。利用消声器内声阻、声频、声质量的适当组合，可以显著地消除某些频段的噪声。如汽车、摩托车、内燃机的消声器就是抗性消声器，它的优点是具有良好的低中频噪声消声功能，结构简单、耐高温、耐气体侵蚀；缺点是消声频带窄，对高频声波消声效果差。

阻抗复合性消声器消声量大，消声频率范围宽，因此得到广泛的应用。

3. 个人防护

对个人的防护主要采取限制工作时间和戴防护装置，常用的个人防护装置有防声棉（蜡浸棉花）、耳塞、耳罩、帽盔等。

噪声控制在技术上虽然现在已经成熟，但由于现代工业、交通运输业规模很大，要采取噪声控制的企业和场所为数甚多，因此在防止噪声问题上，必须从技术、经济和效果等方面进行综合权衡。当然，具体问题应当具体分析。在控制室外、设计室、车间或职工长期工作的地方，噪声的强度要低；库房或少有人去的车间或空旷地方，噪声稍高一些也是可以的。总之，对待不同时间、不同地点、不同性质与不同持续时间的噪声，应有一定的区别。

第三节 其它物理污染及防护

一、电磁辐射污染及防护

人类探索电磁辐射的利用始于1831年英国科学家法拉第发现电磁感应想象。如今，电磁辐射的利用已经深入到人类生产、生活的各个方面，无线电广播、电视、无线通信、卫星通信、无线电导航、雷达、手机、家庭电脑与因特网使你能得知地球各个角落发生的新闻要事，使人类的活动空间得以充分延伸，超越了国家乃至地球的界限；微波加热与干燥、短波与微波治疗、高压、超高压输电网、变电站、电热毯、微波炉使我们享受着生活的便捷。然而这一切却使地球上各式各样的电磁波充斥了人类生活的空间。不同波长和频率的电磁波无色无味、看不见、摸不着、穿透力强，令人防不胜防，它悄悄地侵蚀着我们的躯体，影响着我们的健康，引发了各种社会文明病。电磁污染已成为当今危害人类健康的致病源之一。

1. 电磁辐射污染源及其危害

(1) 电磁辐射污染的来源 电磁辐射以其产生方式可分为天然和人为两种。

① 天然源。天然的电磁污染最常见的是雷电，除了可能对电器设备、飞机、建筑物等直接造成危害外，而且会在广大地区从几千赫兹到几百兆赫兹以上的极宽频率范围内产生严重的电磁干扰。火山爆发、地震和太阳黑子活动引起的磁暴等都会产生电磁干扰。天然的电磁污染对短波通信的干扰特别严重。

② 人为源。人为的电磁污染主要有以下几种。

a. 脉冲放电。切断大电流电路进而产生的火花放电，其瞬时电流变率很大，会产生很强的电磁干扰。它在本质上与雷电相同，只是影响区域较小。

b. 高频交变电磁场。在大功率电机、变压器以及输电线等附近的电磁场，它并不以电磁波形式向外辐射，但在近场区会产生严重的电磁干扰。例如，高频感应加热设备（如高频淬火、高频焊接、高频熔炼等），高频介质加热设备（如塑料热合机、高频干燥处理机、介质加热联动机）等。

c. 射频电磁辐射。无线电广播、电视、微波通信等各种射频设备的辐射，频率范围宽广，影响区域也较大，能危害近场区的工作人员。目前，射频电磁辐射已经成为电磁污染环境的主要因素。

（2）电磁辐射的危害　电磁辐射可能造成的危害有以下方面。

① 电磁辐射对人体的危害。电磁辐射无色无味无形，可以穿透包括人体在内的多种物质。各种家用电器、电子设备、办公自动化设备、移动通信设备等电器装置只要处于操作使用状态，它的周围就会存在电磁辐射。高强度的电磁辐射以热效应和非热效应两种方式作用于人体，能使人体组织温度升高，导致身体发生机能性障碍和功能紊乱，严重时造成植物神经功能紊乱，表现为心跳、血压和血象等方面的失调，还会损伤眼睛导致白内障。此外，长期处于高电磁辐射的环境中，会使血液、淋巴液核细胞原生质发生改变，影响人体的循环系统、免疫、生殖和代谢功能，严重的还会诱发癌症。

② 电磁辐射对机械设备的危害。电磁辐射对电气设备、飞机和建筑物等可能造成直接破坏。当飞机在空中飞行时，如果通信和导航系统受到电磁干扰，就会同基地失去联系，可能造成飞机事故；当舰船上使用的通信、导航或遇险呼救频率受到电磁干扰，就会影响航海安全；有的电磁波还会对有线电设施产生干扰而引起铁路信号的失误动作、交通指挥灯的失控、电子计算机的差错和自动化工厂操作的失灵，甚至还可能使民航系统的警报被拉响而发出加警报；在纵横交错、蛛网密布的高压线网、电视发射台、转播台等附近的家庭，电视机会被严重干扰；装有心脏起搏器的病人处于高电磁辐射的环境中，心脏起搏器的正常使用会受影响。

③ 电磁辐射对安全的危害。电磁辐射会引燃引爆，特别是高场强作用下引起火花导致可燃性油类、气体和武器弹药的燃烧与爆炸事故。

2. 电磁辐射污染治理技术

电磁辐射污染的控制方法主要包括控制源头的屏蔽技术、控制传播途径的吸收技术和保护受体的个人防护技术。

（1）屏蔽技术　为了防止电磁辐射对周围环境的影响，必须将电磁辐射的强度减少到容许的程度，屏蔽是最常用的有效技术。屏蔽分为两类：一是将污染源屏蔽起来，叫做主动场屏蔽；另一种称被动场屏蔽，就是将指定的空间范围、设备或人屏蔽起来，使其不受周围电磁辐射的干扰。

目前，电磁屏蔽多采用金属板或金属网等导电性材料，做成封闭式的壳体将电磁辐射源罩起来或把人罩起来。

（2）吸收技术　采用吸收电磁辐射能量的材料进行防护是降低微波辐射的一项有效的措施。能吸收电磁辐射能量的材料的种类很多，如加入铁粉、石墨、木材和水等的材料以及各种塑料、橡胶、胶木、陶瓷等。

（3）区域控制及绿化　对工业集中城市，特别是电子工业集中的城市或电气、电子设备密集使用的地区，可以将电磁辐射源相对集中在某一区域，使其远离一般工作区或居民区，并对这样的区域设置安全隔离带，从而在较大的区域范围内控制电磁辐射的危害。

区域控制大体分为四类。

① 自然干净区：在这样的区域内要求基本上不设置任何电磁设备。

② 轻度污染区：只允许某些小功率设备存在。

③ 广播辐射区：指电台、电视台附近区域，因其辐射较强，一般应设在郊区。

④ 工业干扰区：属于不严格控制辐射强度的区域，对这样的区域要设置安全隔离带，厂房、住宅等不得建在隔离带内，隔离带内要采取绿化措施。由于绿色植物对电磁辐射能具有较好的吸收作用，因此加强绿化是防治电磁污染的有效措施之一。依据上述区域的划分标准，合理进行城市、工业等的布局，可以减少电磁辐射对环境的污染。

(4) 个人防护　个人防护的对象是个体的微波作业人员，当工作需要操作人员必须进入微波辐射源的近场区作业时，或因某些原因不能对辐射源采取有效的屏蔽、吸收等措施时，必须采取个人防护措施，以保护作业人员安全。个人防护措施主要有穿防护服、带防护头盔和防护眼镜等，这些个人防护装备同样也是应用了屏蔽、吸收等原理用相应材料制成的。

二、放射性污染及防护

放射性是指某些元素自发放射射线的固有性质，它是宇宙中极为普遍的现象。在人类生存的地球上，放射性是无所不在的，但是直到 19 世纪末 20 世纪初，科学的发展才使人们对放射性有了认识和了解。1895 年伦琴发现 X 射线，这是人类首次发现放射性现象；1896 年，法国物理学家贝可勒耳发现放射性，并证实其不因一般物理、化学影响发生变化，由此获得 1903 年的诺贝尔物理学奖。1898 年居里夫人发现放射性镭元素，极大地推动了放射性研究。而爱因斯坦相对论中重要的质能方程（$E=mc^2$）为高能粒子研究提供了理论基础，使人类利用核能成为可能。但是，原子核就像一个危险的潘多拉魔盒，当人类解释它的秘密之后，魔鬼似乎已形影不离。首先，原子弹的爆炸会造成数十万乃至数百万人的伤亡和他们后代的缺陷，广岛和长崎的原子灾难是日本也是世界人民的噩梦。大规模的核试验改变了大气、水体和土壤中的放射性背景值，使很多地区寸草不生，许多海域变成毫无生机的死海。核能的和平利用虽然给人类带来到了解救能源危机的希望，但却也使人类担负了很高的安全风险，人们不能忘记切尔诺贝利核电站泄漏事故造成的灾难，也无法不使人联想到生物变异可能形成的巨大怪物——哥斯拉。而核电站产生的永久性核废料正日益增加，无论是掩埋还是弃置深海，都会造成明日之灾难。

产生放射性的原子核反应过程主要包括衰变、裂变和聚变，其中衰变和裂变是地球上最常见的放射性源，是指原子核放射出高能射线（粒子），转变或分裂成其它一个或多个新元素原子核的过程。核聚变主要是指在极高温度和压力下，由轻核聚合成重核，同时放射出高能射线（粒子）的过程，它是大多数恒星发光、发热的源泉。原子核的衰变、裂变和聚变过程放射出的射线主要有 α、β、γ 和 X 射线四种。

α 射线是高速运动的 α 粒子，α 粒子实际上是带两个正电荷、质量为 4 的氦核。α 粒子从原子核发射出来的速度在 $(1.4\sim2.0)\times10^{11}$ cm/s 之间。虽然由于质量太重而导致自身在室温时，在空气中的行程不超过 10cm，用普通一张纸就能够挡住，但它具有极强的电离作用。

β 射线是高速运动的 β 粒子，β 粒子实际上是带负电的电子，其运动速度是光速的 30%～90%，通常，在空气中能够飞行上百米，用几毫米的铝片屏蔽就可以挡住 β 射线，其电离能比 α 射线弱得多。

γ 射线实际就是光子，速度与光速相同，它与 X 射线相似，但波长较短，因此其穿透能力较强，需要几厘米厚的铅或 1m 厚的混凝土才能屏蔽，但其电离能力较弱。

X射线也称“伦琴射线”，其波长介于紫外线和γ射线之间，具有可见光的一般特性，如直线传播、反射、折射、散射和绕射等，速度也与光速相同，但能量一般为10^3MeV（百万电子伏）至10^6MeV，比几兆电子伏的可见光的光子高得多，X射线与Y射线的基本作用或效应无本质的区别。

1. 放射性污染源

环境中的放射性具有天然和人工两个来源。

(1) 天然放射性的来源　环境中天然放射性的主要来源有宇宙辐射和地球固有元素的放射性。宇宙射线是一种从宇宙太空中辐射到地球上的射线，进入大气层后和空气中的原子核发生碰撞，即产生次级宇宙射线。其中部分射线的穿透本领很大，能透入深水和地下。地球固有的放射性元素散布到大气、水体和土壤中形成了空气中存在的放射性物质、地面水系中含有的放射性物质和人体内的放射性物质。研究天然本底辐射水平具有重要的实用价值和重要的科学意义。其一，核工业及辐射应用的发展均有改变本底辐射水平的可能，因此有必要以天然本底辐射水平作为基线，以区别天然本底与人工放射性污染，及时发现污染并采取相应的环境保护措施。其二是对制定辐射防护标准有较大的参考价值。

(2) 人工放射性污染源　放射污染的人工污染源主要来自以下几个方面。

① 核爆炸的沉淀物。在大气层进行核试验时，爆炸高温体使得放射性核素变为气态物质，伴随着爆炸时产生的大量赤热气体，蒸气携带着弹壳碎片、地面物升上天空。在上升过程中，随着与空气的不断混合，温度逐渐降低，气态物即凝聚成粒或附着在其它尘粒上，并随着蘑菇状烟云扩散，最后这些颗粒都要回落到地面。沉降下来的颗粒带有放射性，称为放射性沉淀物（或沉降灰）。这些放射性沉降物除落到爆区附近外，还可随风扩散到广泛的地区，造成对地表、海洋、人体及动植物的污染。细小的放射性颗粒甚至可到达平流层并随大气环流流动，经很长时间（甚至几年）才能回落到对流层，造成全球性污染。即使是地下核试验，由于“冒顶”或其它事故，仍可造成上述的污染。另外，由于放射性核素都有半衰期，因此在其未完全衰变之前，污染作用不会消失。其中核试验时产生的危害较大的物质有^{90}锶、^{137}铯、^{131}碘和^{14}碳。核试验造成的全球性污染比其它原因造成的污染重得多，因此是地球上放射性污染的主要来源。随着在大气层进行核试验的次数的减少，由此引起的放射性污染也将逐渐减少。

② 核工业过程的排放物。核能应用于动力工业，构成了核工业的主体。核工业的废水、废气、废渣的排放是造成环境放射性污染的一个重要原因。核燃料的生产、使用及回收形成了核燃料的循环，在这个循环过程中的每一个环节都会排放种类、数量不同的放射性污染物，对环境造成程度不同的污染。

a. 核燃料生产过程。包括铀矿的开采、冶炼、精制与加工过程。在这个过程中，排放的污染物主要有开采过程中产生的含有氡及氡的子体和放射性粉尘的废气；含有铀、镭、氡等放射性物质的废水；在冶炼过程中产生的低水平放射性废液及含镭、钍等多种放射性物质的固体废物；在加工、精制过程中产生的含镭、铀等的废液及含有化学烟雾和铀粒的废气等。

b. 核反应堆运行过程。反应堆包括生产性反应堆及核电站反应堆等。在这个过程中产生了大量裂变产物，一般情况下裂变产物是被封闭在燃料元件盒内。因此正常运转时，反应堆排放的废水中主要污染物是被中子活化后所生成的放射性物质，排放废气中的主要污染物是裂变产物及中子活化产物。

c. 核燃料后处理过程。核燃料经使用后运到核燃料后处理厂，经化学处理后提取铀和环循环使用。在此过程排出的废气中含有裂变产物，而排出的废水既有放射强度较低的废水，也有放射强度较高的废水，其中包含有半衰期长、毒性大的核素。因此燃料后处理过程是燃料循环中最重要的污染源。

对整个核工业来说，在放射性废物的处理设施不断完善的情况下，处理设施正常运行时，对环境不会造成严重污染。严重的污染往往是由事故造成的，如 1986 年前苏联的切尔贝利核电站的爆炸泄漏事故。因此减少事故排放对减少环境的放射性污染将是十分重要的。

③ 医疗照射引起的放射性。随着现代医学的发展，辐射作为诊断、治疗的手段越来越广泛应用，且医用辐射设备增多，诊治范围扩大。辐射方式除外照射方式外，还发展了内照射方式，如诊治肺癌等疾病就采用内照射方式，使射线集中照射病灶。但同时这也增加了操作人员和病人受到的辐照，因此医用射线已成为环境中的主要人工污染源。

④ 其它方面的污染源。如某些用于控制、分析、测试的设备使用了放射性物质，会对职业操作人员产生辐射危害。某些生活消费品中使用了放射性物质，如夜光表、彩色电视机，会对消费者造成放射性污染；某些建筑材料如含铀、镭含量高的花岗岩和钢渣砖等，它们的使用也会增加室内的放射性污染。

2. 放射性对人类的危害

由于放射性射线具有很高的能量，对物质原子具有电子激发和电离效应，因此，核辐照会引起细胞内水分子的电离，改变细胞体系的物理化学性质，这一改变将引起生命高分子-蛋白质与核酸化学性质的改变，如果这一改变进一步积累，就会造成组织、器官甚至个体水平的病变，放射性污染的这种危害称为生物学效应。放射性的生物学效应包括有机体自身损害——躯体效应和遗传物质变化的遗传效应。

(1) 躯体效应　人体受到射线过量照射所引起的疾病，称为放射性病，它可以分为急性和慢性两种。

急性放射性病是由大剂量的急性辐射所引起，只有意外放射性事故或核爆炸时才可能发生。例如 1945 年，在日本长崎和广岛的原子弹爆炸中，就曾多次观察到，病者在原子弹爆炸后 1h 内就出现恶心、呕吐、精神萎靡、头晕、全身衰弱等症状。经过一个潜伏期后，再次出现上述症状，同时伴有出血、毛发脱落和血液成分严重改变等现象，严重的造成死亡。急性放射性病还有潜在的危险，会留下后遗症，而且有的患者会把生理病变遗传给子孙后代。另外，急性辐照也会具有晚期效应。通过对广岛长崎原子弹爆炸幸存者、接受辐射治疗的病人以及职业受照人群（如铀矿工人的肺癌发病率高）的详细调查和分析，证明辐射有诱发癌的能力。从受到放射照射到出现癌症通常有 5～30 年潜伏期。

慢性放射病是由于多次照射长期积累的结果。全身的慢性放射病，通常与血液病相联系，如白血球减少、白血病等。局部的慢性放射病，例如当手部受到多次照射损伤时，指甲周围的皮肤呈红色，并且发亮，同时，指甲变脆、变形、手指皮肤光滑、失去指纹、手指无感觉，随后发生溃烂。

放射性照射对人体危害的最大特点之一是远期的影响。例如：因受放射性照射而诱发女骨骼肿瘤、白血病、肺病、卵巢癌等恶性肿瘤，在人体内的潜伏期可长达 10～20 年之久。因此把放射线称为致癌射线。此外，人体受到放射线照射还会出现不育症、遗传疾病、寿命缩短现象。

(2) 遗传效应　辐射的遗传效应是由于生殖细胞受损伤，而生殖细胞是具有遗传性的细胞。染色体是生物遗传变异的物质基础，由蛋白质和 DNA 组成；DNA 有修复损伤和复制自己的能力，许多决定遗传信息的基因定位在 DNA 分子的不同区段上。电离辐射的作用使

DNA分子损伤，如果是生殖细胞中DNA受到损伤，并把这种损伤传给子孙后代，后代身上就可能出现某种程度的遗传疾病。

辐射的遗传效应最明显的表现是致畸和致突变，在现代许多的畸形儿中有部分就是由于放射性污染造成亲代生殖细胞染色体和DNA分子改变。另外，许多生物变异也是因为接触了放射源造成的。

3. 放射性污染控制技术

加强对放射性物质的管理是控制放射性污染的必要措施。

从技术控制手段来讲，放射性废物中的放射性物质，采用一般的物理、化学及生物的方法都不能将其消灭或破坏，只有通过放射性核素的自身衰变才能使放射性衰减到一定的水平，而许多放射性元素的半衰期十分长，并且衰变的产物又是新的放射性元素，所以放射性废物与其它废物相比在处理和处置上有许多不同之处。

（1）放射性废液的处理　放射性废水的处理方法主要有稀释排放法、放置衰变法、混凝沉降法、离子变换法、蒸发法、沥青固化法、水泥固化法、塑料固化法以及玻璃固化法等。

（2）放射性废气的处理　放射性废气主要由以下各种物质组成：①挥发性放射性物质（如钌和卤素等）；②含氚的氢气和水蒸气；③惰性放射性气态物质（如氪、氙等）；④表面吸附有放射性物质的气溶胶和微粒。在核设施正常运行时，任何泄漏的放射性废气均可纳入废液中，只是在发生重大事故及以后一段时间，才会有放射性气态物释出。通常情况下，采取预防措施将废气中的大部分放射性物质截留住甚为重要，可选取的废气处理方法有过滤法、吸附法和放置法。

（3）放射性固体废物的处理　放射性固体废物可采用埋藏、煅烧、再融化等方法处置。如果是可燃性固体废物则多采用煅烧法，若为金属固体废物则加以去污或用再融化法处置。

（4）放射性废物的处置　对放射性废物进行处置的总目标是确保废物中的有害物质对人类环境不产生危害。其基本方法是通过天然或人工屏障构成的多重屏障层实现有害物质同生物圈的有效隔离。根据废物的种类、性质、放射性核素成分和比活度以及外形大小等可分为以下四种处置类型。

① 扩散型处置法。此法适用于比活度低于法定限值的放射性废气或废水，在控制条件下向环境排入大气或水体。

② 管理型处置法。此法适用于不含铀元素的中、低放固体废物的浅地层处置。将废物填埋在距地表有一定深度的土层中，其上面覆盖及植被，作出标记牌告。

③ 隔离型处置法。此法适用于数量少、比活度较高、含长寿命α核素的高放废物。废物必须置于深地质层或其它长期能与人类生物圈隔离的处所，以待其充分衰减。其工程设施要求严格，需特别防止核素的迁出。

④ 再利用型处置法。此法适用于极低放射性水平的固体废物。经过前述的去污处理，在不需任何安全防护条件下可加以重复或再生利用。

放射性废物的处置与利用是相当复杂的问题，特别是高放废物的最终处置，目前在世界范围内还处于探索与研究中，尚无妥善的解决办法。

三、热污染及防护

热污染是指日益现代化的工农业生产和人类生活中排放出的废热所造成的环境污染。热污染可以污染大气和水体。在工业发达的美国，每天所排放的冷却用水达4.5亿立方米，接近全国用水量的1/3；废热水含热量约2500亿千卡，足够2.5亿立方米的水温升高10℃。

1. 热污染的类型

(1) 水体热污染　火力发电厂、核电站、钢铁厂的循环冷却系统排出的热水以及石油、化工、铸造、造纸等工业排出的主要废水中均含有大量废热，排入地表水体后，导致地表水温度急剧升高，造成了水体热污染。

(2) 大气热污染　随着人口的增长、消耗量的增加，排入大气的热量日益增多。近一个世纪以来，地球大气中的二氧化碳不断增加，使得温室效应加剧，全球气候变暖，大量冰川积雪融化，海水水位上升，一些原本十分炎热的城市也变得更热。其中，人们最为关注的是城市热岛效应。表 7-2 为我国温带热岛强度与城市规模和人口密度的关系。

表 7-2　我国温带热岛强度与城市规模和人口密度的关系

城市名	气候区域	城区面积/km^2	区域人口/10^4 人	人口密度/(人/km^2)	城乡年均温差/℃
北京	南温带亚湿润气候区	87.8	239.4	27254	2.0
沈阳	中温带亚湿润气候区	164.0	240.8	14680	1.5
西安	中温带亚湿润气候区	81.0	130.0	16000	1.5
兰州	中温带亚干旱气候区	164.0	89.6	5463	1.0

2. 热污染的危害

(1) 水体热污染的危害　水体热污染首当其冲的受害者是水生生物，由于水体温度升高，水中的溶解氧减少，水体处于缺氧状态，大量厌氧菌滋生，有机物腐败严重。同时水温升高使得水生生物代谢率增高，从而需要更多的氧，造成一些水生生物在热效力作用下发育受阻或死亡，影响环境和生态平衡。此外，河水水温上升给一些致病微生物造成一个人工温床，使它们得以滋生、泛滥，引起疾病流行，危害人类健康。1965 年澳大利亚流行过一种脑膜炎，后经科学家证实，其祸根是一种变形原虫，由于发电厂排出的热水使河水温度增高，这种变形原虫在温水中大量滋生，造成水源污染而引起了这次脑膜炎的流行。

(2) 大气热污染的危害　随着人口和耗能量的增长，城市排入大气的热量日益增多。按照热力学定律，人类使用的全部能量终将转化为热，传入大气，逸向太空。这样，使地面反射太阳热能的反射率增高，吸收太阳辐射热减少，沿地面空气的热减少，上升气流减弱，阻碍云雨形成，造成局部地区干旱，影响农作物生长。专家们预测，如按现在的能源消耗的速度计算，每 10 年全球温度会升高 0.1～0.26℃，一个世纪后即为 1.0～2.6℃，而两极温度将上升 3～7℃，对全球气候会有重大影响。大气热污染除了导致海水的热膨胀和极冰融化，使海平面上升，加快生物物种灭绝外，还对人体健康构成危害，它降低了人体的正常免疫功能，包括致病病毒或细菌对抗生素越来越强的耐性以及生态系统的变化降低了肌体对疾病的抵抗力，从而加剧了各种传染病的流行。热污染导致空气温度升高，为蚊子、苍蝇、蟑螂、跳蚤以及病原体、微生物等提供了最佳的滋生条件及传播机制，形成一种新的“互感连锁反应”，造成疟疾、登革热、血吸虫病、恙虫病、流脑等病的流行，特别是以蚊虫为媒介的传染病激增。

3. 热污染防治

造成热污染最根本的原因是能源未能被最有效、最合理地利用。随着现代工业的发展和人口的不断增长，环境热污染将日趋严重。然而，人们尚未用一个量值来规定其污染程度，这表明人们并未对热污染有足够重视。为此，科学家呼吁应尽快制定环境热污染的控制标准，采取行之有效的措施防治热污染。

（1）水体热污染防治　水体热污染可通过以下三方面进行防治。

① 加强监督和管理，制定废热排放标准。随着工业发展，冷却水排出量增加，水体热污染现象将日趋明显。为减轻其可能产生的危害，除需要加强水体的观察，将环境的热监督作为重要的常规项目外，还必须对我国不同地区水体接纳废热后水生生物的生理及生态变化开展广泛调查与研究，以积累资料，制定结合实际、经济可行的允许标准，供参照施行。

② 提高降温技术水平，减少废热排放量。在电站的冷却水设计中应针对所在地的自然状态与条件，选用切实可行的降温技术。对于不具备直排条件的水域，需采用冷却池或冷却塔设施使所排放的温热水降温，降温后的冷却水可循环使用。目前，已有电力及冶金企业将冷却设备改水冷式为气冷式。如此，既可能减少水量消耗，又可避免热量被混入水体，因而是一种有效的防治热污染的方法。

③ 水体中排入废热源的综合利用。对于电站等排入水体中的冷却水，其中的剩余热量可作为热源加以利用，如利用部分温水进行水产养殖、农业灌溉、冬季供暖、预防水运航道和港口结冰等。废热的综合利用有广阔前景可待开发，但需注意的是季节性限制和电站停机期间的调剂等问题。

（2）大气热污染防治　为了减低废热排放对大气环境的影响，有效的综合防治措施如下。

① 增加森林覆盖面积。植物具有美化自然环境、调节气候、截留飘尘、吸收大气中有害气体成分等功能，在大面积范围内可长时间连续对大气进行净化作用，特别当大气中污染物浓度低、分布面广时更显成效。在城市和工业区有计划地利用空闲地种植并扩大绿化面积，对包括控制热污染在内的大气污染综合防治、改善城市居民生活环境等方面都是十分有利的。

② 积极开发和利用洁净的新能源。开发少污染或无污染的能源包括核能、太阳能、风力能、海洋能和地热能等，这些新能源的推广应用必将起到积极的减少热污染作用。

③ 提高热能利用率。目前，我国所用的热力装置热能利用率一般偏低，民用燃烧设备的热效率为10%～20%，工业锅炉的热效率差别较大，在20%～70%，化石电厂的高压蒸汽转化为电能的热效率一般为37%～40%。平均热能利用率仅在28%～30%，与工业发达国家相比约低20%。这就意味着在我国每消费 1×10^{8}t 煤中有 2×10^{7}t 被浪费，亦即约有 5.8×10^{6}kJ 的热量未经利用而释于环境中。因此，改进现有能源利用技术、提高煤热力装置的热能利用率是十分重要的。

四、光污染及防护

1. 光污染及其危害

光是人类不可缺少的。但是，过强、过滥、变化无常的光也会对人体造成干扰和伤害。光污染是指光辐射过量而对生活、生产环境以及人体健康产生的不良影响，它主要来源于人类生存环境中日光、灯光以及各种反射、折射光源造成的各种过量和不协调的光辐射。

据美国一份最新的调查研究显示，夜晚的华灯造成的光污染已使世界上1/5的人对银河系视而不见。这份调查报告的作者之一埃尔维奇说："许多人已经失去了夜空，而正是我们的灯火使夜空失色"。他认为，现在世界上约有2/3的人生活在光污染里。在远离城市的郊外夜空，可以看到两千多颗星星，而在大城市却只能看到几十颗。

近年来，环境污染日益加剧。无数悲剧的发生，让人们越来越懂得环境对人类生存健康的重要性。人们关注水污染、大气污染、噪声污染等，并采取措施大力整治，但对光污染却重视不够。其后果就是各种眼疾，特别是近视比率迅速攀升。据统计，我国高中生近视率达60%以上，居世界第二位。为此，我国每年都要投入大量资金和人力用于对付近视，见效却不大，原因就是没有从改善视觉环境这个根本入手。有关卫生专家认为，视觉环境是形成近视的主要原因，而不是用眼习惯。

随着城市建设的发展和科学技术的进步，日常生活中的建筑和室内装修采用的镜面、瓷砖和白粉墙日益增多，近距离读写使用的书簿纸张越来越光滑，人们几乎把自己置身于一个“强光弱色”的“人造视环境”中。

光污染一般包括白亮污染、人工白昼污染和彩光污染。有时人们按光的波长分为红外光污染、紫外光污染、激光污染及可见光污染等。

(1) 白亮污染　现代不少建筑物采用大块镜面或铝合金装饰门面，有的甚至整个建筑物会用这种镜面装潢，也有一些建筑物采用钢化玻璃、釉面砖墙、铝合金板、磨光花岗岩、大理石和高级涂料装饰，明亮亮、白花花眩目逼人。据测定，白色的粉刷面光反射系数为69%～80%，而镜面玻璃的反射系数达82%～90%，比绿色草地、森林、深色或毛面砖石装修的建筑物的反射系数大10倍左右，大大超过了人体所能承受的范围。

专家们研究发现，长时间在白色光亮污染环境下工作和生活的人，眼角膜和虹膜都会受到程度不同的损害，引起视力的急剧下降，白内障的发病率高达40%～48%。同时还使人头昏心烦，甚至发生失眠、食欲下降、情绪低落、乏力等类似神经衰弱的症状。

(2) 人工白昼污染　当夜幕降临后，酒店、商场的广告牌、霓虹灯使人眼花缭乱，一些建筑工地灯火通明，光直冲云霄、亮如白昼，

人工白昼对人体的危害不可忽视。由于强光反射，可把附近的居室照得如同白昼，在这样的“不夜城”里，使人夜晚难以入睡，打乱了正常的生物节律，致使精神不振，白天上班工作效率低下，还时常会出现安全方面的事故。据国外的一项调查显示，有三分之二的人认为人工白昼影响健康，84%的人认为影响睡眠，同时也使昆虫、鸟类的生殖遭受干扰，甚至昆虫和鸟类也可能被强光周围的高温烧死。

(3) 彩光污染　彩光活动灯、荧光灯以及各种闪烁的彩色光源则构成了彩光污染，危害人体健康。据测定，黑光灯可产生波长为250～320nm的紫外线，其强度远远高于阳光中的紫外线，长期沐浴在这种黑光灯下，会加速皮肤老化，还会引起一系列神经系统症状，诸如头晕、头痛、恶心、食欲不振、乏力、失眠等。彩光污染不仅有损人体的生理机能，还会影响到人的心理。长期处在彩光灯的照射下，其心理累积效应也会不同程度地引起倦怠无力、头晕、性欲减退、阳痿、月经不调、神经衰弱等身心方面的疾病。此外，红外线、紫外线也正日益严重地污染环境。

(4) 眩光污染　汽车夜间行驶时照明用的头灯，厂房中不合理的照明布置等都会造成眩光。某些工作场所，例如火车站和机场以及自动化企业的中央控制室，过多和过分复杂的信号灯系统也会造成工作人员视觉锐度的下降，从而影响工作效率。焊枪所产生的强光，若无适当的防护措施，也会伤害人的眼睛。长期在强光条件下工作的工人（如冶炼工、熔烧工、吹玻璃工等）也会由于强光而使眼睛受害。

(5) 视觉污染　指的是城市环境中杂乱的视觉环境。例如城市街道两侧杂乱的电线、电话线、杂乱不堪的垃圾废物、乱七八糟的货摊和五颜六色的广告招贴等。

(6) 激光污染　激光污染也是光污染的一种特殊形式。由于激光具有方向性好、能量集中、颜色纯等特点，而且激光通过人眼晶状体的聚焦作用后，到达眼底时的光强度可增大几

百至几万倍，所以激光对人眼有较大的伤害作用。激光光谱的一部分属于紫外和红外范围，会伤害眼结膜、虹膜和晶状体。功率很大的激光能危害人体深层组织和神经系统。近年来，激光在医学、生物学、环境监测、物理学、化学、天文学以及工业等多方面的应用日益广泛，激光污染愈来愈受到人们的重视。

（7）红外线污染　红外线近年来在军事、人造卫星以及工业、卫生、科研等方面的应用日益广泛，因此红外线污染问题也随之产生。红外线是一种热辐射，对人体可造成高温伤害。较强的红外线可造成皮肤伤害，其情况与烫伤相似，最初是灼痛，然后是造成烧伤。红外线对眼睛的伤害有几种不同情况，波长为 750～1300nm 的红外线对眼角膜的透过率较高，可造成眼底视网膜的伤害。尤其是 11000 埃附近的红外线，可使眼的前部介质（角膜、晶体等）不受损害而直接造成眼底视网膜烧伤。波长 1900nm 以上的红外线，几乎全部被角膜吸收，会造成角膜烧伤（浑浊、白斑）。波长大于 1400nm 的红外线的能量绝大部分被角膜和眼内液所吸收，透不到虹膜，只是 1300nm 以下的红外线才能透到虹膜，造成虹膜伤害。人眼如果长期暴露于红外线可能引起白内障。

（8）紫外线污染　紫外线最早是应用于消毒以及某些工艺流程。近年来它的使用范围不断扩大，如用于人造卫星对地面的探测。紫外线的效应按其波长而有不同，波长为 100～190nm 的真空紫外部分，可被空气和水吸收；波长为 190～300nm 的远紫外部分，大部分可被生物分子强烈吸收；波长为 300～330nm 的近紫外部分，可被某些生物分子吸收。

紫外线对人体主要是伤害眼角膜和皮肤。造成角膜损伤的紫外线主要为 250～305nm 部分，而其中波长为 288nm 的作用最强。角膜多次暴露于紫外线，并不增加对紫外线的耐受能力，紫外线对角膜的伤害作用表现为一种叫做畏光眼炎的极痛的角膜白斑伤害。除了剧痛外，还导致流泪、眼睑痉挛、眼结膜充血和睫状肌抽搐。紫外线对皮肤的伤害作用主要是引起红斑和小水疱，严重时会使表皮坏死和脱皮。人体胸、腹、背部皮肤对紫外线最敏感，其次是前额、肩和臀部，再次为脚掌和手背。不同波长紫外线对皮肤的效应是不同的，波长 280～320nm 和 250～260nm 的紫外线对皮肤的效应最强。

2. 光污染防治

防治光污染主要有下列几个方面：

① 加强城市规划和管理，改善工厂照明条件等，以减少光污染的来源。

② 对有红外线和紫外线污染的场所采取必要的安全防护措施。

③ 采用个人防护措施，主要是戴防护眼镜和防护面罩。光污染的防护镜有反射型防护镜、吸收型防护镜、反射-吸收型防护镜、爆炸型防护镜、光化学反应型防护镜、光电型防护镜、变色微晶玻璃型防护镜等类型。

光污染虽未被列入环境防治范畴，但它的危害显而易见，并在日益加重和蔓延。因此，人们在生活中应注意，防止各种光污染对健康的危害，避免过长时间接触污染。

光对环境的污染是实际存在的，但由于缺少相应的污染标准与立法，因而不能形成较完整的环境质量要求与防范措施。防治光污染是一项社会系统工程，需要有关部门制订必要的法律和规定，采取相应的防护措施。

首先，在企业、卫生、环保等部门，一定要对光的污染有一个清醒的认识，要注意控制光污染的源头，要加强预防性卫生监督，做到防患于未然，科研人员在科学技术上也要探索有利于减少光污染的方法。在设计方案上，合理选择光源，要教育人们科学合理地使用灯光，注意调整亮度，不可滥用光源，不要再扩大光的污染。

其次，对于个人来说要增加环保意识，注意个人保健。个人如果不能避免长期处于光污染的工作环境中，应该考虑到防止光污染的问题，采用个人防护措施，如戴防护镜、防护面罩、防护服等，把光污染的危害消除在萌芽状态。已出现症状的应定期去医院眼科做检查，及时发现病情，以防为主，防治结合。

五、振动危害及控制

振动是一种自然界和日常生产、生活中极为普遍的运动形式。从高层建筑物的随风晃动到昆虫翅翼的微弱抖动都属于振动现象，某些振动对人体是有害的，有些还可以破坏机械设备和建筑物。

1. 振动的危害

（1）振动对人体的危害　瞬间剧烈的振动会造成前庭组织反应和使内脏、血管位移，造成不同程度的皮肉青肿、骨折、器官破裂和脑震荡等。长时间从事与振动有关的工作会患振动职业病，主要表现为手麻、无力、关节痛、白指、白手、注意力不集中、头晕、呕吐甚至丧失活动能力。此外，振动还能造成听力损伤。

（2）振动对设备和建筑物的损害　工业生产中，机械设备运转发生的振动大多是有害的，振动使机械设备本身疲劳和磨损，从而缩短机械设备的使用寿命，甚至使机械设备中的构件发生刚度和强度破坏。对于机械加工机床，如振动过大，可使加工精度降低；飞机机翼的颤振、机轮的摆动和发动机的异常振动，都有可能造成飞行事故；而地表的剧烈振动——地震会导致建筑物坍塌，造成人民生命财产的损失。

2. 振动的控制

在现实中，振动现象是不可避免的，因此为了减小和消除振动产生的危害，必须控制振动。任何振动系统都可概括为振源、振动途径和受体三部分，并按照振源、振动途径（传递介质）、受体这一途径进行传播，因此振动的控制主要是通过控制振源、切断振动的途径和保护受体来实现。

就机械设备而言，引起振动的原因主要有以下三个：一是由突然的作用力或反作用力引起的冲击振动，如打桩机、剪扳机、冲锻设备等；二是由于旋转机械所产生的不平衡力引起振动，如风机、水泵等；三是往复机械如内燃机或空压机等，由于本身不平衡引起振动。就振源控制来讲，改进振动设备的设计和提高制造加工装配精度，可以使其振动减小，是最有效的控制方法。另外可以在机械设备的部件和周围填加阻尼性材料，减小振动的传播。对于精密易损的部件要设置保护层，减少振动损害。

对于自然振源振动系统，共振是最具破坏性的振动形式。最为著名的案例是美国塔克马峡谷中长 853m、宽 12m 的悬索吊桥，在 1940 年 8 级飓风的袭击下发生了彻底的坍塌，这主要是风力引起的共振使笨重的钢铁桥发生扭曲造成的。这一灾难引起了广泛关注，从此，桥梁的建设必须进行风洞试验以验证共振可能性，并设置振动阻尼结构。对于地壳的振动——地震所造成的建筑物的损毁，地震研究专家也已证明，其主要的原因也在于地震频率与建筑物的振动频率一致，导致建筑物与地壳一起剧烈振动，最终开裂、坍塌。因此，专家建议在地震带附近的建筑物，只靠加强建筑物的刚性扭量是远远不够的，必须在建筑物地基内设置振动的阻尼材料带，切断振动的传播途径，以消除共振。

习题与思考题

1. 什么是物理性污染？具有何特点？
2. 什么是噪声？噪声标准有哪些？

3. 噪声控制方法有哪些？
4. 简述电磁辐射污染及其控制方法。
5. 什么是放射性污染？如何控制？
6. 什么是热污染？如何控制？
7. 什么是光污染？如何控制？
8. 振动对人体的危害有哪些？
9. 简述控制振动危害的措施。

第八章　土壤污染控制工程

第一节　土壤污染概述

一、土壤污染的定义和特点

土壤是独立的、复杂的、能生长植物的疏松地球表层，是连接各环境要素的基本枢纽，也是结合无机界和生物界的中心环节。土壤可以看成一个独立的历史自然体，有着自己的生成发展过程，能在物质和能量的导入和输出过程中体现一个有机体的功能。土壤是一个复杂的系统，其物质组成和结构的复杂性，使得土壤有机体中的物质和能量迁移转化过程富有物理、物理化学和生物学等方面的复杂反应。土壤因为能生长植物和提供建筑设施的基本平台使它成为人类赖以生存的物质基础，因此，"土壤是世代相传的、人类所不能出让的生存条件和再生产条件"——马克思《资本论》，第三卷，1061 页。土壤在承载着人类社会进步的同时也在承载着人类生存活动中带来的巨大扰动。因此，对土壤资源的保护是社会经济持续发展和人类生存所面临的一项重要任务。在我国，这一任务显得尤为艰巨，这是因为我国人均耕地仅为世界人均占有量的 47%。随着我国社会经济的飞速发展，由于人为因素导致的土壤污染问题越来越严重，据统计目前我国约有 2000 万公顷耕地受到不同程度的污染，约占耕地总面积的 1/5，其中工业"三废"污染耕地 1000 万公顷，污水灌溉的农田面积 330 万公顷。计算表明，每年因土壤污染导致粮食减产超过 1000 万吨，被污染的粮食多达 1200 万吨，合计经济损失至少 200 亿元。土壤污染问题已经成为我国当代最为严峻的环境问题之一。

土壤污染属环境污染的范畴。中国大百科全书环境科学卷对环境污染的定义是：指人类活动所引起的环境质量下降而有害于人类或生物正常生存和发展的现象。环境污染的产生是一个从量变到质变的发展过程，当某种能造成污染的物质浓度或总量超过环境自净能力，便可能产生危害。环境污染按环境要素可分为大气污染、水体污染和土壤污染等。因此，土壤污染也应具有上述特点。

土壤污染是指人类活动产生的污染物进入土壤并积累到一定程度，引起土壤环境质量恶化，对生物、水体、空气或/和人体健康产生危害的现象（这种恶化现象通过对各种受体的危害而体现）。按此认识，称谓土壤污染应同时具有以下两个条件：一是人类活动引起的外源污染物进入土壤；二是导致土壤环境质量下降，而有害于受体如生物、水体、空气或人体健康。并且这个过程是由量变到质变的发展过程，发生质变时的污染物浓度是其危害的临界值，也就是土壤污染临界值。

归纳起来土壤污染具有以下几个特征。

(1) 隐蔽性与滞后性　水体污染或江河湖海的污染，常常用肉眼就能容易辨识；水泥厂的滚滚浓烟给四周大气造成的污染，在达到一定程度时通过感官就能发现。废弃物的污染问题就更加直观了。但是，土壤环境污染却往往要通过对土壤样品进行分析化验和农作物的残留检测，甚至通过粮食、蔬菜和水果等农作物以及摄食的人或动物的健康状况才能反映出来，从遭受污染到产生"恶果"往往需要一个相当长的过程。也就是说，土壤环境污染从产生污染到出现问题通常会滞后较长的时间，如日本的“骨痛病”经过了10～20年之后才被人们所认识。

（2）累积性与地域性　污染物在大气和水体中，一般都比在土壤环境中更容易迁移，而且一般是随着气流和水流进行长距离迁移。污染物在土壤环境中并不像在大气和水体中那样容易扩散和稀释，因此容易在土壤环境中不断积累而达到很高的浓度，与此同时，也使土壤环境具有很强的地域性特点。

（3）不可逆转性　如果大气和水体受到污染，切断污染源之后通过稀释作用和自净作用也有可能使污染问题不断逆转，但是积累在污染土壤环境中的难降解污染物则很难靠稀释作用和自净作用来消除。重金属污染物对土壤环境的污染基本上是一个不可逆的过程，主要表现为两个方面：①进入土壤环境后，很难通过自然过程得以从土壤环境中消失或稀释；②对生物体的危害和对土壤生态系统结构与功能的影响不容易恢复。例如，被某些重金属污染的农田生态系统可能需要100～200年才得以恢复。

（4）治理难而周期长　土壤环境污染一旦发生，仅仅依靠切断污染源的方法往往很难自我恢复，必须采用各种有效的技术才能解决现实污染问题。但是，从目前现有的治理方法来看，仍然存在成本较高和治理周期较长的问题。因此，需要有更大的投入，来探索、发展更为有效和更为经济的污染土壤修复、治理的各项技术与方法。

二、土壤污染的类型及来源

土壤污染的类型目前并无严格的划分，如从污染物的属性来考虑，一般可分为有机物污染、无机物污染、生物污染和放射性物质的污染。

① 有机物污染：石油、有机农药等。

② 无机物污染：重金属污染等。

③ 生物污染：细菌、真菌等。

④ 放射性污染：放射性核素等。

土壤污染源可分为天然污染源和人为污染源。天然污染源是指自然界自行向环境排放有害物质或造成有害影响的场所，如正在活动的火山；人为污染源是指人类活动所形成的污染源。后者是土壤污染研究和污染土壤修复的主要对象，而在这些污染源中，化学物质对土壤的污染是人们最为关注的。污染物进入土壤的途径按照所划分的土壤污染源可分为污水灌溉、固体废弃物的利用、农药和化肥、大气沉降物等。土壤污染物主要来自大气沉降、工业废水和生活污水排放、农药施用、工业固废和生活垃圾堆放以及矿产资源开发和炼制等。

1. 大气沉降

地球大气环境随着地球的演化而变化，形成一个相对稳定的体系。大气中的微量成分在整个地球环境中进行着周而复始的循环，其中包括S、N以及某些重金属的循环。由于工业的迅速发展，大量化石燃料燃烧排放的酸性气体和微量金属破坏了大气系统微量物质的平衡。据报道，人类活动向大气释放的Hg、Pb、Cd、Zn等重金属的量已分别超过自然源排放总量的1.5、18、5、3倍。人类排放的酸性气体SO_2和NO_x分别超过6和1.3倍。大量的有害物质沉降到土壤环境，造成土壤污染。

2. 工业废水和生活污水排放

2001年全国废水排放总量为433亿吨，其中工业废水203亿吨，生活污水230亿吨。废水中有毒有害物质44.6万吨（包括汞、六价铬、铅、砷、挥发酚、氰化物、石油类、氨氮），其中汞5.6t，镉118.1t，六价铬121.4t，铅533.9t，砷463.4t，挥发酚2445.7t，氰化物 899.5t，石油类 28734.2t，氨氮 413057.8t。

三、工业固废和城市垃圾

我国工业固体废物主要来自采掘业、化学原料及化学制品、黑色冶金及化工、非金属矿物加工、电力煤气生产、有色金属冶炼等。这些固废主要有煤矸石、铬渣、粉煤灰、碱渣以及其它各种矿渣和工业生产废渣。1949 年全国废渣产生量只有 1140 万吨，2001 年全国工业固废产生量为 8.9 亿吨，其中危险废物 952 万吨，比 1949 年增加 79 倍。城市垃圾清运量由 1949 年每年 869 万吨增加到 2000 年的 16200 万吨，增加了 19 倍。工业废渣量大面广，含有各种重金属元素，占据大面积土地，污染和破坏土壤。

城市垃圾半个世纪以来不仅产生量迅速增长，而且化学组成也发生了根本的变化，早期的城市垃圾主要来自厨余，垃圾组成基本上也是燃煤炉灰和生物有机质。这种组成的垃圾很受农民欢迎，可用作农田肥料。现代城市垃圾的化学组成则完全不同，含有各种重金属和其它有害物质。

四、农药化肥施用

化学农药包括各种杀虫剂、杀菌剂、除草剂和植物生长剂等。1949 年我国还不能生产化学农药，那时当然也不存在化学农药污染。1950 年生产了 1000t，随着经济快速发展，到 1980 年达到 53 万吨，不久发现六六六和 DDT 大吨位产品为难降解有机氯农药，于是逐渐减少产量以至后来停止生产，农药总产量下降了 20 万吨。但以后其它品种以及新农药不断发展，到 2000 年农药总产量达到 60.7 万吨。农药的不合理、不科学施用，不仅污染了农产品，而且还残留在土壤中。有机氯农药虽已停止生产 20 多年，但是各地的土壤中仍发现含有较高的残留浓度。

五、土壤自然净化过程

土壤是一个半稳定状态的复杂物质体系，对外界环境条件的变化和外来的物质有很大的缓冲能力。从广义上说，土壤的自净作用是指污染物进入土壤后经生物和化学降解变为无毒害物质，或通过化学沉淀、络合和螯合作用、氧化还原作用变为不溶性化合物，或为土壤胶体牢固地吸附，植物难以利用而暂时退出生物小循环，脱离食物链或排出土壤。按类型可以分为物理自净、化学自净、物理化学自净、生物自净。狭义的土壤自净能力则主要是指微生物对有机污染物的降解作用以及使污染化合物转变为难溶性化合物的作用。但是，土壤在自然净化过程中，随着时间的推移，土壤本身也会遭到严重污染。因为土壤污染及其去污取决于污染物进入量与土壤天然净化能力之间的消长关系，当污染物的数量和污染速度超过了土壤的净化能力时，破坏了土壤本身的自然动态平衡，使污染物的积累过程逐渐占优势，从而导致土壤正常功能失调，土壤质量下降。在通常情况下，土壤的净化能力取决于土壤物质组成及其特性，也和污染物的种类和性质有关。不同土壤对污染物质的负荷量（或容量）不同，同一土壤对不同污染物的净化能力也是不同的。应当指出，土壤的净化速度是比较缓慢的，净化能力也是有限的，特别是对于某些人工合成的有机农药、化学合成的某些产品以及一些重金属，土壤是难以使之净化的。因此，必须充分合理地利用和保护土壤的自净作用。

土壤环境容量是指土壤生态系统中某一特定的环境单元内，土壤所允许容纳污染物质的最大数量。也就是说在此土壤时空内，土壤中容纳的某污染物质不致阻滞植物的正常生长发育，不引起植物可食部分中某污染物积累到危害人体健康的程度，同时又能最大限度地发挥土壤的净化功能。

土壤环境容量的计算公式如下：

$$Q=(C_k-B)\times10^5$$

式中，Q 为土壤环境容量，kg/hm^2；C_k 为土壤环境标准值，mg/kg；B 为区域土壤背景值，mg/kg；10^5 为将 mg/kg 换算成 kg/hm^2 的系数。

上式可见，在一定区域的土壤特性和环境条件下，B 值是一定的，Q 的大小取决于 C_k。土壤环境标准值大，土壤环境容量也大；反之容量则小。土壤环境标准的制定，一般根据田间采样测定统计和盆栽试验，求出土壤中不同污染物使某一作物体内残毒达到食品卫生标准或使作物生育受阻时的浓度，以此作为土壤环境标准。根据土壤环境容量与实际含量相比较，可以深刻反映区域内的污染状况和环境质量水平，从总量控制上提出环境治理和管理的具体措施。

第二节　土壤污染的危害

一、重金属与土壤污染

随着工农业的迅速发展，各种外源污染物通过不同途径逐渐进入土壤，使土壤最终成为大量污染物的“汇”。据粗略统计，在过去的 50 年里，排放到全球环境中的镉达 2.2 万吨，铜 93.9 万吨，铅 78.3 万吨，锌 135 万吨，其中有相当部分进入土壤，致使世界各国土壤受到不同程度的重金属污染。目前，中国受有机污染物（农药、石油烃和 PAHs）污染农田达 3600 万公顷，其中受农药污染的面积约 1300 万～1600 万公顷；受重金属污染的耕地多达 2000 万公顷，每年重金属污染的粮食多达 1000 万吨。1977 年美国调查了 50 个废物堆放场，其中 43 个堆放场重金属污染了附近的土壤和地下水（Rod，1995；Thoraton，1996）。

重金属污染作为土壤污染的重要类型之一，已逐渐成为一普遍现象。由于土壤重金属污染具有长期性、隐蔽性和不可逆性等特点，进入土壤中的重金属能进入食物链并在生物体内累积放大，使其对人类和其它生物产生极大的危害，也使土壤重金属污染逐渐成为人们关注的热点。

1. 土壤重金属污染主要类型与来源

目前已知的 109 种元素中，其中 83 种是金属，在古代，人类只知道金、银、铜、铁、锡、铅、汞这七种金属。随着科学技术的发展，金属陆续发现，到18～19 世纪大多数有用的金属都从矿石中分离出来，并投入工业生产。在所有的金属元素中，人们定义密度大于 $5\times10^3 kg/m^3$ 的金属为重金属，共有 72 种重金属元素，具体指元素周期表中ⅠB，ⅡB，ⅢB～ⅦB 和Ⅷ B 族以及ⅢA～ⅣA 族金属，其中 Sc、Ti 和 Al 除外。在环境科学中，Hg、Cd、As、Cu、Pb、Cr、Zn、Ni 等重金属元素最受人关注。由于土壤是地理环境的主要组成部分，土壤圈处于大气圈、水圈、生物圈和岩石圈的交界处，是联系无机界和有机界的桥梁。土壤在地理环境中的特殊地位决定着土壤环境中化学元素含量对人和动植物的重要影响，所以定义土壤重金属污染要和这些金属元素的环境丰度、产生来源和健康意义结合起来。例如一些元素在没有超过临界浓度时，对动植物的正常生长和繁殖是必需的，这些元素通常被称为“必需微量元素”或“微量营养元素”。但当土壤中的浓度超过其耐受水平时，就会使动植物受到危害，形成污染。环境科学中所指的土壤重金属污染类型主要指 Cd、Pb、Hg、Cr、As，还包括 Cu、Zn、Ni、Mn、Fe 等类型，As 是类金属，因其毒性和某些性质和重金属相似，故通常列入重金属类进行讨论。

自然状态下，镉是非常稀少的，主要集中在黏土和页岩沉积物中，以硫镉矿 CdS 或 $CdCO_3$形式存在，并常和锌、铅和铜以硫化物形式存在。镉自然状态下是淡蓝色到白色的软金属或灰白色的粉末。在低 pH 条件下，尤其是在 pH 4.5～5.5 范围内，镉比铅有更强的移动能力。在 pH 7.5 以上时，镉的移动能力明显降低。镉的二价形式是水溶性的，但是这种形式的镉同样可以同土壤中的有机质和氧化物发生螯合反应而失去水溶性。镉的自然来源是火山喷发，这种作用可以将镉释放到大气中，并能扩散到很大的范围内。在最近 20 年里，由于镉在工业上的广泛应用，如电镀、颜料着色和镍铬电池等，才使得镉污染逐步被人们重视。正常土壤中镉的平均浓度一般小于 1mg/kg。在植物体内，镉的正常浓度在0.005～0.02mg/kg，毒性标准在 5～30mg/kg。镉污染源包括冶炼合金、PVC 材料生产、焊接、杀菌剂生产、指甲油的生产、发动机油、纺织品生产、电镀、橡胶生产、生活污泥和磷肥生产。镉污染物通过工业排放和垃圾填埋厂的渗滤、有害废弃污染物的溢出和泄漏、采矿和生活废物的排放等方式进入环境中。

铜主要存在于页岩、孔雀石和黄铜矿等矿物中，是一种略带红色-棕色的金属，容易与土壤中的有机物质和黏粒矿物结合，从而降低其移动能力和生物可利用性。然而土壤中有机物质在厌氧和好氧阶段均可以分解，这就意味着铜可以在好氧和厌氧阶段分别释放。研究表明，生物表面活性剂能释放部分有机结合态铜。农田土壤中，铜的平均浓度在 2～100mg/kg，植物对铜的富集通常在 5～30mg/kg 范围内，毒性标准在 20～100mg/kg。由于肥料、建筑材料的使用，人造纤维的生产，除草剂的喷射，农业和城市废物及工业废物的释放，使得铜污染不断增加。

自然状态下，铅在土壤中主要以 PbS 形式存在，少量以 $PbCO_3$、$PbSO_4$ 和 $PbCrO_4$ 形式存在。铅是一种蓝色到白色、银色或灰色的金属，密度较高（11.4g/cm^3）。土壤中的铅主要存在于土壤表层和有机物质中。铅污染源包括铅锌的冶炼、军火的生产、焊接、玻璃生产、管道系统、杀虫剂的生产、颜料和电池的生产。二价形式的铅在土壤中是最普遍的，并能取代土壤中的钙、锶、钡和钾等元素。一般而言，土壤中铅的背景值小于 10mg/kg，并且其在土壤中的移动能力非常低。铅可以通过废弃物和染料的燃烧而释放到空气中，并随后落到土壤表面。另外也可以通过垃圾的填埋和颜料的生产而污染土壤。

锌是一种软的、白色带有蓝色色调的金属。虽然毒性不如镉，但自然状态下，锌通常和镉一起存在于土壤中。土壤质地、pH、表面岩石的自然性质和土壤中有机质的含量都是影响土壤中锌生物可利用性的重要因素。在酸性条件下，锌通常为二价的且较易移动。在低 pH 条件下，锌具有较高的生物可利用性，主要是由于其有机螯合物和矿质胶体螯合物的溶解。在 pH 7.0～7.5 范围内，锌水解，在 pH 高于 8 时，形成氢氧化锌。在厌氧条件下，ZnS 能形成沉淀，未形成沉淀部分以 $ZnOH^+$、$ZnCO_3$ 和 $ZnCl^+$ 形式存在，土壤中正常的锌含量为 30～150mg/kg，植物中正常含量为10～150mg/kg，400mg/kg 时对植物体有毒害作用。锌的污染源包括黄铜和青铜的合金生产、电镀产品、橡胶、复印纸、化妆品、药物、电池、电视机、轮胎、金属膜、玻璃、颜料和以锌为基础的合金的生产。锌可以通过电镀厂废水的排放、煤和废弃物的燃烧、电镀结构的沥出液、自然矿物和城市废弃物处理厂的排放物等途径进入环境中，研究发现废弃物的锌主要以氯化锌、氧化锌、硫化锌、硫酸锌形式存在。

土壤中重金属的来源主要包括以下几个方面。

(1) 工业废气和汽车尾气中的重金属沉降　大气中的重金属主要来源于工业生产和汽车尾气排放产生的大量含有重金属的有害气体和粉尘等。它们主要分布在工矿的周围和公路、铁路的两侧。大气中大多数重金属经自然沉降或雨淋沉降进入土壤。随这种途径进入土壤中的重金属污染，主要以工矿烟囱、废弃物中心地带和公路铁路为中心，向四周或两侧扩散，形成城区-城乡结合部-农区的梯度分布格局，随着与城市距离的增大污染程度不断降低，城区土壤特别是工业区土壤成了污染的集中地带。例如，在中国香港的城区公园中，土壤含Cd、Cu、Pb、Zn量明显上升，特别是在一些老工业区工业活动和汽车排放是这些金属含量升高的主要来源。交通污染源产生的含Zn灰尘是土壤中含Zn量升高的主要来源。瑞典中部Falun市区的铅污染，主要来自于市区铜矿工业厂、硫酸厂、油漆厂、采矿和化学工业设施产生的大量废物，由于风的输送，这些含铅的细微颗粒扩散至周围地区。俄罗斯Irkutsk的一个硫酸厂也是由于工厂烟囱排放造成土壤S和As污染。由于工业生产排放的废弃物成分复杂，所以随空气沉降和雨水淋洗进入土壤中的污染物种类也不同，常常伴有多种污染物同时存在，容易形成土壤中的复合污染。此外，城区和工业区的土壤污染还与人口密度、城市土壤利用方式、机动车密度和重工业发展程度密切相关。

（2）金属采矿、冶炼等加工工业　采矿、选矿和冶炼是向土壤环境中释放重金属的主要途径之一。矿体中不仅含有各种具有经济开发价值的金属，同时也存在相当数量的不具经济价值的元素（以脉石形式）。绝大多数矿区经常被若干重金属和一些伴生元素（如硫）所污染。风刮起的尾砂（一些含金属的细微矿石颗粒）经沉降、雨水冲洗和风化淋溶等途径进入土壤。矿山固体垃圾从地下搬运到地表后，由于所处环境的改变，在自然条件下，极易发生风化作用（物理、化学和生物作用），使大量有毒有害的重金属元素释放到土壤和水体中，给采矿区及其周围环境带来严重的污染。采矿废石、尾矿在地表氧化、淋滤过程中释放出大量的重金属，垂直向下迁移至深部形成次生矿物，造成重金属大量富集，污染下覆土壤。铅锌重金属矿床中相当多的Cd、Pb、Cu、Zn进入了土壤，土壤表层含铅量往往大于1000mg/kg。据统计，全国直接被尾矿侵占和污染的土壤达6.67余公顷，间接被污染的土壤更多，达66.7万余公顷。重金属进入土壤后，参与各种生物、物理和化学过程，并在土壤中处于动态平衡。其中和土壤金属减少有关的过程主要是植物对重金属的吸收和降雨排水带走可溶性的重金属，后者又包括重金属在土壤中的水平迁移和纵向迁移。这两种过程正是土壤重金属污染造成危害的重要途径。同时，停用或废弃矿山中的重金属对土壤环境也存在潜在威胁。根据统计在美国的Idaho和Oklahoma分别有$11146hm^2$、$10705hm^2$土地受到IAM矿点的影响；在New Mexico和Utah，分别有$10246hm^2$、$10125hm^2$土地受到IBM矿点的影响，污染了$28hm^2$和$37hm^2$的水系。在我国，每年因矿产开发产生的固体废料133.8亿吨，每年由各类废渣、废石和尾矿直接破坏和侵占的土地面积达140万～200万公顷，并以$20000hm^2/a$的速度增加，2000年的增加速度达到$34000hm^2/a$。矿区土壤受污染最明显的标志就是土壤中重金属含量升高。冶炼过程中许多金属以细矿石颗粒、氧化物气溶胶颗粒形式通过大气迁移、沉降进入土壤。金属工业中随热处理过程产生的气溶胶颗粒、金属经酸性物质处理后流出的污水以及电镀工业使用的金属盐溶液的排放，都容易使重金属进入土壤。此外，电子工业因为金属用于半导体、导线、焊料和电池原料，电镀工业（Cd、Ni、Pb、Hg、Se等）、颜料和油漆工业（Pb、Cr、As、Ti、Cd、Co、Zn等）、塑料工业（聚合体稳定剂中的Cd、Zn、Pb等）的一些副产品或废弃物以及化工工业常用的一些金属催化剂和电极等最终容易进入土壤，并造成土壤重金属污染。

（3）农药、化肥和塑料薄膜的使用　施用含有Pb、Hg、Cu、As等的农药和不合理地施用化肥，都可导致土壤中重金属的污染。近年来有机汞农药、含砷杀虫剂和含铜杀菌剂的使用使土壤中重金属残留日益严重，例如长期喷洒波尔多液的果园，土壤中Cu大量累积，含Cu量可达110～1500mg/kg，英国苹果园中土壤含铜量高达1500mg/kg，法国葡萄园的土壤含铜量达1280mg/kg。曾经施用过的含砷、铅农药主要有以下几种：砷酸钙、砷酸铅、亚砷酸钠、甲基砷酸二钠和砷酸铜等。肥料中，一般过磷酸盐含有较多的重金属 Cd、As、Zn、Pb，磷肥次之，氮肥和钾肥含量较低，但氮肥中铅含量较高。我国磷肥重金属含量较高，对全国主要磷矿生产的磷肥（过磷酸钙）样品检测，Ni 平均含量 16.9mg/kg，Zn 298mg/kg，Cu 31.1mg/kg，Cr 18.4mg/kg，As 55mg/kg；Cd、Co 平均含量分别为 0.61mg/kg 和 2.0mg/kg。据估计，磷肥中平均含镉量为 7mg/kg，给全球带入约 66 万公斤镉。美国西部海相沉积磷矿石生产的磷肥平均含镉 174mg/kg，施用 36 年磷肥后，小区土壤含镉量从原来的 0.07mg/kg 提高到 1.0mg/kg。农用塑料膜生产应用的热稳定剂中含有 Cd、Pb，在大量使用塑料大棚和地膜过程中都可以造成土壤污染。以添加剂形式加入到猪和家禽饲料中的砷、铜和锌等重金属能随粪便或转化成肥料进入土壤。

（4）污水灌溉和污泥农用 污水灌溉一般指使用经过一定处理的城市污水灌溉农田、森林和草地。近年来污水灌溉已成为农业灌溉用水的重要组成部分。城市污水包括生活污水、商业污水和工业废水。城市污水中含有许多重金属离子，随着污水灌溉进入土壤。中国有几千年利用生活污水灌溉农田、菜地的传统，但真正大规模利用污水灌溉是 20 世纪 50 年代才发展起来的。统计表明，自 60 年代初期以来，中国污灌面积迅速扩大，尤其是天津、沈阳、哈尔滨、齐齐哈尔等北方旱作地区，普遍的重金属污染物是 Hg 和 Cd。受 Hg 污染的耕地约有 3.2 万公顷，涉及 15 个省市的 21 处；被 Cd 污染的耕地约有 $1.3\times10^4 hm^2$，涉及 11 个省市的 25 个地区。某市郊为水稻种植区，面积 $30667hm^2$，从 20 世纪 60 年代初期开始引用工厂排放的污水进行灌溉，Cd 是污水中主要的重金属污染物，据估算，每年随污水排入灌区土壤内的 Cd 量达 1.6t，虽然目前工厂污染源已经得到治理，但由于长期的污水灌溉，土壤中残存大量 Cd，个别地区土壤含 Cd 量达 7mg/kg，生产的稻米 Cd 含量超过可食标准（0.2mg/kg）5 倍以上。污灌导致土壤重金属 Hg、Cd、Cr、As、Cu、Zn、Pb 等含量增加。污泥由于含有丰富的营养成分，传统上被视为一种良好的土壤改良剂。然而，随着工业的发展，在生活污水和工业废水不加分离的情况下，现在的污泥特别是工业废水处理后的污泥重金属含量非常高。一些典型污泥中，Cu 含量达 52～11700mg/kg（干质量），Pb 为 15～26000mg/kg，这样的污泥施入土壤将会对农田土壤系统带来不良影响。

（5）其它来源 一些含有 As、Cr、Cu 的木材防腐剂被长期和广泛使用，导致了木材厂附近土壤和地下水的污染。一些有机化学品、焦油派生物和五氯酚也被用于木材防腐，对土壤和地下水等都能造成污染。在日常生活过程中，金属材料的腐蚀，能使附着在这些材料上的重金属释放最终进入土壤并造成污染，射击场中常伴有在子弹中的 Pb、Ti、As 污染。城市生活垃圾、工业废弃物和特殊有毒有害物质等废物处理场所，也常常伴有土壤重金属污染的可能。烟花燃放过程中也伴随着重金属的释放，容易造成土壤污染。同一区域土壤中重金属污染物的来源途径可以是单一的，也可以是多途径的。胡永定通过研究徐州荆马河区域土壤重金属污染的成因指出：Cr、Cu、Zn、Pb 是由垃圾施用引起的，As 是由农灌引起的，Cd 是由农灌和垃圾施用引起的，Hg 是各种途径都具备。总的来说，工业化程度越高的地区重金属污染越严重，市区高于远郊和农村，地表高于地下，污染区污染时间越长重金属积累就越多，以大气传播媒介的土壤重金属污染具有很强的叠加性，熟化程度越高重金属含量越高。

2. 土壤重金属污染的基本特性

土壤重金属污染与其它类型的污染不同，在土壤环境中不同于其它污染物经历生物和物理化学降解，它所造成的污染与本身的物理化学性质密切相关，又兼备了土壤污染的其它特点。

(1) 形态多变，价态不同毒性不同　重金属在土壤中的赋存形态直接决定其生物有效性和迁移性。例如，六价铬的毒性大于三价铬，亚砷酸盐的毒性比砷酸盐大60倍。重金属从自然态转变为非自然态时，毒性常常增加，金属羰基化合物常有剧毒。离子态的重金属毒性大于络合态，铜、铅等重金属的离子态毒性远大于其它形态。金属离子产生毒性效应的浓度范围低：一般在1～10mg/L，常见元素Hg、Cd、Pb、Cr、As的毒性阈值都很小。离子在迁移转化时参与的物理化学过程多，例如参与的物理过程有分子扩散、混合、稀释、沉积等；化学反应有水解、沉淀、络合、氧化还原等；胶体化学过程有吸附、解吸、絮凝等；生物过程有生物富集、生物甲基化等。

(2) 隐蔽性和滞后性　人体感官通常能发现水体和大气污染。而对于土壤污染，往往需要通过农作物包括粮食、蔬菜、水果或牧草以及人或动物的健康状况才能反映出来。土壤作为一个污染受体从接触污染物到症状表现是一个相当长的过程，具有隐蔽性或潜伏性。例如日本富山县神通川流域的“痛痛病”发生于20世纪60年代，直到70年代才证实是当地居民长期食用含镉废水污染土壤所生产的“镉米”所致，重病区大米中的含镉量达0.527mg/kg，远高于安全含量标准。

(3) 不可逆性和长期性　对于大气和水体，由于其介质的流动特性，切断污染源之后通过稀释和自净作用能够使污染不断逆转。土壤一旦遭到污染后则很难恢复，重金属对土壤的污染常常是一个不可逆的过程。重金属进入土壤环境以后很难通过自然过程从土壤环境中消失或稀释，它对生物体的危害和对土壤生态系统结构与功能的影响不容易恢复。某些重金属污染的农田生态系统可能需要100～200年才得以恢复。

(4) 后果的严重性　土壤中的重金属通过食物链影响动物和人体的健康。重金属污染对人体和其它生物能够产生致癌、致畸甚至致死的效应，同时由于隐蔽性和不可逆性的特点，重金属污染危害严重。研究表明，土壤和粮食污染与一些居民肝肿大之间存在着明显的剂量-效应关系。一些污染严重的土壤生产的粮食极大地威胁人类的健康。

二、土壤农药污染

1. 农药的定义及分类

农药是指用于防治、消灭或者控制危害农业、林业的病、虫、草和其它有害生物，以及有目的地调节植物、昆虫生长的化学合成的或者来源于生物、其它天然物质的一种物质或者几种物质的混合物及其制剂。按照农药的主要防治对象、作用方式、来源和化学结构可以将其分为不同的类型（图8-1）。

农药的使用最早可追溯到公元前1000年。在古希腊就有用硫黄熏蒸害虫及防病的记录，中国也在公元前7～公元前5世纪用莽草、蜃炭灰、牡鞠等防虫植物杀灭害虫。大体来看，农药的发展经历了三个历史阶段：天然药物时代（约19世纪70年代以前）；无机合成药物时代（约19世纪70年代至20世纪40年代中期）；有机合成农药时代。从最初的防虫植物进步到无机砷、氟、汞等制剂以及有机氯、有机磷和氨基甲酸酯等合成农药，农药随着人类社会科学技术的发展而向高效、低毒方向发展。迄今为止，世界各国注册的农药品种已有1500多种，有500种常用。开发的常见农药剂型包括粉剂、可湿性粉剂、乳油、油剂、烟剂、雾剂、颗粒剂、胶囊剂、片剂、水剂、种衣剂等，其中前四种传统剂型占总数的75%。

我国农药工业从无到有，起步晚，但发展速度较快。经过几十年的努力，我国农药工业已形成了一个协同发展的体系。据1997年统计，我国农药生产能力已达757kt，其中杀虫剂547kt，除草剂114kt，杀菌剂82.4kt，各种制剂加工能力1300kt，农药产量395kt，居

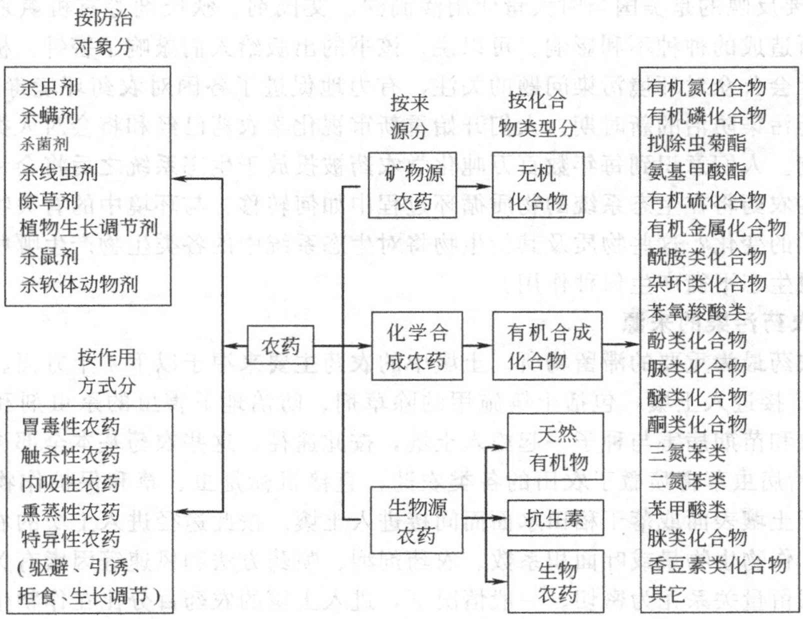

图 8-1 农药分类

世界第二位，仅次于美国。产量达万吨级的产品有杀虫剂敌百虫、乐果、氧乐果、甲基对硫磷、甲胺磷、杀虫双；除草剂草甘膦、乙草胺等；杀菌剂多菌灵。1998 年我国进口农药 46kt，价值 1.8 亿美元，出口 107kt，价值 3.2 亿美元。同时，随着我国农业生产的飞跃发展，农药使用量也相应增加。全国各地平均农药用量为 2.33kg/hm^2，但由于各地的自然条件、耕作制度和作物品种差异很大，用药水平极不平衡，呈现出从东到西、从北到南逐渐递增的分布特征。

化学农药的生产和使用确实给人类带来明显的经济效益。19 世纪下半叶以前，美国约有 90%以上人口居住于农场，直接从事粮食和纤维的生产，到内战期间美国农村人口与城镇人口基本相当，然而到 1960 年，美国人口中仅有 5%直接从事农业生产，在 1990 年这个比例已下降为 3%～4%。这样少数的农业人口可为全部城镇居民提供粮食及所有农产品，其主要原因除农业现代化的发展、肥料和优良品种的采用外，有机合成农药的生产和大规模使用也是一个不容忽视的因素。据调查统计，全世界危害农作物的害虫有 10000 多种，病原菌 8000 多种，线虫 1500 多种，杂草 2000 多种。由于它们的危害，农作物的产量损失是惊人的。在农业生产中如果不进行植物保护，即不进行病虫草害防治，农作物产量仅为 30%。实施病虫草害防治可挽回产量损失 28%，其中除草剂挽回 16.4%，杀虫剂和杀菌剂分别为 7.1%、4.2%。据我国农业部门统计，我国农作物播种面积近 2 亿公顷，1995 年通过农药化学防治挽回粮食损失 54Mt，减少直接经济损失 600 多亿元。每使用 1 元农药，农业可获益 8～16 元。

无可置疑，农药在农业经济的发展中起着重要的作用，然而，农药又是毒物和化学有害物质，会对水、大气、土壤和生物等环境要素产生危害与污染。1962 年美国海洋生物学家卡尔逊（R. Carson）编写的《寂静的春天》一书中对人们由于使用农药造成的环境污染问题进行了描述："没有选择性的化学农药使鸟儿的歌唱和鱼儿在河水里的欢跃静息下来，使树叶披上一层致命的薄膜，并长期滞留在土壤里。"化学农药的滥用导致"这里的春天静悄悄"。书中主要反映的是美国当时大量使用滴滴涕、艾氏剂、狄氏剂等有机氯杀虫剂而对自然生态系统所造成的种种不利影响。可以说，该书的出版给人们敲响了警钟，极大地引起了政府部门和社会公众对环境污染问题的关注，有力地促进了各国对农药环境毒理学的研究，并开始了农药污染防治的新时期。人们开始重新审视化学农药已经和将会对人类的生存环境所产生的影响。人们意识到每年数百万吨化学农药被投放于生态系统之后将会带来一系列问题，如：这些农药将在生态系统的物质循环过程中如何转移？与环境中的有关物质作用后可能产生什么样的变化？这些物质及其衍生物将对生态系统中的各类生物产生哪些影响？农药的施用将会对生态平衡产生何种作用？

2. 土壤农药污染的来源

土壤是农药最为重要的滞留场所。土壤中的农药主要来源于以下 4 个方面。

① 农药直接进入土壤，包括土壤施用的除草剂、防治地下害虫的杀虫剂和拌种剂，后者为防治线虫和苗期病害与种子一起施入土壤，按此途径，这些农药基本全部进入土壤。

② 为防治病虫草害喷撒于农田的各类农药，直接目标是虫、草和保护作物，但有相当部分农药落于土壤表面或落于稻田水面而间接进入土壤。按此途径进入土壤的农药百分比与农药施用期、作物生物量或叶面积系数、农药剂型、喷药方法和风速等因素有关，其中与农作物的农药截留量关系尤为密切。一般情况下，进入土壤的农药百分比在作物生长前期大于生长后期，农作物叶面积系数小的大于叶面积系数大的，颗粒剂大于粉剂，农药雾滴大的大于雾滴小的，静风大于有风。

③ 随大气沉降、灌溉水和动植物残体而进入土壤，除大气沉降起一定作用外，对于低残留农药因灌溉水和动植物残体而进入土壤的农药量是微不足道的。

④ 农药生产、加工企业废气排放和废水、废渣向土壤的直接排放，农药在运输过程中的事故泄露等。

农药对土壤的污染，与使用农药的基本理化性质、施药地区的自然环境条件有关。一般来说，农药在土壤中的降解速率越慢，残留期越长，就越容易导致土壤污染。目前，有机磷杀虫剂以及磺酰脲类除草剂等品种在我国大量使用，这些农药品种虽不会构成大范围、持久性的土壤污染，但其污染问题也不可忽视。1999 年，我国农药总施用量 132.2kt，平均每亩施用农药 927.7g，单位面积施用量比发达国家高 1 倍左右，利用率不足 30%。农药长期大量使用，不仅造成农药对土壤的大面积污染，土壤害虫抗药性不断增加，而且也杀死了大量害虫天敌和土壤有益动物，对农业生态安全构成了很大威胁。据调查，我国耕地土壤的农药污染已处于有机氯农药与替代农药品种共存的状态，粗略估计，我国约有 80 万～110 万公顷的农田土壤受到农药的污染，主要农产品农药残留超标率高达 16%～20%。江苏、浙江、安徽、广东、黑龙江、辽宁、湖北、河北等许多省还发生过作物的药害事故。据 1995 年 7 月～1996 年 8 月对江苏、广东、黑龙江等 19 个省（市、区）的调查表明，共发生药害 200 多起，药害面积 200 多万亩，直接经济损失达 5 亿元人民币。由于农药污染，我国农畜产品中许多品种被迫退出欧美市场，给国家造成很大损失。

3. 农药的毒性

正如《寂静的春天》所阐述的，高残留的有机氯农药导致环境污染问题，因此人们把新农药的开发目标转向易降解、低残留、高活性以及对环境有益生物比较安全的方向，并大量开展了农药化学结构与活性关系的研究。目前，作为有机氯农药的替代品，有机磷类杀虫剂广泛应用，已经约有 140 种有机磷化合物正在或曾经用作农药（包括植物生长调节剂）。根据磷原子的电子构型，磷在形成化合物时 3d 空轨道可参与成键，形成含 d-π 配键的 5 价磷化合物，因此，有机磷农药的品种十分繁多，但从结构上分绝大多数属于磷酸酯类、硫代磷酸酯类以及二硫代磷酸酯类，少数属于磷酰胺酯和硫代磷酰胺酯，化学结构一般含有C—P链或 C—O—P 链、C—S—P 链、C—N—P 链等。

根据对人和哺乳动物的急性毒性，我国农业部、卫生部、化工部将农药分为 3～6 个等级，分级暂行标准见表 8-1。

表 8-1 我国农药急性毒性分级暂行标准

给药途径	分级		
	高毒	中等毒	低毒
LD_{50}(大白鼠,经口)/(mg/kg)	<50	50～500	>500
LD_{50}(大白鼠,经皮)/(24h,mg/kg)	<200	200～1000	>1000
LD_{50}(大白鼠,吸入)/(1h,g/cm^3)	<2	2～10	>10
鱼毒(鲤鱼)/(48h,10^{-6})	<1	1～10	>10

由于有机磷农药具有易水解和酶解、残留性低等特点，常被视为污染较小的理想农药。然而，近年来许多研究报告指出，有机磷农药具有烷基化作用，可能会对动物有“三致”作用。百治磷顺式异构体以及百治磷的同系物如久效磷等均是较强的致畸化合物，每颗鸡蛋注入 0.03mg 百治磷顺式异构体就可产生畸变。敌敌畏和乐果在动物体内有强烈的烷化作用，可与脱氧核糖核酸中的鸟嘌呤反应，使基因发生突变。在敌百虫对大鼠的 3 次致癌试验中，乳腺瘤发病率增高，其中一次还发现卵巢肿瘤的增加。尽管试验结果还存在争议，对人是否有同样的作用还有待于进一步证实，但是许多有机磷农药对人、畜的急性毒性较大却是不争的事实，需要在农业生产过程中格外注意。

三、土壤中的多环芳烃污染

多环芳烃（polycyclic aromatic hydrocarbons，PAHs）是一类环境中普遍存在的有机污染物，因为大多数 PAHs 具有致畸、致癌、致突变的“三致”效应，对环境和人类健康具有较大危害，因而引起广泛关注。USEPA 将 16 种 PAHs 列为“优先控制污染物”。

1. 多环芳烃的结构及理化性质

PAHs 是指含有两个或两个以上苯环的烃类化合物以及由它们衍生出的各种化合物的总称。这些苯环常按线形、角形或簇状方式连接在一起。根据苯环连接方式的不同，常将 PAHs 分为两大类，即孤立多环芳烃或稠合多环芳烃（简称稠环芳烃）。孤立多环芳烃是指苯环直接通过单键联结或通过一个或几个碳原子联结的烃类化合物，如联苯。稠环芳烃是指苯环间互相以两个或两个以上碳原子结合而成的多环芳烃，如萘、蒽、菲、苯并［*a*］蒽和苯并［*a*］芘，通常所说的 PAHs 均指稠环芳烃。根据 PAHs 理化性质和分子量的不同又可将其分为 3 类，即 2 环和 3 环的低分子量 PAHs、4 环的中分子量 PAHs 和 5 环以上的高分子量 PAHs。大多数 PAHs 为无色或黄色晶体，个别为深色，一般具有荧光。随着分子量的增大，PAHs 熔点及沸点增大，蒸气压减小。多数 PAHs 为非极性化合物，极不易溶于水，易溶于有机溶剂和环境有机相，其辛醇/水分配系数（K_{ow}）和辛醇/空气分配系数（K_{oa}）均很大。通常情况下 PAHs 的化学性质稳定，但在光和氧的作用下能够发生分解，使其理化性质发生改变。PAHs 易于吸收可见区（400～600nm）和紫外区（290～400nm）的光，发生光化学反应。图 8-2 和表 8-2 给出了 USEPA 优先控制的 16 种 PAHs 的理化性质和分子结构。其中，有 7 种 PAHs 苯并［*a*］芘、苯并［*a*］蒽、䓛、苯并［*b*］荧蒽、苯并［*k*］荧蒽、二苯并［*a*,*h*］蒽和茚并［1,2,3-*cd*］芘被列为 B2 级，即具有潜在人体致癌性。此外，

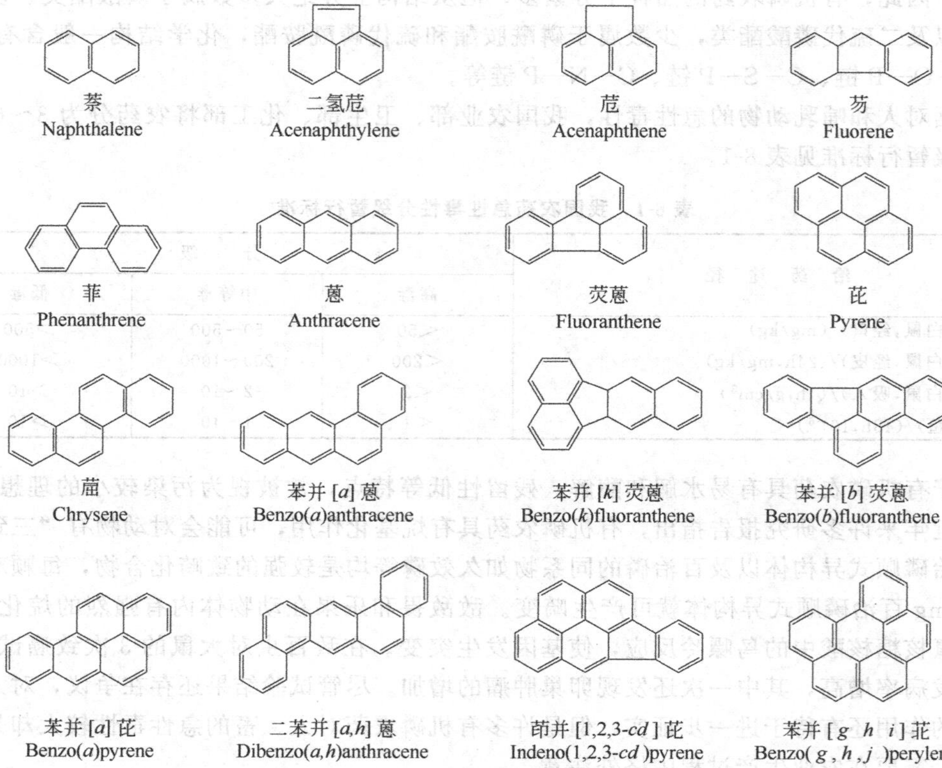

图 8-2 多环芳烃结构图

表 8-2 16 种多环芳烃的理化特征

名 称	分子式	相对分子质量	沸点	溶解度 /(mmol/L)	辛醇-水分配系数 K_{ow}
萘	$C_{10}H_8$	128.17	218	2.4×10^{-1}	3.35/3.37
苊(萘嵌戊烷)	$C_{12}H_{10}$	154.21		2.9×10^{-2}	3.92/4.33
苊烯	$C_{12}H_8$	152.20	270	—	4.07
芴	$C_{13}H_{10}$	166.22	294	1.2×10^{-2}	4.18/4.63
菲	$C_{14}H_{10}$	178.23		7.2×10^{-3}	4.46/4.63
蒽	$C_{14}H_{10}$	178.23		3.7×10^{-4}	4.45/4.63
荧蒽	$C_{16}H_{10}$	202.26		1.3×10^{-3}	5.22/5.33
芘	$C_{16}H_{10}$	202.26		7.2×10^{-4}	5.18/5.32
苯并蒽	$C_{18}H_{12}$	228.29		—	5.61/5.91
䓛	$C_{18}H_{12}$	228.29		1.3×10^{-5}	5.61/5.91
苯并[b]荧蒽	$C_{20}H_{12}$	252.32		—	6.57
苯并[k]荧蒽	$C_{20}H_{12}$	252.32		1×10^{-5}	6.84
苯并[a]芘	$C_{20}H_{12}$	252.32		1.5×10^{-5}	5.98～6.5
二苯并[a,h]蒽	$C_{22}H_{14}$	278.35		1.8×10^{-6}	5.97～7.9
苯并[ghi]菲	$C_{22}H_{12}$	276.34		2×10^{-5}	7.1
茚并[1,2,3-cd]芘	$C_{22}H_{12}$	276.34		6.2×10^{-5}	7.66

很多甲基取代的 PAHs 也具有很强的致癌性，如 1-甲基菲、9-甲基菲、5-甲基䓛和 7,12-二甲基苯并蒽。某些含氮、含硫和含氧的 PAHs 化合物也比母体具有更强的毒性。

PAHs 的基本单位虽然是苯环，但其化学性质与苯并不完全相同，由于稠环的结合方式不同，形成的化合物结构不同，各自的化学性质也有所不同。

① 一些具有稠合多环结构的化合物，如三亚苯、二苯并［e,i］芘等具有与苯相似的化学性质，这说明二电子在这些PAHs中的分布是与苯类似的。

② 一些呈直线排列的PAHs，如蒽、丁省、戊省等化学性质较为活泼，且反应活性随着环数的增加而上升，这是由于总π电子增加，每个π电子的振动能降低，所以反应活性增强。

③ 有些成角状排列的PAHs，如菲、苯并［a］蒽等，它们的活性总的来看要比相应的成直线排列的同分异构体小，它们在发生加合反应时，往往在相当于菲的中间苯环的双键部位即中菲键上进行。含有四个以上苯环的角状PAHs，除有较活泼的中菲键外，往往还存在有与直线PAHs类似的活泼对位——中蒽位。

2. PAHs的主要来源

PAHs主要产生于化石燃料和有机物质的不完全燃烧过程，可分为天然来源和人为来源。其中，人为来源是环境中PAHs的主要来源。

(1) 天然来源　PAHs的自然来源有火山爆发、森林植被和灌木丛燃烧等，以及陆生和水生植物、微生物的生物合成，构成了PAHs在环境中的本底值。

地球历史上的成岩过程也会产生PAHs，在一些特殊的矿藏中就发现了高浓度的PAHs。1844年，在原南斯拉夫汞矿砂中发现两种有机化合物，后来鉴定为芘和荧蒽。另两个含PAHs的汞矿砂于1833年分别在原捷克斯洛伐克和美国发现，后来证实该矿中含有200多种PAHs。其中在美国加州发现的一个含PAHs的矿，几乎含有99%纯度的晕苯。此外，在石棉矿中也发现有大量的PAHs，其中BaP的含量较高。

其它一些比较特殊的PAHs，比如苝（Perylene）和西烃石（Simonellite）等主要来自成岩过程。苝是通过地球成岩过程生成的一个典型的PAH，在近代的海洋、湖泊等沉积物中广泛存在。而且，与水中悬浮颗粒相中的含量相比，苝只在沉积物中发现，其浓度随沉积物的深度迅速增加。与其它母体多环芳烃不同的是，苝具有较强的热不稳定性或反应活性，因而很少或仅是微量地出现在有机物的燃烧产物中。环境中广泛存在的酮类物质可能是沉积物中苝的一类重要前驱物，在沼泽地的泥炭中发现大量的苝，说明沉积物中的苝也会来自陆源的前驱物。在自然环境中，由于其前驱物的千差万别，就会使得沉积物中这些由成岩过程产生的PAHs（如惹烯、苝等）的含量差别较大。当然，化石燃料和木材的燃烧也会产生一部分的苝。Baumard等认为，当苝在5种五环PAHs（苯并［a］芘、苯并［e］芘、苯并［k］荧蒽、苯并［b］荧蒽、苝）中的比例大于10%，则认为主要来自成岩过程，小于10%则可能主要来自燃烧过程。

Thiele和Brumme研究了土壤中PAHs的生物合成，结果表明，在缺氧密闭封存的容器内土壤和生物质的混合物中，4～6环PAHs的量大幅增加，而3环PAHs的量减少。研究者认为，在缺氧条件下，厌氧生物降解的导致3环PAHs量的显著减少，而存在于木材和腐殖质中的芳烃前驱体则生成了大量的4～6环PAHs。

20世纪六七十年代，研究者在淡水水藻和细菌体内检出了部分PAHs（如芴、苯并［g,h,i］苝和苯并［a］芘等），并认为微生物、原生动物、藻类甚至于植物体都可能具有合成PAHs的能力。此外，部分研究者认为天然PAHs可能扮演内源植物激素的角色，可以促进藻类和某些高等植物（如烟草、黑麦和胡萝卜等）的生长。然而，关于生物合成PAHs目前尚存在许多争议。有研究结果表明细菌体内PAHs主要来源于其对水体中PAHs的富集，而非细菌本身能够合成PAHs。还有研究发现在严格控制外来污染的情况下，植物体自身并不能合成PAHs。因此，目前较为普遍地认为，生物合成产生的PAHs与其它非生物过程产生的PAHs相比是微乎其微的，其在各种环境介质中的浓度完全可以忽略。

（2）人为来源　人为来源是环境中PAHs的主要来源，主要包括化石燃料和生物质的不完全燃烧以及化石燃料自然挥发或泄漏等过程。根据排放源的性质，PAHs的人为来源可以分为移动源和固定源。移动源主要指交通排放，包括汽车直接排放、轮胎磨损、路面磨损产生的沥青颗粒及道路扬尘。固定源则包括家庭燃烧（煤、油、木柴等）、垃圾焚烧、工业生产及生物质燃烧等。不同排放源产生的PAHs所影响的主要环境介质有较大差别：水体中PAHs主要来源于煤焦油、沥青及各种工业矿物油的渗漏；大气中PAHs主要来源于各种焚烧源产生的烟气和交通尾气排放；植物中PAHs主要来自于大气PAHs的干、湿沉降及土壤颗粒物再悬浮产生的“二次污染”。

在PAHs所有的人为来源中，化石燃料和生物质的不完全燃烧是环境中PAHs最重要的来源之一。由于PAHs生成过程的复杂性，不同的燃烧源如交通燃油、煤和生物质的燃烧排放的PAHs的量和组成差别较大，对区域内PAHs的浓度和组成有重要的影响。此外，不同的燃烧过程和燃烧条件，比如燃烧温度、空气与燃料的比例等都会影响生成的PAHs的种类和量的比例关系。一般来说，在高温和高空气比例的条件下，会生成较多的高分子量PAHs；相反，在低温（100～150℃）和通风较差的情况下，有机物的裂解也能生成PAHs，例如在烹调食物时，食物中的有机高分子就可以分解生成PAHs，此时低分子量和甲基取代的PAHs所占的比例会较大。汽车的尾气排放系统装载的高效催化剂也会改变所排放出的PAHs的量和不同PAHs间的比值关系。

3. PAHs的毒性效应

多环芳烃是联合国环境规划署（UNEP）规定的27种持久性有毒物质之一，其化学性质稳定，能够长期而广泛地存在于各种环境有机相中。PAHs可以通过“全球蒸馏效应”和“蚱蜢跳效应”沉积到地球的偏远极地地区，导致全球范围的污染传播。甚至连地球第三极“青藏高原”的珠穆朗玛峰也检测到了PAHs的存在。在USEPA优先控制的16种PAHs中，有7种PAHs（苯并［*a*］芘、苯并［*a*］蒽、䓛、苯并［*b*］荧蒽、苯并［*k*］荧蒽、二苯并［*a*,*h*］蒽和茚并［1,2,3-*cd*］芘）被列为B2级，即具有潜在人体致癌性。通常，低分子量和水溶性较强的PAHs对水生生物具有急性毒性作用，而很多甲基取代的PAHs也具有很强的致癌性，如1-甲基菲、9-甲基菲、5-甲基䓛和7,12-二甲基苯并［*a*］蒽。此外，某些含氮、含硫和含氧的PAHs化合物也比母体PAHs具有更强的毒性。人们对PAHs的毒理学性质是逐步认识的。1775年，英国外科医生波特发现烟囱清扫工容易患上阴囊癌。19世纪下半叶，随着冶金工业的发展，接触煤焦油的工人中癌症发病率极高。19世纪中叶，日本学者山崎和石川用煤焦油多次涂抹兔耳，诱发皮肤癌成功。

1933年，库克等人从煤焦油中分离出致癌的PAHs化合物，并被最终确认为致癌物。目前通过研究发现PAHs对生物体的遗传学影响主要有三个方面，即“三致”毒性。

（1）致癌性　化合物的致癌机理分为两种：直接致癌和诱导致癌。直接致癌是指化合物进入有机体后直接作用于DNA、RNA或蛋白质等生物大分子而产生肿瘤。诱导致癌是指化合物进入生物体后，经过一系列代谢转化过程，诱导产生致癌活性物质，再与生物靶标分子作用而产生癌变肿瘤。许多实验证明，大多数非取代PAHs并非直接致癌物，需要经过细胞微粒体中混合功能氧化酶的作用后才具有致癌性，而许多硝基衍生PAHs则可能直接致癌。目前对PAHs致癌的机理研究存在多种理论，其中戴乾圆提出的双区理论较好地阐明PAHs分子的致癌机理，并在抗癌新药的开发中得到了应用。如图8-3所示为PAHs分子中的三个特征区域，分别为K区、L区和湾区。其中具有最大双键特征（即最低的定位能）

的键称为K区，如图所示在5和6位之间，K区具有反应活性；而电子容易通过的对位被定域的区域（低的对位能）称为L区，即7和12位之间的区域，L区为非活性区域；在1和12位之间所形成的区域称为湾区，常常与致癌性有关。许多PAHs的最终致癌物为二氢二醇环氧化物，这些位于湾区角环上的环氧化物是PAHs分子转化为生物活性中间物的重要一环。

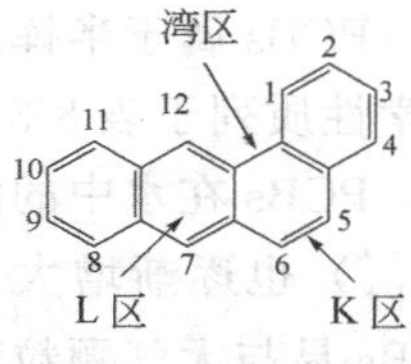

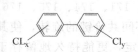

图8-3　PAHs的特征区域

戴乾圜的双区理论证明，PAHs分子显示致癌活性的必要和充分条件是分子中存在着两个亲电活性区域，并提出了PAHs致癌活性的定量分子轨道模型。在此基础上，戴乾圜提出了PAHs致癌机理的假说，PAHs分子中的两个亲电中心与DNA互补碱基之间的两个亲核中心进行横向交联，引起移码性突变，导致癌症发生，两个亲电中心的最优致癌距离为2.80～3.00Å，而这正好与DNA双螺旋结构互补碱基对之间两个亲核中心的实测距离（2.80～2.92Å）相近，因此某一PAHs的致癌性依赖于其结构特性。3环以下和7环以上的芳烃类母体化合物并不具有致癌性，只有部分4～6环母体化合物具有致癌性。而且即使结构相似的PAHs，其致癌性也不相同。如B*a*P的两个同分异构体B*a*P和苯并［*e*］芘（B*e*P），前者是强致癌的，而后者则不具致癌性或有弱致癌性。

（2）致畸性　致畸性是指新的生物体从母体出生前所导致的机体结构异常的不良作用。怀孕妇女长期暴露在PAHs污染的环境中，会影响胎儿生长以及新生婴儿的神经发育。即使怀孕妇女暴露在低浓度的PAHs污染环境中（1.80～36.47ng/m^3），都会造成新生婴儿体重显著降低。PAHs致畸作用主要表现在使细胞中的DNA链上的核苷酸序列产生错乱，导致后代细胞的分裂发生改变；PAHs对胚胎细胞及快速增殖的新生组织产生早期不良影响，如小鼠实验证明PAHs能够影响牙齿的发育；PAHs对细胞分裂的各个阶段表现出广泛的作用，对DNA合成的阻碍可使染色体、微小管的生成及其后的分化发生障碍而导致畸变。

（3）致突变性　PAHs进入生物体之后，会在一些酶的作用下生成二氢二醇环氧化物的活性代谢产物，这些产物具有亲电性，可以进一步与DNA共价结合形成DNA加合物。DNA加合物会导致DNA复制精确性降低，从而导致点突变的发生。当这种突变不能被生物体本身修复时，就可能导致癌变的发生。因此，这种致突变性与癌变的发生有着紧密的联系，在一定程度上是致癌发生的分子基础。

四、土壤中多氯联苯的污染

多氯联苯（polychlorinated biphenyls，PCBs）是持久性污染物的一类，是致癌、致畸、致突变的污染物，因其具有持久性、半挥发性、生物蓄积性、高毒性等特点，被列为《关于持久性有机污染物的斯德哥尔摩公约》中规定的首批控制消除的12类污染物之一。

1. 多氯联苯的结构、理化性质及分类

PCBs是一组由多个氯原子取代联苯分子中的氢原子形成的氯代芳烃类化合物。由于分子中的氯原子个数和位置的不同（图8-4），PCBs共209种同系物和异构体。

PCBs的物理化学性质十分稳定。PCBs纯化合物在常温下为晶体，混合物多为油状液体，低氯代物（二、三、四氯联苯）呈液态，流动性好，随着氯原子取代数量的增加，黏稠度增加，呈蜜油状（五氯联苯）到奶油或蜡状（高氯联苯）。它耐酸碱，耐腐蚀，抗氧化性强，耐热和绝热性好，介电常数高。鉴于这些性质，PCBs可用作变压器、电容器设备的绝缘油，液压系统的传压介质，导热系统的热载体以及润滑油、涂料、黏合剂、印刷油墨、树脂、橡胶、石蜡的添加剂等。

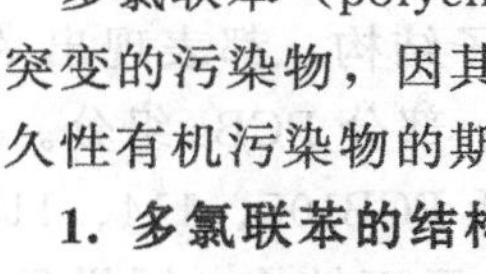

图8-4　多氯联苯分子结构示意图

PCBs属于半挥发性有机物，蒸气压低，水溶性低，脂溶性高。一氯至十氯联苯的物理化学性质列于表8-3。从表中可以看出，随着氯取代数的增加，PCBs的熔点和沸点逐渐升高，PCBs在水中的溶解度和蒸气压逐渐减小，生物累积因子逐渐增大，辛醇-水分配系数（K_{ow}）也逐渐增大。这些性质决定了PCBs易挥发至大气并随大气迁移，在输送过程中PCBs易与大气颗粒物结合进而沉降至水体和土壤中。PCBs具有高亲脂性（$K_{ow}>10^4$），一般而言，随着氯化程度的增加，K_{ow}越来越大，可相差8个数量级，同时其半衰期也越来越长，如PCB180为含7个氯取代基的PCBs，其在土壤和沉积物中的半衰期可长达33年之久。PCBs具有生物富集和放大作用，能从食物链的低端向高端逐级富集转移，沿食物链在顶端捕食者体内的浓度较被捕食者高很多，对人类而言，主要的暴露途径是通过食物污染暴露，在未来的很长时间内，PCBs都将在食物中长期存在，并在动物性食物中广泛存在。PCBs的分子结构稳定，具有生物难降解性，在自然状态下不易分解，生物转化难度较大。

表8-3 PCBs同系物的物理化学性质

同系物组别	同系物数量	平均相对分子质量	熔点/℃	沸点/℃	生物累积因子①
一氯联苯	3	188.65	45.6	258	1500
二氯联苯	23	233.10	52.8	312	6000
三氯联苯	24	257.54	59.8	337	2.4×10^4
四氯联苯	42	291.99	107.6	360	4.8×10^4
五氯联苯	46	326.43	97.2	381	1.2×10^5
六氯联苯	42	360.88	101.1	400	4.8×10^5
七氯联苯	24	395.32	135.7	417	3.8×10^5
八氯联苯	12	429.77	160.5	432	6.0×10^5
九氯联苯	3	464.21	194.4	445	2.4×10^6
十氯联苯	1	498.66	305.9	456	9.5×10^6

① 生物累积因子由Mackay提出的方法计算：$BCF=0.048\times K_{ow}$

PCBs的分组方法有很多种，按照PCBs分子中邻位上氯原子取代数的差异，可以分为以下三大类。

第一类是类二噁英类PCBs（DL-PCBs），此类PCBs的邻位上没有或只有一个氯原子取代基，共有12种，又可细分为剧毒DL-PCBs和毒性DL-PCBs。前者包括PCB81、77、126、169，除PCB81外，其余三种都表现出与TCDD（2,3,7,8-tetrachorodibenzo-*p*-dioxin）相似的毒性。其共同的结构特点是对位（4和4′）和至少两个间位（3,3′，5和5′）上有取代氯原子，且无邻位（2,2′,6和6′）取代氯原子，呈平面分子结构，都表现出Ah（aryl hydrocarbon receptor）芳烃受体拮抗剂的特征，是毒性最强的一部分PCBs组分。后者是邻位上只有一个取代氯原子的PCBs同类物与异构体，其中包括PCB105、114、118、123、156、157、167和189，它们与剧毒PCBs相比，具有相似的共平面结构，同样具有Ah受体拮抗剂活性，但其毒性较弱。商品PCBs中，剧毒DL-PCBs含量较低，毒性DL-PCBs含量相对较高。

第二类是阻转类PCBs，该类PCBs邻位上具有3～4个氯取代，共有19种PCBs（PCB45、84、91、95、88、131、132、135、136、139、144、149、171、174、175、176、183、196、197），其邻位上的氯原子在常温下形成的势垒阻止了苯环间共价键的旋转，使其在环境条件下具有手性异构体，阻转类PCBs性质较其它PCBs更稳定，更能持久地留存于环境中，在环境介质间和食物链中迁移的过程中，存在手性选择。在人乳和蓝鲸体内检测到的含量高的PCB132和PCB149也存在明显的手性选择。

第三类是邻位上有两个取代氯的PCBs同系物，在剂量相对增加的条件下，该组PCBs组分大多都能表现出较弱的受体拮抗剂活性，对Ah受体的竞争结合比第一组要弱很多，反应活性也较第一组中具有相同数目氯取代数的低，在环境中表现出较高的持久性。

2. PCBs的主要来源

PCBs在生产、加工、消费使用过程中，其制品的存储、渗漏和有意、无意的废物排放均积蓄于各环境介质中，造成PCBs大范围的污染，并且通过食物链对生物体产生影响。据估计，至今在全世界的江河、湖泊、海洋、大气、土壤和沉积物中还残存30万吨左右的PCBs。这些残留物作为一个潜在的污染物将可能给几代人带来不良影响。我国于1965年开始生产PCBs，大多数厂于1974年底停产，到20世纪80年代初国内基本已停止生产PCBs，估计历年累计产量近万吨。环境中的PCBs污染主要来自于PCBs生产和使用中的漏失。例如，含PCBs的电力设备和工业品使用和废弃堆放时其中的PCBs向环境中渗漏；含氯有机化合物的焚烧会产生PCBs并将其释放到环境中；部分有机氯化工产品如PVC、油漆、涂料等生产和使用中作为副产品释放到环境中；对含PCBs的废旧电器的无保护措施的拆解也会释放大量的PCBs到环境中，造成局部地区的严重污染。

3. PCBs的毒性效应

多氯联苯具有很高的稳定性和亲脂性，并且随着氯代程度的提高，其亲脂性会增强，同时也更加稳定，含有7个氯原子的PCB180在土壤和沉积物中的半衰期更长达33年。根据动物实验，毒性最大的为共平面PCBs（coplanar polychlorinated biphenyls，co-PCBs），也被称为二噁英PCBs，是指PCBs中具有与二噁英类相同毒性的异构体。邻位（2、2′、6、6′）没有氯原子的异构体（81、77、126、169）称无邻位体（4种），邻位只有1个氯原子的异构体（105、114、118、123、156、157、167、189）称单邻位体（8种），邻位有2个氯原子的异构体（170、180）称二邻位体（2种）。PCBs对实验动物的急性毒性较低，但慢性毒性严重，PCBs会导致哺乳动物性功能紊乱、阻碍生长、损害生殖能力、导致鱼类甲状腺功能亢进和对外界环境变化及疾病抵抗力的下降等。因此，多氯联苯一旦经食物或皮肤吸收进入生物体内后，容易在脂肪组织中累积而几乎不被排除或分解，其通过食物链的富集和放大效应很明显。

由于PCBs十分稳定，进入生物体后，其对生物的急性毒性效应不明显，多表现为对生物体的亚急性和慢性毒害。动物实验研究表明，PCBs对皮肤、胃肠系统、肝脏、神经系统、生殖系统和免疫系统都具有诱变作用，其对哺乳动物和鸟类的影响尤其明显。1987年，国际癌症研究机构（IARC）将PCBs列为“人类可能的致癌物质”和“动物已知的致癌物质”。Loomis等对美国5大电力公司的138905名暴露于多氯联苯绝缘油的电力工人进行了调查，发现累积暴露多氯联苯绝缘油时间＜2000h、2000～10000h和＞10000h的工人，患恶性黑色素瘤的相对危险度分别为1.23、1.71和1.93。结果提示，电力工人患恶性黑色素瘤可能与PCBs的暴露有关。一些研究显示，非何杰金氏淋巴瘤与脂肪组织和血液中PCBs的水平之间存在明显关联。Masuda在对日本和中国台湾米糠油中毒事件的追踪调查中发现，居民中肝癌和肺癌的死亡率明显增加，可能与食用被PCBs和其热解产物多氯代二苯并呋喃（PCDFs）污染的米糠油有关联（Masuda Y.，1994）。孕妇暴露在高背景值PCBs污染的环境下，会影响胎儿大脑的发育、甲状腺的代谢和肝功能，同时还会影响到造血功能和肺功能。

细胞色素P450是一种被广泛应用的环境污染物生物指示物。Borga等的研究表明，受到PCBs污染的几种海鸟体内细胞色素P450酶的活性都发生了显著的变化，并且其变化程度随性别和年龄的差异而不同。Yueh 等的研究则表明，PCBs 不仅能抑制离体的人细胞中细胞色素 P450 酶的活性，而且还能改变其基因表达，多氯联苯还是典型的环境雌激素类（environmental estrogens）物质，进入生物体后能和雌激素受体结合，干扰生物体的内分泌系统和生殖功能。

PCBs 对生物体造成的毒害不仅与浓度有关，还与 PCBs 的种类有密切的关系。大多数高氯代 PCBs 的毒性较低氯代 PCBs 的毒性大。最具毒性的是共平面 PCBs，如 3,4,3′,4′-PCBs，属于类二噁英类物质。有研究表明，PCBs 单体单独存在时，活性较低，而当两种 PCBs 同系物共同存在时，就会表现出明显的协同激活作用。

自被生产和使用以来，多氯联苯通过各种途径不断进入环境中，造成了大范围的污染，并且通过食物链对生物体产生影响。同时由于 PCBs 的低溶解性、高稳定性和半挥发性等使得其能够远程迁移，从而造成“全球性的环境污染”。据估计，全球 PCBs 产量的 30％已经进入了环境。

土壤和沉积物是 PCBs 最大的库。Meijer 等在全球采集了近 200 个位点的表层土（0～5cm），测定发现其中的 PCBs 含量相差 4 个数量级，据此推断全球表层土壤中现存 PCBs 保守估计达 21000t，其中 80％位于北半球北纬 30°～60°之间的地区。PCBs 的长距离迁移能力使得 PCBs 广泛分布于全球各个地区，在世界各大洲的土壤和动物体内都检出了 PCBs。从苔藓、地衣到小麦、水稻，从淡水、海水到雨、雪，从赤道到中纬度、亚北极和北极地区，从北极的海豹到南极的海鸟蛋以及从美国、日本和瑞典等许多国家的人乳中均检测出了 PCBs，甚至在几千米高的西藏南迦巴凡峰上的雪水、江水、森林、土壤、自然植被、家禽内脏及其它动物毛发中也检测出 PCBs。PCBs 在空气和水体中的含量一般较少，并且靠近城市区域的 PCBs 含量要高于农村地区。

五、石油对土壤的污染

1. 土壤石油污染的来源

土壤是人类环境的重要组成部分，是不可缺少、不可再生的自然资源，是固、液、气、生物构成的多介质复杂体系，是连接无机界和有机界的重要枢纽以及物质和能量交换的重要场所，也是一切生物赖以生存、农作物生长的重要基础。

在石油开采过程中，试油、洗井、油井大修、堵水、松泵、下泵等井下作业和油气集输，均有原油洒落于地面，含油污水外排更是直接将石油类污染物排入环境中，石油类污染物是油田开发区的主要污染源。石油污染物不仅残留在土壤中，而且可能造成地下水含水层污染，对人类健康和环境质量产生威胁。现代工业的迅速发展和石油产品的广泛应用使土壤的石油污染日益严重。石油是一种含有多种烃类（正构烷烃、支链烷烃、芳香烃、环烷烃等）及少量硫化物、氮化物等其它有机物的复杂混合物。土壤中的石油污染物主要包括原油、原油的初加工产品（包括汽油、煤油、柴油、润滑油等）及各类油的分解产物，主要来源于以下几个方面。

(1) 含油固体废物的污染　这类物质主要包括含油岩屑、含油泥浆等。该类污染方式有两种，一是含油废弃物在堆放过程中，经降水的冲刷、淋洗等作用，向周围土壤中浸入大量的油；二是含油废弃物与土壤颗粒掺混，并通过扩散作用等方式将周围土壤污染，污染的范围和严重程度主要取决于含油固体的扩散特性。

(2) 落地原油污染　在石油的勘探、开采、加工、运输及储存等过程中，由于操作不当或事故等原因，原油直接进入土壤。落地原油是一种重要的污染物，据测算单井年产落地原油量可高达 2t。由于石油的黏度大，黏滞性强，在短时间内形成小范围的高浓度污染。如果发生降雨并产生径流，则一部分石油类物质在入渗水流的作用下大大加快入渗的速度，一部分随径流泥沙一起进入地表径流。

（3）含油废水的灌溉　含油废水中的原油以乳化的形态分散在水体中，含油浓度可高达 7000mg/L。高浓度的含油废水排至井场地面后，迅速下渗，在水动力作用下，这种污染深度一般较大。引用被石油污染的水源进行农灌是大面积农田土壤受石油污染的最主要原因。长期采用这类污水灌溉必然导致土壤中含油量的增高。沈抚污灌区的土壤污染即为这类土壤污染的代表，为中国最大的石油类污水灌区之一。

（4）大气石油烃的沉降　油田、工厂、船坞、车辆排出的石油烃中部分挥发性成分进入大气，其中部分被光氧化，部分通过颗粒吸附、降雨、自然降尘等多种途径又沉降到地球表面，进入土壤，造成土壤污染。

由于石油的开采、运输、储存及事故性泄漏等原因造成全世界每年约有 800 万吨石油烃进入环境。在我国，每年有近 60 万吨石油进入环境，引起大气、水体及土坡的严重污染。有关土坡石油污染的调查统计报告显示，截至 2003 年底，石油、炼油工业固体废物历年累计堆存量约为 1884.5 万吨，占地面积约 181.7 万平方米，每年造成的石油污染土壤近 10 万吨，累计堆放量近 50 万吨，土壤的石油污染形势十分严峻。

土壤中的石油污染物为原油、石油加工品等。原油是由各种不同的碳氢化合物所组成的复杂混合物，含有三类主要烃——烷烃、环烷烃和芳香烃；石油加工品包括汽油、煤油、柴油、润滑油等及各类油的分解产物。

2. 石油污染的危害

（1）对人体和动物的危害　石油污染物中芳香烃类物质对人及动物的毒性较大，尤其是以多环和三环为代表的芳烃。多环芳烃类物质可通过呼吸、皮肤接触、饮食等方式进入人或动物体内，影响肝、肾等器官的正常功能，甚至引起癌变。石油中的苯、甲苯、酚类物质经较长时间接触，会引起恶心、心疼、眩晕等症状。

（2）对植物的危害　石油污染物主要通过穿透到植物的组织内部，破坏正常的生理功能。高分子烃由于分子较大而穿透能力较差，易在植物表面形成薄膜，阻塞植物气孔，影响植物的蒸腾和呼吸作用。在石油污染土壤上，不同作物对其危害影响不同。其中水稻的耐油污能力较强，而地衣、苔藓类植物对石油污染物的影响极其敏感。

（3）对土壤和地下水环境的危害　石油进入土壤后，由于其密度较小、黏着力较强等，在土壤表层与土粒粘连，影响土壤的通透性。且土壤表层的石油可以随着地表降水渗透到地下水，污染浅层地下水环境，危害饮用水水质安全。

第三节　污染土壤修复技术

污染土壤修复通常定义为：实现土壤中有毒有害污染物的转移或转化，消除或减弱污染物毒性，恢复或部分恢复土壤的生态服务功能。污染土壤修复主要有物理修复、化学修复和生物修复三种形式。物理修复：利用污染物与土壤之间，污染土壤颗粒与非污染土壤颗粒之间的物理特性差异，从土壤中分离、去除污染物（特别是有机污染物）。物理修复一般有外力或其它能量的投入。化学修复：通过化学方法完成土壤中污染物的降解、转化或固定，从而实现去除或脱毒。化学修复一般有化学品的投入。生物修复：利用环境介质中各种生物，包括植物、动物和微生物对土壤污染物进行吸收、降解或转化，使有害污染物转化为无害物质或降低到可以接受的浓度水平。广义的生物修复可划分为植物修复、动物修复和微生物修复三种类型（Wilson SC，1993)。

一、物理修复技术

污染土壤的物理修复技术是用物理的方法进行污染土壤的修复，主要包括换土法及热脱附、蒸汽浸提等热处理技术。此类技术工程量较大，投资较大，易破坏土壤理化性质和生产力，仅适合于小面积污染区土壤的修复。

1. 换土法

换土法是一种有效的污染土壤物理处理方法，它是将污染土壤深翻到土壤底层、或在污染土壤上覆盖清洁土壤、或将污染土壤挖走换上清洁土壤等方法。换土法能够有效地将污染土壤与生态系统隔离，从而减少它对环境的影响。但是该方法因为工程量大，费用高，只适宜用于小面积的、土壤污染严重的状况。同时，不能将污染物质取出也会对环境产生一定的风险。

2. 热处理技术

(1) 热处理技术的定义及分类　热处理技术是应用于工业企业场地土壤有机污染的主要物理修复技术。其处理过程为将污染土壤加热，使土壤中的污染物受热挥发、脱离土壤基体的土壤修复方法；而在无氧条件下将土壤加热，使污染物在避免焚烧情况下从土壤中去除的方法被认为是一种充满希望的土壤修复方法。按照对污染土壤处理方式的不同，热修复法一般可分为转式炉法、固定床法及流化床法等。热修复法因其不受土壤中污染物的种类限制、对土壤中污染物的去除效率高等原因而被广泛接受并被系统研究。但在传统的热修复方法中，土壤加热由外到内，加热速度慢；为使内层土壤达到适宜温度以使污染物去除，往往需要将外层土壤加热到更高温度，这会导致外层土壤发生结构变化，阻碍内层污染物的去除，并有可能造成内层污染物向外迁移时发生高温热解，不利于有用污染物的回收。主要包括以下几种技术。

① 热脱附处理技术。热脱附法是指通过加热将土壤中污染物变成气体从土壤表面或孔隙中去除的方法。常包括土壤预处理、旋转炉热处理及出口气体处理三个阶段，实际应用广泛。Wilbourn 等曾在惰性气体环境中加热污染土壤，使有机污染物转化为气态从土壤中分离。Ram 等将低温热解吸技术用于受 VOCs 污染土壤的异位处理。还有研究者发现，使用实验用石英炉，可去除土壤中的 BTEX（苯、甲苯、乙烯和二甲苯）和重金属。

Chern 和 Bozzelli 的研究表明，连续进料式旋转炉技术对于去除土壤中的挥发性和半挥发性有机污染物非常有效。温度、停留时间、挥发性、载流气体流速是影响解吸效果的主要参数，温度越高、停留时间越长，则污染物的去除效率越高。如要在 20min 的停留时间内使 1-十二烷、1-十六烷、萘、蒽的去除效率达到 98%，则温度必须分别达到 100℃、200℃、150℃和 250℃。

② 蒸汽浸提技术。该技术通过抽气井产生真空和/或向井中注入压缩空气，形成压力梯度，造成地下气体平流运动，使土壤中的挥发性和一些半挥发性石油污染物进入气相，并随气流由抽气井抽出，从而使土壤中的石油污染物得到去除。土壤气相抽提技术具有经济、高效、安全等特点，但该技术只限于挥发性和一些半挥发性石油组分污染土壤的修复，且要求土壤的质地均一、渗透性好、空隙率大。因此该技术经常与其它修复技术联合用于污染土壤的修复。

③ 微波加热技术。微波增强的热净化作用是最近兴起的一种热解吸法，因为微波辐射

能穿透土壤加热水和有机污染物使其变成蒸汽从土壤中排出，所以非常有效。此法适用于清除挥发和半挥发性成分，并且对极性化合物特别有效，Kawala 等曾报道了微波加热系统现场模拟净化处理三氯乙烯污染土壤的过程。Carrigan 等应用电加热的方法成功地去除了在土壤中的有机污染物。土壤水导率减少是限制表面活性剂应用在土壤有机污染修复方面的不利因素，利用共溶剂将大大改善提取剂在土壤中的移动，提高修复效率。

Jones 等最近综述了微波加热处理在环境工程中的应用，其中包括对污染土壤的处理。利用微波能量不仅能使反应时间大为减少，在某些情况下，还能促进一些具体反应。在短短几分钟之内，无机氧化物与其它一些物质的混合物可以迅速达到 1200～1300℃。因此，人们想到在一密封系统内利用微波迅速升至高温，将土壤中多氯联苯之类的氯代有机芳烃分解的土壤去污方法。利用微波能量热解六氯苯、五氯苯酚、2,2,5,5-四氯联苯和 2,2,4,4,5,5-六氯联苯的实验结果表明，在向土壤中加入 Cu_2O 或 Al 粉末，并加入浓度为 10mol/L 的 NaOH 溶液后，芳烃分解速率更快。Abramovitch 等使用微波现场处理 PCBs 污染土壤，发现占质量 27%的 2,2,5,5-四氯联苯被脱附，1%～2.5%被转化为二氧化碳，大部分仍然残留在土壤中，表面它们与土壤的结合非常紧密。Destaillates 等应用超声波来清除土壤中的有机污染物，加入表面活性剂可以明显增加修复效率。

(2) 热处理技术的优点及局限性　与其它处理技术相比，热处理技术具有以下优点：

① 该方法不受土壤中污染物种类的限制。

② 对土壤中污染物的去除效率高，一般可达 99%以上。

③ 对于石油污染土壤，可以将污染土壤修复和污染油回收同时进行。

热处理技术的局限性如下：

① 能耗较高，导致热处理技术与其它技术相比，单位修复成本更高。

② 由于热处理技术工程量较大，投资较大，导致该技术仅限于小面积、高污染的工业废弃场地的修复。

二、土壤化学/物化修复技术

化学修复从总体上可以分为原位化学修复和异位化学修复。原位化学修复（in-situ chemical remediation）是指在污染土地的现场加入化学修复剂与土壤或地下水中的污染物发生各种化学反应，从而使污染物得以降解或通过化学转移机制去除污染物的毒性以及对污染物进行化学固定，使其活性或生物有效性下降的方法。而异位化学修复（on-site chemical remediation）主要是把土壤或地下水中的污染物通过一系列化学过程甚至通过富集途径转化为液体形式，然后把这些含有污染物的液体物质输送到污水处理厂或专门的处理场所加以处理的方法。

1. 固定-稳定化技术

(1) 固化-稳定化技术的定义　固化-稳定化技术是将污染土壤与能聚结成固体的黏结剂混合，从而将污染物捕获或固定在固体结构中的技术。虽然固化和稳定化这两个专业术语常结合使用，但是它们具有不同的含义。固化技术中污染土壤与黏结剂之间可以不发生化学反应，只是机械地将污染物固封在结构完整的固态产物（固化体）中，隔离污染土壤与外界环境的联系，从而达到控制污染物迁移的目的；稳定化是指将污染物转化为不易溶解、迁移能力或毒性更小的形式来实现其无害化，降低对生态系统危害性的风险。

(2) 固化-稳定化技术的分类及原理　化学固化技术的原理是通过向土壤中添加固化剂(也可称为改性剂)，改变土壤的理化性质（pH 值、Eh 值、有机质含量和矿物组成），来改变重金属在土壤中的存在形态，大大降低有效态重金属的含量，调节其在土壤中的移动，从而将土壤中的重金属转化为溶解度最小或毒性最小的形态，或者将其包裹在结构高度完整的固体产物中，降低其在土壤中的可移动性，使其稳定。

常用的胶凝材料可以分为以下 4 类：①无机黏结物质，如水泥、石灰等；②有机黏结剂，如沥青等热塑性材料；③热硬化有机聚合物，如尿素、酚醛塑料和环氧化物等；④玻璃质物质。由于技术和费用等方面的原因，以水泥和石灰等无机材料为基料的固化-稳定化应用最为广泛。以水泥或石灰为基础的固化-稳定化技术可以通过以下几种机制稳定污染物：在添加剂表面发生物理吸附；与添加剂中的离子形成沉淀或络合物；污染物被新形成的晶体或聚合物所包被，减小了与周围环境的接触界面。

(3) 固化-稳定化技术的优点及局限性

① 固化稳定化技术的优点

a. 应用较为广泛，尤其在高污染的工业废弃场地的处理上，能大大降低土壤的环境风险。

b. 与众多土壤污染修复技术相比，固化稳定化技术处理成本更为低廉。

② 固化稳定化技术的局限性

a. 添加的固化剂对土壤理化性质影响较大，且固化剂本身也可能引起土壤环境的二次污染。

b. 由于固化技术并未将污染物从土壤中去除，随着环境条件的改变，污染物仍可能重新释放处理造成二次污染。

2. 土壤淋洗技术

(1) 土壤淋洗法的定义 武晓峰曾介绍过土壤淋洗法（soil flushing）的概念，认为淋洗法就是通过注水的办法，冲洗土壤孔隙介质中残留的污染物，然后回收冲洗水流以达到修复污染土壤的目的。周加祥认为土壤淋洗法（soil washing）是利用水力压头推动淋洗液通过土壤，而将污染物从土壤中清洗出来，然后对含有污染物的淋洗液进行处理与回用。这两种提法均强调了淋洗法在污染土壤原位修复中的应用。Semer 提出淋洗法是一个从污染土壤、污泥、沉积物中去除有机和无机污染物的过程，这个过程包括了污染土壤和淋洗液间的高能量接触。他认为土壤淋洗是一个物理和/或化学过程，能够实现危险物质的分离、隔离、体积减小和/或危险物质的无害化转变。从广义上说，土壤淋洗可以被定义为用流体（通常是液体）去除土壤污染物的过程，它可以是原位修复（in-situ），也可以是异位修复（ex-situ）。被淋洗出的污染物包含了无机污染物和有机污染物，淋洗液可以是水、化学溶剂或其它可能把污染物从土壤中淋洗出的流体，甚至可能是气体，淋洗液的处理及回用中还可能包括生物过程。

(2) 土壤淋洗法的类型及作用原理 土壤淋洗修复包括原位土壤淋洗（in-situ soil leaching/washing/flushing）和溶剂浸提（solvent extraction）两种方式。原位土壤淋洗是指在污染现场用物理化学过程去除非饱和区或近地表饱和区土壤中的污染物，并将溶解和迁移的化合物的水溶液渗入或注入污染土壤的回收井中，然后再把这些含有污染物的水溶液从土壤中抽提出来并送到传统的污水处理厂进行再处理的过程。溶剂浸提方法则是典型的异位物理化学修复过程，其原理是把土壤污染物从土壤中转移到有机溶剂或超临界流体中，然后进行进一步处理，具体涉及把污染土壤从污染现场挖出来、去除石块，运送到专门的处理场所，投入大型浸提器或特定容器中使污染土壤与溶剂完全混合、充分接触，通过一定的方法使加入的溶剂与土壤分离，分离后的溶剂由于含有污染物需要进一步处理进行再循环。异位土壤

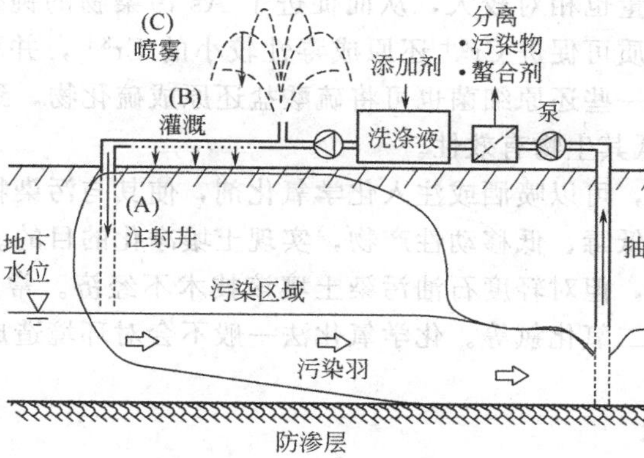

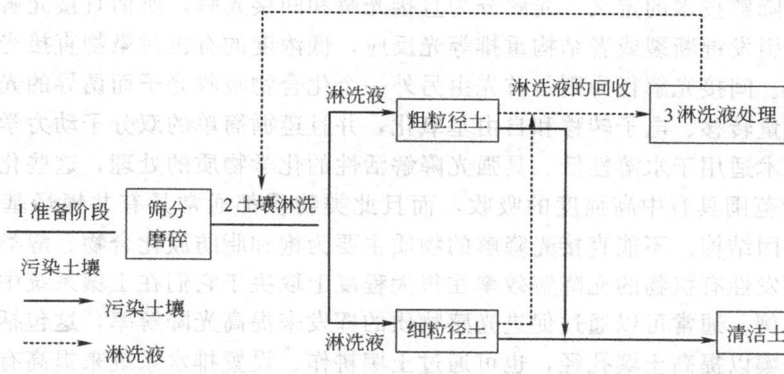

图 8-5　异位土壤淋洗法流程图

淋洗法流程见图 8-5。

（3）土壤淋洗法的优点及局限性　与其它处理方法相比，土壤淋洗法具有以下优点：

① 土壤淋洗法对设备的要求简单，并且操作人员可以不直接接触污染物。

② 应用较为广泛，成功应用的示范工程较多，适合于小面积高污染的工业废弃场地的土壤修复。

③ 与生物修复相比对污染物的去除效率高，修复周期短。

④ 与传统的热处理技术相比，能耗更低，修复成本更低。

⑤ 土壤淋洗技术受污染物类型影响不大，适用于重金属类污染物、有机污染物及有机-无机复合污染土壤的修复。

土壤淋洗法在运行中的局限性：

① 原位淋洗技术受土壤质地影响较大，砂质土壤修复效果更好。

② 受淋洗液的影响，特别是淋洗废液中污染物和淋洗液的分离。

③ 原位淋洗法受土壤有机质含量和阳离子交换量（CEC）的影响，低有机质含量和低 CEC 含量更有利于土壤淋洗。

④ 与生物修复技术相比，淋洗技术的处理成本较高。

因此，此技术更适合于小面积、高污染的工业场地的修复。

3. 氧化还原技术

对于变价金属（类金属）污染物来说，在不同价态下，其生态毒性、生物可利用性及移动性的差异很大。因此，选择合适的氧化或还原剂可降低污染物毒性，达到钝化的目的。在三价铁离子存在的条件下，As^{3+} 易于转化成毒性相对较小的 As^{5+}，同时，砷酸根吸附量相对于三价亚砷酸根吸附量也相对较大，从而促进了 As 污染物的钝化。对于 Cr 污染物，施加有机质或铁还原性物质可促进 Cr^{5+} 还原成毒性较小的 Cr^{3+}，并可使 Cr 污染物在土壤环境中相对稳定。此外，一些还原细菌也可将硫酸盐还原成硫化物，致使重金属形成沉淀（生物沉淀作用），从而降低其生物有效性。

对于石油污染土壤，可以喷洒或注入化学氧化剂，使其与污染物发生化学反应，从而使污染物去除或被氧化为低毒、低移动性产物，实现土壤净化的目的。该技术可用于修复石油污染严重的场地或区域，但对轻度石油污染土壤该技术不经济。常用的化学氧化剂有臭氧、过氧化氢、高锰酸钾、二氧化氯等。化学氧化法一般不会对环境造成二次污染，但操作比较复杂。

4. 光催化降解技术

（1）光催化降解技术的定义　光解分为直接光解和间接光解，所谓直接光解就是有机化合物吸收光子而引发键断裂或者结构重排等光反应，低浓度的有机污染物直接光解大多遵循一级反应动力学。间接光解行为则是首先由另外一个化合物吸收光子而诱导的光反应。间接光解主要包括能量转移、电子转移和自由基氧化，并且遵循简单的双分子动力学的影响。其中直接光降解技术适用于水溶性低、具强光降解活性的化学物质的处理，这些化学物质通常在＞290nm 波段范围具有中高强度的吸收，而且此类物质都通常具有共轭烃基支链或不饱和的杂原子功能团结构。不能直接光降解的物质主要为饱和脂肪族化合物、醇类、醚类和胺类等。土壤中挥发性有机物的光降解效率在很大程度上取决于它们在土壤系统中气、水、土三相间的分配比例。通常可以通过促进光感物质的挥发来提高光降解率，这包括提高土壤的疏松度或干燥土壤以提高土壤孔径，也可通过土壤耕作、设置排水系统来提高有机物的蒸发率，以利于光降解过程的发生。

光催化氧化是另一项有效处理 VOCs 的光降解技术。光催化氧化法在正常环境条件下（常温、常压）能将挥发性有机物分解为 CO_2、H_2O 和无机物质，反应过程快速高效，且无二次污染问题，因而具有非常大的潜在应用价值，已成为 VOCs 治理技术中一个活跃的研究方向。

（2）光降解的原理　发生反应分子均处在所谓的电子基态，可按照电子基态的各个原子的价电子分为三类：σ 键、π 键（或者是离域的 π 键体系）或某个原子（通常是杂原子）上非键的电子。在电子基态，化学键中的电子通常分配到成键轨道（σ 轨道或 π 轨道）形成化学键，而某个原子上的定域电子占据所谓的非键轨道（也就是 n 轨道）。如果一个分子暴露在紫外（UV）或可见光下（能激发地球表面有机污染物光化学变化的太阳辐射的波长范围，即 290～600nm），电子就能从成键轨道和非键轨道跃迁到所谓的反键轨道（σ^* 轨道或 π^* 轨道），分子也就处于激发态，即成为比基态更具有反应活性的物种。

化学物种并不能在激发态停留很久。激发态物种可以发生各种物理或化学变化。激发态物种可以通过多种物理过程回到基态，其结构不变。例如，第一激发态（一般因光吸收激发而致）的物种可以转化为基态的高振动能级，然后沿着振动能级向周围环境逐级释放热量回到基态，这个过程称作内转换。此外，激发态分子可能以光的形式释放能量，直接回落到基态的较低振动能级；激发态分子也可能先经历向另一激发态的变化（所谓的系间窜跃）后再发生这一过程，这种发光过程分别称作荧光和磷光。最后，激发态物种还可能将多余的能量传递给环境中的其它分子，自身回到基态，而其它分子则被激发，这一过程称作光敏化。吸收光之后能够将能量有效转移给其它化学物种的化合物称作光敏化剂，能够有效接受电子能量的化学物种则称作受体或淬灭剂。

除了上述物理过程，激发态物种还会发生各种化学反应。我们考虑有机污染物的直接光解时关心这些反应，是因为只有化学反应才能导致其转化并从体系中去除。需要说明图 8-7 中的化学反应是有机物光解过程的初始步骤，这些初级反应的产物还可能进一步发生光化学的、化学的或生物的变化。所以，很难确定和定量光化学反应的所有产物，由于存在多种可能的反应剂，土壤中和天然水体尤其如此。

20 世纪 80 年代，IT Corporation 公司曾使用过氧化氢或臭氧等氧化剂，结合紫外光催化技术有效降解和去除地下水中的 VOCs。过氧化氢或臭氧先在紫外光催化作用下转化为强氧化性羟基，再和污染物发生反应。有些有机物也通过直接吸收紫外光发生脱氯等化学结构变化。这种光催化氧化的反应速率受紫外光强度、过氧化物投加剂量、pH 值、温度、化学催化剂、混合效率、污水透光度和污染物浓度的影响。紫外光/过氧化氢或紫外光/臭氧氧化处理系统反应过程中无气体排放，出水浓度低，运行成本低于活性炭处理法。其处理成本主要由处理达标浓度、原始污染物浓度以及污染物类型决定。纳米级 TiO_2 光催化氧化是近些年发展起来的新型光催化氧化技术。此技术利用了半导体粒子上的电子在一定光照下被激发跃迁产生空穴的原理。光致空穴因具有极强的得电子能力，从而具有很强的氧化能力，能将其表面吸附的 OH^- 和 H_2O 分子氧化成 · OH 自由基，而 · OH 自由基几乎完全将有机物氧化，最终降解为 CO_2 和 H_2O。也有研究表明，有机物可以不通过羟基而直接和光致空穴发生反应。目前，主要采用间歇和连续流光化学反应系统进行气固相纳米级 TiO_2 光催化氧化反应研究，结果表明，许多 VOCs 均可在常温常压下光催化分解，包括脂肪烃、醇、醛、卤代烃、芳烃及杂原子有机物等，因此，光催化氧化技术有着良好的优点和应用前景。

(3) 光降解技术的局限性　尽管光催化技术在光催化降解有机污染物方面有一定潜力，但在实际应用过程中还存在下列问题：

① 与其它修复技术相比，光降解技术由于方法和设备上的特殊要求，目前国内外尚无实际应用的工程实例，研究仅限于实验室研究阶段。

② 光催化量子效率低（约 4%），难以处理量大且污染浓度高的污染物。

③ 太阳能利用率低，只能吸收紫外光或太阳光中紫外线部分，对太阳光的利用率低。

④ 多相光催化氧化反应机理尚不清楚。

⑤ 光催化剂的负载和分离回收问题、大型光催化反应器的设计问题等。

5. 电动力学修复技术

(1) 电动力修复的提出及定义　1809 年 Reuss 在将直流电压加在黏土两端时，首次发现了由电源阳极流向阴极的水流——电渗流。1893 年德国 Leo Cassagrande 将电动技术用于 Salzgitte 的铁路地基加固。自此，电动技术开始广泛用于地基加固、污泥脱水及淤泥疏浚等。1958 年 Spiegler 提出了多孔介质中电渗流运移的理论模型，1993 年 Mitchell 对这些理论进行了总结。

原位电修复（in-situ electro-remediation）是指使用低能级的直流电流（每平方米几安培）穿过污染的土壤，通过电化学和电动力学的复合作用而去除土壤中污染物的过程。

(2) 电动力学修复的基本原理　电动力修复的原理是在土壤体系中插入电极，通以直流电，土壤中的污染物在电场、电化学等作用下，发生氧化还原反应，并迁移、富集于某一区，从而达到去除土壤污染物的目的（图 8-6）。在电动力修复过程中，主要的迁移作用有电渗析、电迁移、自由扩散和电泳等。污染土壤修复过程实际上是通过电迁移、电渗和电泳三种机制清除土壤中的污染物。其中，电渗析是指土壤中的孔隙水在电场中从一极向另一极的定向移动，非离子态污染物会随着电渗流移动而被去除。电迁移是离子或络合离子向相反

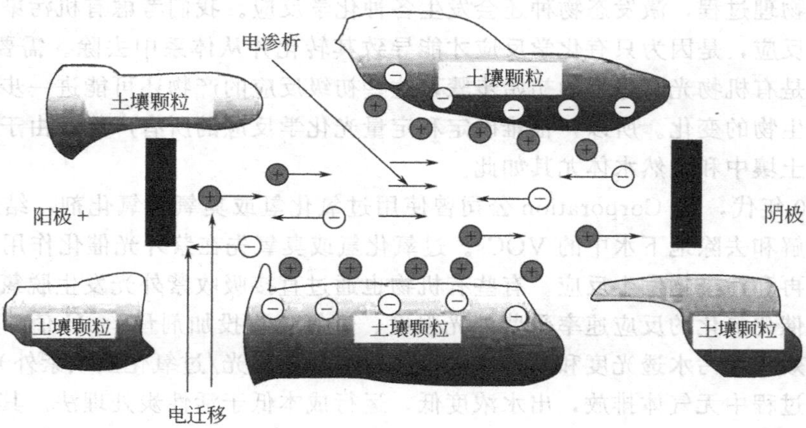

图 8-6 土壤电动修复示意图

电极的移动，溶于地下水中的带电离子主要通过该方式迁移和去除。而电泳是电渗的镜像过程，即带电粒子或胶体在直流电场作用下的迁移，牢固地吸附在可移动颗粒上的污染物可采用该方式去除。如图 8-7 所示，在电场作用下，土壤空隙水因电渗析作用向阴极迁移，无机离子发生电迁移，阳离子向阴极移动，阴离子向阳极移动。

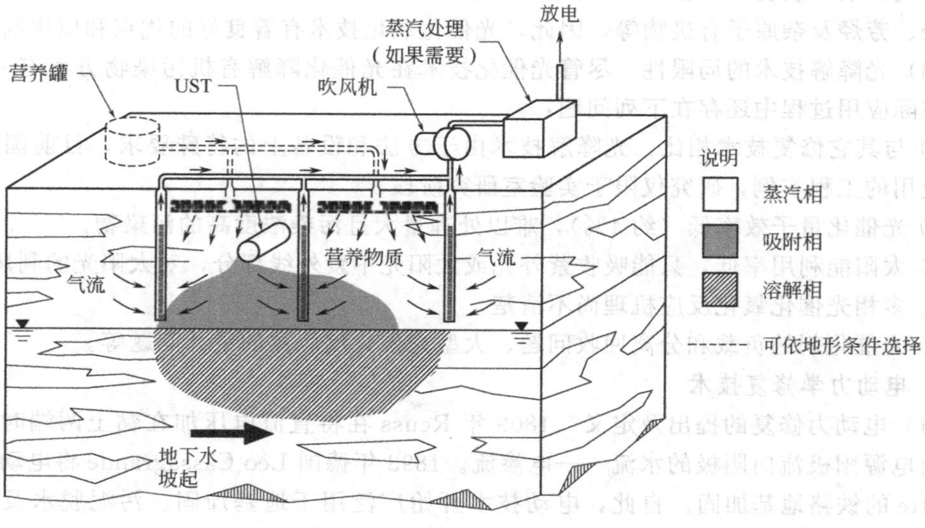

图 8-7 土壤生物通风法示意图

在电动力学处理土壤的过程中，正负极上会发生相应的电极反应，通常是电解水的反应，正极析出氧气产生氢离子［反应（8-1）］，负极析出氢气产生氢氧根离子［反应（8-2）］。氢离子和氢氧根离子进入土壤后会导致阴阳极附近土壤 pH 的变化，阳极区发生土壤的酸化，阴极区发生土壤的碱化。而且，电极表面产生的气泡会增加体系的电阻，使电流下降，降低处理效果。

$$2H_2O-4e^- \longrightarrow O_2(g)+4H^+ \quad (8\text{-}1)$$

$$2H_2O+2e^- \longrightarrow H_2(g)+2OH^- \quad (8\text{-}2)$$

（3）电动力学修复技术的优点及局限性　与其它土壤修复技术，电动力学技术具有以下优点。

① 作为一种原位土壤修复技术，电动力学技术不需要操作工人同污染土壤进行直接接触，避免了操作工人的风险暴露。

② 适用于高致密性的黏性土壤处理。传统的土壤修复技术往往只适用于渗透性土壤，对黏性土壤的处理效果非常差，而电动力学技术对黏性土壤具有非常好的适应性。

③ 可以用于离子交换容量大的污染土壤的处理。传统的土壤修复技术对离子型污染物的处理受到土壤离子交换容量的制约，土壤中离子交换容量越大处理效果越差，而电动力学技术受离子交换能力的影响很小。

④ 可控性强。污染物的迁移方向受电迁移和电渗析方向的影响，而后者的方向可以通过外加电场和土壤性质来调控，因而污染物的迁移方向具有较好的可控性。

在实际应用中，电动力学技术仍然存在如下局限性。

① 能耗高。据美国地下水修复技术分析中心（Ground-Water Remediation Technologies Analysis Center，GWRTAC）对几个主要电动力学技术公司的土壤处理费用的统计，DuPont R&D 的处理成本约为 85 美元/m^3，Electro kinetics Inc 为 25～130 美元/m^3，Geo-kinetics International 为 80～300 美元/m^3。

② 酸性带和碱性带迁移。电极反应导致阳极产生 H^+ 和阴极产生 OH^-，分别对应酸性带迁移和碱性带迁移。酸性带和碱性带迁移造成的不利结果在原理部分已经介绍。

③ 极化问题。包括活化极化、电阻极化和浓差极化。电极反应产生的气体，即阳极氧气和阴极氢气会附着在电极表面增加电阻，减小土壤区域的有效电位梯度；电解过程中电极表面会附着一层惰性膜，降低电极的导电性能；电极表面的离子浓度小于周围溶液中的离子浓度，导致电流下降。另外电极本身在电解过程中也会有一定的损失，电极性能会有所变化。

④ 处理效果受溶解度的影响很大。特别是对于非解离态有机物，如持久性有机污染物等疏水性有机物，处理效果较差。

⑤ 后续处理。电动力技术处理污染土壤，更多的是将土壤中的污染物迁移出土壤后再进行后续处理。

三、污染土壤生物修复技术

生物修复法是一种新兴的石油污染土壤的治理方法，包括微生物修复、植物修复和动物修复等修复技术。

1. 微生物修复

（1）微生物修复的定义　微生物修复技术是指利用天然存在的或特别培养的微生物，在可调控环境条件下，通过微生物的降解和生物转化作用，变有毒、有害污染物为无毒、无害物质的环境污染处理技术。J. M. Tiejie 将其核心归结为微生物学过程。微生物修复技术的核心是高效降解菌对有机污染物的降解作用。在提高降解菌的降解能力方面的研究主要有如下三个方面：其一，筛选分离能降解有机物的优势菌群，开发高效的遗传工程菌。其二，通过物理、化学强化技术提高有机物的降解速率，如添加矿物混合盐、表面活性剂、含氧酸根等物质。还有人提出采用电动力外加磁场的方式提高降解菌的降解速率。其三，利用生物强化技术，如植物与专性降解菌的联合和植物与菌根真菌的联合。

（2）微生物修复的类型　微生物修复包括原位和异位两种修复技术。原位修复技术是一种不破坏土壤基本结构的微生物修复技术。主要通过在污染土壤现场进行微生物接种，依靠自然条件实现石油污染物的分解处理；异位修复技术是一种需要对污染土壤进行大规模扰动的微生物修复技术。主要通过将污染土壤转移到固定的修复场所，人为地创造有益于微生物生长的环境，最终实现石油污染物的分解处理。目前，石油污染土壤微生物修复技术主要包括以下几个方面。

① 原位修复法

a. 投菌法。该方法是直接向石油污染土壤中接入外源的污染物降解菌，同时投入这些微生物生长所需要的常量营养元素和微量营养元素等营养物质，从而通过微生物对石油污染物的代谢作用达到土壤修复的目的。氮元素和磷元素是污染土壤微生物修复系统中最主要的营养元素，微生物生长所需要的碳、氮、磷的质量比大约为120∶10∶1。

b. 生物培养法。一种直接利用土壤中的土著微生物降解土壤中石油污染物的土壤修复技术，通过定期在土壤中加入营养物质以及O_2或H_2O等电子受体，提高污染土壤中已经存在的土著微生物的代谢活性，将石油污染物降解为CO_2和H_2O。有研究显示，这种生物培养法比接种外源微生物的方法更可行，因为污染土壤中的土著微生物已经适应了污染物的存在，外源微生物则不能有效与土著微生物竞争，因此，只有在土著微生物不能降解土壤中的污染物时，才会考虑接种外源微生物。

c. 生物通风法。该方法是一种强迫氧化的微生物降解方法，它是土壤气相抽提与微生物降解的结合技术。在待修复的污染土壤中打若干井，分别安装鼓风机和抽真空机，将空气强行注入土壤中然后抽出。在注入空气时，加入适量的氮、磷等营养元素，提供土壤中降解菌所需的营养物质，促进微生物代谢活力的提高。石油污染土壤中大部分低沸点、易挥发的污染组分直接随空气一起抽出；高沸点、难挥发污染组分则在微生物作用下降解为CO_2和H_2O。为了防止地下水上涌，该法要求所修复土壤地下水位不能低于3m。

② 异位修复法

a. 农耕法。该方法是一种对污染土壤进行耕犁处理的土壤修复方法（图8-8）。在处理过程中，利用耕犁机械使污染土壤、营养物质、微生物和空气充分接触，为微生物提供良好的生长环境，从而使微生物的代谢活性增强。这种方法可以结合农业生产，经济易行，适合于通透性差、污染程度轻、污染物易降解的污染土壤，但土壤中的挥发性污染物会造成一定的空气环境污染。

b. 预制处理床法。该方法是在一个不渗漏的平台上，以石子和沙粒制成床层，将污染土壤平铺在床层上进行微生物处理的方法。此法将石油污染土壤集中在生物处理床上，在土壤中加入一定量的营养物质和水分，定期翻动土壤以补充氧气，满足土壤中微生物生长的需要，提高生物活性，从而降解土壤中的石油污染物。该方法可以达到良好的修复效果，同时防止污染物向环境迁移，但存在污染土壤的集中运输、操作复杂、成本高等缺点，不宜于大面积污染土壤的修复。

c. 生物反应器法。该方法是将石油污染土壤挖掘起来，与水混合后置于生物反应器内，再接种微生物进行处理的土壤修复方法（图8-9）。此法的典型工艺主要包括土壤挖掘、土壤预筛、泥浆配制、输入反应器、接种生物、耗氧运行、脱水分离等步骤。这种土壤修复方法是以水相作为处理介质，污染物、微生物、溶解氧和营养物质的传质速度快，而且可以人为地控制pH值、温度、溶解氧、营养物质等工艺条件，故此法处理效果好、处理时间短，但需要固定的处理设施，运行费用高，不适于大规模污染土壤的修复治理。

③ 土壤微生物修复的优点及局限性。与其它修复技术相比土壤生物修复具有以下优点。

a. 微生物降解较为完全，可将一些有机污染物降解为完全无害的无机物，二次污染问

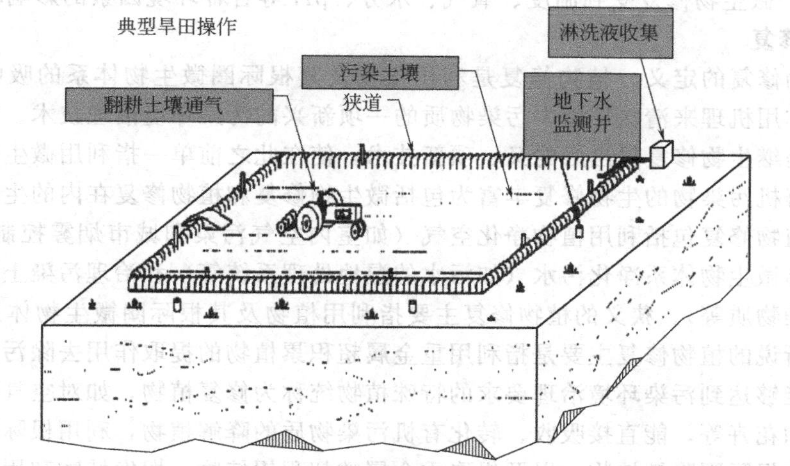

图 8-8　土壤农耕法示意图

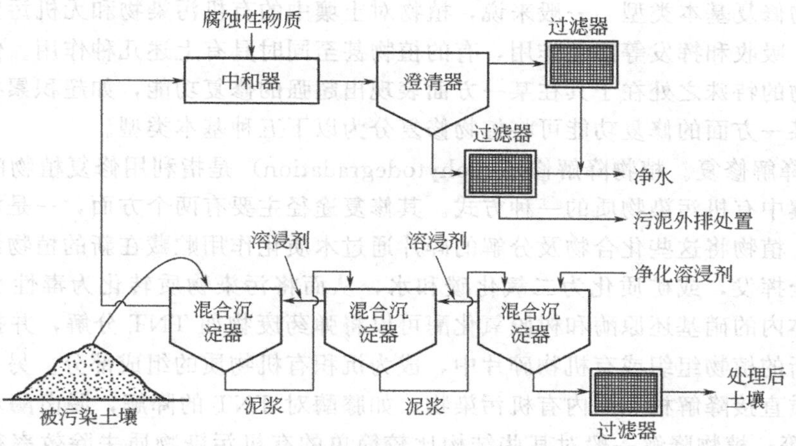

图 8-9　土壤生物反应器示意图

题较小。

b. 处理形式多样，操作相对简单，有时可进行原位处理，减少了运输费用和人类直接接触污染物的风险。

c. 对环境的扰动较小，不破坏植物生长所需要的土壤环境。

d. 与物理、化学方法相比，微生物修复的费用较低，是传统化学、物理修复的30%～50%。

e. 可处理多种不同种类的有机污染物，同时还可与其它处理技术结合使用，处理复合污染的土壤和地下水。

土壤生物修复具有以下局限性。

a. 某些微生物只能降解特定类型污染物，有些情况下不能将污染物全部去除；微生物—酶制剂可能带来次生污染问题，并对自然生态过程产生一定影响。

b. 异位生物修复成本相对较高。

c. 对土壤的扰动大，加入到修复现场环境中的适宜的细菌或真菌菌剂因其竞争不过土著微生物群，而导致目标微生物或其代谢活性的丧失，其田间试验效果往往很不理想。

d. 此外，微生物修复受到温度、氧气、水分、pH 等各种环境因素的影响较大。

2. 植物修复

（1）植物修复的定义　植物修复是利用植物及其根际圈微生物体系的吸收、挥发和转化、降解的作用机理来清除环境中污染物质的一项新兴的污染环境治理技术。它属于生物修复的范畴，是继生物修复提出后的又一项新技术，使在此之前单一指利用微生物降解、转化机制来治理有机污染物的生物修复丰富为包括微生物修复和植物修复在内的生物修复。

广义的植物修复包括利用植物净化空气（如室内空气污染和城市烟雾控制等），利用植物及其根际圈微生物体系净化污水（如污水的湿地处理系统等）和治理污染土壤（包括重金属及有机污染物质等）。狭义的植物修复主要指利用植物及其根际圈微生物体系清洁污染土壤，而通常所说的植物修复主要是指利用重金属超积累植物的提取作用去除污染土壤中的重金属。那些能够达到污染环境治理要求的特殊植物统称为修复植物，如对空气净化效果好的绿化、树木和花卉等，能直接吸收、转化有机污染物质的降解植物，利用根际圈生物降解有机污染物质的根际圈降解植物，以及提取重金属的超积累植物、挥发植物和用于污染现场稳定的固化植物等。

（2）植物修复基本类型　一般来说，植物对土壤中的有机污染物和无机污染物都有不同程度的降解、吸收和挥发等修复作用，有的植物甚至同时具有上述几种作用。但修复植物不同于普通植物的特殊之处在于其在某一方面表现出超强的修复功能，如超积累植物等。根据修复植物在某一方面的修复功能可将植物修复分为以下五种基本类型。

① 植物降解修复。植物降解修复（phytodegradation）是指利用修复植物的降解和转化作用去除土壤中有机污染物质的一种方式。其修复途径主要有两个方面，一是污染物质被吸收到体内后，植物将这些化合物及分解的碎片通过木质化作用贮藏在新的植物组织中，或者使化合物完全挥发，或矿质化为二氧化碳和水，从而将污染物质转化为毒性小或无毒的物质。如植物体内的硝基还原酶和树胶氧化酶可以将弹药废物如 TNT 分解，并把断掉的环形结构加入到新的植物组织或有机物碎片中，成为沉积有机物质的组成部分。另一条途径是植物根分泌物质直接降解根际圈内有机污染物，如膝酶对 TNT 的降解，脱卤酶对含氯溶剂如 TCE 的降解等。植物降解一般对某些结构比较简单的有机污染物质去除效率很高，这可能与降解植物能够针对某一种污染物质分泌专一性降解酶有关，但对结构复杂得多的污染物质来说则无能为力。

② 根际圈生物降解修复。根际圈生物降解修复（rhizosphere biodegradation）是利用根际圈菌根真菌、专性或非专性细菌等微生物的降解作用来转化有机污染物，降低或彻底消除其生物毒性，从而达到有机污染土壤修复的目的。其中，植物为其共存微生物体系如菌根真菌、根瘤细菌及根面细菌等提供水分和养料，并通过根分泌物为其它非共存微生物体系提供营养物质，对根际圈降解微生物起到活化的作用，此外，根分泌的一些有机物质也是细菌通过共代谢降解有机污染物质的原料。这种修复方式实际上是微生物与植物的联合作用过程，只不过微生物在降解过程中起主导作用。实践证明，根际圈生物降解有机污染物质的效率明显高于单一利用微生物降解有机污染物质的效率，这是因为植物能为根际圈微生物持续提供营养物质和为其生长创造良好的环境。根际圈生物修复已成为原位生物修复有机污染物的一个新热点。

③ 植物提取修复。植物提取修复（phytoextraction）指利用重金属超积累植物从污染土壤中超量吸收、积累一种或几种重金属元素，之后将植物整体（包括部分根）收获并集中

处理，然后再继续种植超积累植物以使土壤中重金属含量降低到可接受的水平。植物提取修复是目前研究最多且最有发展前途的一种植物修复技术。

④ 植物挥发修复。植物挥发修复（phytovolatilization）是利用植物将土壤中的一些挥发性污染物吸收到植物体内，然后将其转化为气态物质释放到大气中，从而对污染土壤起到治理作用。这方面的研究主要集中在易挥发性的重金属如汞、硒等方面，对有机污染物质植物挥发的研究不多。

⑤ 植物稳定修复。植物稳定修复（phytostabilization）是指通过耐性植物根系分泌物质来积累和沉淀根际圈污染物质，使其失去生物有效性，以减少污染物质的毒害作用。但更重要的是利用耐性植物在污染土壤上的生长来减少污染土壤的风蚀和水蚀，防止污染物质向下淋移而污染地下水或向四周扩散进一步污染周围环境。这一类植物尽管对污染物质的吸收积累量并不是很高，但它们可以在污染物质含量很高的土壤上正常生长。这方面的研究也是偏重于重金属污染土壤的稳定修复，如废弃矿山的复垦工程，铅、锌尾矿库的植被重建等。

(3) 植物修复的优势及局限性　污染土壤的修复方法从实施方式上大体可分为异位修复和原位修复。异位修复是将污染土壤从现场挖走，送到处理工厂，经修复符合标准后再回填，或者直接用未污染的土壤回填。这种方法对污染场地修复最为彻底，尤其是对污染程度较重场地更为有效。但这种方法的明显缺点就是工程耗资巨大，对于污染程度较轻且面积较大的场地更是如此，甚至根本无法实施。因而，人们致力于寻求耗资较少的原位修复方法。原位修复的技术路线大致可分为两条：一条是改变污染物质在土壤中的形态，降低或消除其在土壤中的可移动性和生物有效性，从而减少或消除其对生物的危害，如玻璃化技术、施加改良剂技术等。但实践证明，这些方法在土壤环境条件改变后，土壤中有害物质还可能被释放出来而重新污染土壤。另一条是直接从土壤中去除污染物质，包括电动力学方法、淋滤法及植物修复法等。

与上述各种方法相比植物修复具的优点：

① 利用修复植物的提取、挥发、降解作用可以永久性地解决土壤污染问题。

② 修复植物的稳定作用可以绿化污染土壤，使地表稳定，防止污染土壤因风蚀或水土流失而带来的污染扩散问题。

③ 修复植物的蒸腾作用可以防止污染物质对地下水的二次污染。

④ 植物修复不破坏场地，对环境扰动少。

⑤ 经植物修复过的土壤，其有机质含量和土壤肥力变化较小，一般可直接用于农作物生产，符合可持续发展战略；重金属超积累植物所积累的重金属在技术成熟时可进行回收，从而也能创造一些经济效益。

⑥ 植物修复的过程也是绿化环境的过程，易于为社会所接受。

⑦ 植物修复成本较低，可以在大面积污染土壤上使用。

⑧ 从技术应用过程来看，植物修复是可靠的、对环境相对安全的技术。

⑨ 植物修复依靠修复植物的新陈代谢活动来治理污染土壤，技术操作比较简单，容易在大范围内实施。

从世界范围来看，植物资源相当丰富，筛选修复植物潜力巨大，这就使植物修复技术有了较坚实的基础；人类在长期的农业生产中，积累了丰富的作物栽培与耕作、品种选育与改良以及病、虫害防治等经验，再加上日益成熟的生物技术的应用和微生物研究的不断深入，使得植物修复在实践应用中有了技术保障。

植物修复的局限性：

① 一种植物通常只忍耐或吸收一种或两种重金属元素，对土壤中其它浓度较高的重金属则往往没有明显的修复效果，甚至表现出某些中毒症状，从而限制了植物修复技术在重金属复合污染土壤治理中的应用。

② 植物修复过程通常比物理、化学过程缓慢，比常规修复技术需要更长的时间，尤其是与土壤结合紧密的疏水性污染物其修复周期更为漫长。

③ 植物修复受到土壤类型、温度、湿度、营养条件的限制，对土壤肥力、气候、水分、盐度、酸碱度、排水与灌溉系统等自然条件和人工条件有一定的要求。植物修复受病虫害侵染时会影响其修复能力。

④ 对于植物萃取技术而言，污染物必须是植物可利用态并且处于根系区域才能被吸收。

⑤ 用于净化重金属的植物器官往往会通过腐烂、落叶等途径使重金属元素重返土壤，因此必须在植物落叶前收割植物器官，并进行无害化处理。

⑥ 用于修复的植物与当地植物可能会存在竞争，影响当地的生态平衡。

四、污染土壤修复的发展趋势

我国目前的土壤污染修复技术整体发展水平与世界水平相比还较为落后，成功的污染土壤修复示范工程尚不多见，而我国的污染土壤问题却较为严重，因此在我国土壤污染修复技术的发展和应用已经迫在眉睫。目前，荷兰、美国、日本等国家在研究、开发创新性的污染土壤修复方面较为领先，国际上土壤污染的发展主要呈现如下趋势。

(1) 在决策导向上，从基于污染物总量控制的修复技术转变到基于污染风险评估的修复技术上。

(2) 在修复技术上，从单一的修复技术发展到多技术联合的原位修复技术、综合集成的工程修复技术。所谓联合修复技术即是协同两种或以上修复方法，实现对多种污染物复合污染土壤的修复。可以分为如下几类联合修复技术。

① 微生物/动物-植物联合修复技术。

② 化学/物化-生物联合修复技术。a. 化学淋洗-生物联合修复技术；b. 化学预氧化-生物降解技术；c. 臭氧氧化-生物降解技术；d. 电动力学-微生物修复技术；e. 光降解-生物联合修复技术。

③ 物理-化学联合修复技术。a. 溶剂萃取-光降解联合修复技术；b. Pd/Rh 支持的催化-热脱附联合技术；c. 微波热解-活性炭吸附技术。

(3) 在修复设备上，从固定式的离场修复发展到移动式的现场修复。

(4) 在应用上，发展到多种污染物复合或混合污染土壤的组合式修复技术，从单一小场地走向特大污染场地；从单项修复技术发展到融合大气、水体同步监测的多技术多设备协同的场地土壤-地下水一体化修复技术。

习题与思考题

1. 简述土壤污染的定义、类型及特点。
2. 什么是土壤自然净化过程？分析其原理。
3. 简述土壤重金属污染的来源及特征。
4. 环境中典型 PAHs 的污染物有哪些？分析其毒性效应。
5. 简述污染土壤热处理技术的定义及分类。

6. 简述土壤固化-稳定化技术的定义、类别及其原理。
7. 什么是土壤污染光催化降解技术？分析其优点及局限性。
8. 简述土壤电动力学修复技术的定义及作用原理。
9. 什么是土壤污染微生物修复技术，分析其优点及局限性。
10. 简述土壤污染植物修复的定义、类型、优点及局限性。

参 考 文 献

[1] 王新，沈欣军. 资源与环境工程保护概论. 北京：化学工业出版社，2009.
[2] 蒋展鹏. 环境工程学. 第2版. 北京：高等教育出版社，2005.
[3] 张振家. 环境工程学基础. 北京：化学工业出版社，2006.
[4] 孙儒泳. 动物生态学原理. 北京：北京师范大学出版社，1989.
[5] 北京大学环境科学中心. 生态学基础. 北京：北京大学出版社，1983.
[6] 王如松. 高效、和谐、城市生态调控原理与方法. 长沙：湖南教育出版社，1988.
[7] 于志熙. 城市生态学. 北京：中国林业出版社，1992.
[8] 曹凑贵. 生态学概论. 北京：高等教育出版社，2002.
[9] 李博. 生态学. 北京：高等教育出版社，2000.
[10] 阳含熙，李飞. 生态系统浅说. 北京：清华大学出版社，2002.
[11] 苏智先，王仁卿. 生态学概论. 北京：高等教育出版社，1993.
[12] 尚玉昌，蔡晓明. 普通生态学. 北京：北京大学出版社，1995.
[13] 仇保兴. 我国城市发展模式转型趋势——低碳生态城市. 城市发展研究，2009，16 (8)：1-6.
[14] 陈明，罗家国，赵永红等. 可持续发展概论. 北京：冶金工业出版社，2008.
[15] 袁光耀，田伟强，程光生等. 可持续发展概论. 北京：中国环境科学出版社，2001.
[16] 罗固源. 水污染控制工程. 北京：高等教育出版社，2006.
[17] 刘建勇，邹联沛等编. 水污染防治工程技术与实践. 北京：化学工业出版社，2009.
[18] 温青. 环境工程学. 哈尔滨：哈尔滨工程大学出版社，2008.
[19] 李建政. 环境毒理学. 北京：化学工业出版社，2006.
[20] 高廷耀，顾国维. 水污染控制工程（下册）. 第2版. 北京：高等教育出版社，1999.
[21] 赵庆良，任南琪. 水污染控制工程. 北京：化学工业出版社，2005.
[22] 胡洪营. 环境工程原理. 北京：高等教育出版社，2005.
[23] 季学李，羌宁. 空气污染控制工程. 北京：化学工业出版社，2006.
[24] 郝吉明，马广大主编. 大气污染控制工程. 第2版. 北京：高等教育出版社.
[25] 陈昆柏. 固体废物的处理与处置工程学. 北京：中国环境科学出版社，2005.
[26] 李传统. 现代固体废物综合处理技术. 南京：东南大学出版社，2008.
[27] 聂永丰. 三废处理工程技术手册（固废卷）. 北京：化学工业出版社，2000.
[28] 周立祥. 固体废物处理处置与资源化. 北京：中国农业出版社，2007.
[29] 华振明. 固体废物处理与处置. 北京：高等教育出版社，1993.
[30] 曲向荣. 环境保护概论. 沈阳：辽宁大学出版社，2007.
[31] 洪宗辉. 环境噪声控制工程. 北京：高等教育出版社，2000.
[32] 何强. 环境学导论. 北京：清华大学出版社，2004.
[33] 刘宏. 工业环境工程. 北京：化学工业出版社，2004.
[34] 钱易. 环境保护与可持续发展. 北京：高等教育出版社，2000.
[35] 严健汉，詹重慈. 环境土壤学. 武汉：华中师范大学出版社，1985.
[36] 中国大百科全书环境科学编辑委员会. 环境科学卷. 北京：中国大百科全书出版社，1983.
[37] 周启星，宋玉芳等. 污染土壤修复原理与方法. 北京：科学出版社，2004.
[38] Harmsen. Behavior of heavy metals in soils. Wageningen：Centre for Agricultural Publishing and Documentation，1977.
[39] Mulligan C N，Yong R N，Gibbs B F. On the use of biosurfactants for the removal of heavy metals from oil-contaminated soil. Environ Prog，1999a，18 (1)：50-54.
[40] Hudson T，Borden J，Russ M，et al. Control on As，Pb and Mn distribution in community soils of an historical mining district，Southwestern Colorado. Environmental Geology，1999，33 (1)：25-42.
[41] 夏立江，王宏康. 土壤污染及其防治. 上海：华东理工大学出版社，2001.
[42] 徐晓白. 硝基多环芳烃——环境中最近发现的直接致突变物和潜在致癌物. 环境化学，1984，3 (1)：1-16.
[43] Mastral A M，Callen M S. A review an polycyclic aromatic hydrocarbon emissions from energy generation. Environmental Science and Technology，2000，34 (15)：3051-3057.
[44] 戴乾圆. 致癌机理的阐明和高选择性抗癌剂的合成. 中国科学B辑化学，2005，35 (3)：177-188.
[45] Perera F P，Rauh V，Whyatt R M，et al. Effect of prenatal exposure to airborne polycyclic aromatic hydrocarbons on neurodevelopment in the first 3 years life among inner-city children. Environmental Health Perspectives，2006，114 (8)：1287-1292.

[46] Wilson SC, Jones KC. Bioremediation of soil contaminated with polynuclear aromatic hydrocarbons (PAHs): a review. Environ Pollut, 1993, 81: 229-249.

[47] Berrahar M, Schafer G, Bariere M. An optimized surfactant formulation for the remediation of duel oil polluted sandy aquifers. Environ Sci Technol, 1999, 33 (8): 1269-1273.

[48] Anderson T A, Guthrie E A, Walton B T. Bioremediation in the rhizosphere. Environtal Science & Technology, 1993, 27 (13): 2630-2636.

[49] Chaney R L, Malik M, Li Y M. Phytoremediation of soil metals. Current Opinions in Biotechnology. 1997, 8: 279-284.

[50] Mattina M I, Lannucci-Berger W, Mussante C, White J C. Concurrent plant uptake of heavy metals and persistent organic pollutants from soil. Environmental Pollution, 2003, 124: 375-378.